高等职业教育新形态系列教材

NX 12.0 项目式案例设计教程

主　编　王美姣　武　同　徐昆鹏
副主编　张　柯　杨　莉　王　慧
　　　　董　延　张怡青
参　编　高长银　张永红　朱耀华
　　　　杨　旭

北京理工大学出版社
BEIJING INSTITUTE OF TECHNOLOGY PRESS

内容简介

本书是 UG NX 西门子工业软件的 CAD/CAM 技术应用教程，通过校企合作共同开发，从职业院校实际教学使用需求出发，结合企业实际岗位职业能力要求，基于工作过程系统化等先进职教理念，对 CAD/CAM 理论知识及 CAD/CAM 操作技术步骤进行了梳理和阐述，使学生能够循序渐进地进行技能提升训练。

深入对接"NX12.0 项目式案例设计教程"课程教学需求，以工学结合为切入点，采用项目任务式设计，共设立了 10 个项目。一步一步讲述产品如何从二维草图到三维实体、从规则平面到复杂曲面、从单一实体到组合装配以及对典型零件进行数控加工编程的全过程，还精选了斜齿联轴器数控加工的企业实例进行详细讲解。

科技赋能，本书通过新技术+教材的形式，增强教材使用的直观性、趣味性和交互性，给学生提供全新的阅读、学习体验，打造"以学生为中心"的职业教育课堂。本书适合高等院校、高职院校院校机械类专业学生学习，也可作为机械行业工程技术人员的参考书及培训教材。

版权专有　侵权必究

图书在版编目（CIP）数据

NX12.0 项目式案例设计教程 / 王美姣，武同，徐昆鹏主编. -- 北京：北京理工大学出版社，2022.6（2022.8 重印）
ISBN 978-7-5763-1395-6

Ⅰ. ①N… Ⅱ. ①王… ②武… ③徐… Ⅲ. ①计算机辅助设计-应用软件-教材 Ⅳ. ①TP391.72

中国版本图书馆 CIP 数据核字（2022）第 102750 号

出版发行 / 北京理工大学出版社有限责任公司	
社　　址 / 北京市海淀区中关村南大街 5 号	
邮　　编 / 100081	
电　　话 /（010）68914775（总编室）	
（010）82562903（教材售后服务热线）	
（010）68944723（其他图书服务热线）	
网　　址 / http：//www.bitpress.com.cn	
经　　销 / 全国各地新华书店	
印　　刷 / 北京广达印刷有限公司	
开　　本 / 787 毫米×1092 毫米　1/16	责任编辑 / 张鑫星
印　　张 / 24.25	文案编辑 / 张鑫星
字　　数 / 494 千字	责任校对 / 周瑞红
版　　次 / 2022 年 6 月第 1 版　2022 年 8 月第 2 次印刷	责任印制 / 李志强
定　　价 / 59.90 元	

图书出现印装质量问题，请拨打售后服务热线，本社负责调换

前　言

教材建设是高职院校教学发展的基本内容，高质量的教材是培养合格人才的基本保证。《国家职业教育改革实施方案》对于职业教育教学改革明确提出：建设一大批校企"双元"合作开发的国家规划教材，倡导使用新型活页式、工作手册式教材并配套开发信息化资源。鼓励职业院校与行业企业探索"双主编制"，及时吸收行业发展新知识、新技术、新工艺、新方法，编写一批精品教材，响应国家职业教育改革实施方案的号召是本书的使命和价值取向。本书也正是本着职业教育改革实施方案的目标编写的。

本书作者教学和企业实践经验丰富，均接受过西门子公司的正规培训和技能考核，并获得过西门子的教员认证考试证书，拥有丰富的产品设计和加工经验。教材编排符合技术技能型人才培养规律，职教特色鲜明。

1. 采用项目驱动式，从任务目标、任务导入、任务分析、任务实施、任务评价等环节对课程进行阐述，以典型 CAD/CAM 任务为基础，构建动态化、立体化的内容形式。

2. 项目实例从产品建模设计到零件数控加工编程，贯通了 UG NX 软件 CAD/CAM 的各种应用。

3. 科技赋能，通过新技术+教材的形式，增强教材使用的直观性、趣味性和交互性，给学生提供全新的阅读、学习体验，打造"以学生为中心"的职业教育课堂。

全书共有 10 个项目，项目一~项目六为 CAD 部分，项目七~项目十为 CAM 部分。河南职业技术学院武同编写项目六和项目十，河南职业技术学院杨莉编写项目三和项目八，河南职业技术学院张怡青编写项目二和项目七，河南职业技术学院张柯编写项目一和项目五，河南职业技术学院王慧编写项目四和项目九。河南职业技术学院王美姣、董延负责全书统稿及审定。

本书编写过程中，得到了郑州航空工业管理学院高长银教授、中信重工机械股份有限公司张永红高级工程师、朱耀华高级工程师、杨旭高级工程师的大力支持，为本书提供了宝贵的技术资料和建议，在此深表感谢。

虽然编者本着认真负责的态度，力求精益求精，但由于水平有限，书中不足之处在所难免，敬请读者不吝赐教，以便及时修正，以臻完善，不胜感激。

编　者

目　　录

项目一　NX 概述 ……………………………………………………………………… 1

任务 1.1　NX 12.0 认知 ……………………………………………………………… 2
 1.1.1　NX 在制造业和设计界的应用 ………………………………………………… 2
 1.1.2　NX 主要模块 …………………………………………………………………… 4

任务 1.2　NX 用户界面认知 …………………………………………………………… 6

任务 1.3　Ribbon 功能区认知 ………………………………………………………… 8

任务 1.4　上边框条认知 ……………………………………………………………… 10
 1.4.1　选择选项 ……………………………………………………………………… 11

任务 1.5　常用工具认知 ……………………………………………………………… 18
 1.5.1　分类选择器 …………………………………………………………………… 18
 1.5.2　点构造器 ……………………………………………………………………… 18
 1.5.3　矢量构造器 …………………………………………………………………… 20
 1.5.4　平面构造器 …………………………………………………………………… 23

任务 1.6　NX 帮助系统认知 …………………………………………………………… 27
 1.6.1　NX 帮助 ………………………………………………………………………… 27
 1.6.2　NX 上下文帮助（F1 键）……………………………………………………… 28
 1.6.3　命令查找器 …………………………………………………………………… 28

本章小结 ………………………………………………………………………………… 30

项目二　NX 二维草图项目式设计案例 ……………………………………………… 31

任务 2.1　NX 草图认知 ………………………………………………………………… 31
 2.1.1　草图元素 ……………………………………………………………………… 32
 2.1.2　NX 草图用户界面 ……………………………………………………………… 32

任务 2.2　NX 草图工具认知 …………………………………………………………… 33
 2.2.1　草图绘制工具 ………………………………………………………………… 33
 2.2.2　草图编辑工具 ………………………………………………………………… 35
 2.2.3　草图操作工具 ………………………………………………………………… 36
 2.2.4　草图约束工具 ………………………………………………………………… 37

任务 2.3　轴承座草图项目式设计 …………………………………………………… 38
 2.3.1　轴承座草图设计思路分析 …………………………………………………… 38

2.3.2 轴承座草图设计操作过程 ……………………………… 39

任务 2.4 垫片草图项目式设计 ……………………………… 41
 2.4.1 垫片草图设计思路分析 ……………………………… 41
 2.4.2 垫片草图设计操作过程 ……………………………… 42

任务 2.5 弯板草图项目式设计 ……………………………… 45
 2.5.1 弯板草图设计思路分析 ……………………………… 45
 2.5.2 弯板草图设计操作过程 ……………………………… 45

任务 2.6 花盘草图项目式设计 ……………………………… 48
 2.6.1 花盘草图设计思路分析 ……………………………… 48
 2.6.2 花盘草图设计操作过程 ……………………………… 49

任务 2.7 椭圆接板草图项目式设计 ……………………………… 51
 2.7.1 椭圆接板草图设计思路分析 ……………………………… 51
 2.7.2 椭圆接板草图设计操作过程 ……………………………… 52

上机习题 ……………………………… 55

项目三 NX 三维实体特征项目式设计案例 ……………………………… 58

任务 3.1 NX 实体特征设计基础知识 ……………………………… 59
 3.1.1 NX 实体特征设计界面 ……………………………… 59
 3.1.2 NX 实体特征设计知识 ……………………………… 60

任务 3.2 轴承座实体特征设计 ……………………………… 64
 3.2.1 轴承座实体特征设计思路分析 ……………………………… 65
 3.2.2 轴承座实体特征设计过程 ……………………………… 65

任务 3.3 旋转轴实体特征设计 ……………………………… 70
 3.3.1 旋转轴实体特征设计思路分析 ……………………………… 70
 3.3.2 旋转轴实体特征设计过程 ……………………………… 71

任务 3.4 凉水杯实体特征设计 ……………………………… 76
 3.4.1 凉水杯实体特征设计思路分析 ……………………………… 76
 3.4.2 凉水杯实体特征设计过程 ……………………………… 77

任务 3.5 圆锥座实体特征设计 ……………………………… 79
 3.5.1 圆锥座实体特征设计思路分析 ……………………………… 80
 3.5.2 圆锥座实体特征设计过程 ……………………………… 80

任务 3.6 计数器实体特征设计 ……………………………… 84
 3.6.1 计数器实体特征设计思路分析 ……………………………… 84
 3.6.2 计数器实体特征设计过程 ……………………………… 84

上机习题 ……………………………… 91

项目四 NX 曲线曲面项目式设计案例 ·············· 95

任务 4.1 NX 曲线和曲面设计认知 ·············· 95
4.1.1 曲线设计用户界面认知 ·············· 96
4.1.2 曲面设计用户界面认知 ·············· 96

任务 4.2 曲线和曲面认知 ·············· 97
4.2.1 创建曲线 ·············· 97
4.2.2 曲线操作 ·············· 98
4.2.3 创建曲面 ·············· 99
4.2.4 曲面操作 ·············· 100

任务 4.3 盘架曲面项目式设计 ·············· 101
4.3.1 盘架曲面设计思路分析 ·············· 101
4.3.2 盘架曲面设计操作过程 ·············· 102

任务 4.4 凸模曲面项目式设计 ·············· 105
4.4.1 凸模曲面设计思路分析 ·············· 106
4.4.2 凸模曲面设计操作过程 ·············· 106

任务 4.5 按钮曲面项目式设计 ·············· 112
4.5.1 按钮曲面设计思路分析 ·············· 112
4.5.2 按钮曲面设计操作过程 ·············· 112

任务 4.6 风扇叶轮项目式设计 ·············· 118
4.6.1 风扇叶轮设计思路分析 ·············· 119
4.6.2 风扇叶轮设计操作过程 ·············· 119

任务 4.7 吹风机产品设计 ·············· 123
4.7.1 吹风机产品造型思路分析 ·············· 123
4.7.2 吹风机产品造型操作过程 ·············· 124

上机习题 ·············· 134

项目五 NX 装配与运动仿真项目式设计案例 ·············· 136

任务 5.1 装配认知 ·············· 136
5.1.1 NX 装配术语 ·············· 136
5.1.2 NX 常规装配方法 ·············· 138

任务 5.2 装配设计认知 ·············· 138
5.2.1 组件管理认知 ·············· 138
5.2.2 装配约束认知 ·············· 139
5.2.3 装配爆炸认知 ·············· 140

任务 5.3 曲柄滑块装配项目式设计 ·· 140
  5.3.1 曲柄滑块装配设计思路分析 ·· 140
  5.3.2 曲柄滑块装配操作过程 ·· 141

任务 5.4 斜滑动轴承装配项目式设计 ······································ 145
  5.4.1 斜滑动轴承装配设计思路分析 ······································ 146
  5.4.2 斜滑动轴承装配操作过程 ·· 146

任务 5.5 独轮车装配项目式设计 ·· 157
  5.5.1 独轮车装配设计思路分析 ·· 157
  5.5.2 独轮车装配操作过程 ·· 157

上机习题 ·· 163

项目六 NX 工程图项目式设计案例 ·· 165

任务 6.1 NX 工程图认知 ·· 165
  6.1.1 NX 工程图简介 ·· 165
  6.1.2 NX 工程图界面 ·· 166
  6.1.3 工程视图 ·· 166
  6.1.4 注释 ·· 167

任务 6.2 泵盖零件工程图设计（非主模型） ······························ 168
  6.2.1 任务分析 ·· 168
  6.2.2 相关知识 ·· 168
  6.2.3 任务实施 ·· 169

任务 6.3 钻模体零件工程图设计（非主模型） ·························· 179
  6.3.1 任务分析 ·· 179
  6.3.2 相关知识 ·· 180
  6.3.3 任务实施 ·· 180

任务 6.4 传动轴工程图设计 ·· 191
  6.4.1 任务分析 ·· 191
  6.4.2 相关知识 ·· 192
  6.4.3 任务实施 ·· 192

项目小结 ·· 202

上机习题 ·· 203

项目七 NX 2.5 轴铣削项目式设计案例 ·································· 206

任务 7.1 平面铣加工技术认知 ··· 206
  7.1.1 平面铣加工基本概念 ·· 206

7.1.2　平面铣工序模板 …………………………………………………… 207

任务 7.2　方形凸台零件项目式设计 ……………………………………………… 208

7.2.1　方形凸台零件数控工艺分析与加工方案 ………………………… 209
7.2.2　方形凸台零件数控加工操作过程 …………………………………… 209
7.2.3　创建平面铣工序（粗加工） ………………………………………… 216
7.2.4　创建平面轮廓铣工序（精加工） …………………………………… 222

任务 7.3　方形凹腔零件项目式设计 ……………………………………………… 225

7.3.1　方形凹腔零件数控工艺分析与加工方案 ………………………… 225
7.3.2　方形凹腔零件数控加工操作过程 …………………………………… 226
7.3.3　创建平面轮廓铣工序（精加工） …………………………………… 237

本章小结 ……………………………………………………………………………… 240
上机习题 ……………………………………………………………………………… 240

项目八　NX 三轴铣削加工项目式设计案例 …………………………………… 242

任务 8.1　三轴数控铣加工基础知识 ……………………………………………… 243

8.1.1　型腔铣粗加工 ………………………………………………………… 243
8.1.2　深度轮廓铣加工 ……………………………………………………… 243
8.1.3　固定轴轮廓铣加工 …………………………………………………… 244

任务 8.2　上盖凸模数控加工设计 ………………………………………………… 245

8.2.1　上盖凸模数控加工思路分析 ………………………………………… 245
8.2.2　上盖凸模数控加工操作过程 ………………………………………… 246

任务 8.3　喇叭玩具凹模数控加工设计 …………………………………………… 268

8.3.1　喇叭玩具凹模数控加工思路分析 …………………………………… 268
8.3.2　喇叭玩具凹模数控加工操作过程 …………………………………… 269

上机习题 ……………………………………………………………………………… 286

项目九　NX 数控车削加工项目式设计案例 …………………………………… 288

任务 9.1　车削加工技术简介 ……………………………………………………… 288

9.1.1　数控车削加工 ………………………………………………………… 288
9.1.2　车削工序模板 ………………………………………………………… 288

任务 9.2　圆柱螺纹轴车削数控加工设计 ………………………………………… 290

9.2.1　圆柱螺纹轴数控工艺分析与加工方案 ……………………………… 291
9.2.2　圆柱螺纹轴零件数控加工操作过程 ………………………………… 291

任务 9.3　圆锥螺母套车削数控加工设计 ………………………………………… 316

9.3.1　圆锥螺母套数控工艺分析与加工方案 ……………………………… 316

9.3.2　圆锥螺母套数控加工操作过程 ……………………………………… 317

上机习题 …………………………………………………………………………… 340

项目十　企业实例——斜齿联轴器数控加工 ……………………………… 342

任务 10.1　斜齿联轴器零件数控加工分析 ……………………………………… 342

10.1.1　斜齿联轴器结构分析 ………………………………………………… 342

10.1.2　工艺分析与加工方案 ………………………………………………… 342

任务 10.2　NX 斜齿联轴器数控编程加工 ………………………………………… 343

10.2.1　启动数控加工环境 …………………………………………………… 343

10.2.2　创建加工几何组 ……………………………………………………… 344

10.2.3　创建刀具组 …………………………………………………………… 347

10.2.4　创建方法组 …………………………………………………………… 348

任务 10.3　创建斜齿联轴器粗加工 ……………………………………………… 349

10.3.1　创建直槽平面铣粗加工铣削刀路 …………………………………… 349

10.3.2　创建斜槽等高轮廓铣粗加工铣削刀路 ……………………………… 353

10.3.3　旋转复制刀轨 ………………………………………………………… 358

任务 10.4　创建斜齿联轴器半精加工 …………………………………………… 359

10.4.1　创建直槽平面铣半精加工铣削刀路 ………………………………… 359

10.4.2　创建斜槽等高轮廓铣半精加工铣削刀路 …………………………… 361

10.4.3　旋转复制刀轨 ………………………………………………………… 363

任务 10.5　创建斜齿联轴器精加工 ……………………………………………… 364

10.5.1　创建直槽平面铣精加工铣削刀路 …………………………………… 364

10.5.2　创建斜面固定轴曲面轮廓铣精加工 ………………………………… 371

10.5.3　旋转复制刀轨 ………………………………………………………… 374

本章小结 …………………………………………………………………………… 375

参考文献 ……………………………………………………………………………… 376

项目一

NX 概述

UG NX 是 SIMENS 公司［前身美国 Unigraphics Solutions 公司（简称 UGS）］推出的集 CAD/CAM/CAE 于一体的三维参数化设计软件。在汽车与交通、航空航天、日用消费品、通用机械以及电子工业等工程设计领域得到了大规模的应用，功能涵盖概念设计、功能工程、工程分析、加工制造到产品发布等产品生产的整个过程，当前 SIMENS NX 的发布推动 SIMENS 成为 PLM 行业中 CAD/CAM/CAE 市场领导者。

本项目介绍 NX 软件的基本情况，包括 NX 应用、用户操作界面、常用工具和帮助系统等。通过了解 NX 在制造业和设计界的应用，读者深刻认识到中国制造成就中国道路，中国智造蕴含中国智慧。要培养"中国制造 2025"急需的"新工科"人才，首先要引领广大学生对中国智慧和中国道路真听、真懂、真信，只有对中国道路有充分信心，养成安全、文明、规范的操作习惯；养成认真、专注、严谨的工作态度，才能将中国智慧转化为鼓舞自己立足行业主动进步的不竭动力。

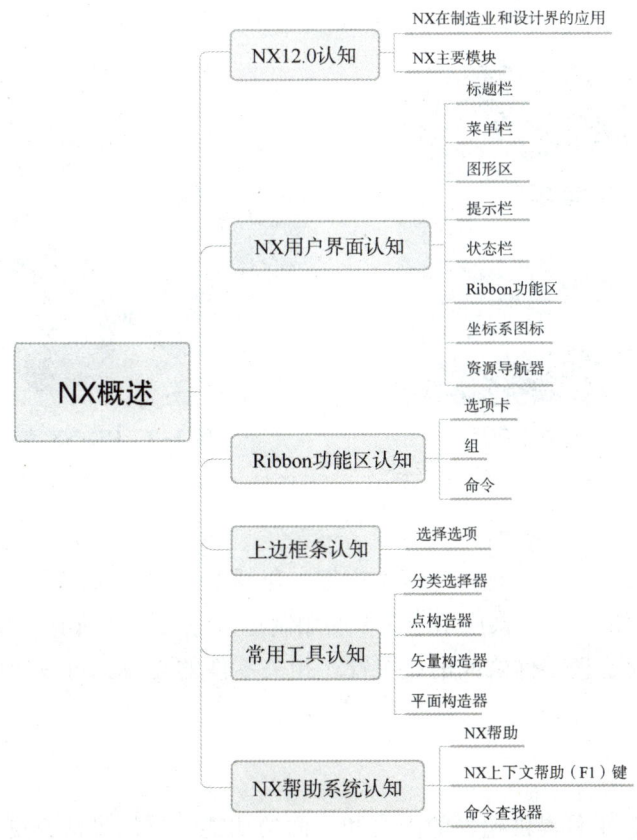

任务 1.1　NX 12.0 认知

UG NX 是交互式计算机辅助设计、计算机辅助制造和计算机辅助工程（CAD/CAM/CAE）软件系统，下面简单介绍 NX 基本概况。

1.1.1　NX 在制造业和设计界的应用

NX 源于航空航天业，广泛应用于航空航天、汽车制造、造船、机械制造、电子/电器、消费品行业。NX 12.0 的软件在制造业和设计界主要体现以下几个方面。

1. 航空航天

UG NX 源于航空航天工业，是业界无可争辩的领袖。以其精确安全，可靠性满足商业、防御和航空航天领域各种应用的需要。在航空航天业的多个项目中，UG NX 被应用于开发虚拟的原型机，其中包括 Boeing777 和 Boeing737，Dassault 飞机公司（法国）的阵风、GlobalExpress 公务机以及 Darkstar 无人驾驶侦察机。图 1-1 所示为 UG NX 航空航天应用。

2. 汽车工业

UG NX 是汽车工业的事实标准，是欧洲、北美和亚洲顶尖汽车制造商所用的核心系统。UG NX 在造型风格、车身及发动机设计等方面具有独特的长处，为各种车辆的设计和制造提供了端对端（endtoend）的解决方案。一级方程式赛车、跑车、轿车、卡车、商用车、有轨电车、地铁列车、高速列车，各种车辆在 CATIA 上都可以作为数字化产品，如图 1-2 所示。

图 1-1　UG NX 航空航天应用

图 1-2　UG NX 汽车工业应用

3. 造船工业

UG NX 为造船工业提供了优秀的解决方案，包括专门的船体产品和船载设备、机械解决方案。船体设计解决方案已被应用于众多船舶制造企业，涉及所有类型船舶的零件设计、制造、装配。参数化管理零件之间的相关性，相关零件的更改，可以影响船体的外形，如图 1-3 所示。

4. 机械设计

UG NX 机械设计工具提供超强的能力和全面的功能，更加灵活，更具效率，更具协同开发能力。图 1-4 所示为利用 UG NX 建模模块来设计的机械产品。

图 1-3　UG NX 造船工业应用　　　　　图 1-4　UG NX 机械产品

5. 工业设计和造型

UG NX 提供了一整套灵活的造型、编辑及分析工具，构成集成在完整的数字化产品开发解决方案中的重要一环。图 1-5 所示为利用 UG NX 创成式外形设计模块来设计的工业产品。

6. 机械仿真

NX 提供了业内最广泛的多学科领域仿真解决方案，通过全面高效的前后处理和解算器，充分发挥在模型准备、解析及后处理方面的强大功能。图 1-6 所示为利用运动仿真模块对产品进行运动仿真的范例。

图 1-5　UG NX 工业产品机械产品　　　　图 1-6　UG NX 运动仿真

7. 工装模具和夹具设计

UG NX 工装模具应用程序使设计效率延伸到制造，与产品模型建立动态关联，以准确地制造工装模具、注塑模、冲模及工件夹具。图 1-7 所示为利用注塑模向导模块设计模具的范例。

8. 机械加工

UG NX 为机床编程提供了完整的解决方案，能够让最先进的机床实现最高产量。通过实现常规任务的自动化，可节省多达 90% 的编程时间；通过捕获和重复使用经过验证的加工流程，实现更快的可重复 NC 编程。图 1-8 所示为利用 UG NX 加工模块来加工零件的范例。

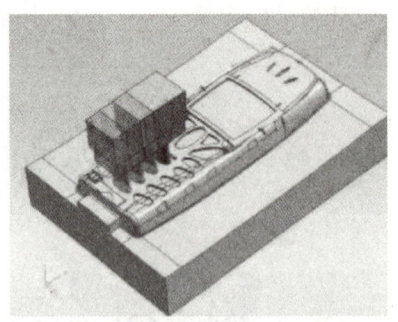

图 1-7　UG NX 模具设计

图 1-8　UG NX 零件加工

图 1-9　UG NX 消费品

9. 消费品

全球有各种规模的消费品公司信赖 UG NX，其中部分原因是 UG NX 设计的产品风格新颖，而且具有建模工具和高质量的渲染工具。UG NX 已用于设计和制造如下多种产品：运动、餐具、计算机、厨房设备、电视机和收音机以及庭院设备。图 1-9 所示为利用 UG NX 进行运动鞋设计。

1.1.2　NX 主要模块

NX 软件的强大功能是由它所提供的各种功能模块组成，可分为 CAD、CAM、CAE、注塑模、钣金件、逆向工程等应用模块，其中每个功能模块都以 Gateway 环境为基础，它们之间既相互联系，又相对独立。

1. UG/Gateway

UG/Gateway 是用户打开 NX 进入的第一个应用模块，Gateway 是执行其他交互应用模块的先决条件，该模块为 UG NX 的其他模块运行提供了底层统一的数据库支持和一个图形交互环境。在 UG NX 中，通过单击"标准"工具栏中"起始"按钮下的"基本环境"命令，便可在任何时候从其他应用模块回到 Gateway。

UG/Gateway 模块功能包括打开、创建、保存等文件操作；着色、消隐、缩放等视图操作；视图布局、图层管理、绘图及绘图机队列管理；模型信息查询、坐标查询、距离测量；曲线曲率分析、曲面光顺分析、实体物理特性自动计算；输入或输出 CGM、UG/Parasolid 等几何数据；Macro 宏命令自动记录和回放功能等。

2. CAD 模块

1）UG 实体建模（UG/Solid Modeling）

UG 实体建模提供了草图设计、各种曲线生成和编辑、布尔运算、扫掠实体、旋转实体、沿引导线扫掠、尺寸驱动、定义和编辑变量及其表达式等功能。实体建模是"特征建模"和"自由形式建模"的先决条件。

2）UG 特征建模（UG/Feature Modeling）

UG 特征建模模块提供了各种标准设计特征的生成和编辑、孔、键槽、腔体、圆台、倒圆、倒角、抽壳、螺纹、拔模、实例特征、特征编辑等工具。

3）UG 自由形式建模（UG/Freeform Modeling）

UG 自由形式建模用于设计高级的自由形状外形，支持复杂曲面和实体模型的创建。它包括直纹面、扫掠面、通过一组曲线的自由曲面、通过两组正交曲线的自由曲面、曲线广义扫掠、等半径和变半径倒圆、广义二次曲线倒圆、两张及多张曲面间的光顺桥接、动态拉动调整曲面、等距或不等距偏置、曲面裁剪、编辑、点云生成、曲面编辑。

4）UG 工程制图（UG/Drafting）

UG 工程制图模块可由三维实体模型生成完全双向相关的二维工程图，确保在模型改变时，工程图将被更新，减少设计所需的时间。工程制图模块提供了自动视图布置、正交视图投影、剖视图、辅助视图、局部放大图、局部剖视图、自动和手工尺寸标注、形位公差、粗糙度符号标注、支持 GB 标准汉字输入、视图手工编辑、装配图剖视、爆炸图、明细表自动生成等工具。

5）UG 装配建模（UG/Assembly Modeling）

UG 装配建模具有并行的自顶而下和自底而上的产品开发方法，装配模型中零件数据是对零件本身的链接映像，保证装配模型和零件设计完全双向相关，并改进了软件操作性能，减少了存储空间的需求，零件设计修改后装配模型中的零件会自动更新，同时可在装配环境下直接修改零件设计。

3. MoldWizard 模块

MoldWizard 是 SIMENS 公司提供的运行在 Unigraphics NX 软件基础上的一个智能化、参数化的注塑模具设计模块。MoldWizard 为产品的分型、型腔、型芯、滑块、嵌件、推杆、镶块、复杂型芯或型腔轮廓创建电火花加工的电极以及模具的模架、浇注系统和冷却系统等提供了方便、快捷的设计途径，最终可以生成与产品参数相关的、可用于数控加工的三维模具模型。

4. CAM 模块

UG CAM 模块是 UG NX 的计算机辅助制造模块，它可以为数控铣、数控车、数控电火花线切割编程。UG CAM 提供了全面的、易于使用的功能，以解决数控刀轨的生成、加工仿真和加工验证等问题。

1）UG/CAM 基础（UG/CAM Base）

UG/Mill 基础模块是所有 UG NX 加工模块的基础，它为所有数控加工模块提供了一个相同、面向用户的图形化窗口环境。用户可以在图形方式下观察刀具沿轨迹运动的情况并可进行图形化修改，如对刀具轨迹进行延伸、缩短或修改等。

2）车加工（UG/Lathe）

UG/Lathe 提供为高质量生产车削零件所需的能力，模块以在零件几何体和刀轨间全相关为特征，可实现粗车、多刀路精车、车沟槽、螺旋切削和中心钻等功能，输出是可以直接进行后置处理产生机床可读的输出源文件。

3）铣加工（UG/Mill）

UG Mill 铣加工模块可实现各种类型的铣削加工，包括平面铣、型腔铣、固定轴曲面轮廓铣、可变轴曲面轮廓铣、顺序铣、点位加工和螺纹铣等。

4）后置处理（UG/Postprocessing）

后置处理包括一个通用的后置处理器（GPM），使用户能够方便地建立用户定制的后置处理，该模块适用于目前世界上主流的各种钻床、多轴铣床、车床、电火花线切割机床。

5. 钣金模块

钣金模块是基于实体特征的方法来创建钣金件，它可实现如下功能：复杂钣金零件生成、参数化编辑、定义和仿真钣金零件的制造过程、展开和折叠的模拟操作、生成精确的二维展开图样数据；展开功能可考虑可展和不可展曲面情况，并根据材料中性层特性进行补偿。

6. 运动仿真模块

UG NX 运动仿真模块提供机构设计、分析、仿真和文档生成功能，可在 UG 实体模型或装配环境中定义机构，包括铰链、连杆、弹簧、阻尼、初始运动条件等机构定义要素，定义好的机构可直接在 UG 中进行分析，可进行各种研究，包括最小距离、干涉检查和轨迹包络线等选项，同时可实际仿真机构运动。另外，用户还可以分析反作用力，图解合成位移、速度、加速度曲线。

任务 1.2　NX 用户界面认知

启动 NX 12.0 后首先出现欢迎界面，然后进入 NX 12.0 操作界面如图 1-10 所示。NX 12.0 操作界面友好，符合 Windows 风格。

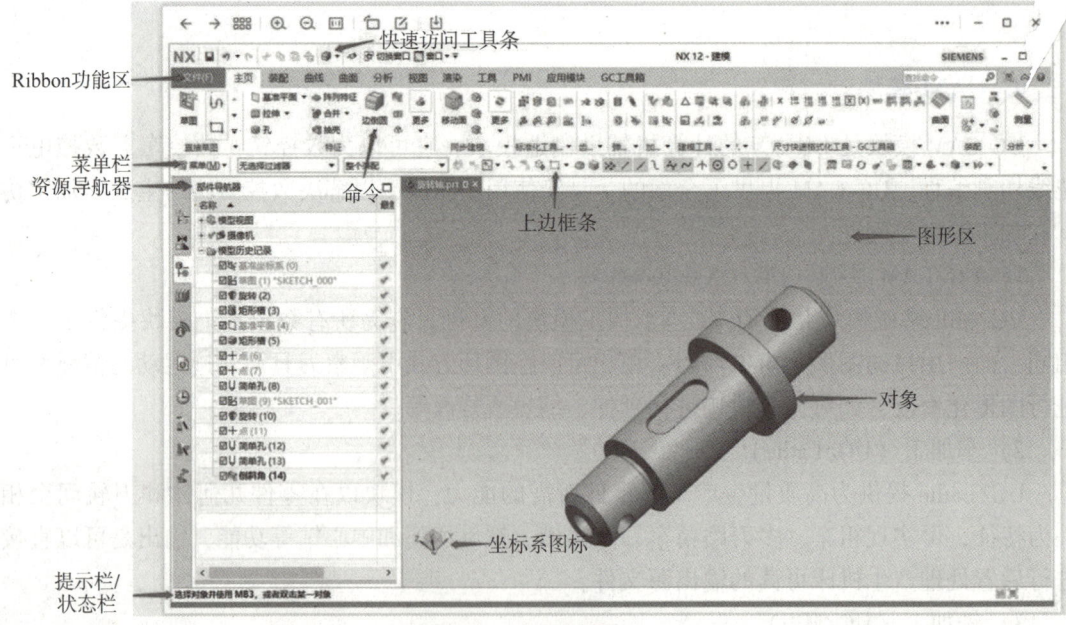

图 1-10　NX 12.0 操作界面

UG NX 12.0 操作界面主要由标题栏、菜单栏、工具栏、图形区、坐标系图标、命令提示窗口、状态栏和资源导航器等部分组成。

1. 标题栏

标题栏位于 UG NX 12.0 操作界面的最上方，它显示软件的名称和当前部件文件的名称。如果对部件文件进行了修改，但没有保存，在后面还会显示"(修改的)"提示信息。

2. 菜单栏

菜单栏位于标题栏的下方，包括了该软件的主要功能，系统所有的命令和设置选项都归属于不同的菜单下，它们分别为文件、编辑、视图、插入、格式、工具、装配、信息、分析、首选项、窗口和帮助等菜单。

(1) 文件：实现文件管理，包括新建、打开、关闭、保存、另存为、保存管理、打印和打印机设置等功能。

(2) 编辑：实现编辑操作，包括撤销、重复、更新、剪切、复制、粘贴、特殊粘贴、删除、搜索、选择集、选择集修订版、链接和属性等功能。

(3) 视图：实现显示操作，包括工具栏、命令列表、几何图形、规格、子树、指南针、重置指南针、规格概述和几何概观等功能。

(4) 插入：实现图形绘制设计等功能，包括对象、几何体、几何图形集、草图编辑器、轴系统、线框、法则曲线、曲面、体积、操作、约束、高级曲面和展开的外形等功能。

(5) 工具：实现自定义工具栏，包括公式、图像、宏、实用程序、显示、隐藏、参数化分析等。

新窗口、水平平铺、垂直平铺和层叠等。

(7) 帮助：实现在线帮助。

3. 图形区

图形区是用户进行 3D、2D 设计的图形创建、编辑区域。

4. 提示栏

提示栏主要用于提示用户如何操作，是用户与计算机信息交互的主要窗口之一。在执行每个命令时，系统都会在提示栏中显示用户必须执行的动作，或者提示用户的下一个动作。

5. 状态栏

状态栏位于提示栏的右方，显示有关当前选项的消息或最近完成的功能信息，这些信息不需要回应。

6. Ribbon 功能区

Ribbon 功能区是新的 Microsoft Office Fluent 用户界面（UI）的一部分。在仪表板设计器中，功能区包含一些用于创建、编辑和导出仪表板及其元素的上下文工具。它是一个收藏了命令按钮和图示的面板。它把命令组织成一组"标签",每一组包含了相关的命令。每一个应用程序都有一个不同的标签组,展示了程序所提供的功能。在每个标签里,各种的相关的选项被组在一起。Windows Ribbon 是一个 Windows Vista 或 Windows 7 自带的 GUI 构架,外形更加华丽,但也存在一部分使用者不适应,抱怨无法找到想要的功能的情形。

7. 坐标系图标

在 UG NX 12.0 的窗口左下角新增了绝对坐标系图标。在绘图区中央有一个坐标系图标,该坐标系称为工作坐标系 WCS,它反映了当前所使用的坐标系形式和坐标方向。

8. 资源导航器

资源导航器用于浏览编辑创建的草图、基准平面、特征和历史纪录等。在默认的情况下,资源导航器位于窗口的左侧。通过选择资源导航器上的图标可以调用装配导航器、部件导航器、操作导航器、Internet、帮助和历史记录等。

任务 1.3　Ribbon 功能区认知

UG NX 12.0 功能区拥有一个汇集基本要素并直观呈现这些要素的控制中心,如图 1-11 所示。

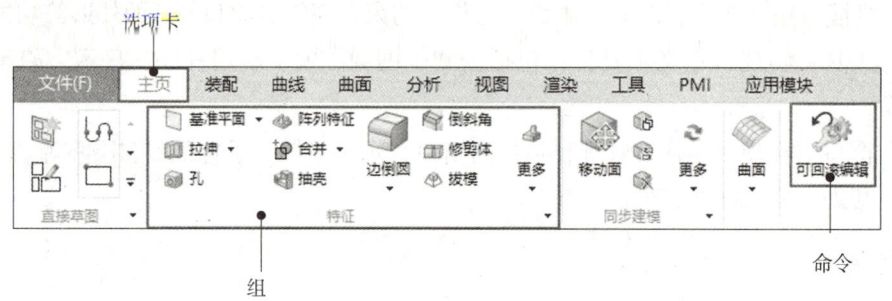

图 1-11　Ribbon 功能区

Ribbon 功能区由 3 个基本部分组成。

(1)选项卡:在功能区的顶部,每一个选项卡都代表着在特定程序中执行的一组核心任务。

(2)组:显示在选项卡上,是相关命令的集合。组将用户所需要执行某种类型任务的一组命令直观地汇集在一起,更加易于用户使用。

(3)命令:按组来排列,命令可以是按钮。

Ribbon 功能区常规操作简单介绍如下:

1. 添加和移除选项卡

将鼠标移动到功能区上部,单击鼠标右键在弹出的菜单中选中【装配】,此时【装配】自动增加到选项卡中,如图 1-12 所示。

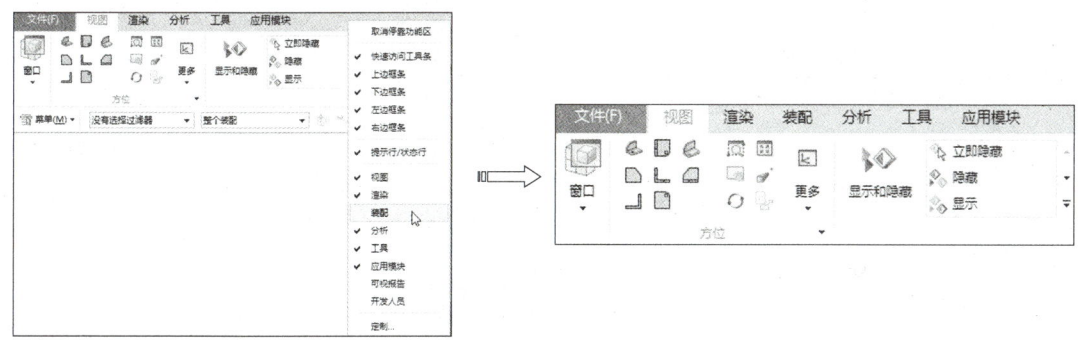

图 1-12 增加【装配】选项卡

2. 添加和移除组

单击选项卡右下角向下箭头▼，弹出所有该选项卡快捷菜单，可选择所需的组，在前面打钩将其添加到功能区中，如图 1-13 所示。

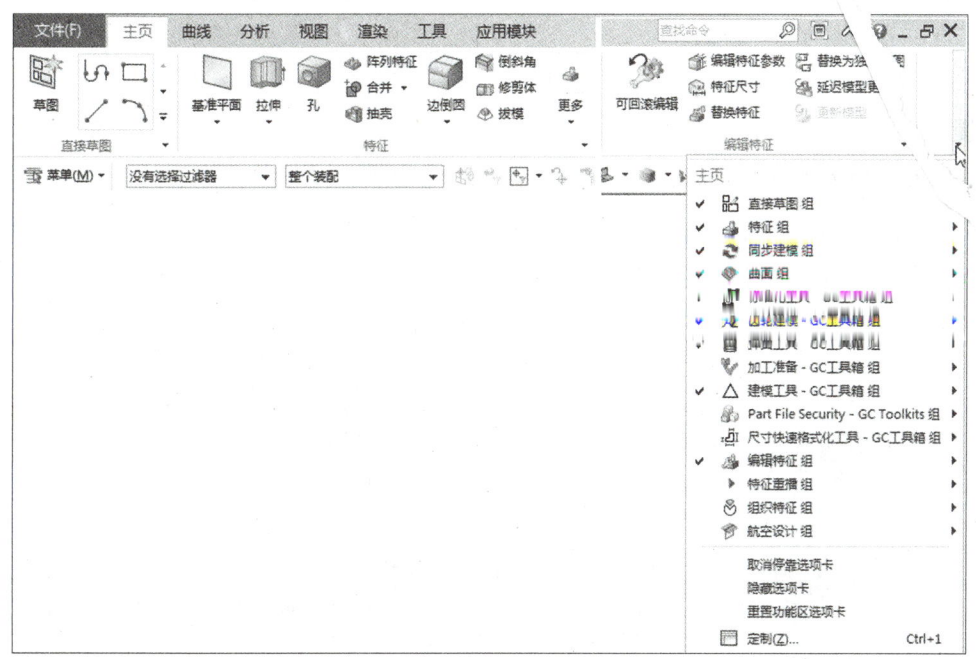

图 1-13 添加组

3. 更多

单击组中【更多】按钮，弹出所有该组命令已经加载的命令，可选择执行，如图 1-14 所示。

4. 组中添加命令（组右下角向下箭头）

单击组右下角向下箭头▼，弹出所有该组命令快捷菜单，可选择所需的命令，在前面打钩将其添加到功能区快捷操作中，如图 1-15 所示。

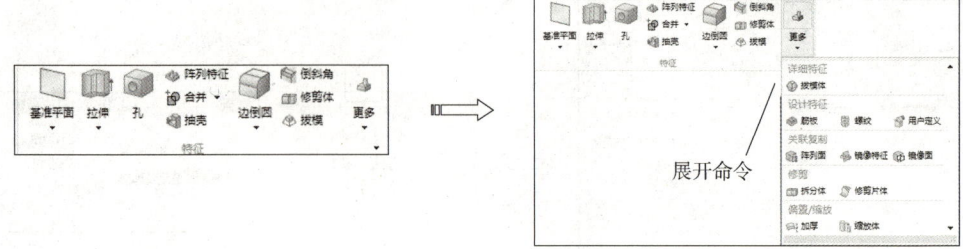

图 1-14 【更多】命令

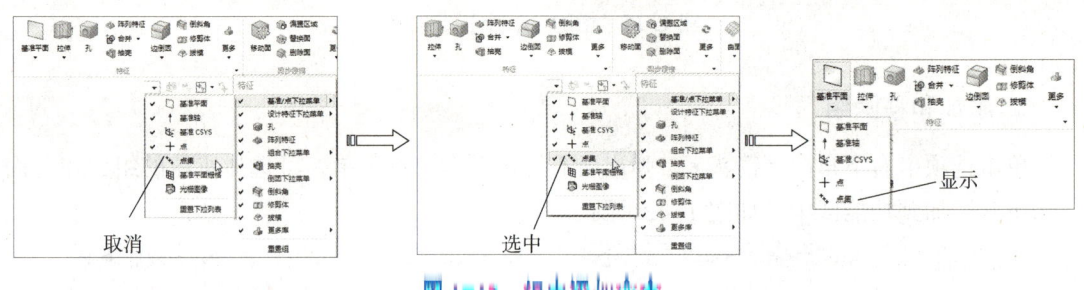

图 1-15 组中添加命令

提示：

组中移除命令的操作方法与添加命令正好相反，读者可参照学习。

5. 命令按钮向下箭头

单击命令下角向下箭头▼，弹出所有相关命令，可选择所需的命令来进行操作，如图 1-16 所示。

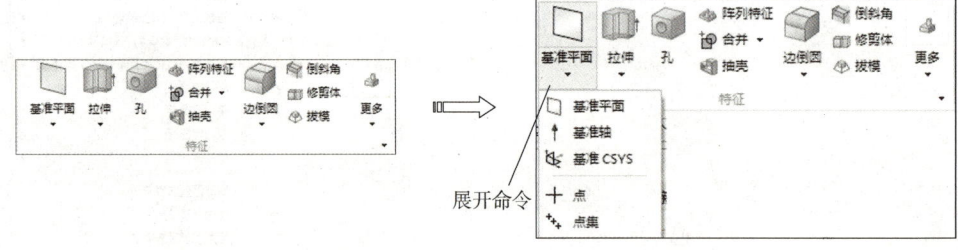

图 1-16 展开命令

任务 1.4　上边框条认知

上边框条显示在 NX 12.0 窗口顶部的带状组下面，包括 3 个部分：选择选项、选择意图和捕捉点，如图 1-17 所示。

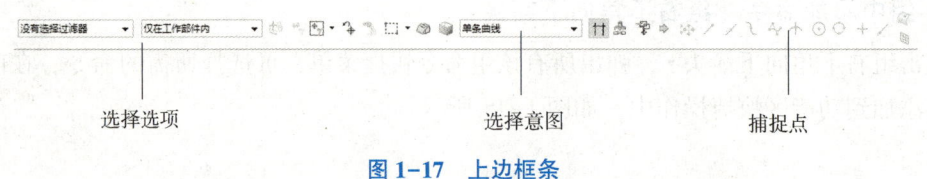

图 1-17 上边框条

上边框条相关选项参数含义如下：

1.4.1 选择选项

1. 类型过滤器

类型过滤器过滤特定对象类型的选择内容，如图 1-18 所示。列表中显示的类型取决于当前操作中的可选择对象。

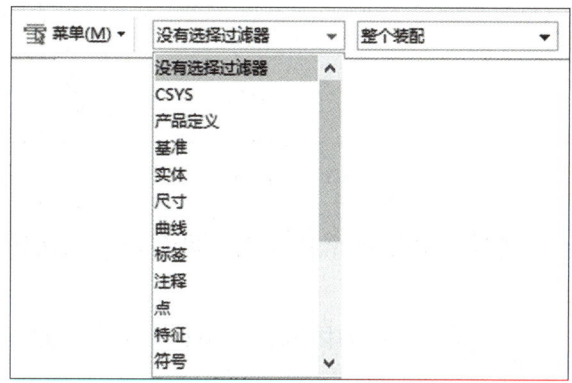

图 1-18　类型过滤器

2. 选择范围

按选择范围来选择在范围内的对象，如图 1-19 所示。

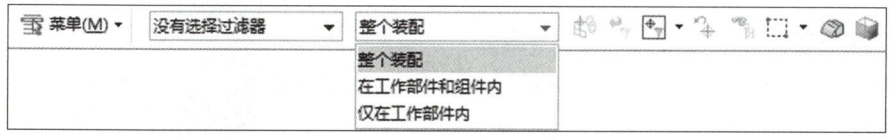

图 1-19　选择范围

（1）整个装配：选择整个装配体中所有组件。
（2）仅在工作部件内：仅能在工作部件内进行选择。
（3）在工作部件和组件内：仅能在工作部件和组件中进行选择。

3. 选择意图

1）体选择意图
当需要选择体时，弹出体选择意图选项，如图 1-20 所示。

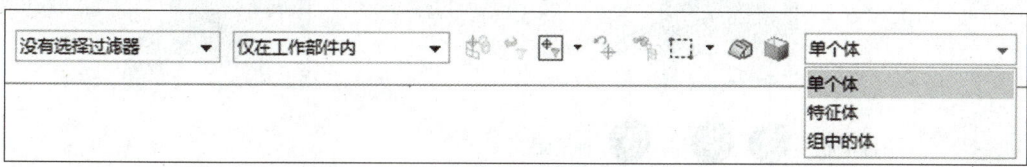

图 1-20　体选择意图

（1）单个体：用于在没有任何选择意图规则的情况下选择各个体。

（2）特征体：从选定特征中选择所有输出体，例如拉伸特征。

（3）组中的体：选择属于选定组的所有体。

2）面选择意图

当需要选择面时，弹出面选择意图选项，如图1-21所示。

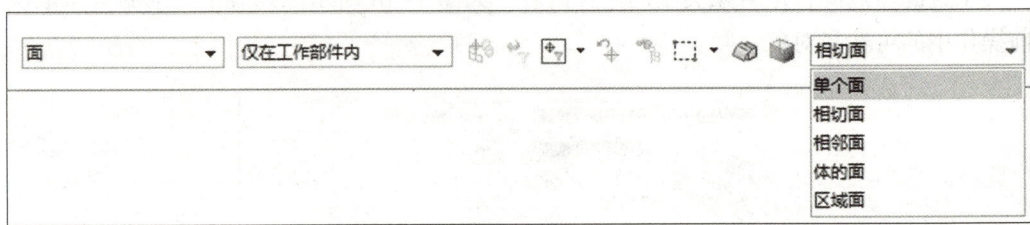

图1-21 面选择意图

（1）单个面：用于在简单列表中逐个选择面，可多选，无须任何选择意图列表，如图1-22所示。

（2）区域边界面：用于选择一个面的区域，而不进行分割，这些区域由面上的现有边和曲线决定。

（3）区域面：用于选择与某个种子面相关并受边界面限制的面的集合（区域）。必须先选择一个种子面，然后选择边界面，选择边界面后按MB2键确认，如图1-23所示。

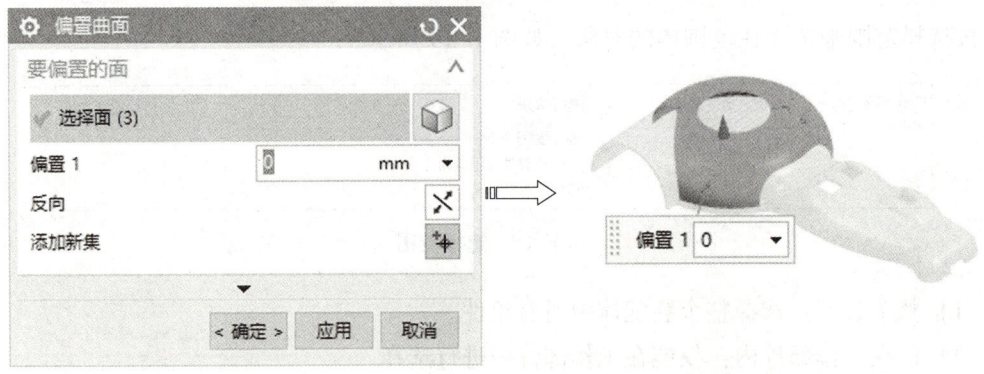

图1-22 单个面

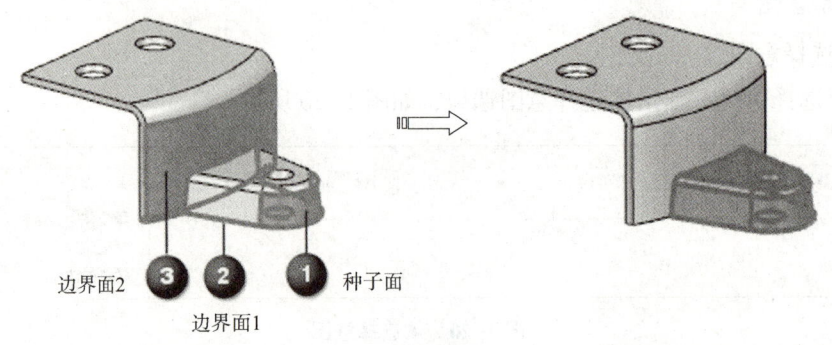

图1-23 区域面

（4）相切面：用于选择单个种子面，也可从它选择所有光顺连接的面。

（5）相切区域面：用于选择与某个种子面相关并受边界面限制的相切面的集合（区域），如图 1-24 所示。

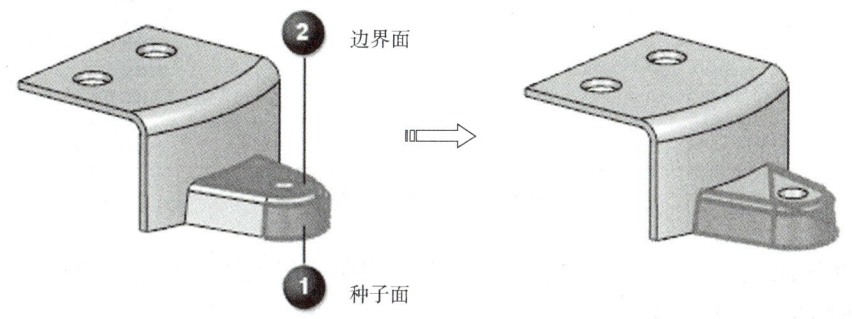

图 1-24　选定的相切面区域

（6）体的面：选择属于所选的单个面的体的所有面，如图 1-25 所示。

（7）相邻面：选择紧挨着所选的单个面的其他所有面，如图 1-26 所示。

（8）特征面：选择属于所选面的特征的所有面。如果选择的面为多个特征所拥有，快速拾取对话框将打开并显示一个特征列表，可从其中进行选择。

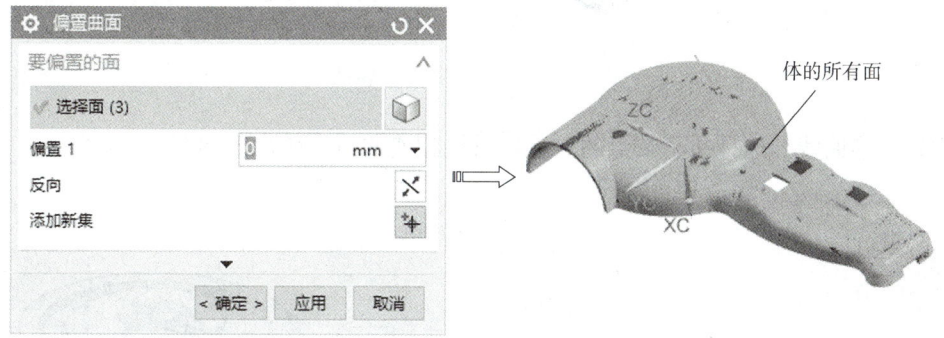

图 1-25　体的面

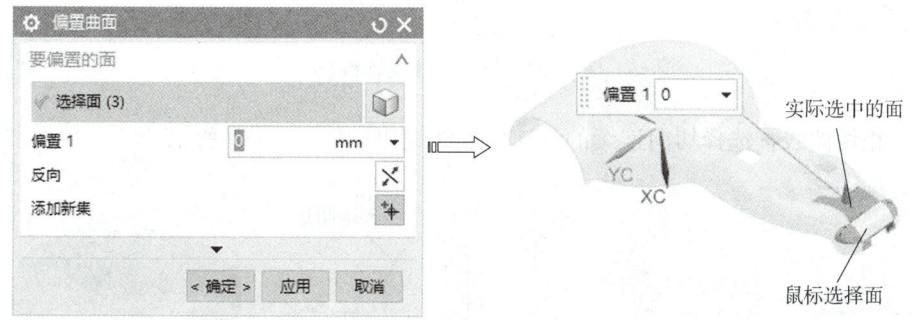

图 1-26　相邻面

3）曲线选择意图

当需要选择线时，弹出曲线选择意图选项，如图 1-27 所示。

图 1-27　曲线选择意图

（1）单条曲线：用于为某个截面选择一条或多条曲线或边。这是不带意图（无规则）的简单对象列表，如图 1-28 所示。

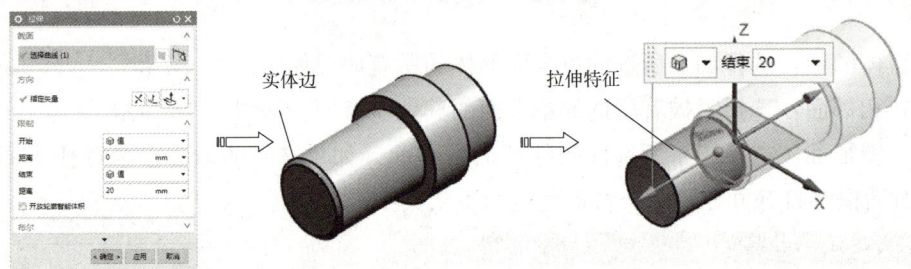

图 1-28　单条曲线拉伸特征

（2）相连曲线：选择共享端点的一连串首尾相连的曲线或边，如图 1-29 所示。

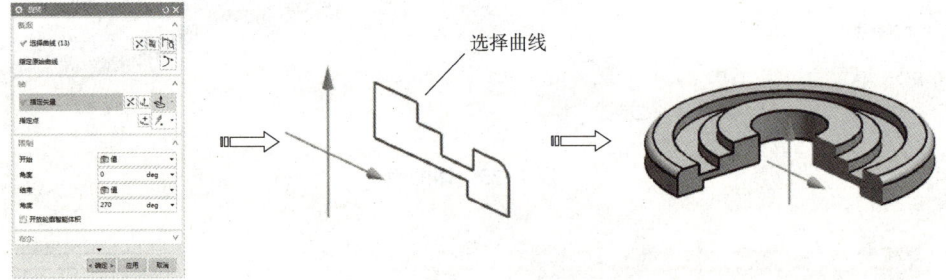

图 1-29　相连曲线旋转特征

（3）相切曲线：选择切向连续的一连串曲线或边，如图 1-30 所示。

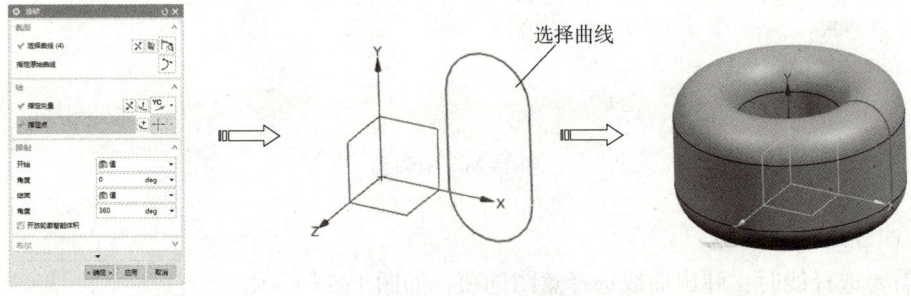

图 1-30　相切曲线旋转特征

（4）特征曲线：从选定的曲线特征（包括草图）中选择所有输出曲线，如图1-31所示。

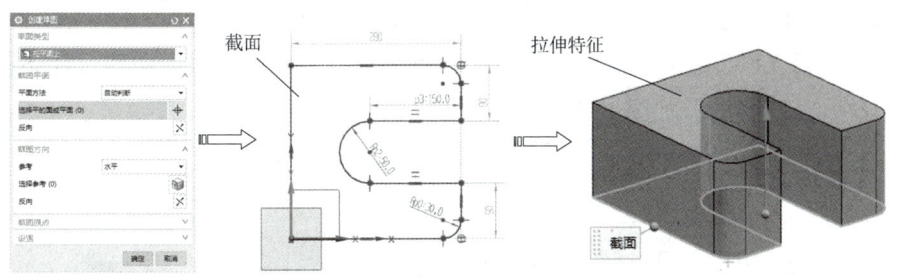

图1-31 特征曲线绘制拉伸

（5）面的边：从面上选择边界而不必先抽取曲线，如图1-32所示。

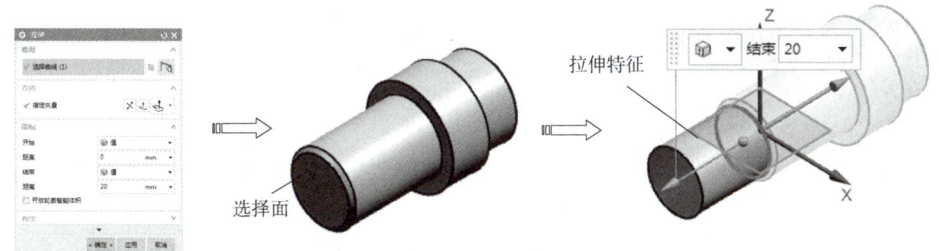

图1-32 面的边

（6）片体边：选择所选片体的所有层边，如图1-33所示。

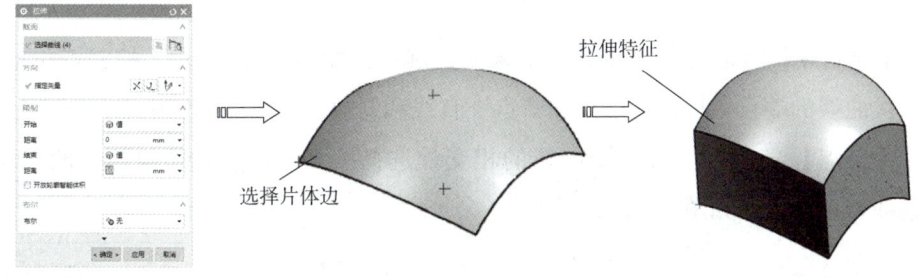

图1-33 片体边

（7）自动判断曲线：根据所选对象的类型系统自动得出选择意图规则。例如，创建拉伸特征时，如果选择曲线，产生的规则可以是特征曲线；如果选择边，产生的规则可以是单个。

4）捕捉点

当使用的命令需要某个点时，捕捉点选项即显示在上边框条上。使用捕捉点选项可选择曲线、边和面上的特定控制点，如图1-34所示。可通过单击来启用或禁用各个捕捉点方法。

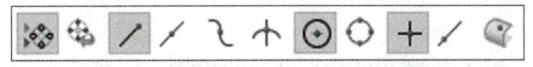

图1-34 捕捉点选项

捕捉点选项如下：

(1)【启用捕捉点】：启用捕捉点选项，以捕捉对象上的点。

(2)【清除捕捉点】：清除所有捕捉点设置。

(3)【终点】：用于选择以下对象的终点：直线、圆弧、二次曲线、样条、边、中心线（圆形中心线除外），如图1-35所示。

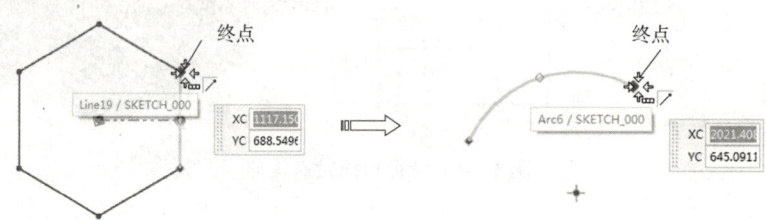

图1-35 终点

(4)【中点】：用于选择线性曲线、开放圆弧和线性边的中点，如图1-36所示。

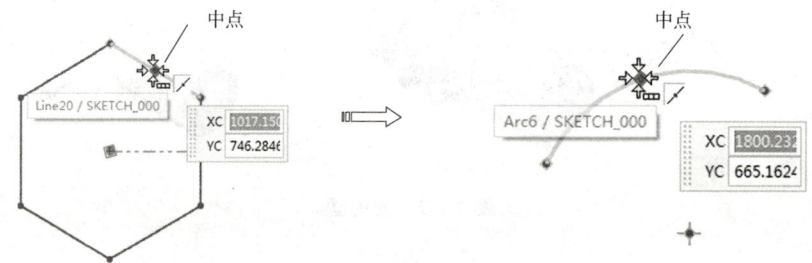

图1-36 中点

(5)【控制点】：用于选择几何对象的控制点，如图1-37所示。控制点包括：现有的点、二次曲线的端点、样条的端点和节点、直线和开放圆弧的端点和中点。

(6)【交点】：用于在两条曲线的相交处选择一点。该点必须与两条曲线均吻合，且处于选择球范围内，如图1-38所示。

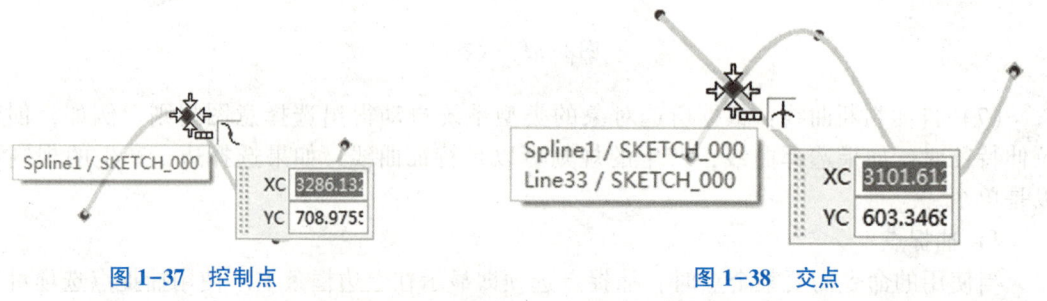

图1-37 控制点　　　　　　　图1-38 交点

(7)【圆弧中心】：用于选择圆弧中心点、圆形中心线和螺栓圆中心线，如图1-39所示。

(8)【象限点】：用于选择圆的象限点，如图1-40所示。

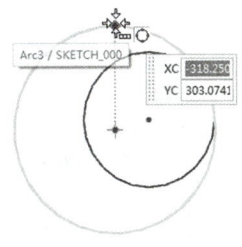

图 1-39　圆弧中心　　　　　　　　图 1-40　象限点

（9）【现有点】⊕：用于选择现有的点。系统支持以下制图对象类型：偏置中心点、交点、目标点、公差特征、实例、直的中心线，如图 1-41 所示。

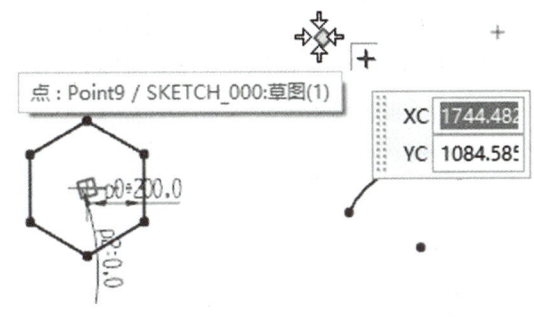

图 1-41　现有点

（10）【相切点】：用于在以下对象上选择相切点：圆、二次曲线、实体边、截面边、实体轮廓线、完整和不完整螺栓圆、完整和不完整螺栓中心线，如图 1-42 所示。

（11）【两曲线交点】：用于选择不在选择半径范围内的两个对象的交点，方法是进行两次独立拾取。系统支持以下对象：直线、圆形、二次曲线、样条、实线、边、截面边、实体轮廓线、截面段、直的中心线、直径中心线、长方体中心线。

（12）【点在曲线上】：用于在曲线上选择点，如图 1-43 所示。

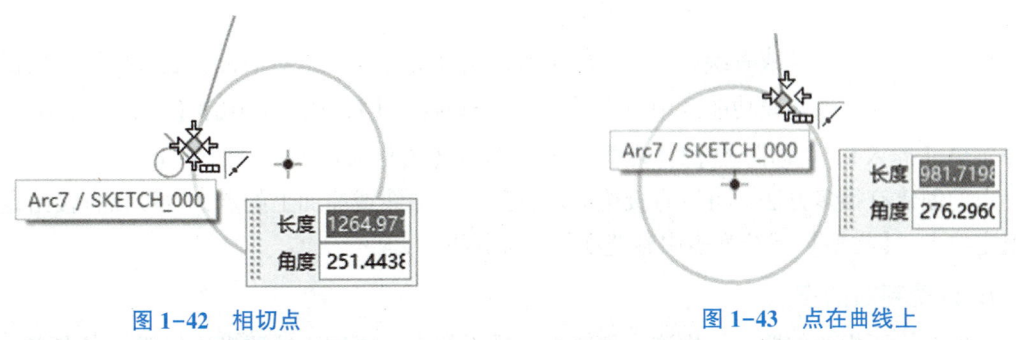

图 1-42　相切点　　　　　　　　图 1-43　点在曲线上

（13）【点在面上】：用于在曲面上选择点。

（14）【有界栅格上的点】：将光标选择捕捉到基准平面节点和视图截面节点上定义的点。

（15）【点】：单击，打开【点】对话框。

任务 1.5　常用工具认知

在 NX 操作过程中，经常会用到分类选择器、点构造器、矢量构造器、平面构造器以及坐标构造器等工具，这些都是必不可少的工具，下面分别介绍其操作过程。

1.5.1　分类选择器

分类选择器提供了一种限制选择对象和设置过滤方式的方法，特别是在零部件比较多的情况下，以达到快速选择对象的目的。

选择下拉菜单【编辑】|【显示和隐藏】|【隐藏】命令，或者选择下拉菜单【编辑】|【对象显示】命令都会弹出【类选择】对话框，如图 1-44 所示，这个对话框就是分类选择器。在 UG 建模过程中，经常需要选择某一对象，尤其当模型复杂，直接在图中用鼠标选取对象非常困难时，可以通过分类选择器中"过滤器"的作用进行快速选择。

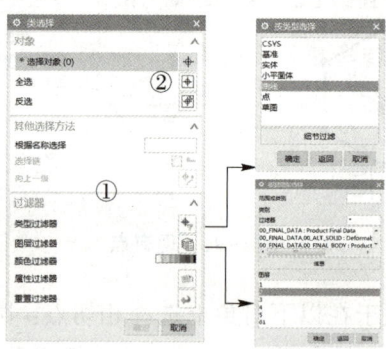

图 1-44　【类选择】操作步骤

1.5.2　点构造器

用户在设计过程中需要在图形区确定一个点时，例如查询一个点的信息或者构造直线的端点等，NX 都会弹出【点】对话框辅助用户确定点。

点构造器是指选择或者绘制一个点的工具，实际上它是一个对话框，通常根据建模需要自动出现。另外，在建模功能区中单击【主页】选项卡【特征】组中的【点】命令 ╋，或选择菜单【插入】|【基准/点】|【点】命令，弹出【点】对话框，如图 1-45 所示。

点的创建有很多方法，可以直接选取现有的点、曲线或曲面上的点，也可以直接给定坐标值定位点。【类型】下拉列表中各选项的含义如下：

1. 自动判断的点

根据鼠标所指的位置自动推测各种离光标最近的点，可用于选取光标位置、存在点、端点、控制点、圆弧/椭圆弧中心等，它涵盖了所有点的选择方式。

2. 光标位置

通过定位十字光标，在屏幕上任意位置创建一个点。该方式所创建的点位于工作平面上。

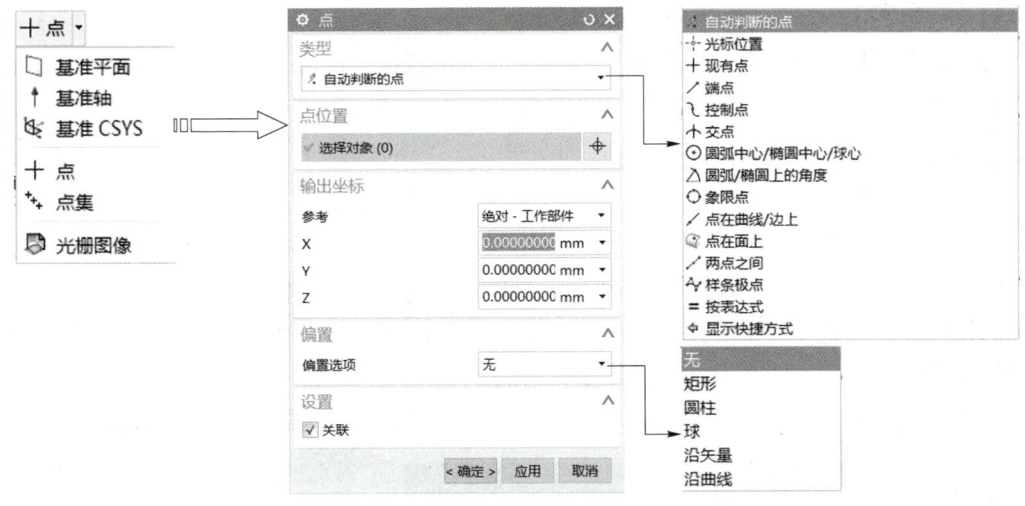

图 1-45 【点】对话框

3. 现有点 ✚

在某个存在点上创建一个新点，或通过选择某个存在点指定一个新点的位置。该方式是将一个图层的点复制到另一个图层最快捷的方式。

4. 端点

根据鼠标选择位置，在存在的直线、圆弧、二次曲线及其他曲线的端点上指定新点的位置。如果选择的对象是完整的圆，那么端点为零象限点。

5. 控制点

在几何对象的控制点上创建一个点。控制点与几何对象类型有关，它可以是：存在点、直线的中点和端点、开口圆弧的端点和中点、圆的中心点、二次曲线的端点或其他曲线的端点。

6. 交点

在两段曲线的交点上或一曲线和一曲面或一平面的交点上创建一个点。若两者的交点多于一个，则系统在最靠近第二对象处创建一个点或规定新点的位置；若两段平行曲线并未实际相交，则系统会选取两者延长线上的相交点；若选取的两段空间曲线并未实际相交，则系统在最靠近第一对象处创建一个点或规定新点的位置。

7. 圆弧中心/椭圆中心/球心

在选取圆弧、椭圆、球的中心创建一个点。

8. 圆弧/椭圆上的角度

在与坐标轴 XC 正向成一定角度（沿逆时针方向测量）的圆弧、椭圆弧上创建一个点。

9. 象限点

在圆弧或椭圆弧的四分点处指定一个新点的位置。需要注意的是，所选取的四分点是离光标选择球最近的四分点。

10. 点在曲线/边上

通过设置"U 参数"值在曲线或者边上指定新点的位置。

11. 点在面上

通过设置"U 参数"和"V 参数"值在面上指定新点的位置。

12. 两点之间

通过选择两点，在两点的中点创建新点。

1.5.3 矢量构造器

在 NX 应用过程中，经常需要确定一个矢量方向，例如圆柱体或圆锥体轴线方向、拉伸特征的拉伸方向、曲线投影的投影方向等，矢量的创建都离不开矢量构造器。不同的功能，矢量构造器的形式也不同，但基本操作是一样的。

在 NX 中，矢量构造器中仅定义矢量的方向。【矢量】对话框如图 1-46 所示。

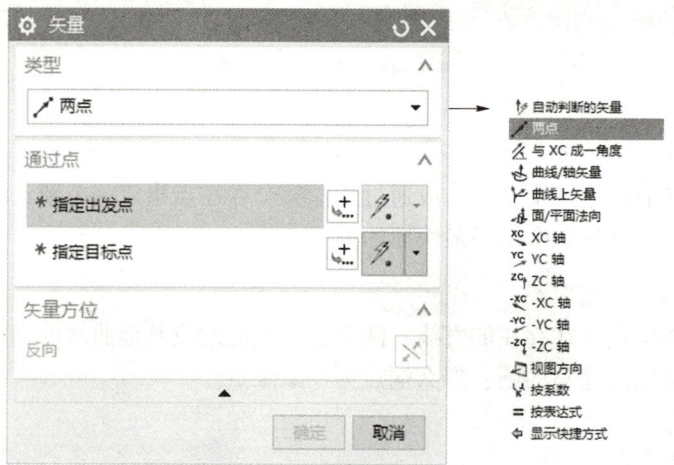

图 1-46 【矢量】对话框

【类型】下拉列表中共提供了 10 种方法，各方法的具体含义如下：

1. 自动判断的矢量

根据选择对象的不同，自动判断创建一个矢量，如图 1-47 所示。

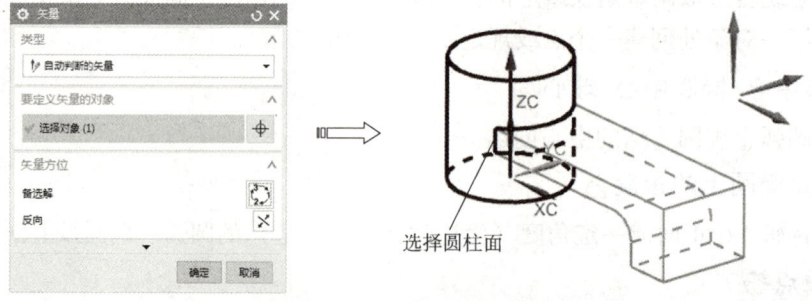

图 1-47 自动判断的矢量

2. 两点

在绘图区任意选择两点，新矢量将从第一点指向第二点，如图 1-48 所示。

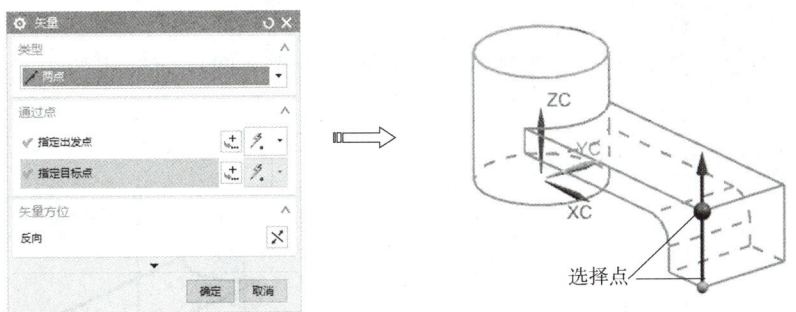

图 1-48 两点

3. 与 XC 成一角度 ⚿

在 XC-YC 平面上,定义一个与 XC 轴成指定角度的矢量。

4. 曲线/轴矢量 ⚙

选择边/曲线建立一个矢量,如图 1-49 所示。当选择直线时,创建的矢量由选择点指向与其距离最近的端点;当选择圆或圆弧时,创建的矢量为圆或圆弧所在的平面方向,并且通过圆心;当选择样条曲线或二次曲线时,创建的矢量为离选择点较远的点指向离选择点较近的点。

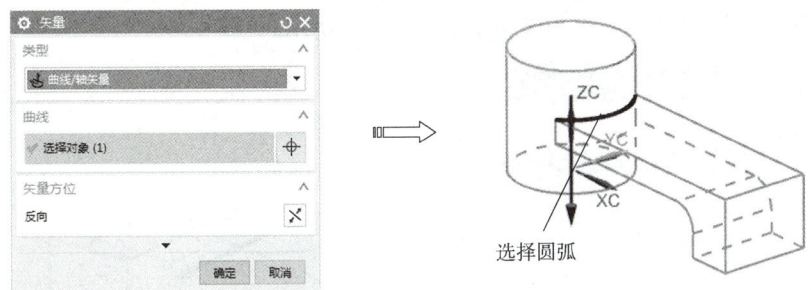

图 1-49 曲线/轴矢量

5. 曲线上矢量 ⚙

选择一条曲线,系统创建所选曲线的切向矢量,如图 1-50 所示。

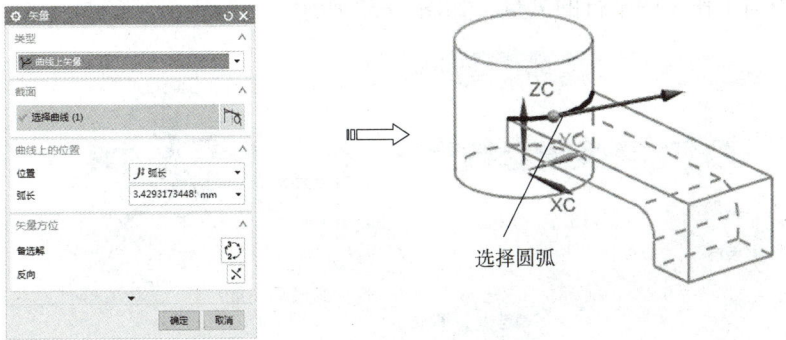

图 1-50 曲线上矢量

6. 面/平面法向

选择一个平面或者圆柱面,建立平行于平面法线或者圆柱面轴线的矢量,如图1-51所示。

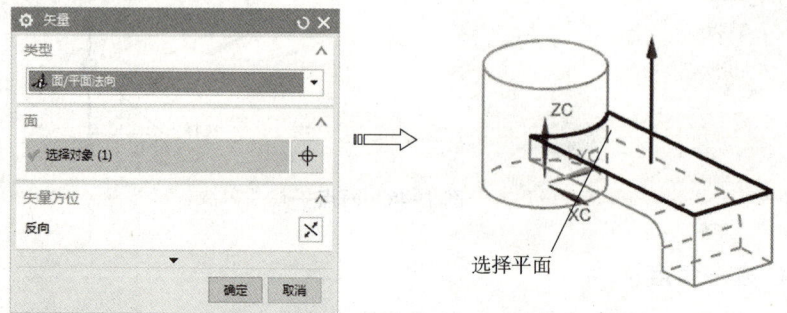

图1-51 面/平面法向

7. 基准轴

建立与基准轴平行的矢量。

8. 平行于坐标轴

建立与各个坐标轴方向平行的矢量,如图1-52所示。

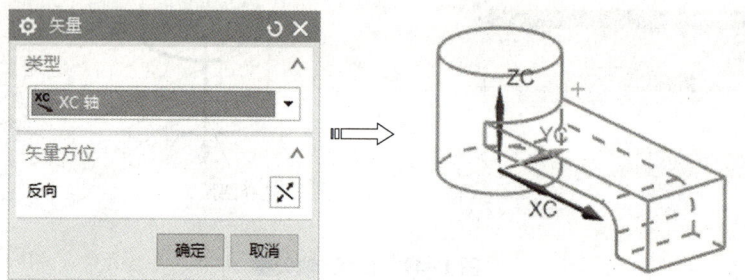

图1-52 平行于坐标轴

9. 视图方向

指定与当前工作视图平行的矢量,如图1-53所示。

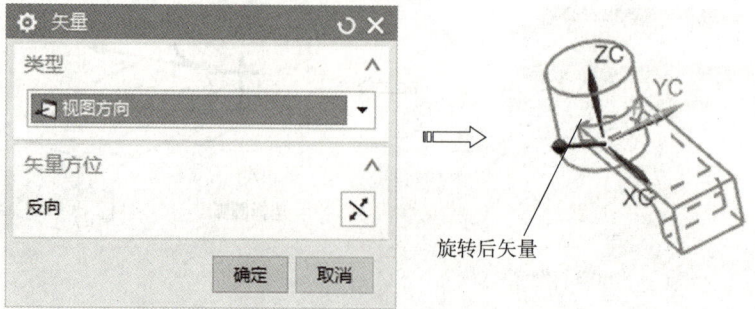

图1-53 视图方向

10. 按系数

在 UG NX 12.0 中,可以选择直角坐标系和球形坐标系,输入坐标分量来建立矢量。当选择【笛卡尔坐标系】单选按钮时,可输入 I,J,K 坐标分量确定矢量,当选择【球坐标系】单选按钮时,可输入 Phi 为矢量与 XC 轴的夹角,Theta 为矢量在 XC-YC 平面上的投影与 XC 轴的夹角,如图 1-54 所示。

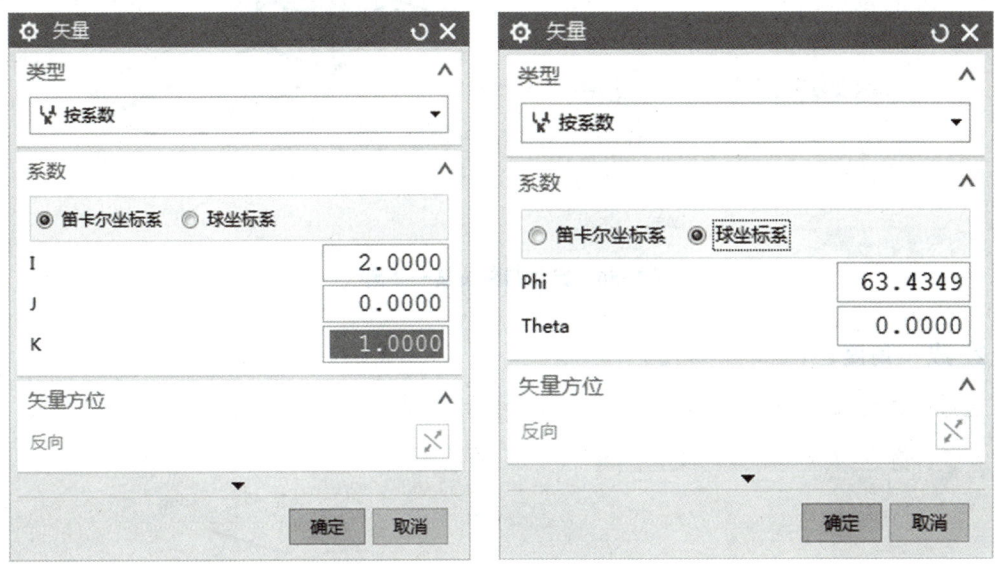

图 1-54　按系数

1.5.4　平面构造器

NX 建模过程中,基准平面也是经常要用到一种工具,例如创建草图、镜像特征、在圆柱面或曲面上创建特征时都需要建立辅助的基准平面。

在 NX 中,【平面】对话框如图 1-55 所示(镜像特征为例启动平面构造器对话框)。

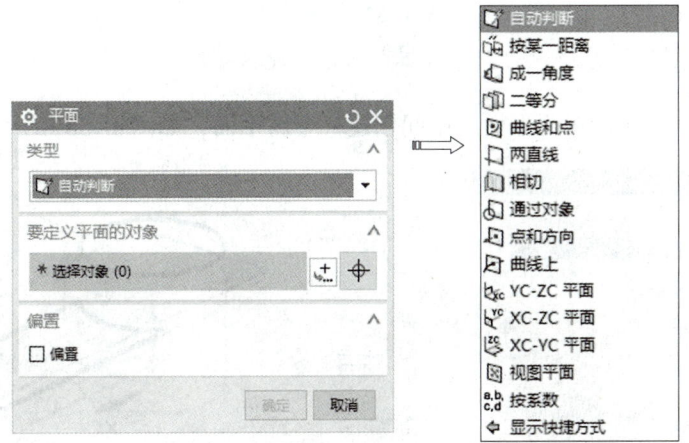

图 1-55　【平面】对话框

【类型】下拉列表中平面创建类型如下：

1. 自动判断

根据选择对象不同，自动判断建立新平面。选择如图 1-56 所示的两个面创建基准平面。

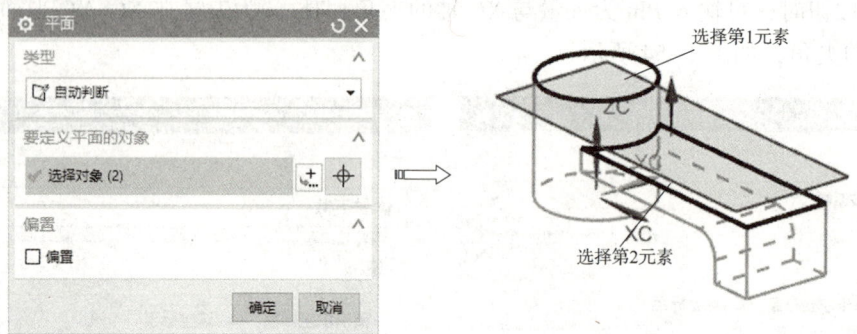

图 1-56　自动判断按某一距离

2. 成一角度

通过一条边线、轴线或草图线，并与一个面或基准面成一定角度，如图 1-57 所示。

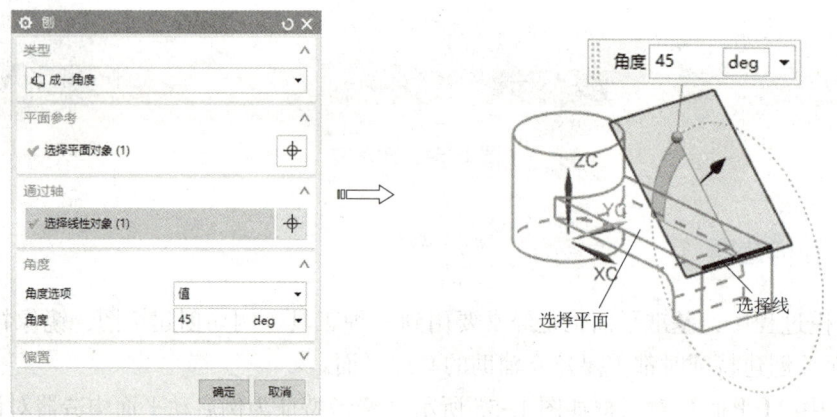

图 1-57　成一角度

3. 二等分

通过选择两个平面，在两平面的中间创建一个新平面，如图 1-58 所示。

 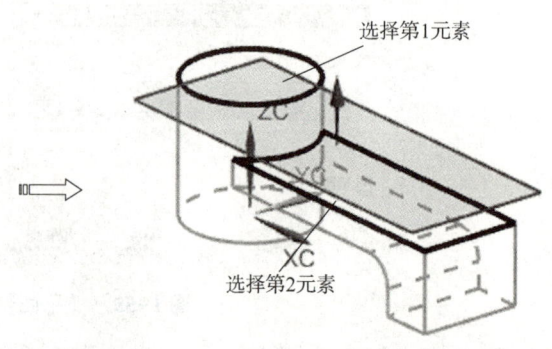

图 1-58　二等分

4. 曲线和点

通过曲线和一个点创建一个新平面，如图 1-59 所示。

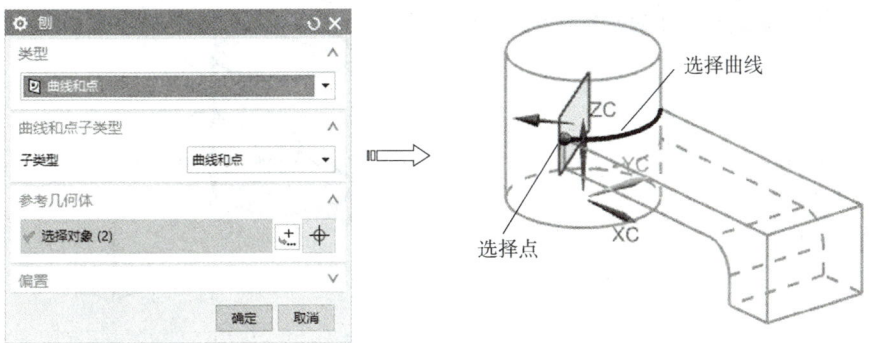

图 1-59 曲线和点

5. 两直线

通过选择两条现有的直线来指定一个平面，如图 1-60 所示。

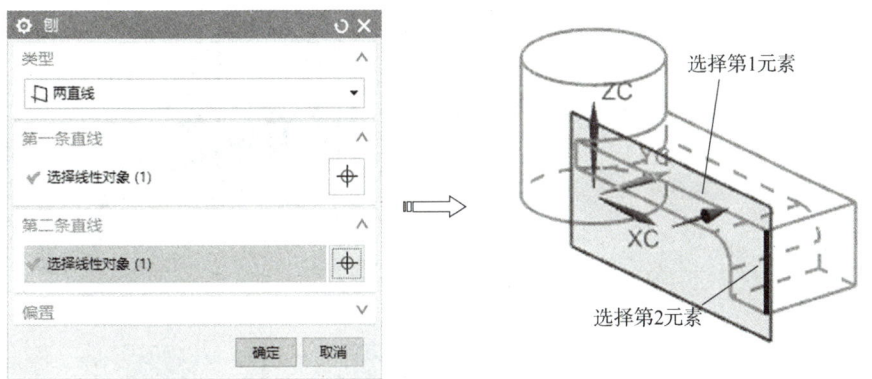

图 1-60 两直线

6. 相切

通过一个点（或线、面）并与一个实体面（圆锥或圆柱）来指定一个平面，如图 1-61 所示。

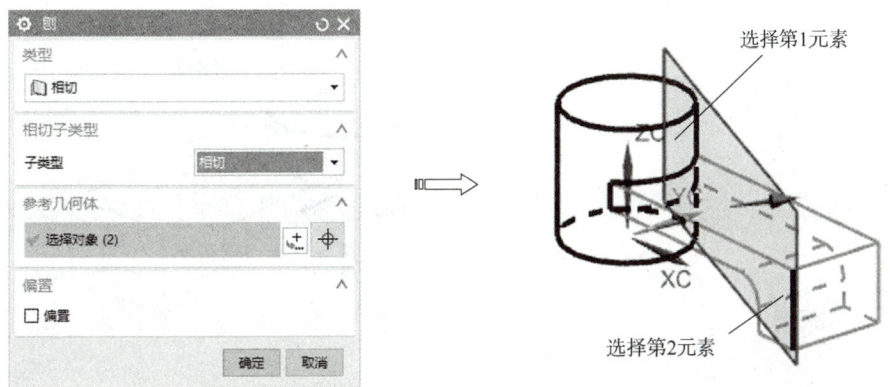

图 1-61 相切

7. 通过对象

通过选择对象来指定一个平面,注意不能选择直线,如图1-62所示。

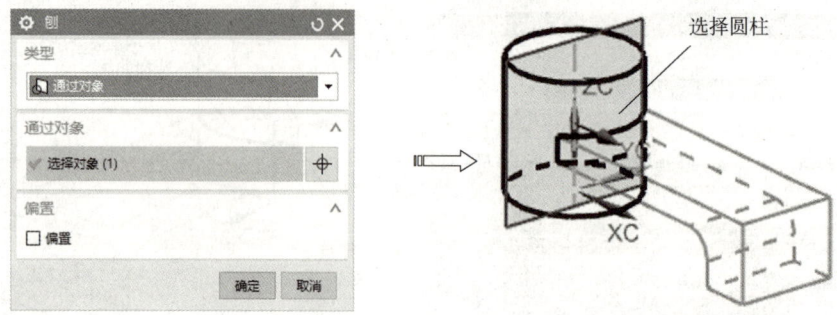

图1-62 通过对象

8. 点和方向

通过一点并沿指定方向来创建一个平面,如图1-63所示。

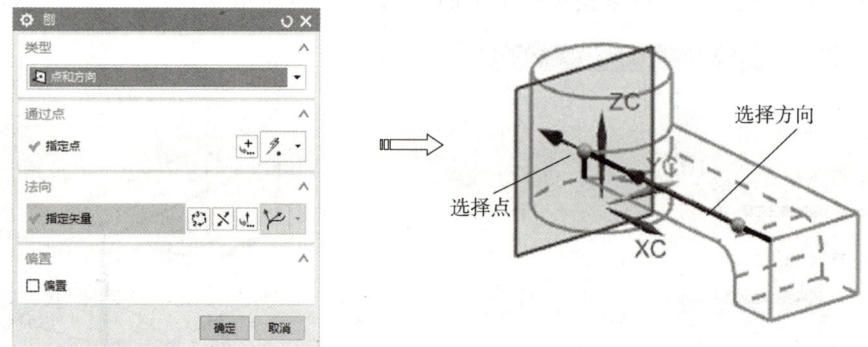

图1-63 点和方向

9. 曲线上

通过选择一条曲线,并在设定的曲线位置处来创建一个平面,如图1-64所示。

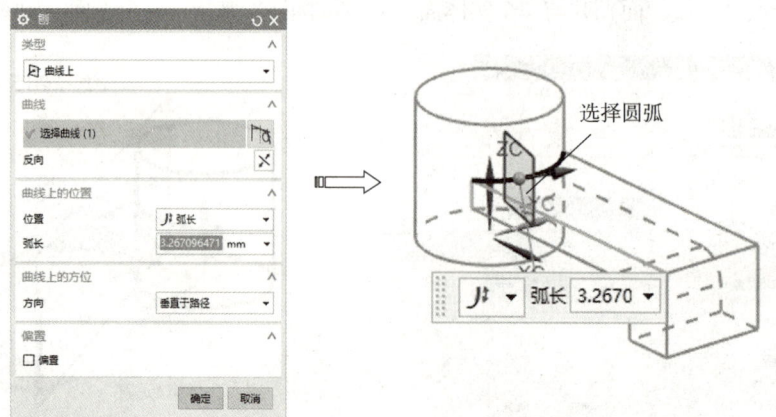

图1-64 曲线上

10. 按系数

按通过指定系数 a、b、c 和 d 来定义一个平面，平面方程为 aX+bY+cZ=d，如图 1-65 所示。

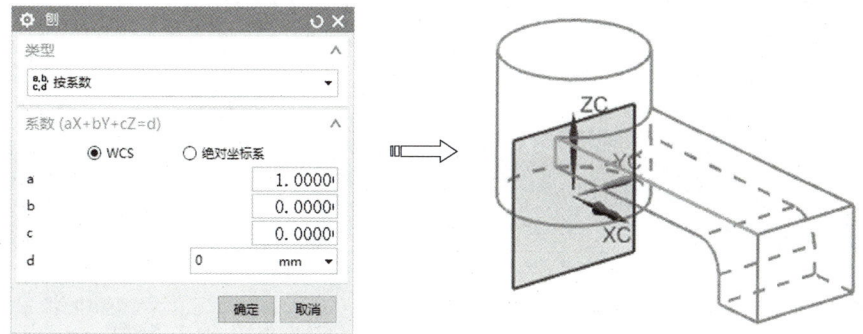

图 1-65　按系数

任务 1.6　NX 帮助系统认知

UG NX 提供了超文本格式的全面和快捷的帮助系统，可通过以下三种方式利用 NX 帮助系统。

1.6.1　NX 帮助

选择下拉菜单【帮助】|【NX 帮助】命令，弹出帮助页面，如图 1-66 所示。在【搜索】窗口中输入要查询的内容，按 Enter 键即可，如图 1-66 所示。

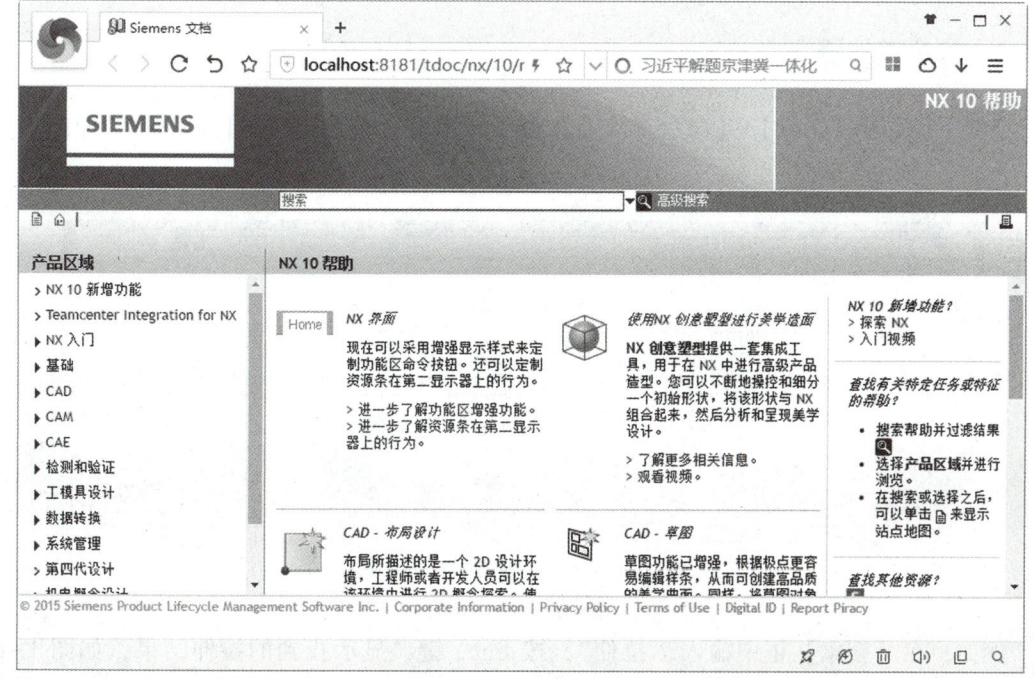

图 1-66　帮助界面

1.6.2 NX 上下文帮助（F1 键）

在使用过程中遇到问题按下快捷键 F1，系统会自动查找 UG 的用户手册，并定位在当前功能的说明部分。图 1-67 所示为在【拉伸】窗口中按 F1 键弹出的帮助界面。

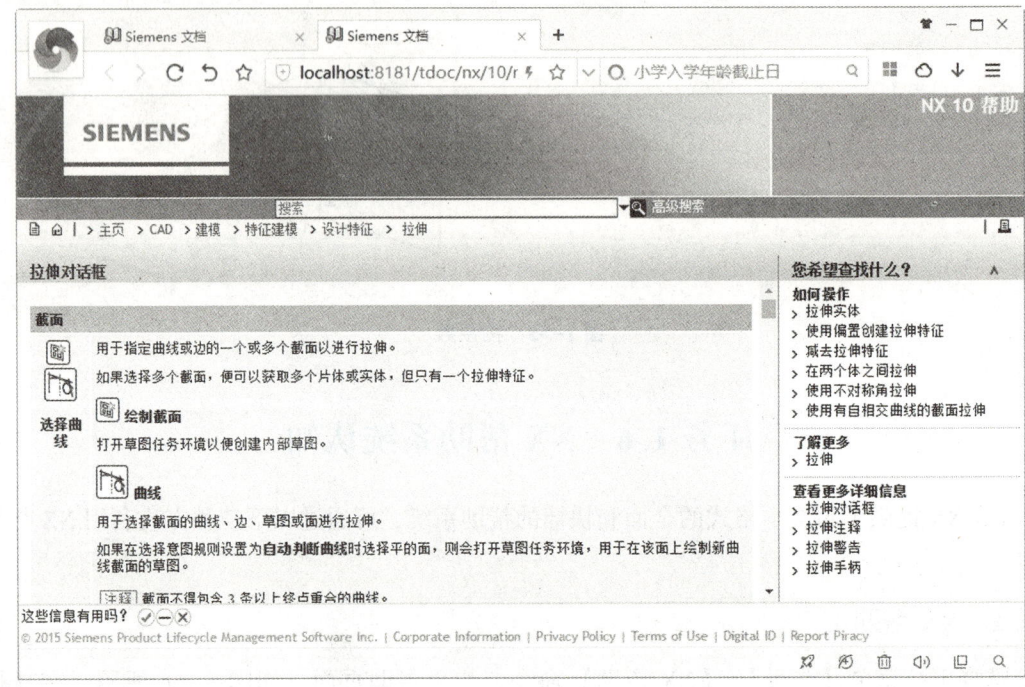

图 1-67　按 F1 键弹出的帮助界面

1.6.3 命令查找器

选择下拉菜单【帮助】|【命令查找器】命令，弹出【命令查找器】对话框，如图 1-68 所示。

图 1-68　【命令查找器】对话框

例如，在【搜索】框中输入"拉伸"，按 Enter 键，显示找到的拉伸结果，如图 1-69 所示。

项目一　NX 概述

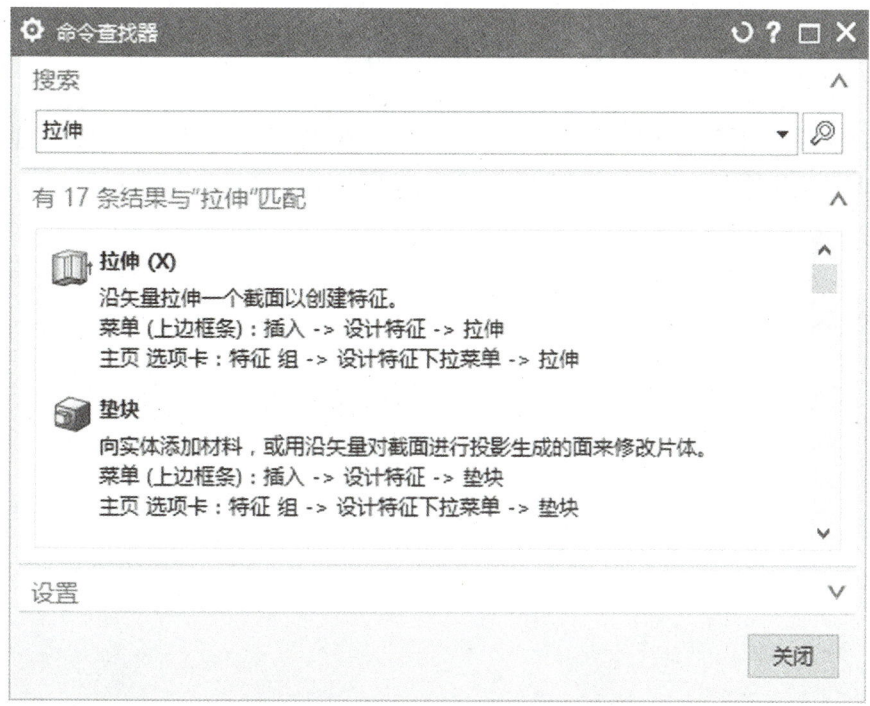

图 1-69　显示查找结果

将鼠标移动到需要的结果上时，显示出相应命令所在的位置，如图 1-70 所示。

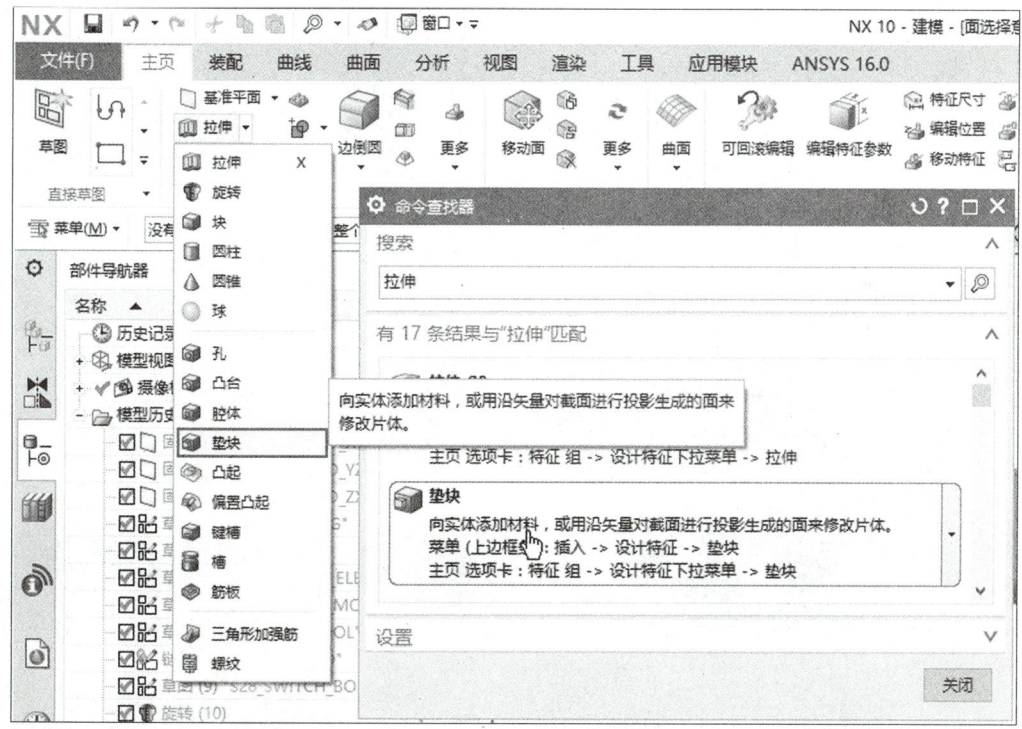

图 1-70　查找命令位置

本章小结

本项目简要介绍了 NX 软件的主要功能模块、用户界面和帮助系统等内容。通过本项目学习,读者对该软件有一个初步的了解,为下一阶段的学习打下坚实的基础。

项目二

NX 二维草图项目式设计案例

草图是 NX 中创建在规定的平面上的命了名的二维曲线集合。创建的草图实现多种设计需求：通过扫掠、拉伸或旋转草图来创建实体或片体、创建 2D 概念布局、创建构造几何体，如运动轨迹或间隙弧。NX 通过尺寸和几何约束可以用于建立设计意图并且提供通过参数驱动改变模型的能力。

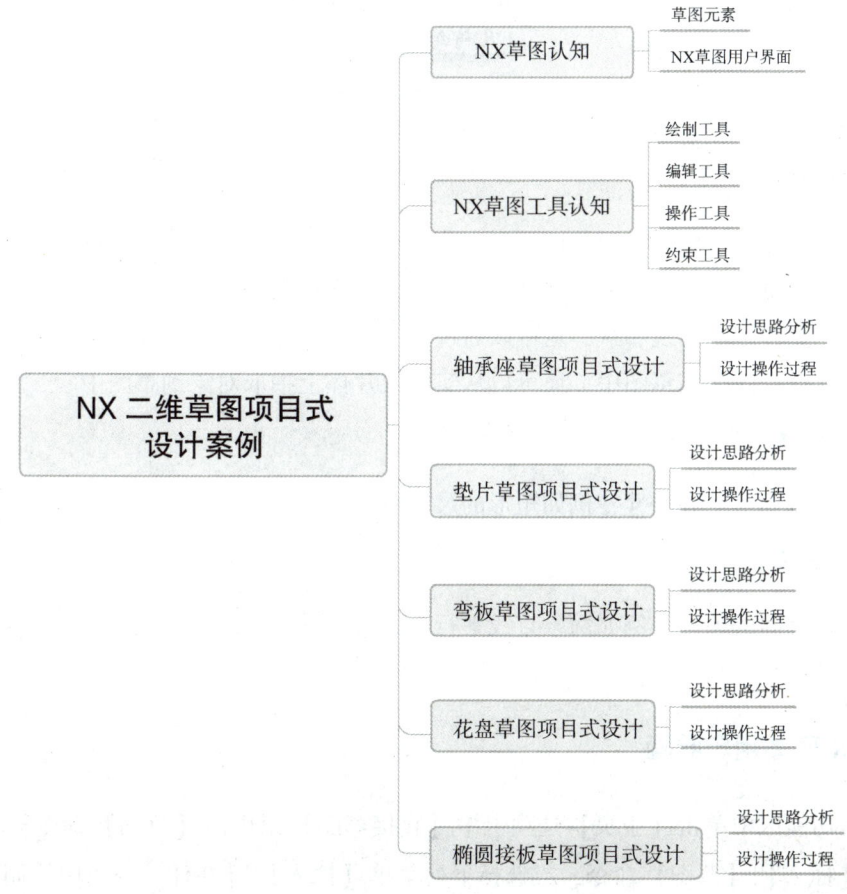

任务 2.1　NX 草图认知

二维草图是 NX 三维建模的基础，草图就是创建在规定的平面上的命了名的二维曲线集合，常用于将草图通过拉伸、旋转、扫掠等特征创建方法来创建实体或片体。合抱之木，生于毫末；百丈之台，起于垒土；千里之行，始于足下，希望同学们能认真学习二维草图，为 NX 三维建模夯实基础。

2.1.1 草图元素

NX 草图生成器中常用的草图元素如图 2-1 所示。

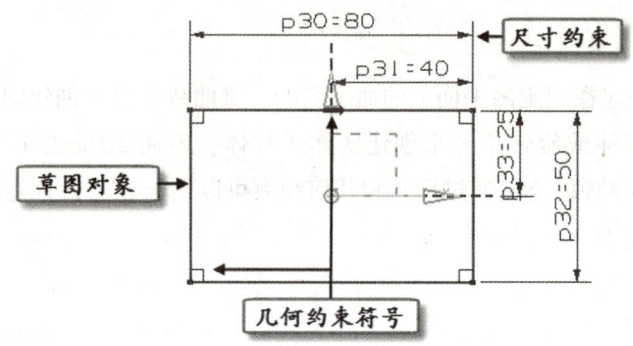

图 2-1 草图生成器元素

1. 草图对象

在草图生成器中创建的截面几何元素，草图对象是指草图中的曲线和点。建立草图工作平面后，就可在草图工作平面上建立草图对象了，建立草图对象的方法有多种，既可以在草图工作平面中直接绘制曲线和点，也可以通过草图操作功能中的一些方法，添加绘图工作区中存在的曲线或点到当前草图中，还可以从实体或片体上抽取对象到草图中。

2. 尺寸约束

定义零件截面形状和尺寸，例如矩形的尺寸可以用长、宽参数约束。

3. 几何约束

定义几何之间的关系，例如两条直线平行、共线、垂直直线与圆弧相切、圆弧与圆弧相切等。

2.1.2 NX 草图用户界面

在草图功能区中单击【主页】选项卡中【直接草图】组中的【草图】命令 ，或选择下列菜单【插入】|【草图】命令，或选择下列菜单【插入】|【在任务环境中绘制草图】命令，弹出【创建草图】对话框，在【草图类型】下拉菜单中选择"在平面上"，单击【确定】按钮，进入草图生成器。草图界面主要包括菜单栏、资源导航器、选项卡、图形区、状态栏等，如图 2-2 所示。

项目二　NX 二维草图项目式设计案例

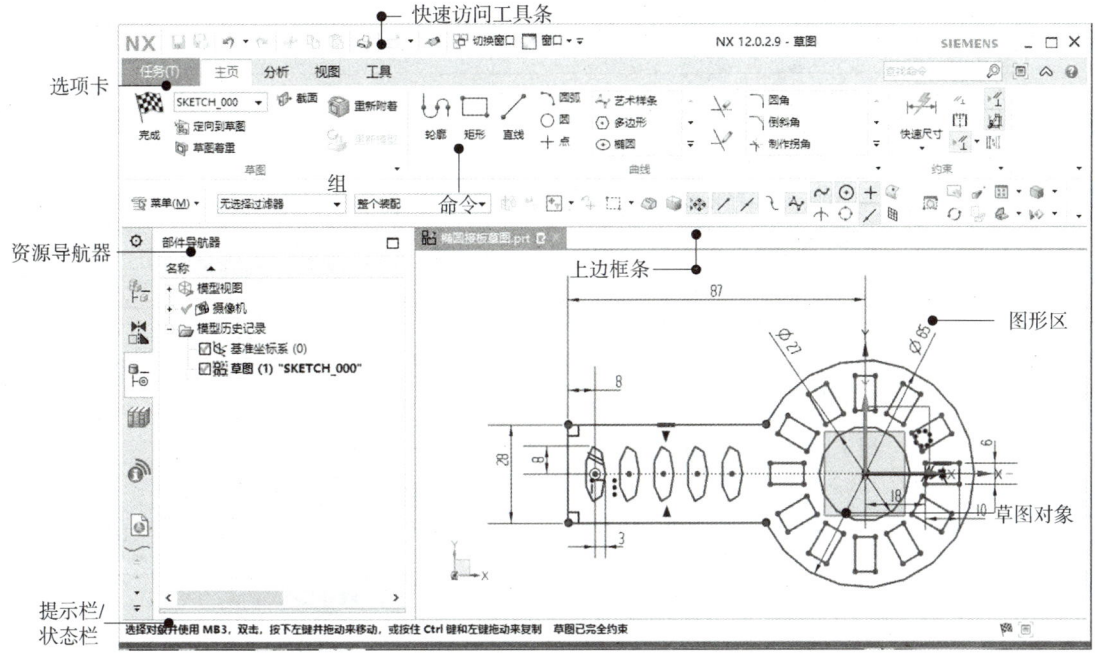

图 2-2　草图界面

任务 2.2　NX 草图工具认知

草图是绘制三维模型的基础，NX 草图生成器不仅可以创建、编辑草图元素，还可以对草图元素施加尺寸约束和几何约束，实现精确、快速地绘制二维轮廓，因此它提供了草图绘制工具、草图编辑工具、草图操作工具和草图约束工具。熟悉工具后使用起来才能得心应手。

2.2.1　草图绘制工具

草图生成器提供了丰富的绘图工具来创建草图轮廓，下面介绍常用草图绘制功能。

NX 草图生成器【主页】选项卡中的【曲线】组中提供的草图绘制工具，如表 2-1 所示。

表 2-1　草图绘制工具

类型	说明	示例
点	用于在草图上建立一个点	

33

续表

类型	说明	示例
轮廓线	用于在草图平面上连续绘制直线和圆弧，前一段直线或者圆弧的终点是下一段直线或者圆弧的起点	
直线	用于通过两点来创建直线	
圆弧	圆弧是指绘制圆的一部分，圆弧是不封闭的，而封闭的称为圆	
圆	用于绘制圆	
矩形	用于绘制两点、中心点矩形	
多边形	用于通过定义中心创建正多边形	

续表

类型	说明	示例
样条线	样条线用于通过一系列控制点来创建样条曲线	
二次曲线	二次曲线绘制功能有：椭圆、抛物线、双曲线和圆锥曲线	

2.2.2 草图编辑工具

草图绘制指令可以完成轮廓的基本绘制，但最初完成的绘制是未经过相应编辑的，需要进行圆角、倒角、修剪等操作，才能获得更加精确的轮廓。NX 草图生成器【曲线】组中提供的草图编辑工具如表 2-2 所示。

表 2-2 草图编辑工具

类型	说明	示例
圆角	用于将图形中棱角位置进行圆弧过渡处理，或对未闭合的边通过圆角进行圆弧闭合处理。UG NX 12.0 中草图圆角功能可用于在两条或三条曲线之间创建一个圆角	
倒角	用于将创建的两个直线或曲线图形对象相交的直线，形成一个倒角	
制作拐角	用于将两条输入曲线延伸和/或修剪到一个公共交点来创建拐角	
快速修剪	用于将一条曲线修剪至任一方向上最近的交点。如果曲线没有交点，则将其删除	

续表

类型	说明	示例
快速延伸	用于延伸草图对象中的直线、圆弧、曲线等	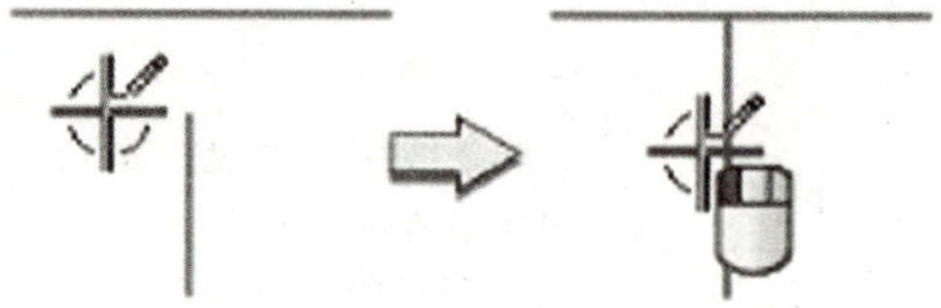

2.2.3 草图操作工具

NX 提供了草图操作工具进一步完善草图绘制，在功能区中单击【主页】选项卡中【曲线】组中提供的草图操作命令，如表 2-3 所示。

表 2-3 草图操作工具

类型	说明	示例
偏置曲线	偏置曲线功能是将从实体或片体抽取出的曲线沿指定方向偏置一定距离而产生的一条新曲线，并在草图中产生一个偏置约束	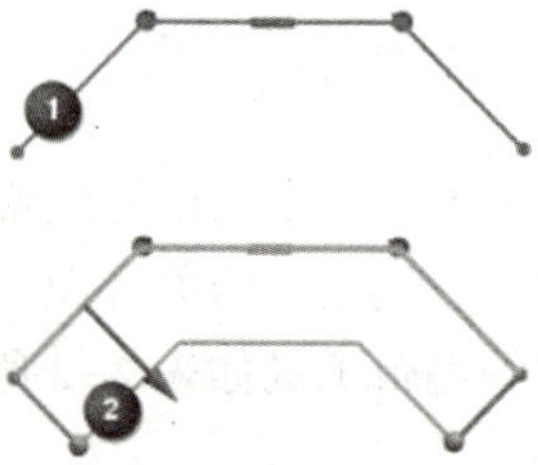
阵列曲线	使用阵列曲线命令可对与草图平面平行的边、曲线和点设置阵列	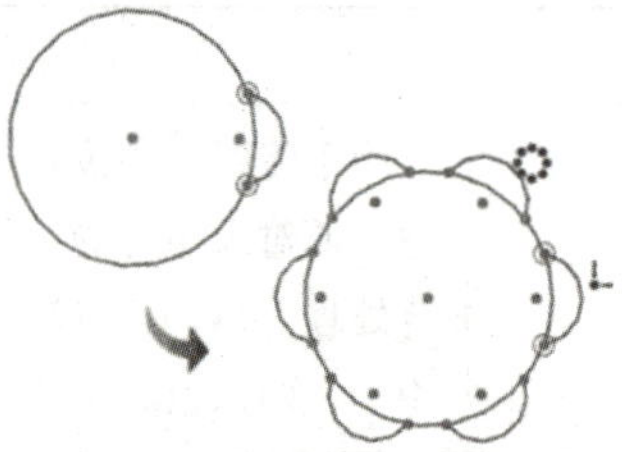
镜像曲线	镜像命令生成的草图是关于草图中心线对称的几何图形	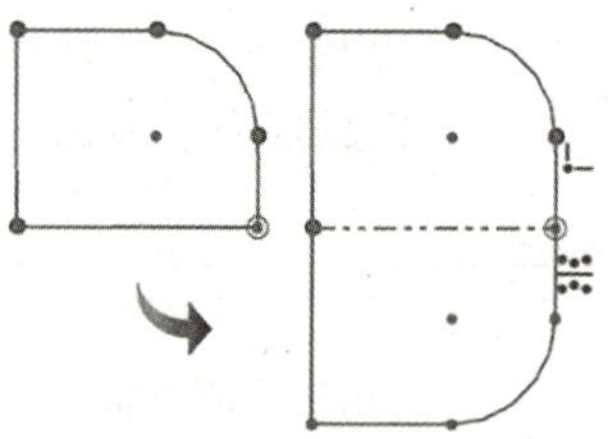
相交曲线	相交曲线在草图平面与所选连续曲面相交处创建一条光滑曲线	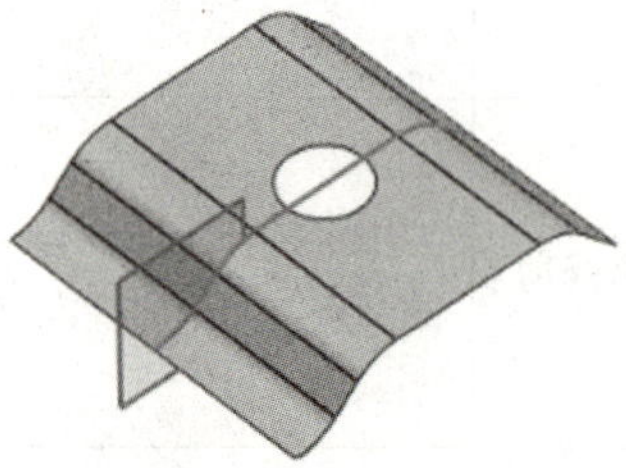

续表

类型	说明	示例
投影曲线	投影是指将选择的模型对象沿草图平面法向方向投影到草图中,生成草图对象	

2.2.4 草图约束工具

草图设计强调的是形状设计与尺寸几何约束分开,形状设计仅是一个粗略的草图轮廓,要精确地定义草图,还需要对草图元素进行约束。草图约束包括几何约束和尺寸约束两种。

1. 草图几何约束

几何约束用于建立草图对象几何特性(例如直线的水平和竖直)以及两个或两个以上对象间的相互关系(如两直线垂直、平行,直线与圆弧相切等)。

单击【主页】选项卡中【约束】组中的【几何约束】命令,利用【几何约束】对话框实现草图几何约束功能。NX 几何约束的种类与图形元素的种类和数量的关系如表 2-4 所示。

表 2-4 NX 几何约束的种类与图形元素的种类和数量的关系

种类	符号	图形元素的种类和数量
固定		将草图对象固定在某个位置。不同几何对象有不同的固定方法,点一般固定其所在位置;线一般固定其角度或端点;圆和椭圆一般固定其圆心;圆弧一般固定其圆心或端点
完全固定		一次性完全固定草图对象的位置和角度
重合		定义两个或多个点相互重合
同心		定义两个或多个圆弧或椭圆弧的圆心相互重合
共线		定义两条或多条直线共线
点在曲线上		定义所选取的点在某曲线上
中点		定义点在直线的中点或圆弧的中点法线上
水平		定义直线为水平直线(平行于工作坐标的 XC 轴)
垂直		定义直线为垂直直线(平行于工作坐标的 YC 轴)
平行		定义两条曲线相互平行
垂直		定义两条曲线彼此垂直

续表

种类	符号	图形元素的种类和数量
相切	○	定义选取的两个对象相互相切
等长	=	定义选取的两条或多条曲线等长
等半径	≋	定义选取的两个或多个圆弧等半径
固定长度	↔	该约束定义选取的曲线为固定的长度
固定角度	∠	该约束定义选取的直线为固定的角度

2. 草图尺寸约束

尺寸约束就是用数值约束图形对象的大小。在草图功能区中单击【主页】选项卡中【约束】组中的【快速尺寸】命令，打开【快速尺寸】对话框可进行草图尺寸约束标注。

任务 2.3 轴承座草图项目式设计

以轴承座为例来对草图特征设计和操作相关知识进行综合性应用，轴承座草图如图 2-3 所示。希望大家通过学习轴承座草图的绘制，掌握相关知识，在今后的绘图中能够举一反三、灵活应用。

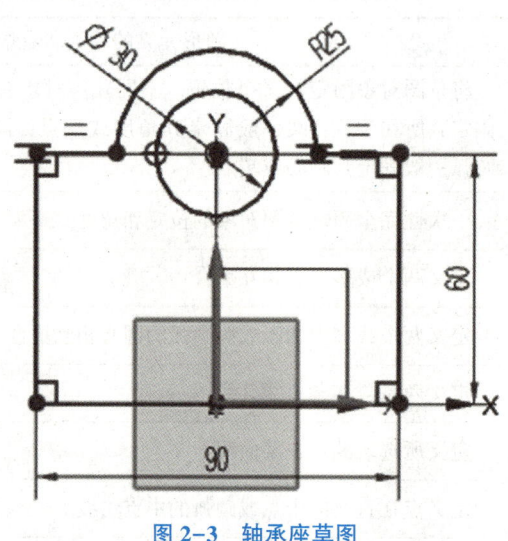

图 2-3 轴承座草图

2.3.1 轴承座草图设计思路分析

首先对草图进行整体分析，找到草图的定位元素或者定位位置，将草图分解成草图绘制元素，如图 2-4 所示。

项目二　NX 二维草图项目式设计案例

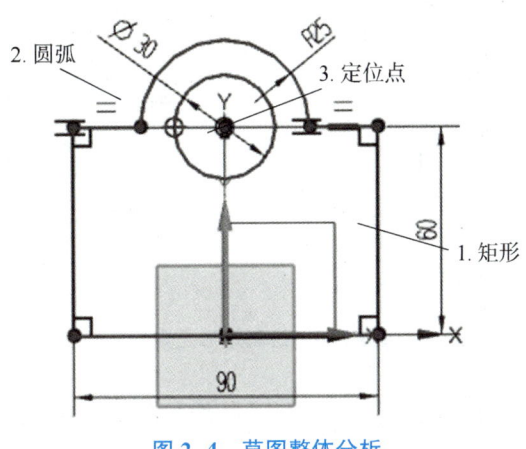

图 2-4　草图整体分析

2.3.2　轴承座草图设计操作过程

1. 启动 NX 创建模型文件

启动 NX 后，单击【主页】选项卡的【新建】按钮，弹出【文件新建】对话框，选择【模型】模板。在【名称】文本框中输入"轴承座草图"，单击【确定】按钮，新建文件。

2. 绘制草图元素

（1）在草图功能区单击【主页】选项卡【直接草图】组中的【草图】命令，弹出【创建草图】对话框，在图形区选择【Datum Coordinate System】的【X-Y 平面】图标，然后单击【确定】按钮进入草图绘制状态，如图 2-5 所示。

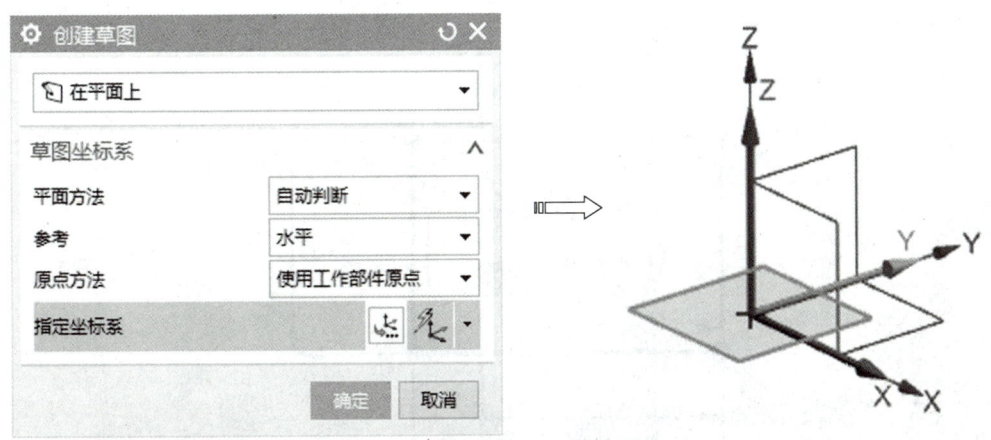

图 2-5　选择草图绘制平面

（2）在草图功能区单击【主页】选项卡【曲线】组中的【矩形】按钮以及草图尺寸约束命令，绘制矩形元素，如图 2-6 所示。

39

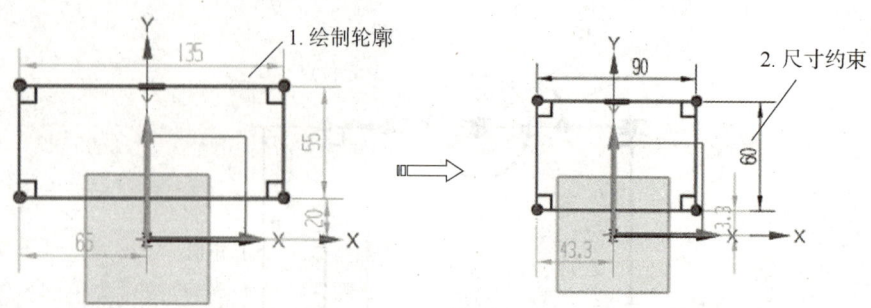

图 2-6　绘制矩形元素

（3）在草图功能区单击【主页】选项卡【约束】组中的【几何约束】命令，弹出【几何约束】对话框，选择约束类型为重合，选择中点和原点约束重合，如图 2-7 所示。

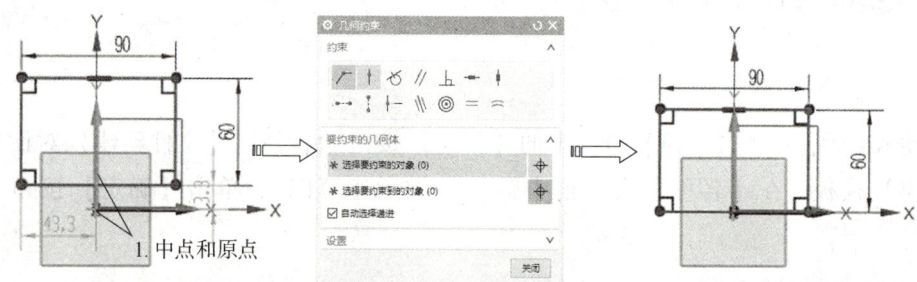

图 2-7　施加几何约束

（4）在草图功能区单击【主页】选项卡【曲线】组中的【圆】按钮，绘制草图轮廓，如图 2-8 所示。

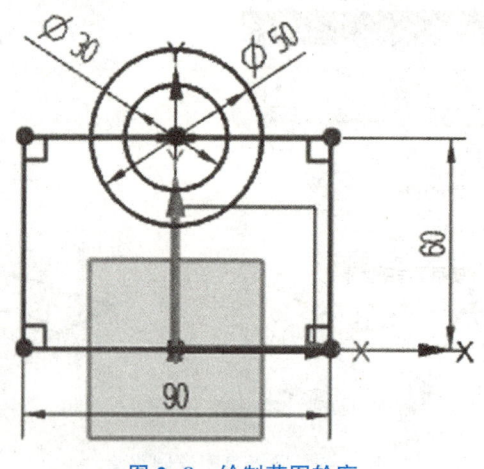

图 2-8　绘制草图轮廓

3. 修剪草图

在草图功能区单击【主页】选项卡【曲线】组中的【快速修剪】按钮，弹出【快速修剪】对话框，选择要修剪的曲线，如图 2-9 所示。

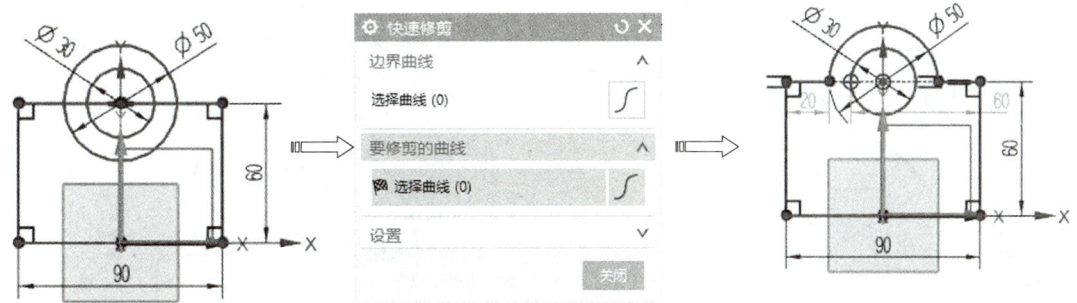

图 2-9 快速修剪曲线

4. 施加草图约束

（1）在草图功能区单击【主页】选项卡【约束】组中的【几何约束】命令，弹出【几何约束】对话框，分别施加等长 ═ 和同心 ◎ 约束，如图 2-10 所示。

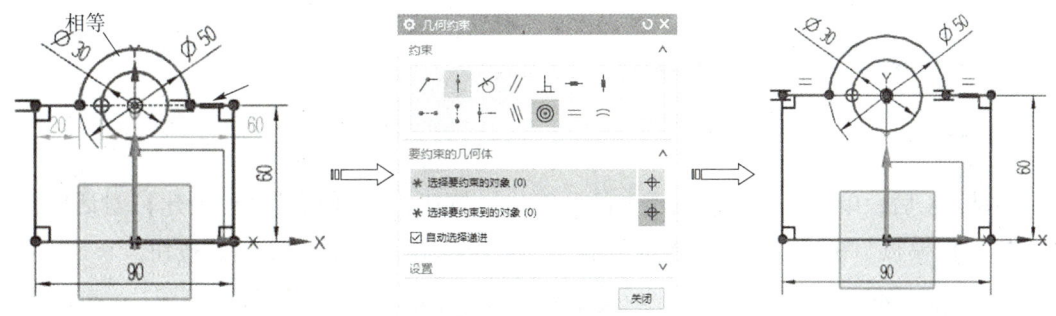

图 2-10 施加几何约束

（2）在功能区单击【草图】组的【完成】按钮，完成草图绘制，退出草图编辑器环境。

任务 2.4 垫片草图项目式设计

以垫片为例来对草图特征设计和操作相关知识进行综合性应用，垫片草图如图 2-11 所示。希望大家通过学习垫片草图的绘制，掌握相关知识，在今后的绘图中能够举一反三、灵活应用。

2.4.1 垫片草图设计思路分析

首先对草图进行整体分析，找到草图的定位元素或者定位位置，将草图分解成草图绘制元素，如图 2-12 所示。

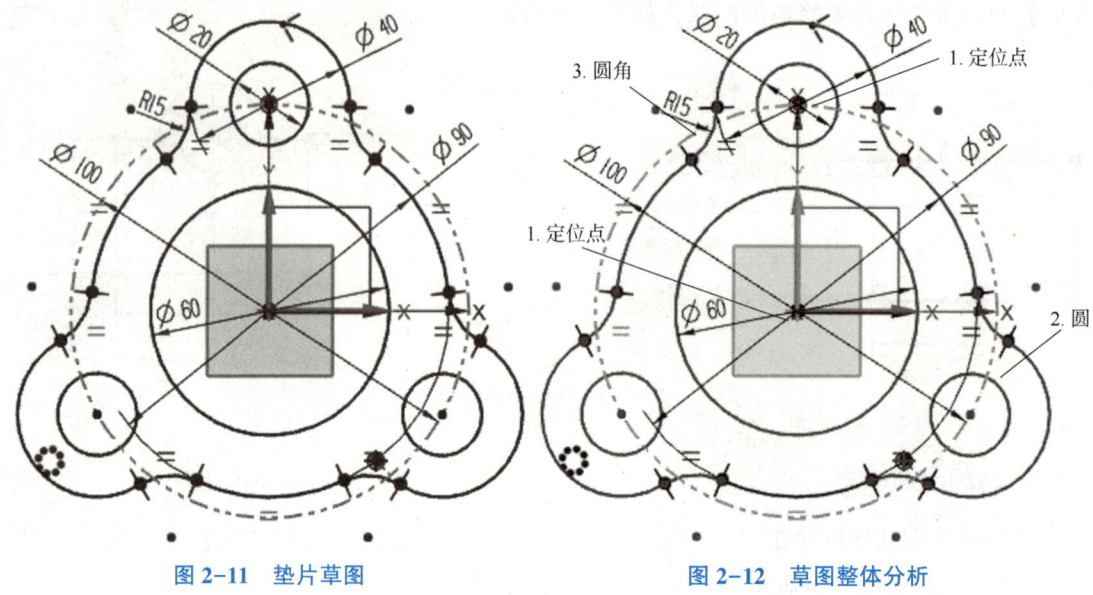

图 2-11 垫片草图　　　　　　　　　图 2-12 草图整体分析

2.4.2 垫片草图设计操作过程

1. 启动 NX 创建模型文件

启动 NX 后，单击【主页】选项卡的【新建】按钮，弹出【文件新建】对话框，选择【模型】模板。在【名称】文本框中输入"垫片草图"，单击【确定】按钮，新建文件。

2. 绘制草图元素

（1）在草图功能区单击【主页】选项卡【直接草图】组中的【草图】命令，弹出【创建草图】对话框，在图形区选择 X-Y 平面，单击【确定】按钮，如图 2-13 所示。

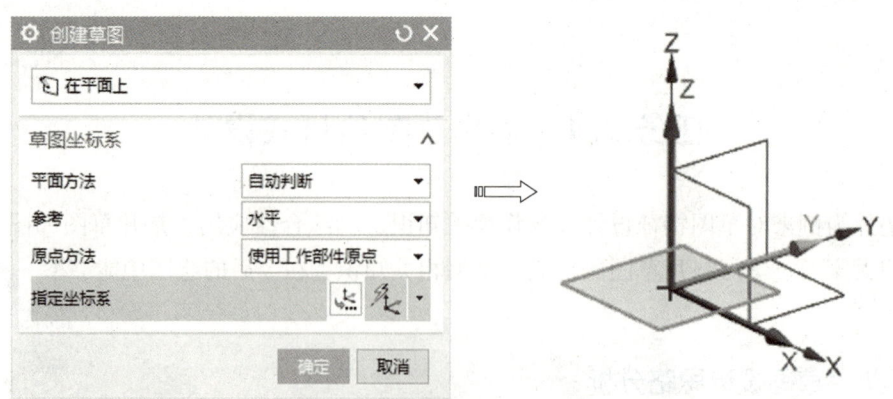

图 2-13 选择草图绘制平面

（2）在草图功能区单击【主页】选项卡【曲线】组中的【圆】命令○以及草图几何约束和尺寸约束命令，捕捉原点绘制 3 个圆，如图 2-14 所示。

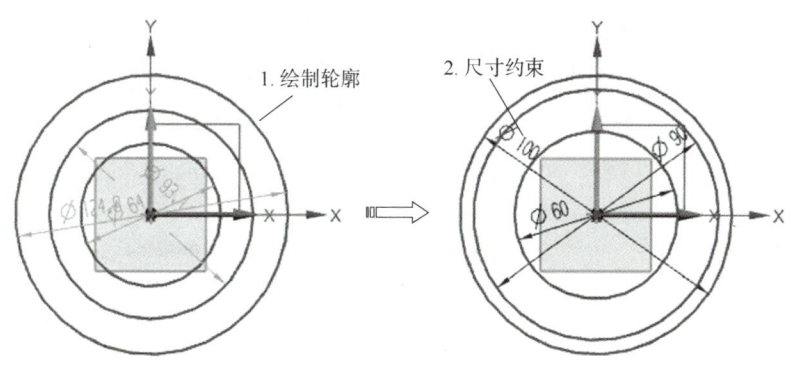

图 2-14 绘制圆

(3) 单击【主页】选项卡【约束】组中的【转换至/自参考对象】按钮,弹出【转换至/自参考对象】对话框,选择图中最大的圆,单击【确定】按钮,如图 2-15 所示。

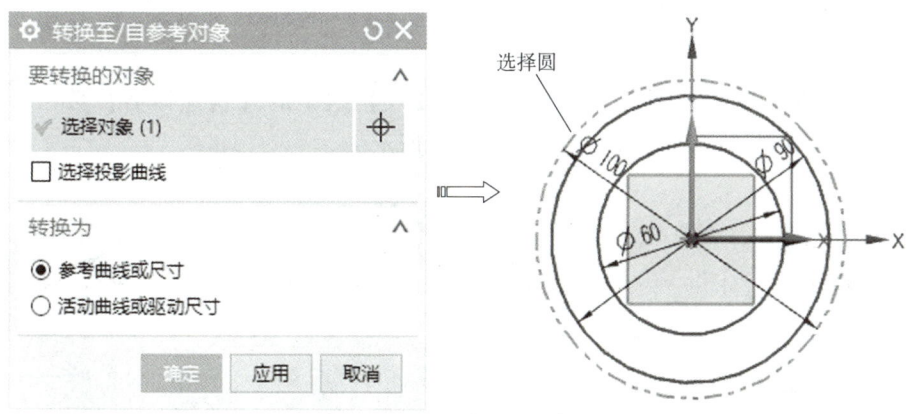

图 2-15 转换为参考对象

(4) 在草图功能区单击【主页】选项卡【曲线】组中的【圆】命令○以及草图几何约束和尺寸约束命令,绘制两个同心圆,直径分别为 20、40,如图 2-16 所示。

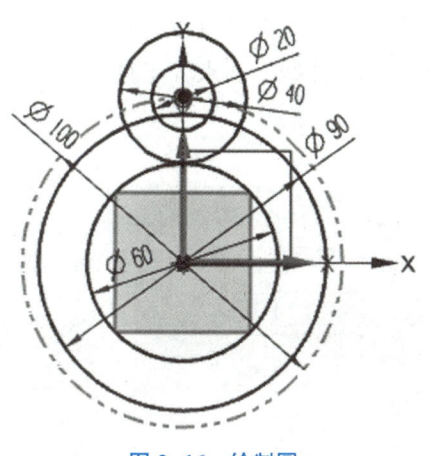

图 2-16 绘制圆

(5) 在草图功能区单击【主页】选项卡【曲线】组中的【阵列曲线】命令，弹出【阵列曲线】对话框，选择【布局】为圆形，在【指定点】中选择大圆中心为阵列中心，设置【数量】为3，【节距角】为120，单击【确定】按钮完成圆形阵列，如图2-17所示。

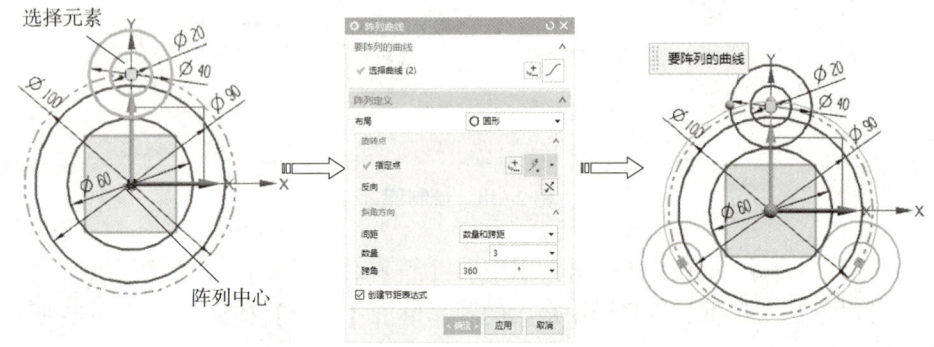

图2-17 阵列圆形

(6) 在草图功能区单击【主页】选项卡【曲线】组中的【快速修剪】按钮，弹出【快速修剪】对话框，选择修剪曲线，如图2-18所示。

图2-18 快速修剪曲线

(7) 在草图功能区单击【主页】选项卡【曲线】组中的【圆角】按钮，弹出【圆角】工具栏，如图2-19所示，选择曲线，输入"半径"为15，自动完成【圆角】命令。

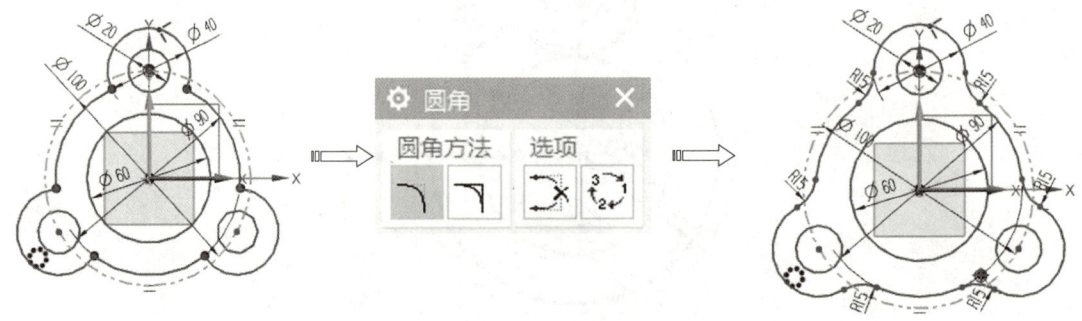

图2-19 绘制圆角

（8）在功能区单击【草图】组上的【完成】按钮，完成草图绘制，退出草图编辑器环境。

任务 2.5 弯板草图项目式设计

以弯板为例来对草图特征设计和操作相关知识进行综合性应用，弯板草图如图 2-20 所示。希望大家通过学习弯板草图的绘制，掌握相关知识，在今后的绘图中能够举一反三、灵活应用。

2.5.1 弯板草图设计思路分析

首先对草图进行整体分析，找到草图的定位元素或者定位位置，将草图分解成草图绘制元素，如图 2-21 所示。

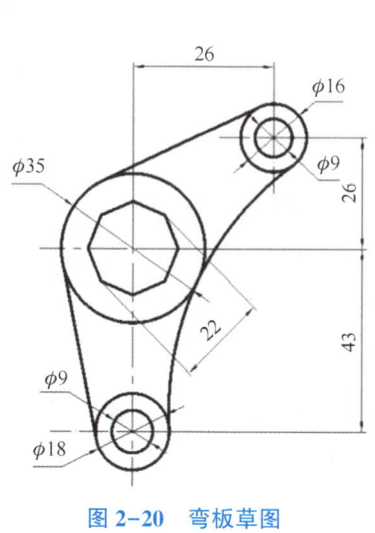

图 2-20 弯板草图

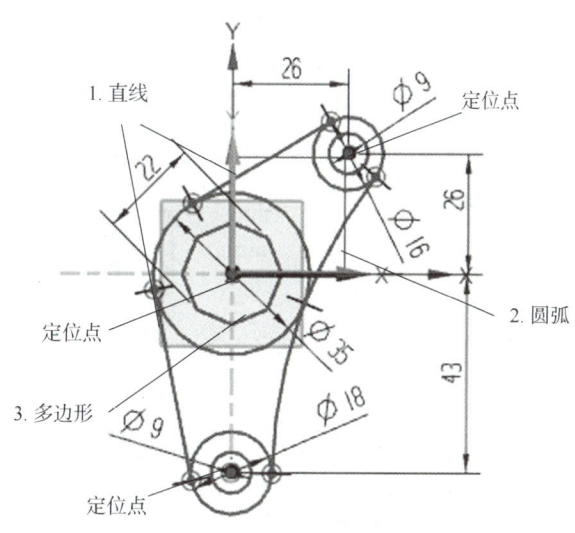

图 2-21 草图整体分析

2.5.2 弯板草图设计操作过程

1. 启动 NX 创建模型文件

启动 NX 后，单击【主页】选项卡的【新建】按钮，弹出【文件新建】对话框，选择【模型】模板。在【名称】文本框中输入"弯板草图"，单击【确定】按钮，新建文件。

2. 绘制草图定位元素

（1）在草图功能区单击【主页】选项卡【直接草图】组中的【草图】命令，弹出【创建草图】对话框，在图形区选择【Datum Coordinate System】的【X-Y 平面】图标，然后单击【确定】按钮，如图 2-22 所示。

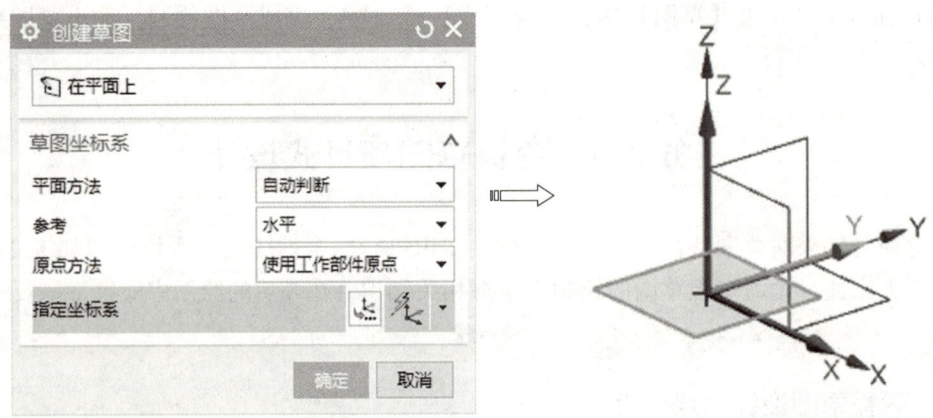

图 2-22　选择草图绘制平面

（2）在草图功能区单击【主页】选项卡【曲线】组中的【圆】命令○以及草图几何约束和尺寸约束命令，绘制草图定位元素，如图 2-23 所示。

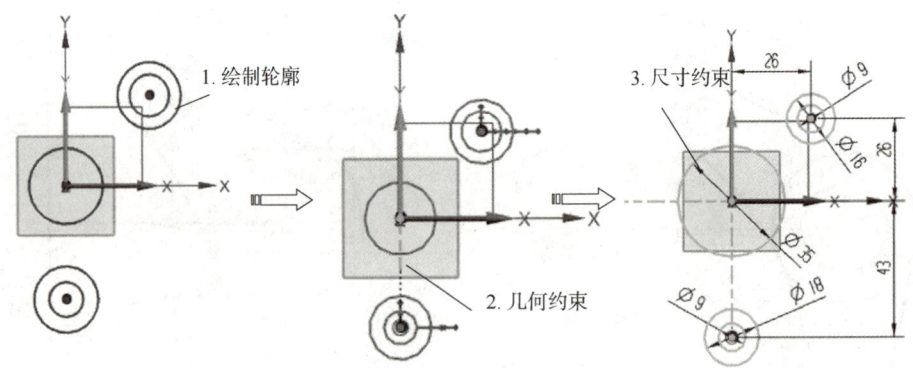

图 2-23　绘制草图定位元素

3. 绘制草图轮廓

在草图功能区单击【主页】选项卡【曲线】组中的【圆】命令、【圆弧】命令和【多边形】命令，绘制草图轮廓，如图 2-24 所示。

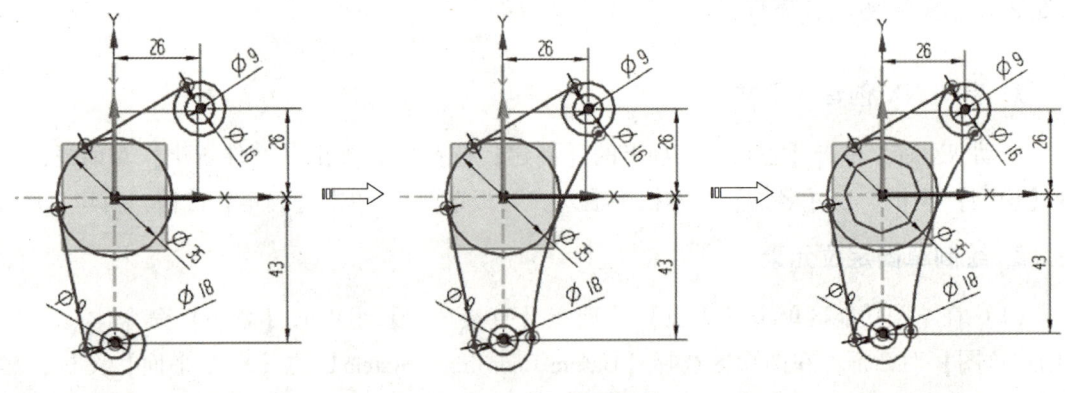

图 2-24　绘制草图轮廓

4. 施加草图约束

(1) 在草图功能区单击【主页】选项卡【约束】组中的【几何约束】命令 ，弹出【几何约束】对话框，如图 2-25 所示。

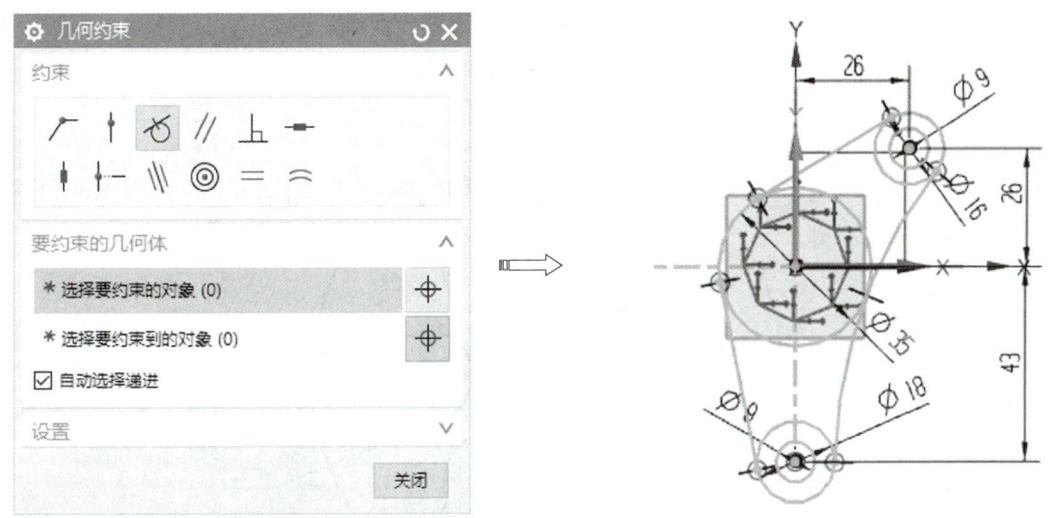

图 2-25 施加几何约束

(2) 在草图功能区单击【主页】选项卡【约束】组中的【快速尺寸】按钮 ，对草图施加尺寸约束，如图 2-26 所示。

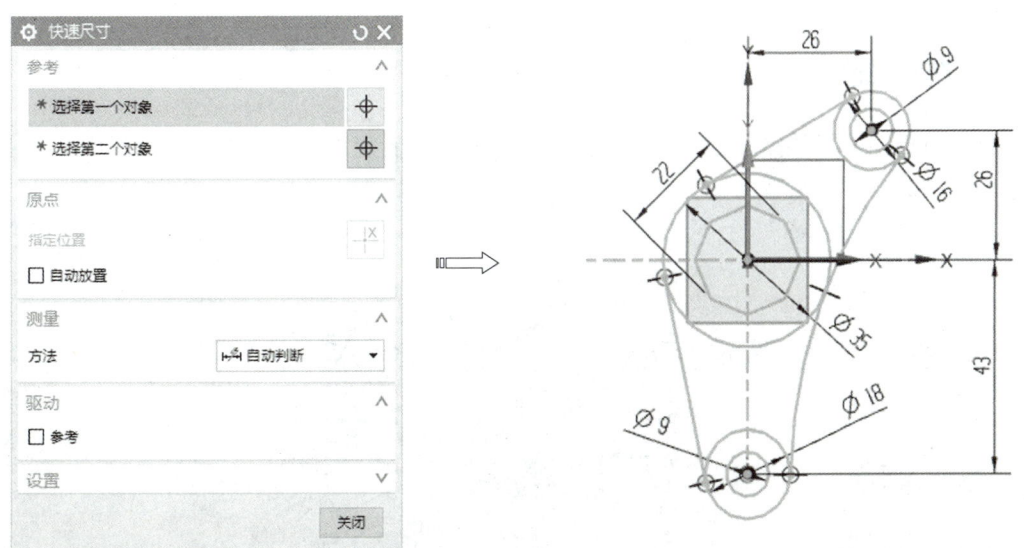

图 2-26 标注草图尺寸

(3) 在功能区单击【草图】组的【完成】按钮 ，完成草图绘制退出草图编辑器环境。

任务 2.6　花盘草图项目式设计

以花盘为例来对草图特征设计和操作相关知识进行综合性应用，花盘草图如图 2-27 所示。希望大家通过学习花盘草图的绘制，掌握相关知识，在今后的绘图中能够举一反三、灵活应用。

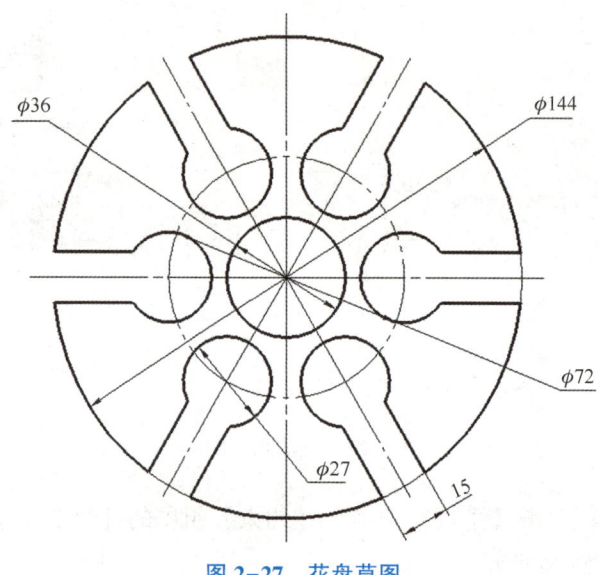

图 2-27　花盘草图

2.6.1　花盘草图设计思路分析

首先对草图进行整体分析，找到草图的定位元素或者定位位置，将草图分解成草图绘制元素，如图 2-28 所示。

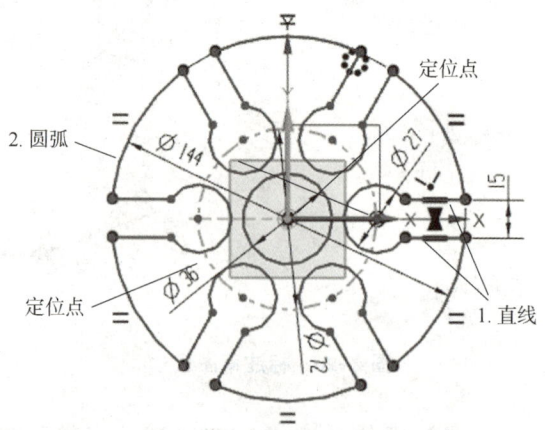

图 2-28　草图整体分析

2.6.2 花盘草图设计操作过程

1. 启动 NX 创建模型文件

启动 NX 后,单击【主页】选项卡的【新建】按钮,弹出【文件新建】对话框,选择【模型】模板。在【名称】文本框中输入"花盘草图",单击【确定】按钮,新建文件。

2. 绘制草图轮廓

(1) 在草图功能区单击【主页】选项卡【直接草图】组中的【草图】命令,弹出【创建草图】对话框,在图形区选择【Datum Coordinate System】的【X-Y 平面】图标,然后单击【确定】按钮,进入草图绘制状态,如图 2-29 所示。

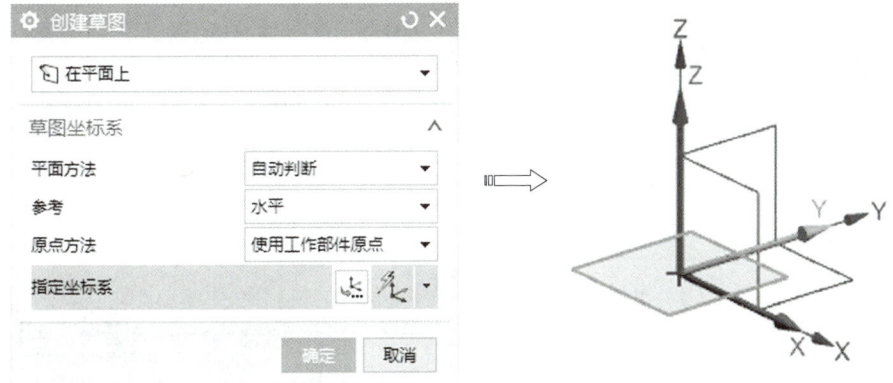

图 2-29　选择草图绘制平面

(2) 在草图功能区单击【主页】选项卡【曲线】组中的【圆】命令○、【约束】组中的【转换至/自参考对象】按钮、【曲线】组中的【直线】命令,绘制并约束草图,如图 2-30 所示。

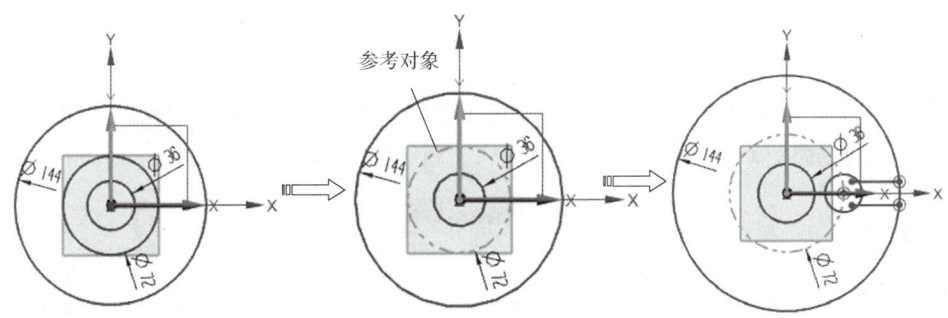

图 2-30　绘制并约束草图

3. 施加草图约束

(1) 在草图功能区单击【主页】选项卡【约束】组中的【设为对称】命令,弹出【设为对称】对话框,选择左侧斜直线为对象,X 轴为对称中心线,单击【确定】按钮完成对称约束,如图 2-31 所示。

图 2-31 对称约束

（2）在草图功能区单击【主页】选项卡【约束】组中的【快速尺寸】按钮，对草图施加尺寸约束，如图 2-32 所示。

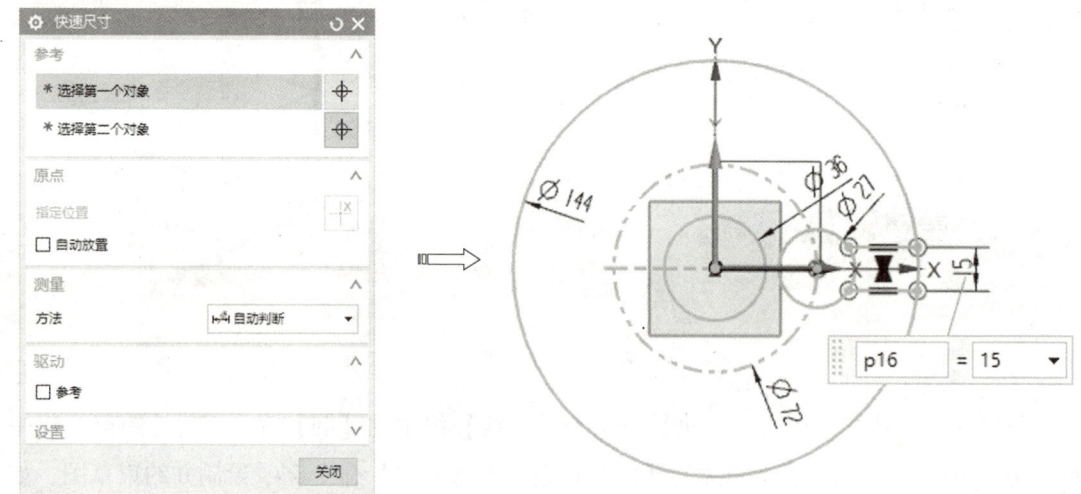

图 2-32 标注草图尺寸

4. 草图编辑和操作

（1）在草图功能区单击【主页】选项卡【曲线】组中的【快速修剪】命令，弹出【快速修剪】对话框，选择如图 2-33 所示曲线，自动完成修剪。

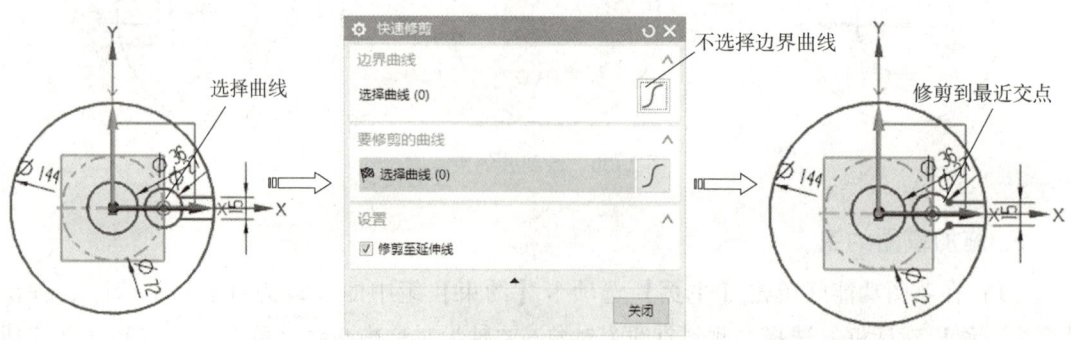

图 2-33 快速修剪

（2）单击【主页】选项卡【曲线】组中的【阵列曲线】命令，弹出【阵列曲线】对话框，选择【布局】为圆形，在【指定点】中选择大圆中心为阵列中心，设置【数量】为6，【节距角】为60，单击【确定】按钮完成圆形阵列，如图2-34所示。

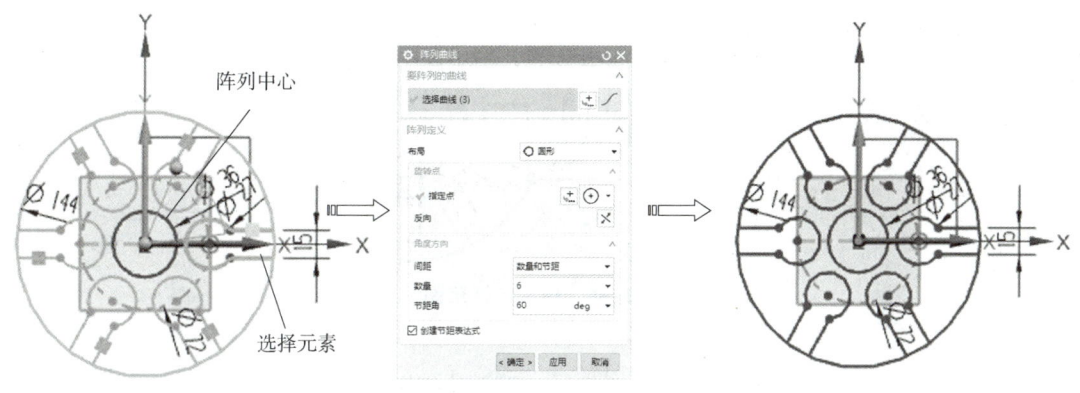

图 2-34 阵列曲线

（3）单击【主页】选项卡【曲线】组中的【快速修剪】命令，弹出【快速修剪】对话框，选择如图2-35所示曲线，自动完成修剪。

图 2-35 快速修剪

（4）在功能区单击【草图】组的【完成】按钮，完成草图绘制，退出草图编辑器环境。

任务 2.7　椭圆接板草图项目式设计

以椭圆接板为例来对草图特征设计和操作相关知识进行综合性应用，如图2-36所示。希望大家通过学习椭圆接板草图的绘制，掌握相关知识，在今后的绘图中能够举一反三、灵活应用。

2.7.1　椭圆接板草图设计思路分析

首先对草图进行整体分析，找到草图的关键元素，将草图分解成草图绘制元素，如图2-37所示。

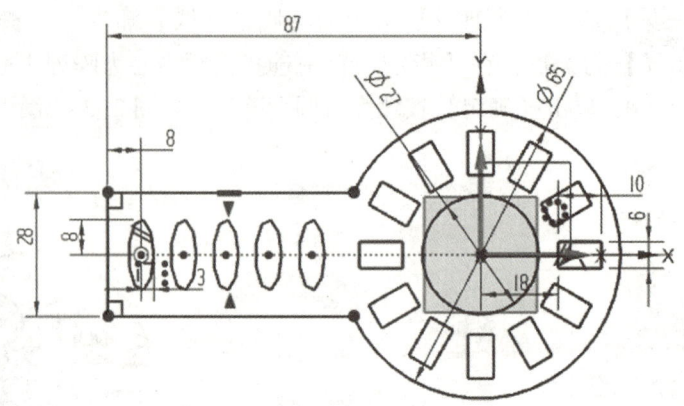

图 2-36 椭圆接板草图

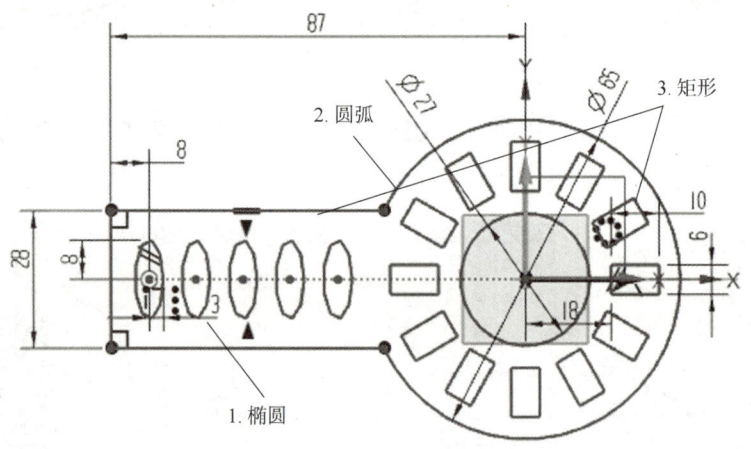

图 2-37 草图整体分析

2.7.2 椭圆接板草图设计操作过程

1. 启动 NX 创建模型文件

启动 NX 后，单击【主页】选项卡的【新建】按钮 ，弹出【文件新建】对话框，选择【模型】模板。在【名称】文本框中输入"椭圆接板草图"，单击【确定】按钮，新建文件。

2. 绘制草图轮廓

（1）在草图功能区单击【主页】选项卡【直接草图】组中的【草图】命令 ，弹出【创建草图】对话框，在图形区选择【Datum Coordinate System】的【X-Y 平面】图标，然后单击【确定】按钮，进入草图绘制状态，如图 2-38 所示。

（2）在草图功能区单击【主页】选项卡【曲线】组中的【圆】命令 ，绘制两个同心圆，然后在草图功能区单击【主页】选项卡【曲线】组中的【矩形】命令 ，绘制两个矩形，如图 2-39 所示。

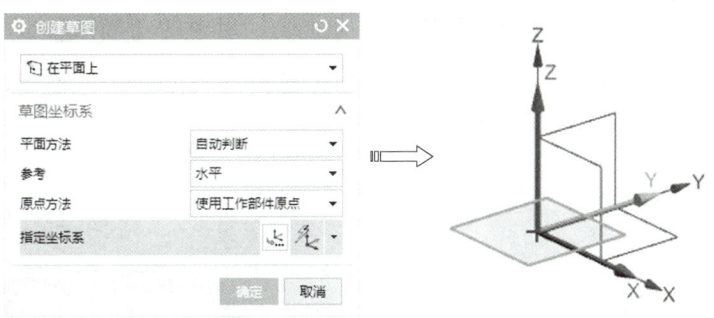

图 2-38　选择草图绘制平面

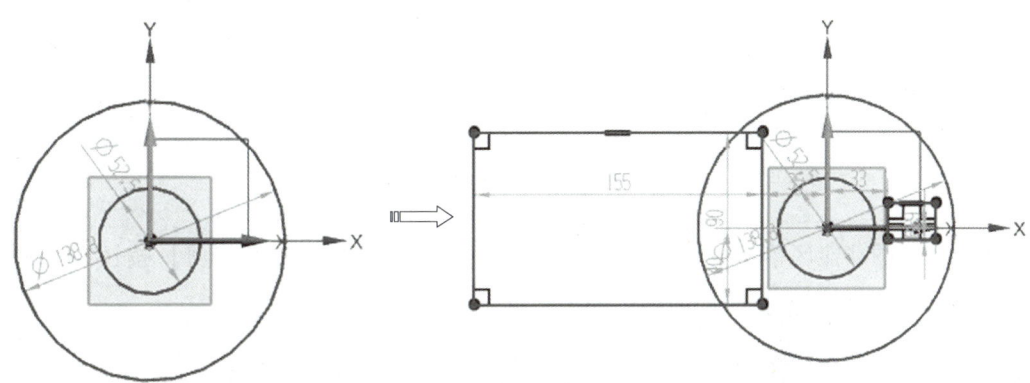

图 2-39　绘制同心圆和矩形

（3）在草图功能区单击【主页】选项卡【约束】组中的【设为对称】按钮，弹出【设为对称】对话框，将右侧矩形设为对称，如图 2-40 所示。

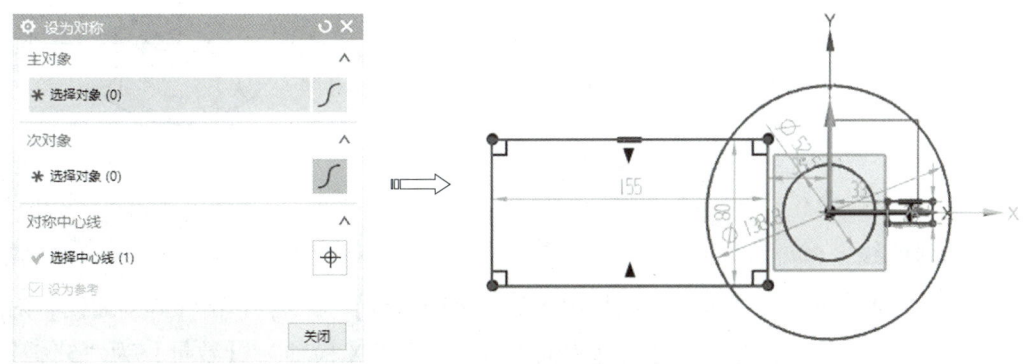

图 2-40　设为对称

（4）在草图功能区单击【主页】选项卡【约束】组中的【快速尺寸】按钮，对草图施加尺寸约束，如图 2-41 所示。

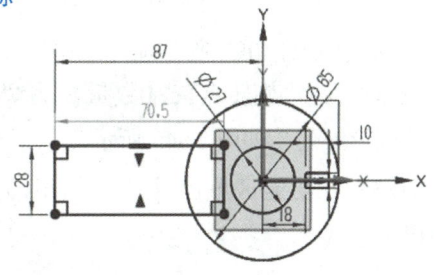

图 2-41　标注草图尺寸

53

(5) 在草图功能区单击【主页】选项卡【曲线】组中的【椭圆】按钮⊙，绘制椭圆并约束椭圆尺寸，如图 2-42 所示。

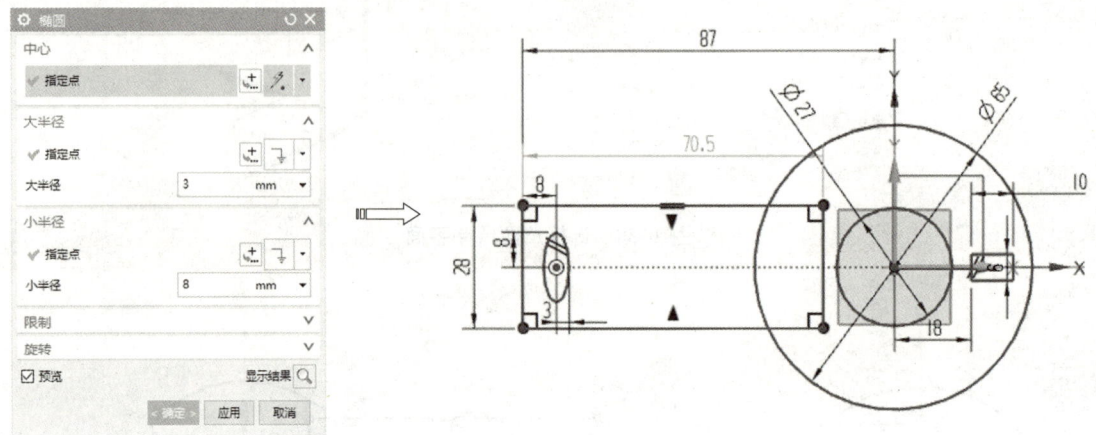

图 2-42　绘制椭圆

(6) 在草图功能区单击【主页】选项卡【曲线】组中的【快速修剪】按钮，弹出【快速修剪】对话框，选择修剪曲线，如图 2-43 所示。

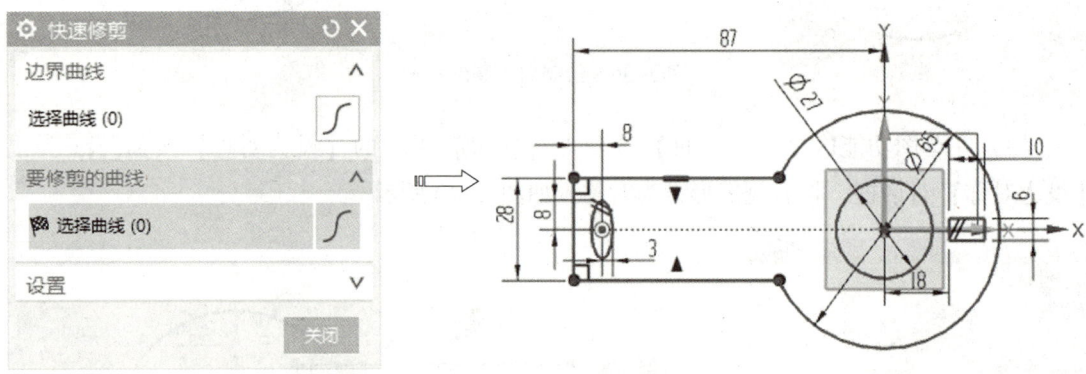

图 2-43　快速修剪曲线

3. 阵列曲线

(1) 单击【主页】选项卡【曲线】组中的【阵列曲线】命令，弹出【阵列曲线】对话框，在【布局】选项设置为"线性"，【方向1】为"草图 X 横轴"，【数量】为"5"，【节距】为"10"，单击【应用】按钮，如图 2-44 所示。

(2) 同理，重复阵列命令选择矩形为"要阵列的曲线"，【布局】选项设置为"圆形"，草图原点为："旋转点"，【数量】为"12"，【跨角】为"360"，单击【确定】按钮完成矩形的圆形阵列，如图 2-45 所示。

(3) 在功能区单击【草图】组的【完成】按钮，完成草图绘制，退出草图编辑器环境。

项目二　NX 二维草图项目式设计案例

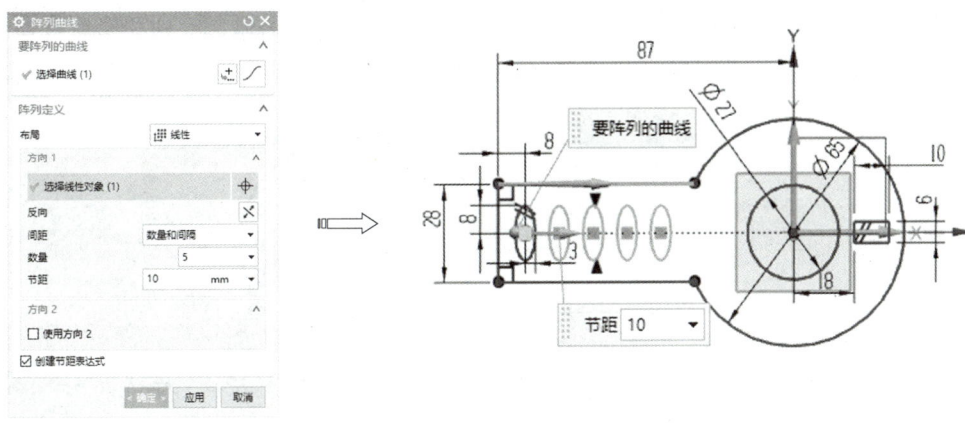

图 2-44　椭圆的线性阵列

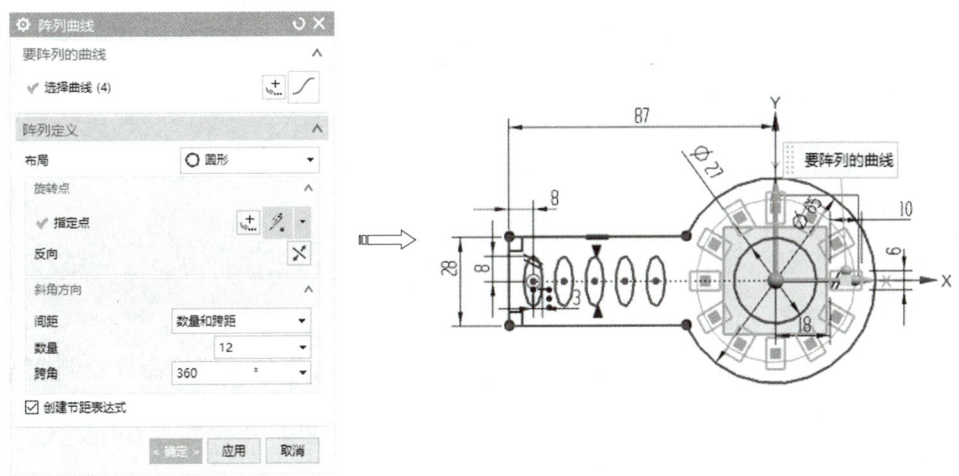

图 2-45　矩形的圆形阵列

上机习题

1. 如题图 2-1 所示创建一个公制的 part 文件，应用直线和圆弧等命令绘制完全约束草图。

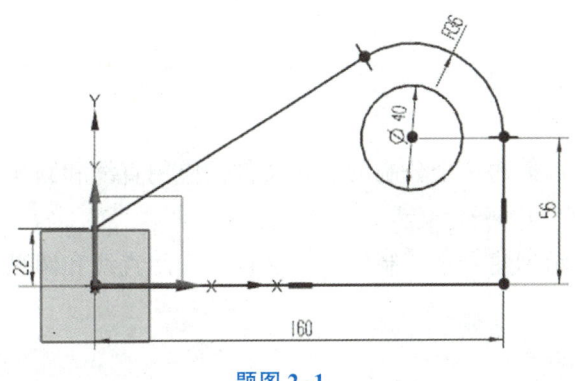

题图 2-1

55

2. 如题图 2-2 所示创建一个公制的 part 文件，应用直线、圆弧、阵列和修剪等命令绘制完全约束草图。

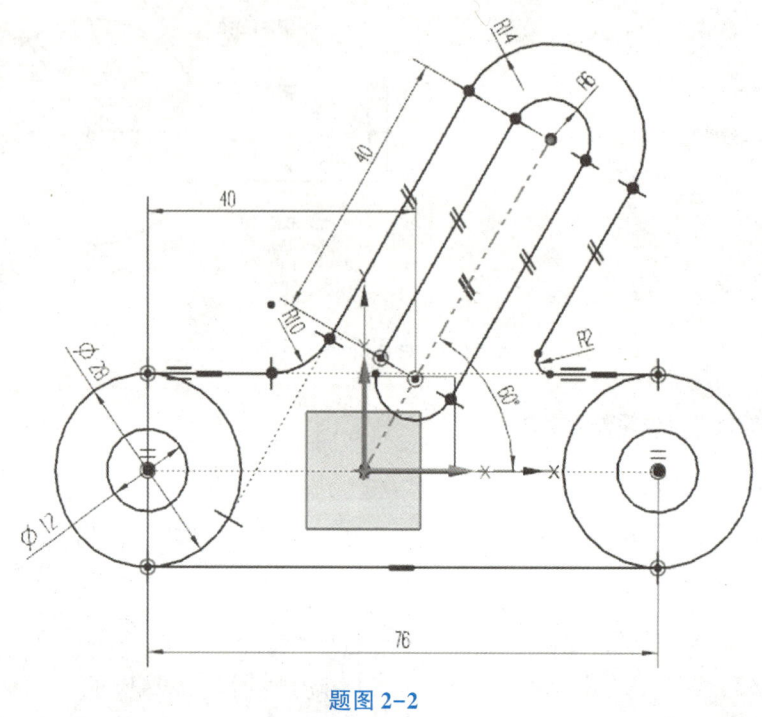

题图 2-2

3. 如题图 2-3 所示创建一个公制的 part 文件，应用直线和圆弧等命令绘制完全约束草图。

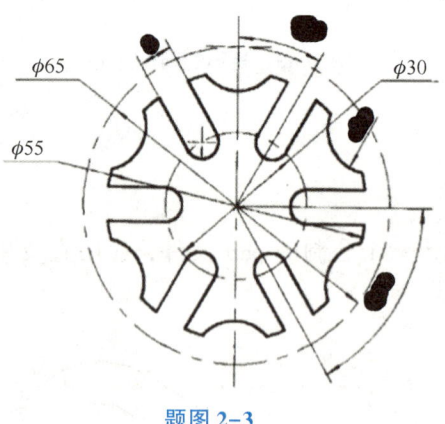

题图 2-3

4. 如题图 2-4 所示创建一个公制的 part 文件，应用直线和圆弧等命令绘制完全约束草图。

5. 如题图 2-5 所示创建一个公制的 part 文件，应用直线和圆弧等命令绘制完全约束草图。

项目二　NX二维草图项目式设计案例

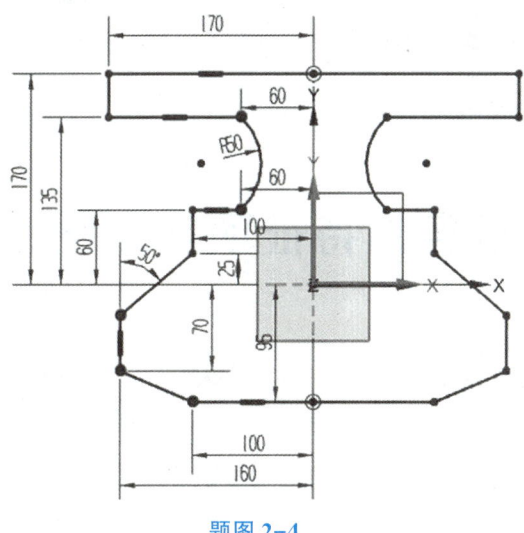

题图 2-4

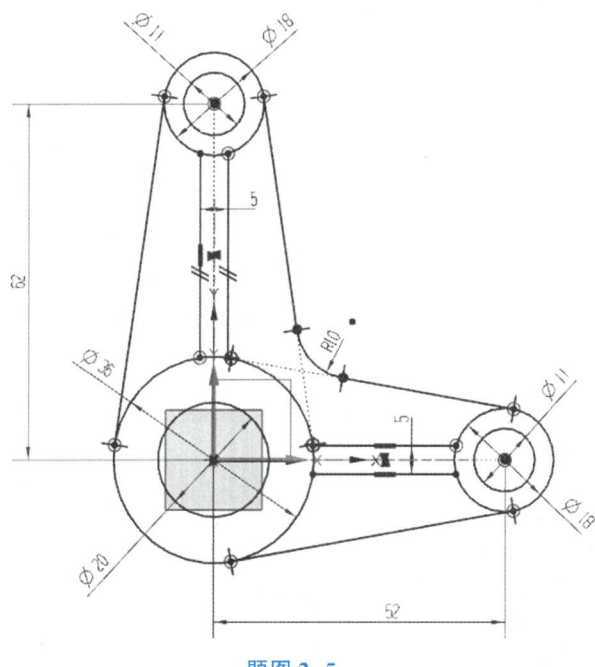

题图 2-5

项目三

NX 三维实体特征项目式设计案例

实体特征建模用于建立基本体素和简单的实体模型，包括块体、柱体、锥体、球体、管体，还有孔、圆形凸台、型腔、凸垫、键槽、环形槽等。实际的实体造型都可以分解为这些简单的特征建模，因此特征建模部分是实体造型的基础。

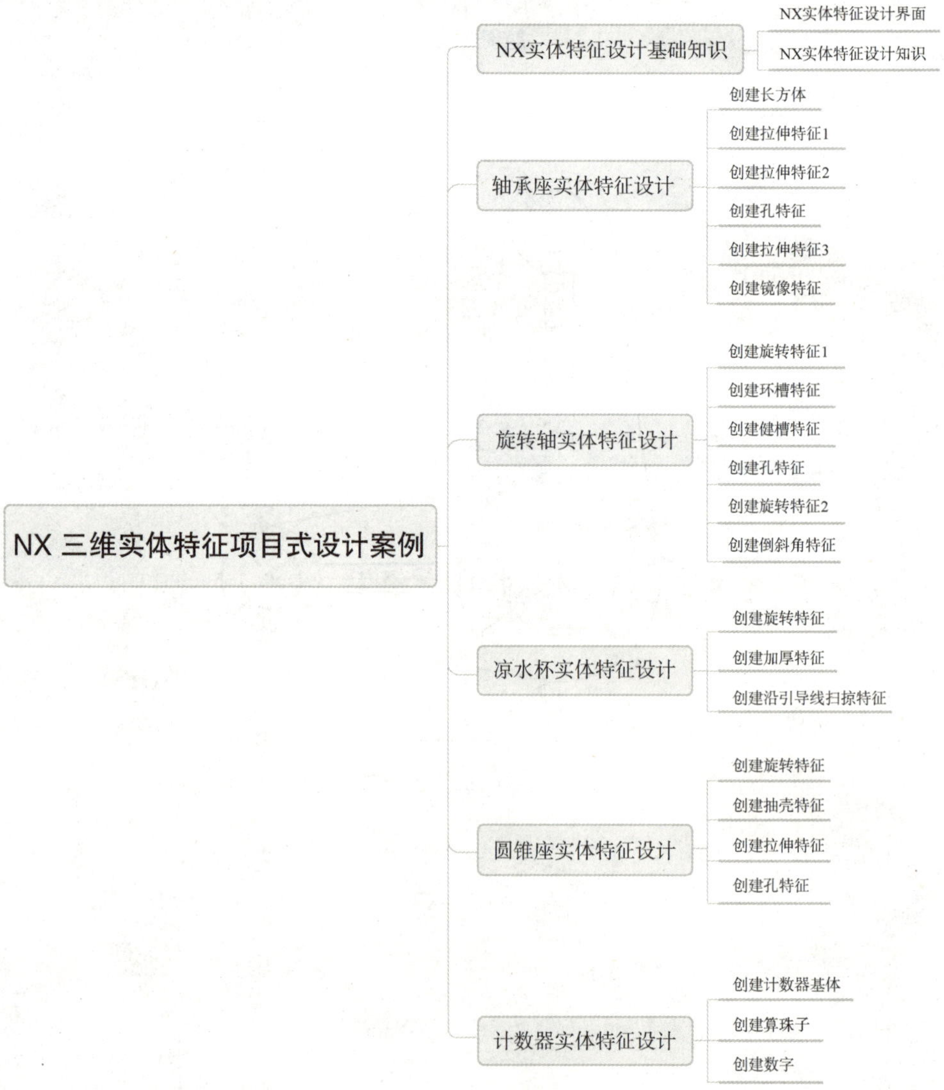

```
                                                              NX实体特征设计界面
                                   ┌─ NX实体特征设计基础知识 ─┤
                                   │                          NX实体特征设计知识
                                   │
                                   │                          创建长方体
                                   │                          创建拉伸特征1
                                   ├─ 轴承座实体特征设计 ─────┤ 创建拉伸特征2
                                   │                          创建孔特征
                                   │                          创建拉伸特征3
                                   │                          创建镜像特征
                                   │
                                   │                          创建旋转特征1
                                   │                          创建环槽特征
NX 三维实体特征项目式设计案例 ─────┼─ 旋转轴实体特征设计 ─────┤ 创建键槽特征
                                   │                          创建孔特征
                                   │                          创建旋转特征2
                                   │                          创建倒斜角特征
                                   │
                                   │                          创建旋转特征
                                   ├─ 凉水杯实体特征设计 ─────┤ 创建加厚特征
                                   │                          创建沿引导线扫掠特征
                                   │
                                   │                          创建旋转特征
                                   │                          创建抽壳特征
                                   ├─ 圆锥座实体特征设计 ─────┤ 创建拉伸特征
                                   │                          创建孔特征
                                   │
                                   │                          创建计数器基体
                                   └─ 计数器实体特征设计 ─────┤ 创建算珠子
                                                              创建数字
```

项目三　NX 三维实体特征项目式设计案例

任务 3.1　NX 实体特征设计基础知识

实体特征造型是 NX 三维建模的组成部分，也是用户进行零件设计最常用的建模方法。本节介绍 NX 实体特征设计基础知识。

3.1.1　NX 实体特征设计界面

启动 NX 后首先出现欢迎界面，新建文件后，单击【应用模块】选项卡中【建模】按钮进入实体设计用户界面，如图 3-1 所示。

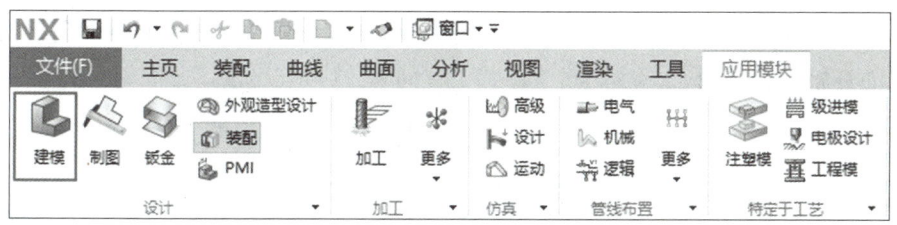

图 3-1　【应用模块】选项卡

NX 实体设计用户界面友好，符合 Windows 风格，主要由标题栏、菜单栏、工具栏、图形区、坐标系图标、提示栏、状态栏和资源导航器等部分组成，如图 3-2 所示。

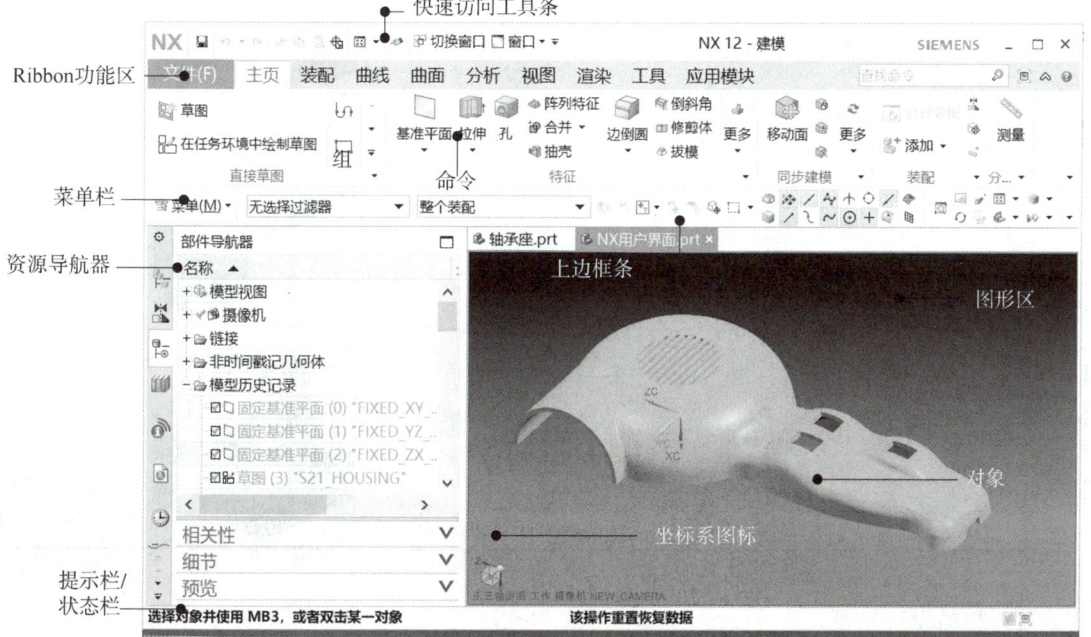

图 3-2　NX 实体设计用户界面

3.1.2　NX 实体特征设计知识

无论产品的概念设计还是详细设计的各个阶段，需要对模型不断地进行修改，因此基于参数化实体建模过程包括实体特征设计、实体特征操作两大部分。

1. 实体特征设计

特征建模用于建立基本体素和简单的实体模型，包括块体、柱体、锥体、球体、管体，还有孔、圆形凸台、型腔、凸垫、键槽、环形槽等，可分成 3 部分：基本体素特征、扫描设计特征和基础成型特征。

1）基本体素特征

基本体素特征是三维建模的基础，主要包括长方体、圆柱、圆锥和球体等，如表 3-1 所示。下面分别加以介绍。

表 3-1　基本体素特征

类型	说明	示例
长方体	用于创建长方体	
圆柱	用于创建圆柱体	
圆锥	用于构造圆锥或圆台实体	
球体	用于构造球形实体	

2）扫描设计特征

扫描设计特征是指将截面几何体沿引导线或一定的方向扫描生成特征的方法，是利用二维轮廓生成三维实体最为有效的方法，包括拉伸、旋转、沿引导线扫掠和管道等，如表 3-2 所示。

表 3-2 扫描设计特征

类型	说明	示例
拉伸	拉伸是将截面曲线沿指定方向拉伸指定距离建立片体或实体特征	
旋转	旋转是将截面曲线（实体表面、实体边缘、曲线、链接曲线或者片体）通过绕设定轴线旋转生成实体或者片体	
沿引导线扫掠	沿引导线扫掠是将截面（实体表面、实体边缘、曲线或者链接曲线）沿引导线串（直线、圆弧或者样条曲线）扫掠创建实体或片体	
管道	管道特征主要根据给定的曲线和内外直径创建各种管状实体，可用于创建线捆、电气线路、管、电缆或管路应用	

3）基础成型特征

当生成一些简单的实体造型后，通过成型特征的操作，可以建立孔、圆台、腔体、凸垫、凸起、键槽和沟槽等，如表 3-3 所示。成型特征必须依赖于已经存在的实体特征，例如一个孔必须在一个实体上而不能脱离实体存在。成型特征的创建方法与上述的扫描特征相似，不同之处在于创建特征时必须对其进行定位操作。

表 3-3 基础成型特征

类型	说明	示例
孔	在实体上创建一个简单的孔、沉头孔或埋头孔	

续表

类型	说明	示例
圆台	创建在平面上的圆柱形或圆锥形特征	
腔体	腔体是在实体中按照一定的形状去除材料建立圆柱形或方形腔	
凸垫	在特征面上增加一个指定方向或其他自定义形状的凸起特征	
凸起	用于通过沿矢量投影截面形成的面来修改体	
键槽	键槽是从实体特征中去除槽形材料而形成的特征操作，是各类机械零件的典型特征	
沟槽	沟槽是各类机械零件中常见特征，是指在圆柱或圆锥表面生成的环形槽	
加强肋	加强肋是指在草图轮廓和现有零件之间添加指定方向和厚度的材料，在工程上一般用于加强零件的强度	

续表

类型	说明	示例
螺纹	在工程设计中，经常用到螺栓、螺柱、螺孔等具有螺纹表面的零件，都需要在表面上创建出螺纹特征，而 UG NX 为螺纹创建提供了非常方便的手段，可以在孔、圆柱或圆台上创建螺纹	

2. 实体特征操作

特征操作是对已存在实体或特征进行修改，以满足设计要求。通过特征操作可用简单的特征建立复杂特征，如表 3-4 所示。

表 3-4　实体特征操作

类型	说明	示例
边倒圆	边倒圆是按指定的半径对所选实体或者片体边缘进行倒圆，使模型上的尖锐边缘变成圆滑表面	
倒斜角	倒斜角是指按指定的尺寸斜切实体的棱边，对于凸棱边去除材料，而对于凹棱边增添材料	
拔模	拔模是使实体相对于指定的方向上产生一定倾斜角度的造型工具，主要用于模具设计过程中	

续表

类型	说明	示例
抽壳	抽壳用于从实体内部除料或在外部加料,使实体中空化,从而形成薄壁特征的零件	
阵列	阵列特征是将指定的一个或者一组特征,按照一定的规律复制以建立特征阵列,避免重复性操作	
镜像	镜像特征是指通过基准平面或平面镜像选定特征的方法来创建对称的实体模型	

任务 3.2　轴承座实体特征设计

本任务需要完成轴承座的实体特征设计,轴承座结构如图 3-3 所示。

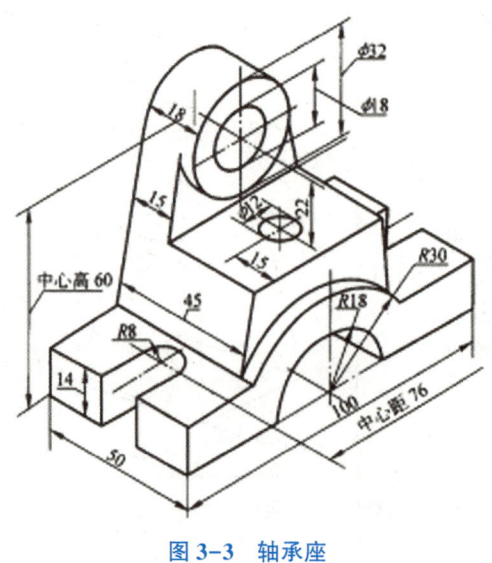

图 3-3　轴承座

3.2.1 轴承座实体特征设计思路分析

首先对模型结构进行分析和分解,以明确轴承座的设计思路。将轴承座模型结构分解为相应 NX 实体特征:拉伸特征、孔特征、镜像特征等,如图 3-4 所示。

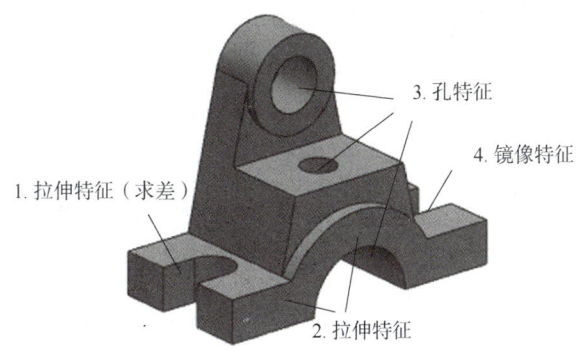

图 3-4 轴承座特征分解

3.2.2 轴承座实体特征设计过程

1. 启动 NX 创建模型文件

启动 NX 后,单击【主页】选项卡的【新建】按钮,弹出【文件新建】对话框,选择【模型】模板,【名称】为"轴承座",单击【确定】按钮新建文件。

2. 创建长方体

在建模功能区单击【主页】选项卡【特征】组中的【块】命令,弹出【块】对话框,选择【原点和边长】方式,设置长宽高为 50,100,14,输入原点为(-25,-50,0),单击【确定】按钮完成,如图 3-5 所示。

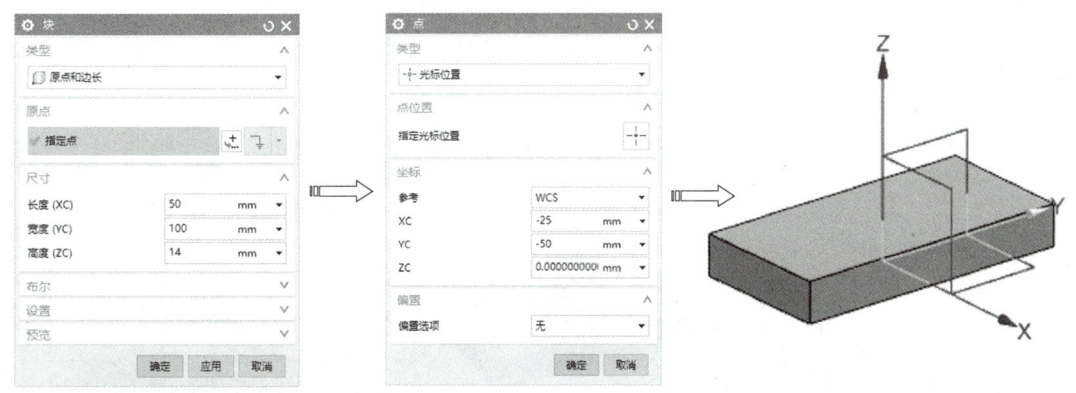

图 3-5 创建长方体

3. 创建拉伸特征 1

(1)在草图功能区单击【主页】选项卡【直接草图】组中的【草图】命令,弹出【创建草图】对话框,在图形区选择如图 3-6 所示的平面,利用草图绘制命令、编辑和约束功能,绘制如图 3-6 所示的草图。

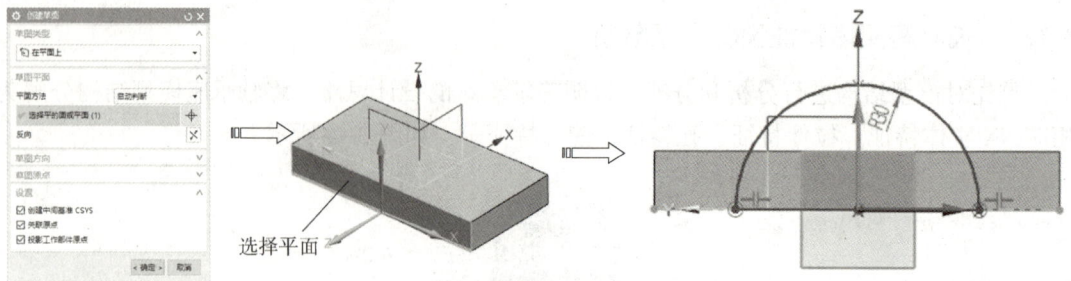

图 3-6 绘制草图曲线

（2）在建模功能区单击【主页】选项卡【特征】组中的【拉伸】命令，弹出【拉伸】对话框，选择如图 3-7 所示曲线，【开始距离】和【结束距离】为"0""50"，【布尔】为"求和"，单击【确定】按钮完成，如图 3-7 所示。

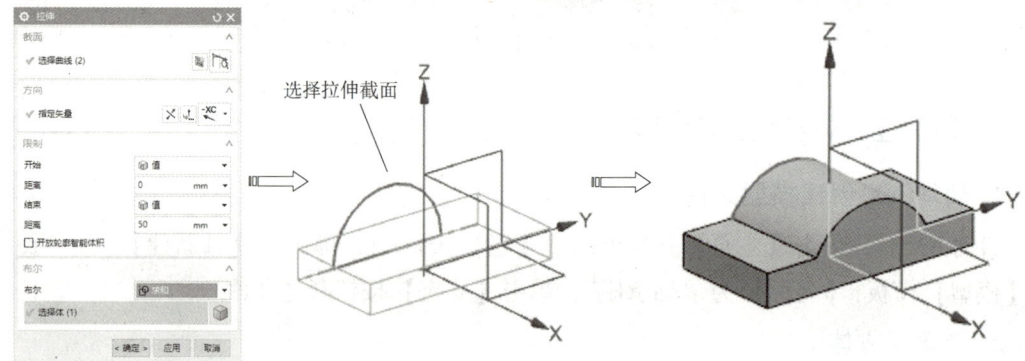

图 3-7 创建拉伸特征

4. 创建拉伸特征 2

（1）在草图功能区单击【主页】选项卡【直接草图】组中的【草图】命令，弹出【创建草图】对话框，在图形区选择上一步所创建的实体后端面作为草绘平面，绘制如图 3-8 所示的草图。

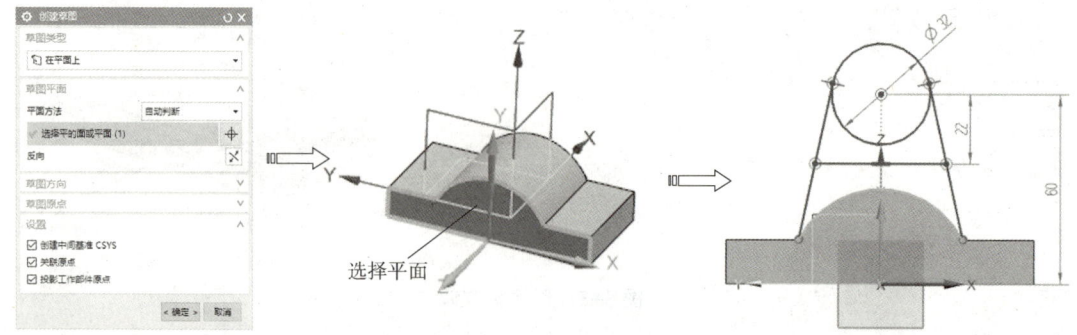

图 3-8 绘制草图曲线

（2）在建模功能区单击【主页】选项卡【特征】组中的【拉伸】命令，弹出【拉伸】对话框，选择如图 3-9 所示的草图曲线作为拉伸截面。在【开始距离】和【结束距离】文本框中输入"0""45"，【布尔】"求和"，单击【确定】按钮，如图 3-9 所示。

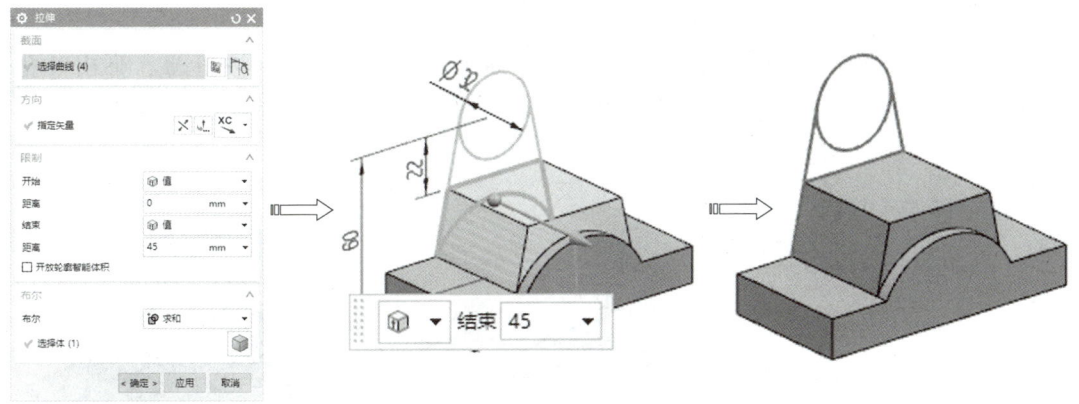

图 3-9　创建拉伸特征

（3）重复上述步骤，在图形区选择如图 3-10 所示的草图曲线作为拉伸截面，在【开始距离】和【结束距离】文本框中输入"0""15"，【布尔】为"求和"，单击【确定】按钮，完成拉伸，如图 3-10 所示。

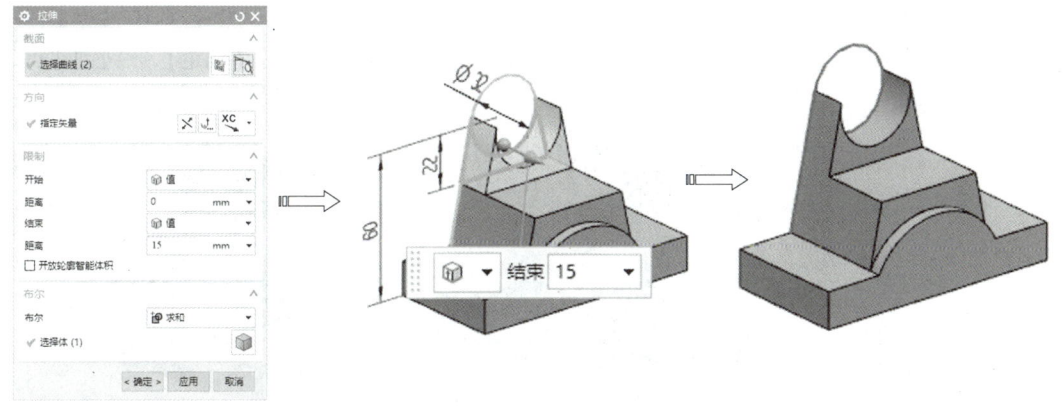

图 3-10　创建拉伸特征

（4）重复上述步骤，在图形区选择如图 3-11 所示两个圆草图曲线作为拉伸截面。在【开始距离】和【结束距离】文本框中输入"0""18"，【布尔】为"求和"，单击【确定】按钮，完成拉伸，如图 3-11 所示。

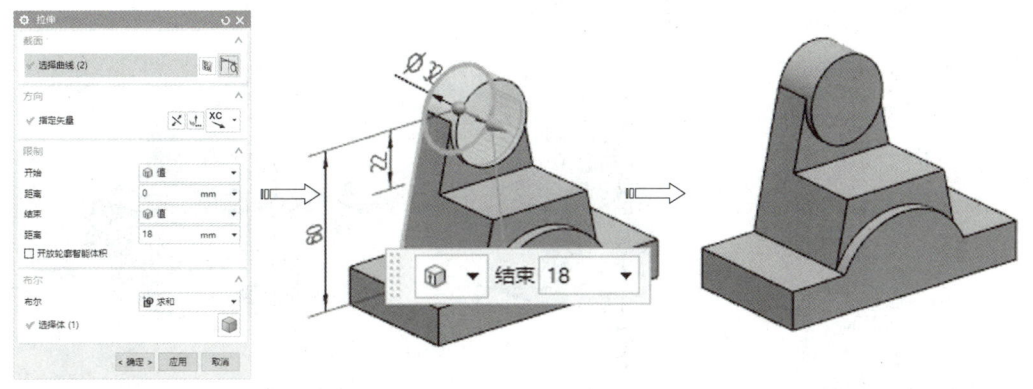

图 3-11　创建拉伸特征

5. 创建孔特征

(1) 在建模功能区单击【主页】选项卡【特征】组中的【孔】按钮，弹出【孔】对话框，【直径】为 18 mm，【深度限制】为"贯通体"，选择如图 3-12 所示的圆弧中心，单击【确定】按钮创建孔，如图 3-12 所示。

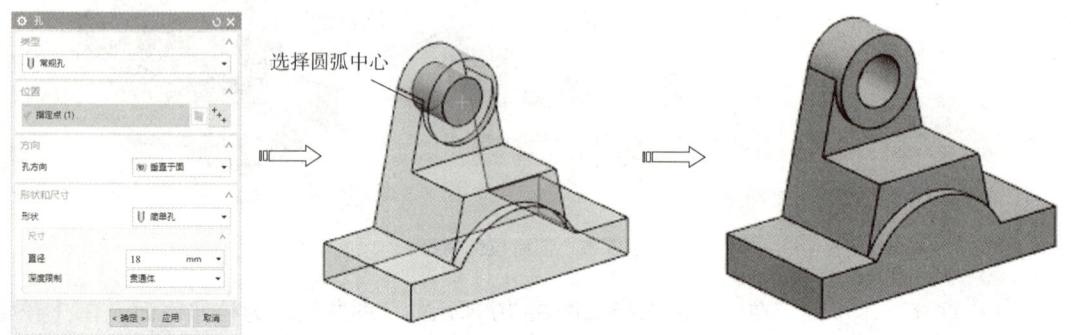

图 3-12 创建孔

(2) 在建模功能区单击【主页】选项卡【特征】组中的【点】命令，弹出【点】对话框，选择如图 3-13 所示的中点，在【偏置】中设置（-15, 0, 0），单击【确定】按钮创建点。

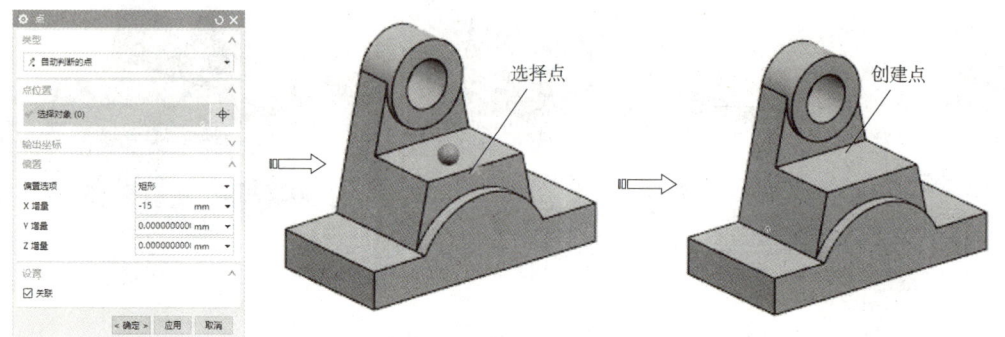

图 3-13 创建点

(3) 在建模功能区单击【主页】选项卡【特征】组中的【孔】按钮，弹出【孔】对话框，【直径】为 12 mm，【深度限制】为"贯通体"，选择上一步创建的点，单击【确定】按钮创建孔，如图 3-14 所示。

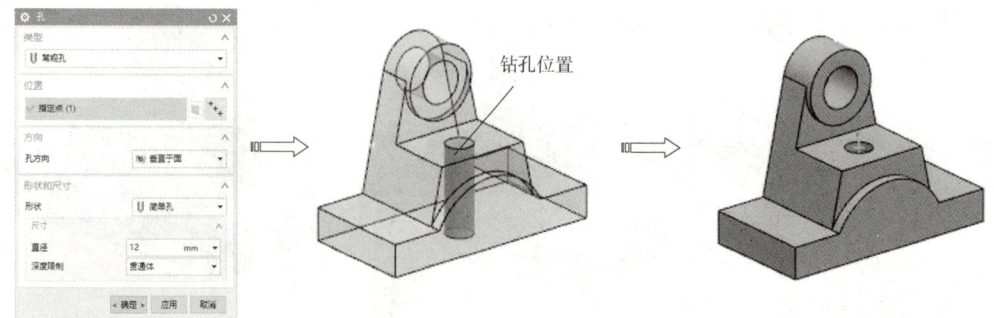

图 3-14 创建孔

(4)在建模功能区单击【主页】选项卡【特征】组中的【孔】按钮，弹出【孔】对话框，【直径】为 36 mm，【深度限制】为"贯通体"，选择如图 3-15 所示的圆弧中心，单击【确定】按钮创建孔，如图 3-15 所示。

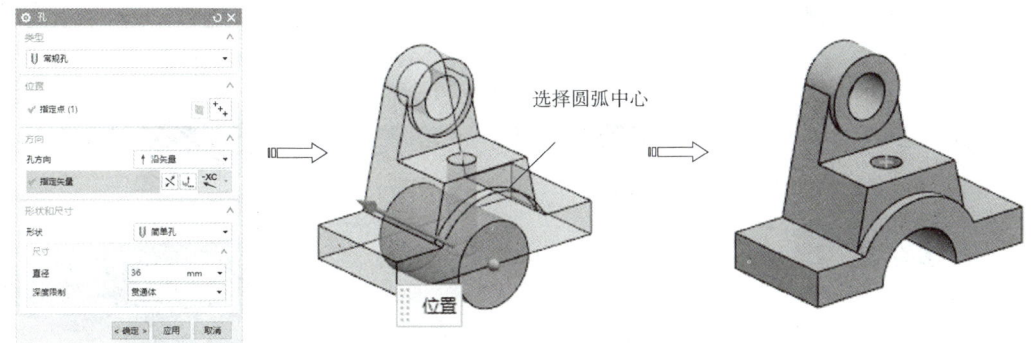

图 3-15　创建孔

6. 创建拉伸特征 3

(1)在草图功能区单击【主页】选项卡【直接草图】组中的【草图】命令，弹出【创建草图】对话框，在图形区选择如图 3-16 所示的平面，利用草图绘制命令、编辑和约束功能，绘制如图 3-16 所示的草图曲线。

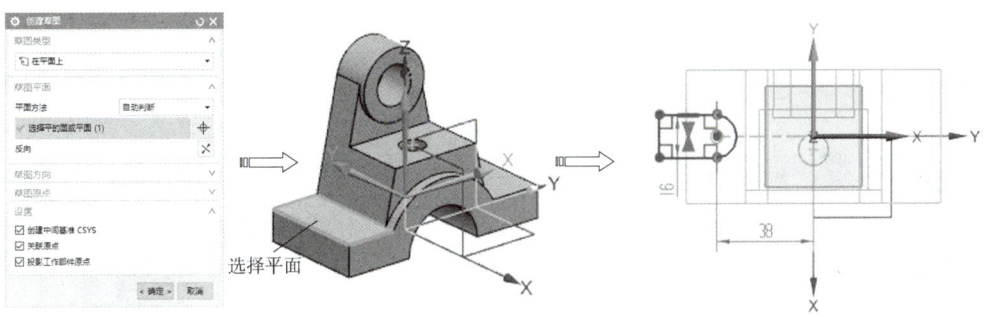

图 3-16　绘制草图曲线

(2)在建模功能区单击【主页】选项卡【特征】组中的【拉伸】命令，弹出【拉伸】对话框，选择上一步如图 3-16 所示的曲线，【结束】为"贯通"，【布尔】为"求差"，单击【确定】按钮，如图 3-17 所示。

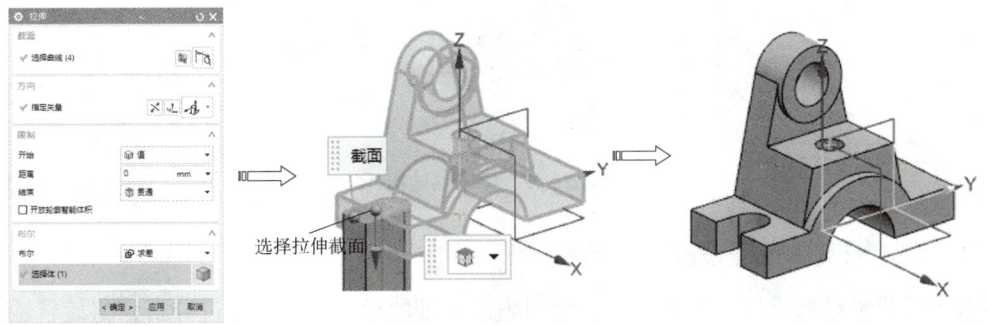

图 3-17　创建拉伸特征

7. 创建镜像特征

在建模功能区单击【主页】选项卡【特征】组中的【镜像特征】按钮，弹出【镜像特征】对话框。选择如图 3-18 所示的拉伸特征为镜像特征，选择镜像基准面，单击【确定】按钮完成镜像，如图 3-18 所示。

图 3-18　镜像特征

任务 3.3　旋转轴实体特征设计

本任务需要完成旋转轴的实体特征设计。以旋转轴为例来对实体特征设计和操作相关知识进行综合性应用，旋转轴结构如图 3-19 所示。

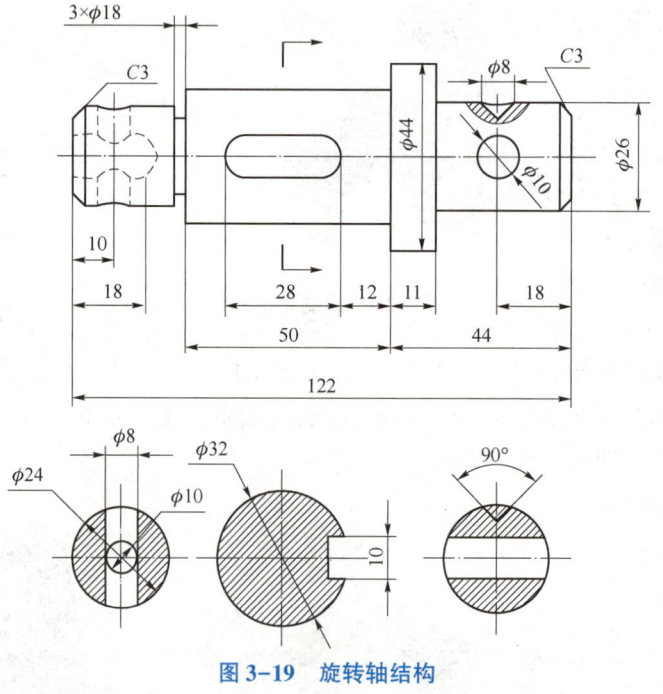

图 3-19　旋转轴结构

3.3.1　旋转轴实体特征设计思路分析

首先对模型结构进行分析和分解，已明确旋转轴的设计思路，经过分析，将旋转轴分解为相应 NX 实体特征：旋转特征、孔特征、键槽特征、倒角特征等，如图 3-20 所示。

项目三 NX 三维实体特征项目式设计案例

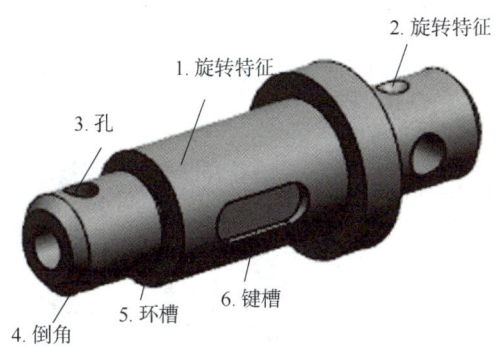

图 3-20 旋转轴特征分解

3.3.2 旋转轴实体特征设计过程

1. 启动 NX 创建模型文件

启动 NX 后，单击【主页】选项卡的【新建】按钮，弹出【文件新建】对话框，选择【模型】模板，【名称】为"旋转轴"，单击【确定】按钮，新建模型文件。

2. 创建旋转特征 1

（1）选择下拉菜单【插入】|【在任务环境中绘制草图】命令，弹出【创建草图】对话框，选择 YZ 平面为草绘平面，利用草图工具绘制如图 3-21 所示的草图。

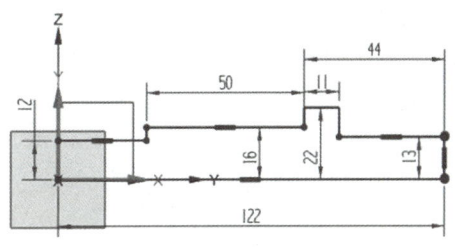

图 3-21 绘制草图

（2）在建模功能区单击【主页】选项卡【特征】组中的【旋转】命令，弹出【旋转】对话框，选择上一步创建的草图作为回转截面，设置旋转轴为 YC，旋转中心为（0，0，0），单击【确定】按钮完成，如图 3-22 所示。

图 3-22 创建旋转特征

71

3. 创建环槽特征

（1）在建模功能区单击【主页】选项卡【特征】组中【槽】按钮，弹出【槽】对话框，如图 3-23 所示。

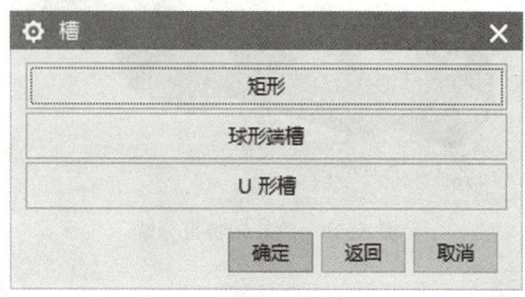

图 3-23　【槽】对话框

（2）单击【矩形】按钮，弹出放置面选择对话框，在图形区选择左侧圆柱面为放置面，弹出【矩形槽】对话框，【槽直径】为 18 mm，【宽度】为 3 mm，然后选择目标边和工具边，在【创建表达式】对话框中输入 0，单击【确定】按钮完成，如图 3-24 所示。

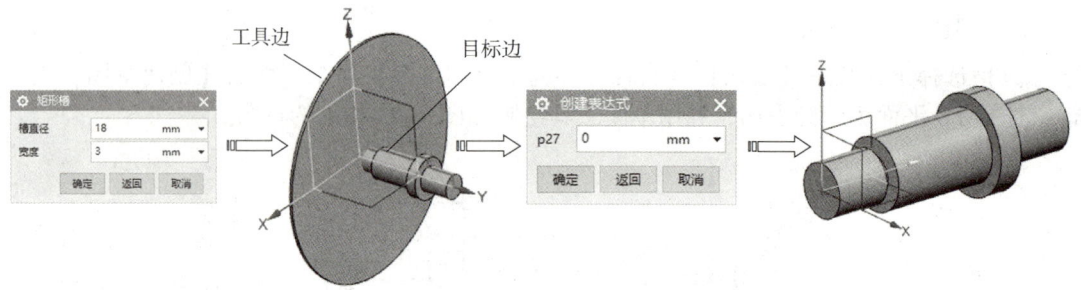

图 3-24　创建矩形环槽

4. 创建键槽特征

（1）在建模功能区单击【主页】选项卡【特征】组中的【基准平面】命令，弹出【基准平面】对话框，然后选择如图 3-25 所示的圆柱面和基准平面 YZ，单击【确定】按钮，创建基准平面，如图 3-25 所示。

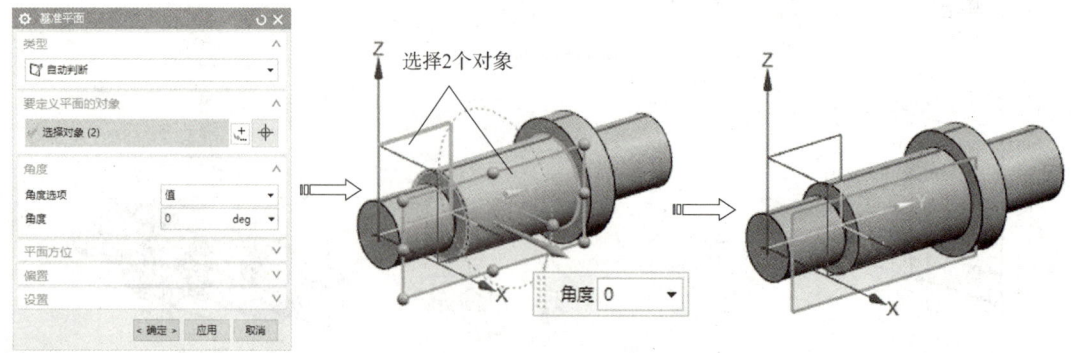

图 3-25　创建基准平面

（2）在建模功能区单击【主页】选项卡【特征】组中的【键槽】按钮，弹出【键槽】对话框，如图 3-26 所示。

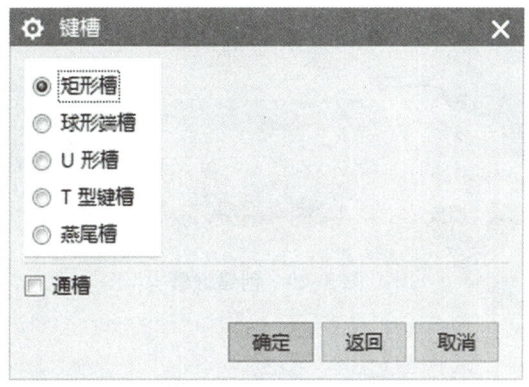

图 3-26　【键槽】对话框

（3）单击【矩形槽】按钮，弹出放置面选择对话框，在图形区选择如图 3-27 所示的圆柱面为放置面，系统弹出【水平参考】对话框，选择如图 3-27 所示的坐标轴 Y 作为长度方向。

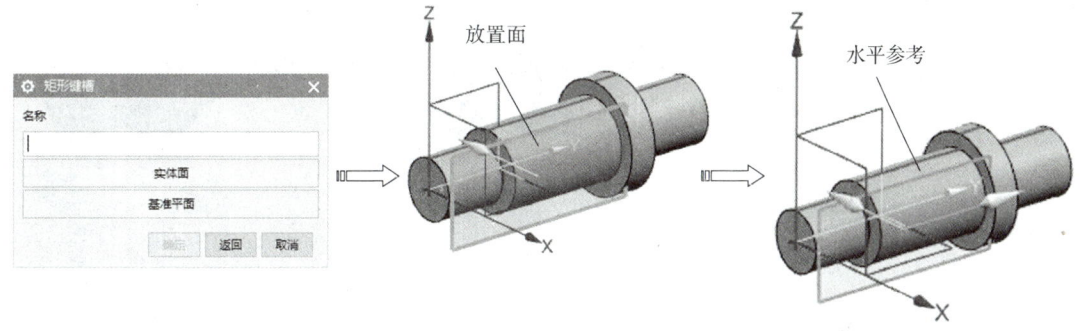

图 3-27　选择放置面和水平参考

（4）系统自动弹出【矩形键槽】对话框，设置相关参数，如图 3-28 所示。

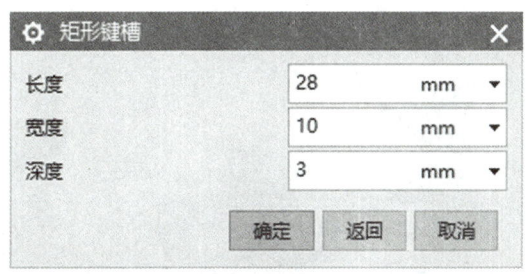

图 3-28　【矩形键槽】对话框

（5）单击【确定】按钮，弹出【定位】对话框，单击【垂直】按钮，弹出【垂直的】对话框，选择如图 3-29 所示的目标边；选择如图 3-29 所示的圆弧边，弹出【设置圆弧的位置】对话框，单击【相切点】按钮，在【创建表达式】对话框中输入 12，单击【确定】按钮完成，如图 3-29 所示。

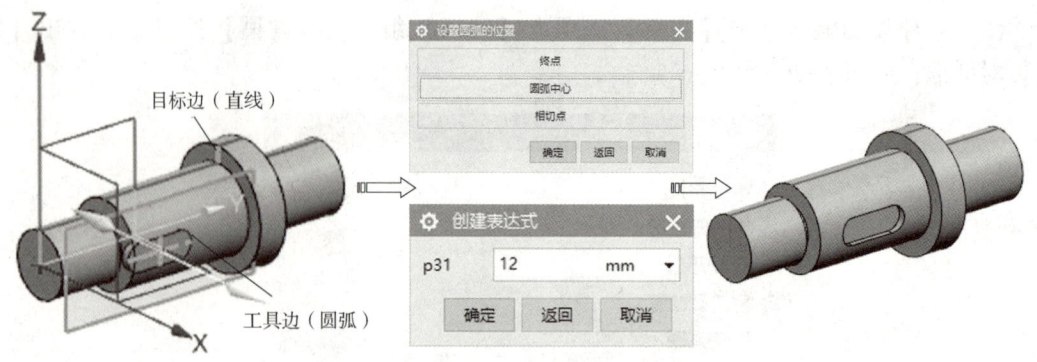

图 3-29 创建键槽

5. 创建孔特征

(1) 在建模功能区单击【主页】选项卡【特征】组中的【点】命令 ✚，弹出【点】对话框，选择如图 3-30 所示的点，在【偏置】中设置（13，-18，0），单击【确定】按钮创建点。

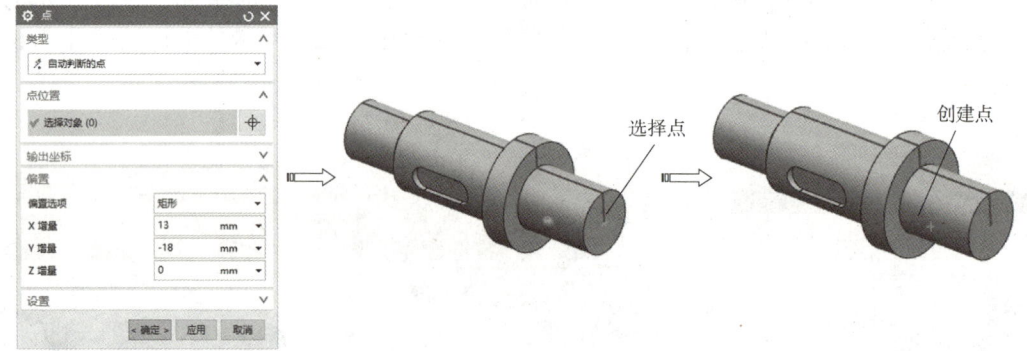

图 3-30 创建点

(2) 在建模功能区单击【主页】选项卡【特征】组中的【孔】按钮，弹出【孔】对话框，设置【直径】为 10 mm，【深度限制】为"贯通体"，选择上一步创建的点，单击【确定】按钮创建孔，如图 3-31 所示。

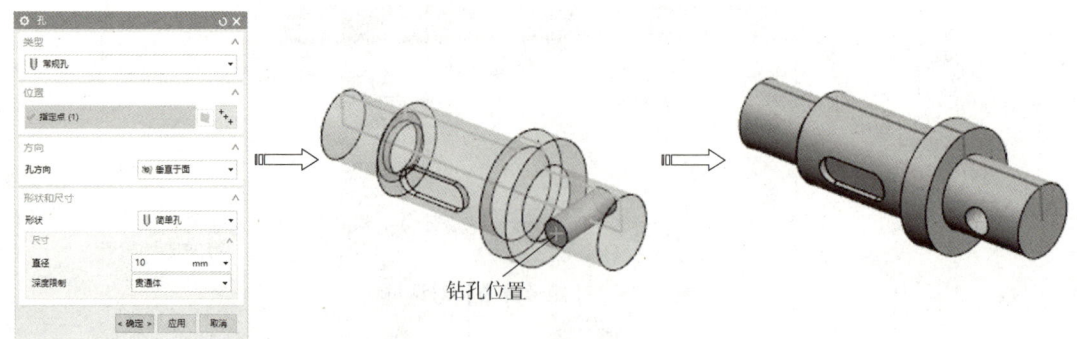

图 3-31 创建孔

6. 创建旋转特征 2

(1) 选择下拉菜单【插入】|【在任务环境中绘制草图】命令，弹出【创建草图】对话

框,选择 YZ 平面为草绘平面,利用草图工具绘制如图 3-32 所示的草图。

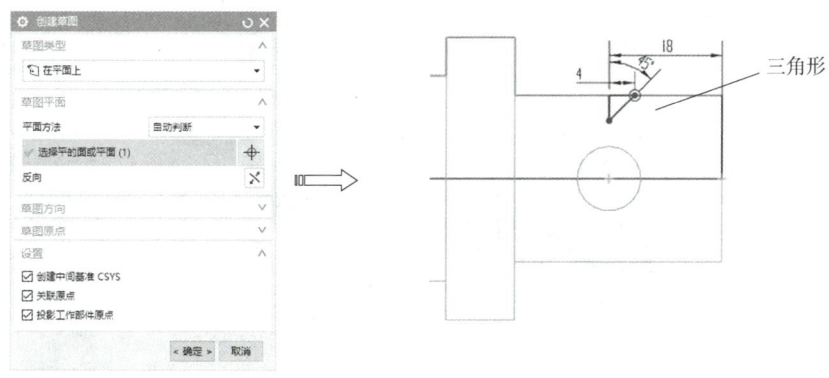

图 3-32 绘制草图

(2)在建模功能区单击【主页】选项卡【特征】组中的【旋转】命令，弹出【旋转】对话框,选择上一步创建的草图作为回转截面,设置草图中的竖直线作为旋转轴,【布尔】为"求差",单击【确定】按钮完成,如图 3-33 所示。

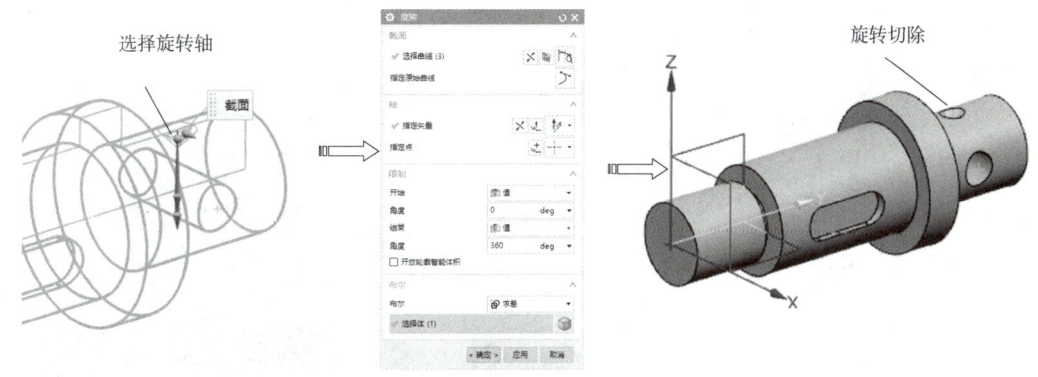

图 3-33 创建旋转特征

7. 创建倒斜角特征

(1)在建模功能区单击【主页】选项卡【特征】组中的【倒斜角】按钮，弹出【倒斜角】对话框,【横截面】为"对称",【距离】为 3,单击【确定】按钮完成,如图 3-34 所示。

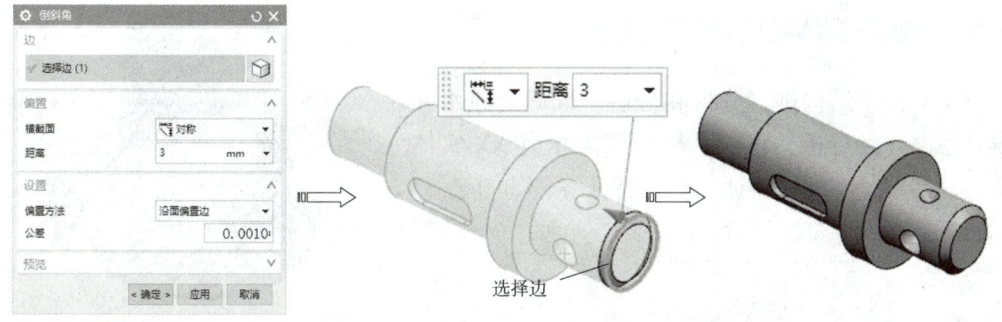

图 3-34 创建倒斜角

（2）重复上述孔和倒斜角创建过程，创建另一端的孔和倒斜角，如图3-35所示。

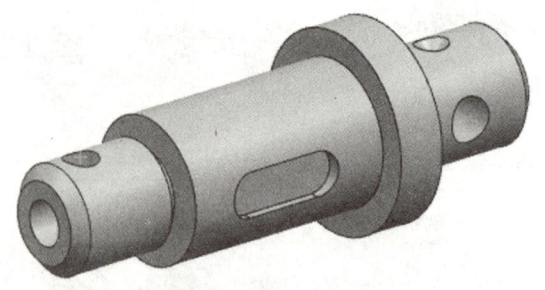

图3-35　创建孔和倒斜角

任务 3.4　凉水杯实体特征设计

本任务需要完成凉水杯的实体特征设计，以凉水杯为例来对实体特征设计和操作相关知识进行综合性应用，结构如图3-36所示。

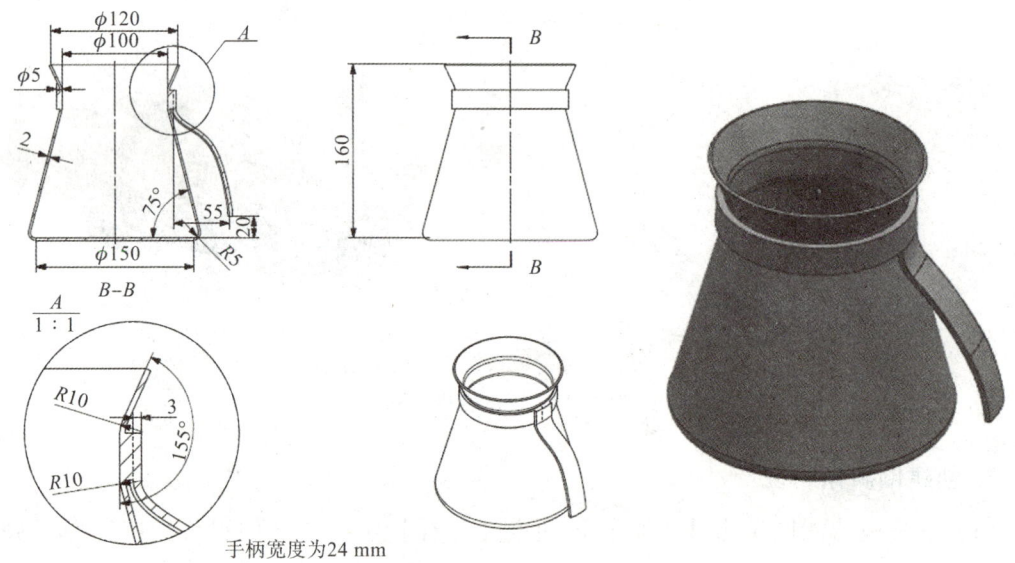

图3-36　凉水杯

3.4.1　凉水杯实体特征设计思路分析

首先对模型结构进行分析和分解，以确定凉水杯的设计思路。经分析，将凉水杯分解为相应NX实体特征：旋转特征、加厚特征、扫掠特征等，如图3-37所示。

图3-37　凉水杯特征分解

3.4.2 凉水杯实体特征设计过程

1. 启动 NX 创建模型文件

启动 NX 后，单击【主页】选项卡的【新建】按钮 ，弹出【文件新建】对话框，选择【模型】模板，【名称】为"凉水杯"，单击【确定】按钮新建模型文件。

2. 创建旋转特征

（1）选择下拉菜单【插入】|【在任务环境中绘制草图】命令，弹出【创建草图】对话框，选择 YZ 平面为草绘平面，单击【确定】按钮，利用草图工具绘制如图 3-38 所示的草图。

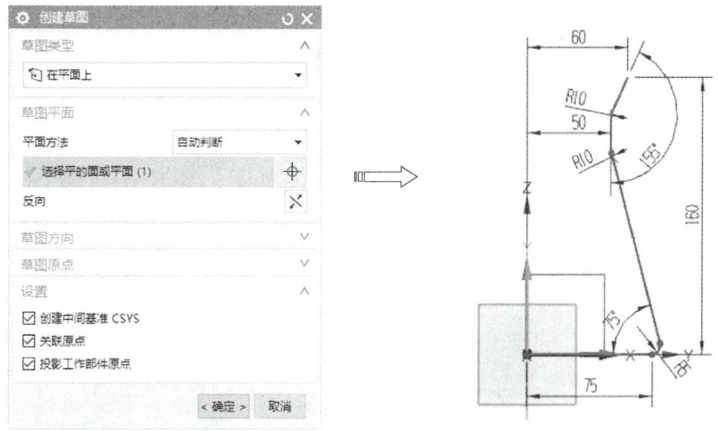

图 3-38　绘制草图

（2）在建模功能区单击【主页】选项卡【特征】组中的【旋转】命令，弹出【旋转】对话框，选择上一步创建的草图作为回转截面，设置旋转轴为 ZC，旋转中心为（0，0，0），设置【偏置】为 2 mm，单击【确定】按钮完成，如图 3-39 所示。

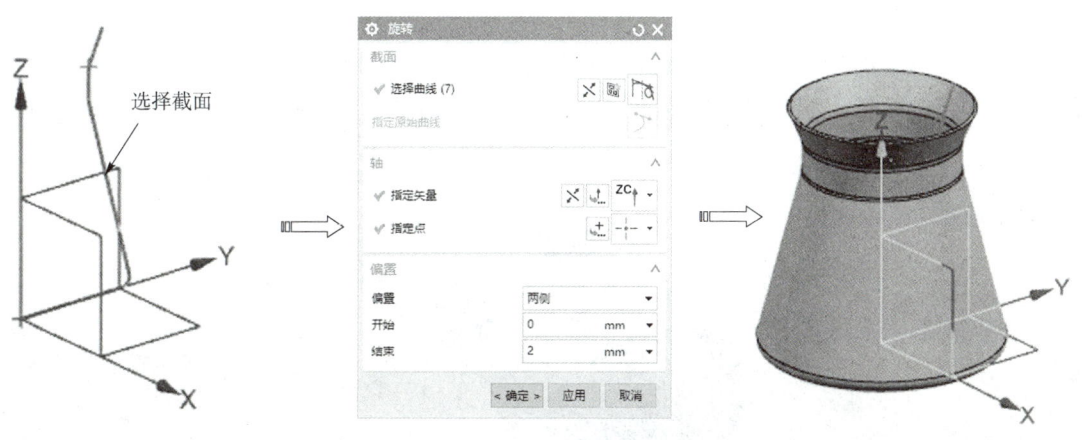

图 3-39　创建旋转特征

3. 创建加厚特征

在建模功能区单击【主页】选项卡【特征】组中的【加厚】按钮，弹出【加厚】对话框，选择如图 3-40 所示的曲面，【偏置 1】为 5，单击【确定】按钮完成，如图 3-40 所示。

图 3-40　创建加厚特征

4. 创建沿引导线扫掠特征

（1）在草图功能区单击【主页】选项卡【直接草图】组中的【草图】命令，弹出【创建草图】对话框，在图形区选择 YZ 平面作为草绘平面，绘制如图 3-41 所示的草图。

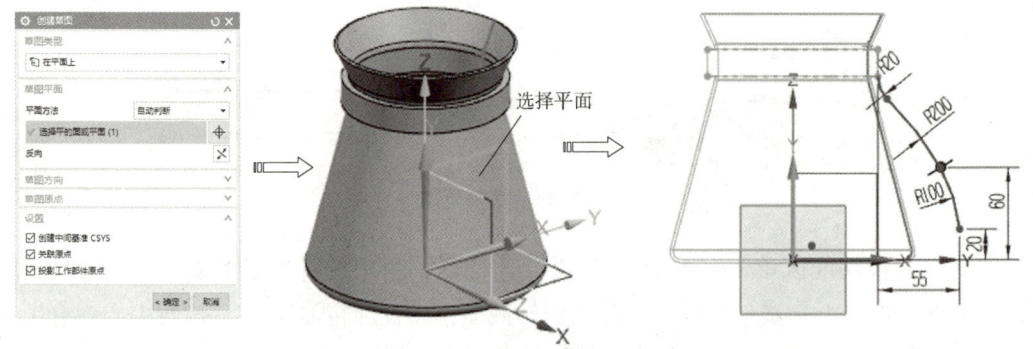

图 3-41　绘制草图曲线

（2）在草图功能区单击【主页】选项卡【直接草图】组中的【草图】命令，弹出【创建草图】对话框，在图形区选择如图 3-42 所示的平面作为草绘平面，绘制如图 3-42 所示的草图。

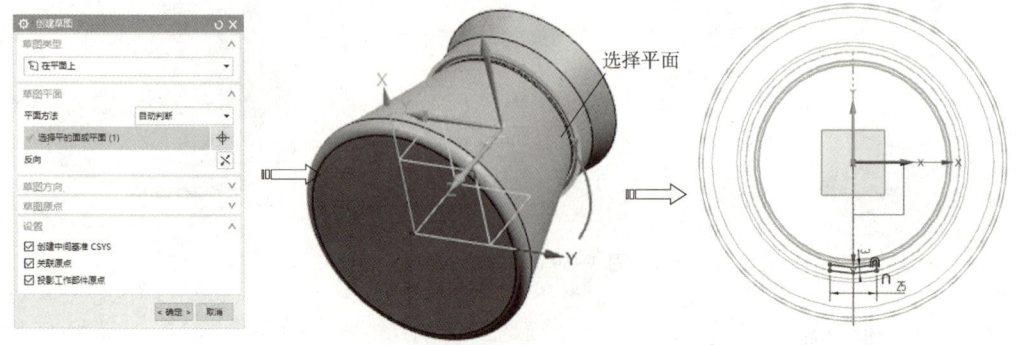

图 3-42　绘制草图曲线

项目三 NX 三维实体特征项目式设计案例

（3）在建模功能区单击【曲面】选项卡【曲面】组中的【拉伸沿引导线扫掠】命令，弹出【沿引导线扫掠】对话框，完成扫掠特征，如图 3-43 所示。

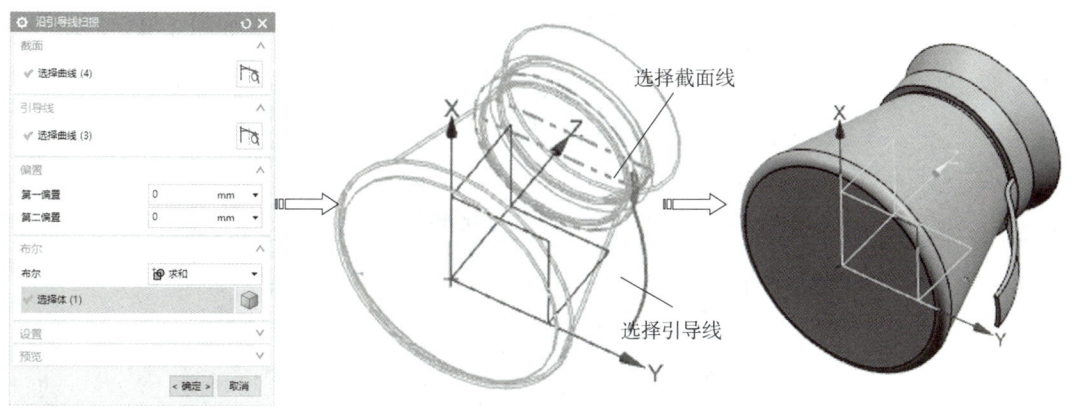

图 3-43 创建沿引导线扫掠

任务 3.5 圆锥座实体特征设计

本任务需要完成圆锥座的实体特征设计，以圆锥座为例来对实体特征设计和操作相关知识进行综合性应用，结构如图 3-44 所示。

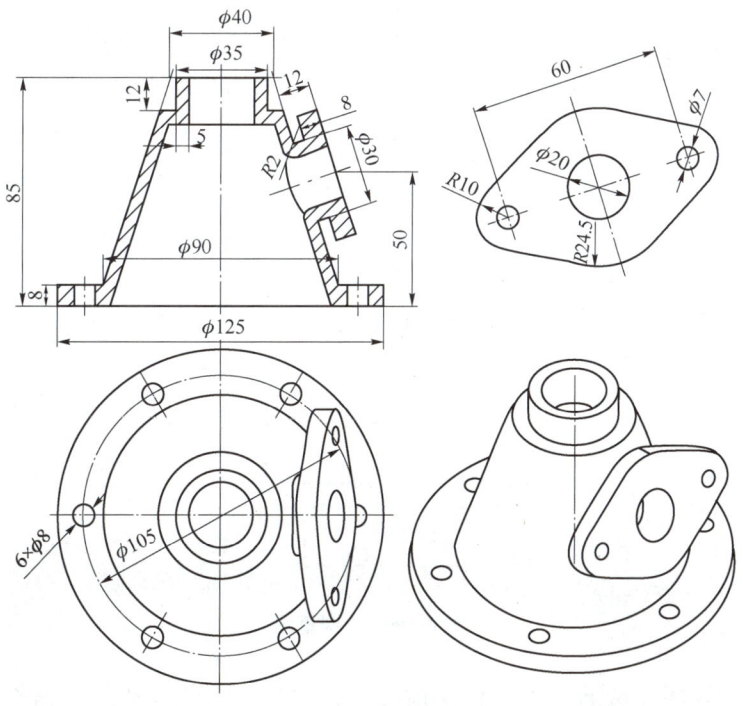

图 3-44 圆锥座

79

3.5.1 圆锥座实体特征设计思路分析

首先对模型结构进行分析和分解,以确定圆锥座的设计思路。经分析,将圆锥座模型分解为相应 NX 实体特征:旋转特征、拉伸特征、抽壳特征和孔特征等,如图 3-45 所示。

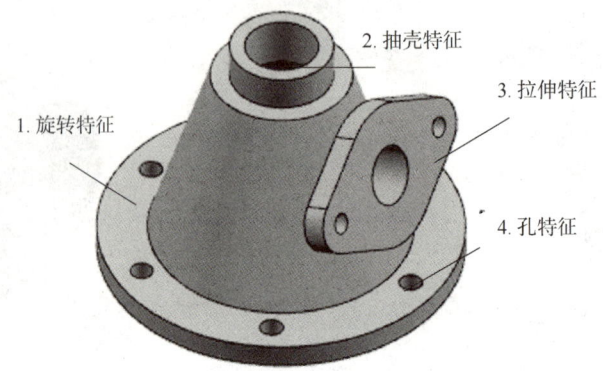

图 3-45 圆锥座特征分解

3.5.2 圆锥座实体特征设计过程

1. 启动 NX 创建模型文件

启动 NX 后,单击【主页】选项卡的【新建】按钮 ,弹出【文件新建】对话框,【名称】为"圆锥座",单击【确定】按钮,新建模型文件。

2. 创建旋转特征

(1) 选择下拉菜单【插入】|【在任务环境中绘制草图】命令,弹出【创建草图】对话框,选择 YZ 平面为草绘平面,单击【确定】按钮,利用草图工具绘制如图 3-46 所示的草图。

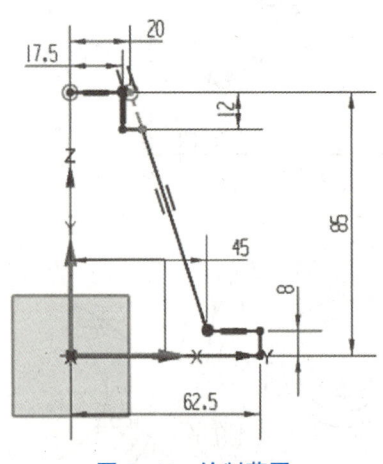

图 3-46 绘制草图

(2) 在建模功能区单击【主页】选项卡【特征】组中的【旋转】命令 ,弹出【旋转】对话框,选择上一步创建的草图作为回转截面,设置旋转轴为 ZC,旋转中心为 (0,0,0),单击【确定】按钮完成,如图 3-47 所示。

项目三　NX 三维实体特征项目式设计案例

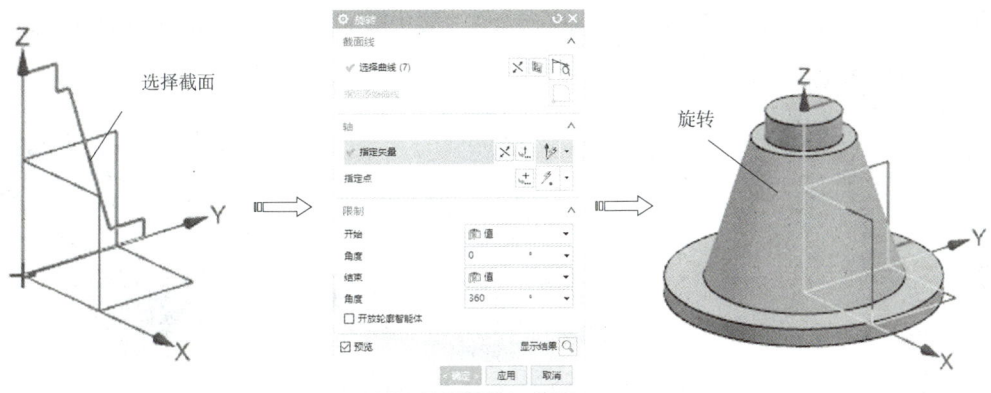

图 3-47　创建旋转特征

（3）选择下拉菜单【插入】|【在任务环境中绘制草图】命令，弹出【创建草图】对话框，选择 YZ 平面为草绘平面，利用草图工具绘制如图 3-48 所示的草图。

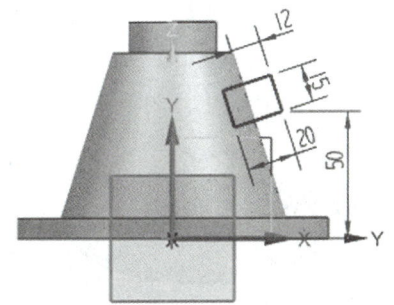

图 3-48　绘制草图

（4）在建模功能区单击【主页】选项卡【特征】组中的【旋转】命令，弹出【旋转】对话框，选择上一步创建的草图作为回转截面，选择草图直线作为旋转轴，单击【确定】按钮完成，如图 3-49 所示。

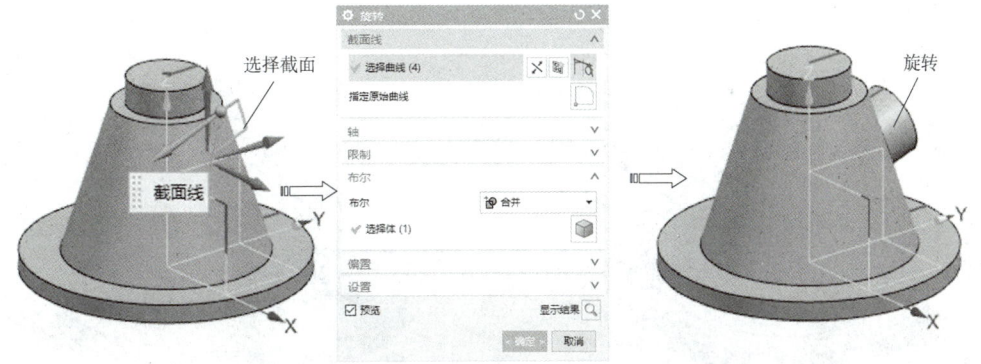

图 3-49　创建旋转特征

3. 创建抽壳特征

（1）在建模功能区单击【主页】选项卡【特征】组中的【抽壳】按钮，弹出【抽壳】

81

对话框，设置【厚度】为5，选择如图3-50所示3个要去除的实体表面，如图3-50所示。

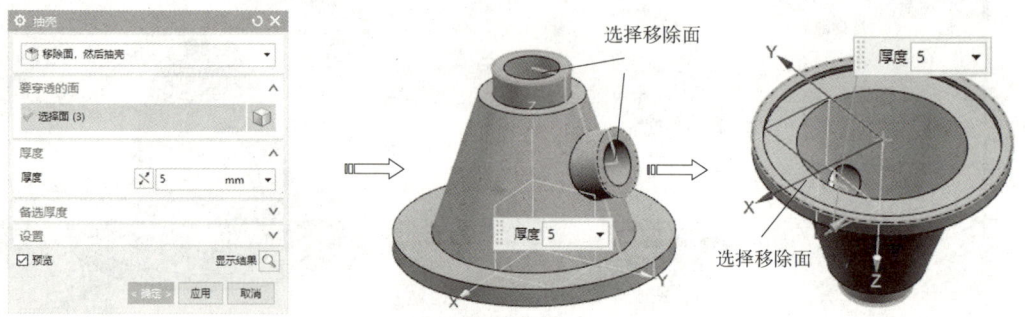

图 3-50　选择移除面

（2）设置【备选厚度】为8 mm，选择如图3-51所示的面为备选面，单击【确定】按钮，系统自动完成抽壳特征，如图3-51所示。

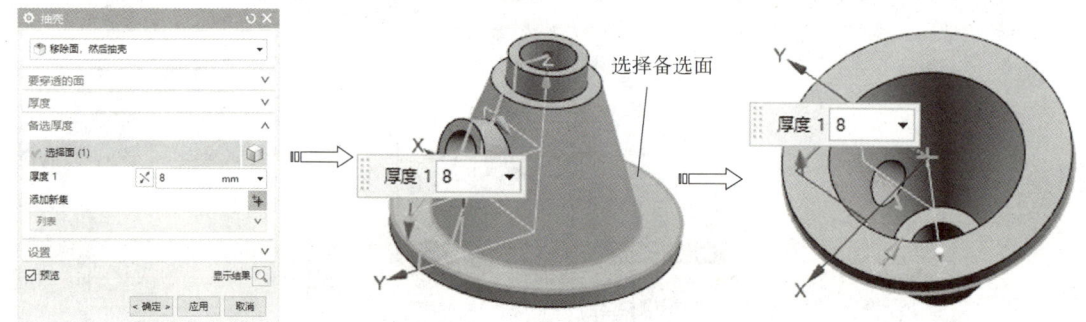

图 3-51　选择备选面

4. 创建拉伸特征

（1）选择下拉菜单【插入】|【在任务环境中绘制草图】命令，弹出【创建草图】对话框，选择如图3-52所示的平面为草绘平面，单击【确定】按钮，利用草图工具绘制如图3-52所示的草图。

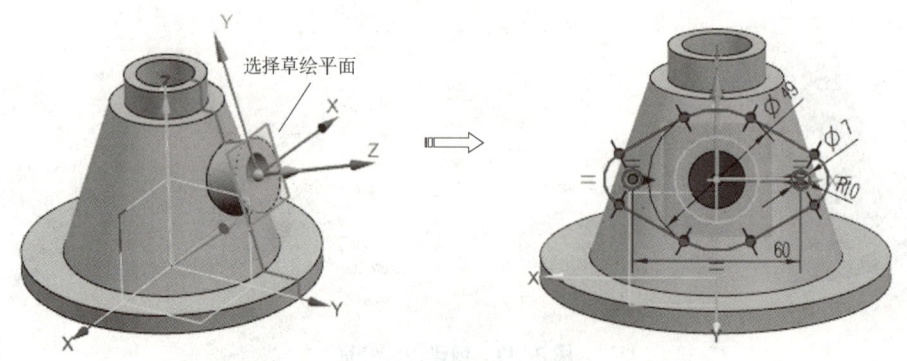

图 3-52　绘制草图

（2）单击【主页】选项卡【特征】组中的【拉伸】命令，弹出【拉伸】对话框，选择【相连曲线】选项，选择上一步草图，【距离】为"8"，"布尔"为"求和"，单击

【确定】按钮完成，如图3-53所示。

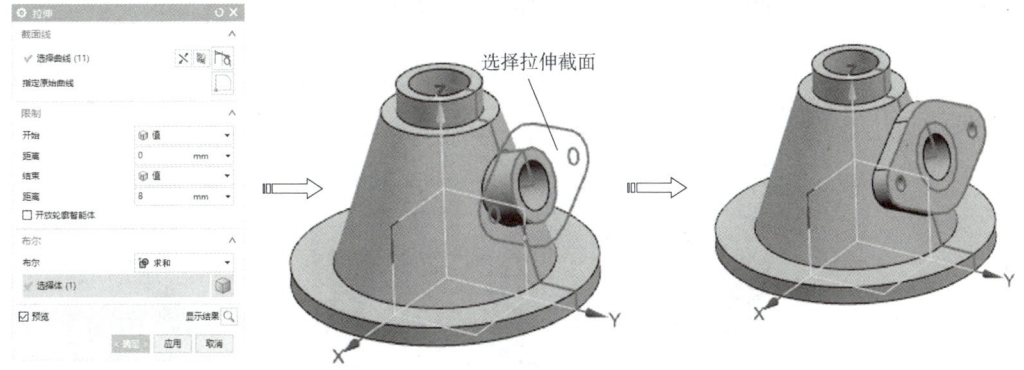

图3-53　创建拉伸特征

5. 创建孔特征

（1）单击【主页】选项卡【特征】组中的【孔】按钮，弹出【孔】对话框，设置【直径】为8，【深度限制】为"贯通体"，如图3-54所示。

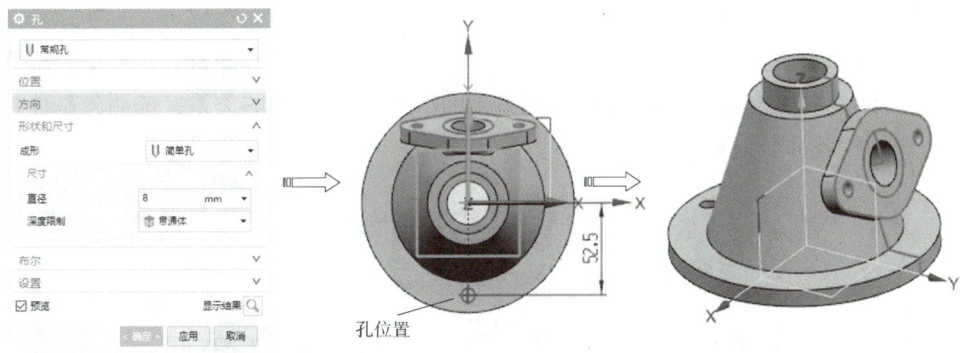

图3-54　创建孔特征

（2）在建模功能区单击【主页】选项卡【特征】组中的【阵列特征】按钮，弹出【阵列特征】对话框，选择孔特征为阵列特征，【布局】为"圆形"，旋转轴为Z轴，【数量】为"6"，【跨角】为"360"，单击【确定】按钮完成阵列，如图3-55所示。

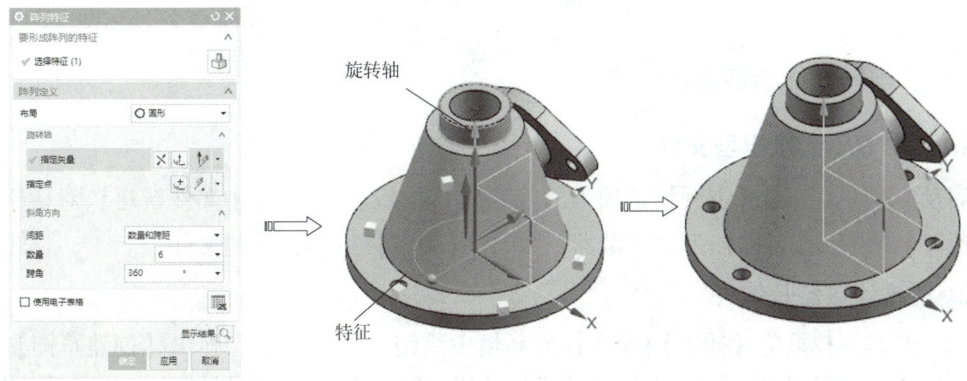

图3-55　创建圆形阵列

任务 3.6　计数器实体特征设计

本任务需要完成计数器的实体特征设计，以计数器为例来对实体特征设计相关知识进行综合性应用，其模型如图 3-56 所示。

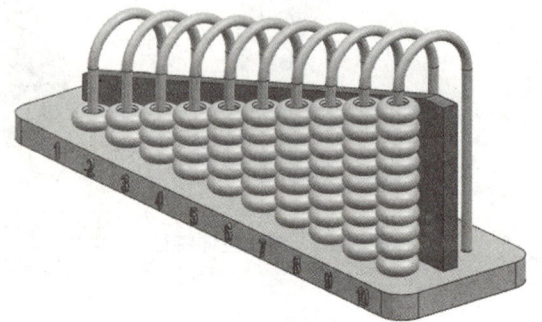

图 3-56　计数器模型

3.6.1　计数器实体特征设计思路分析

首先对模型结构进行分析和分解，确定计数器的造型思路。经分析，将模型分解为相应的部分：基体、算珠子、数字等。根据总体结构布局与相互之间的关系，按照先基体再数字的顺序依次创建各部分，如图 3-57 所示。

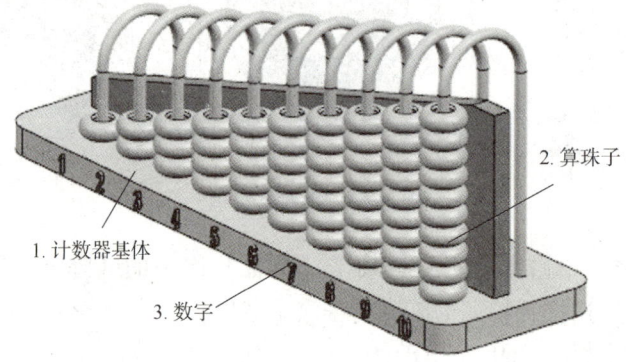

图 3-57　计数器的模型分解

3.6.2　计数器实体特征设计过程

1. 启动 NX 创建模型文件

启动 NX 后，单击【主页】选项卡的【新建】按钮，弹出【文件新建】对话框，选择【模型】模板，【名称】为"计数器"，单击【确定】按钮，新建文件。

2. 创建计数器基体

（1）选择下拉菜单【插入】|【在任务环境中绘制草图】命令，弹出【创建草图】对话框，选择 ZX 平面为草绘平面，单击【确定】按钮，利用草图工具绘制如图 3-58 所示的草图。

项目三 NX 三维实体特征项目式设计案例

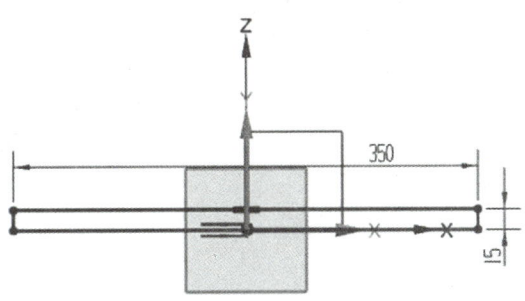

图 3-58 绘制草图

（2）在建模功能区单击【主页】选项卡【特征】组中的【拉伸】命令，弹出【拉伸】对话框，上一步创建的草图为截面曲线，【限制结束】为"对称值"，【距离】为 50 mm，【布尔】为"无"，单击【确定】按钮完成，如图 3-59 所示。

图 3-59 创建拉伸特征

（3）选择下拉菜单【插入】|【在任务环境中绘制草图】命令，弹出【创建草图】对话框，选择 ZX 平面为草绘平面，单击【确定】按钮，利用草图工具绘制如图 3-60 所示的草图。

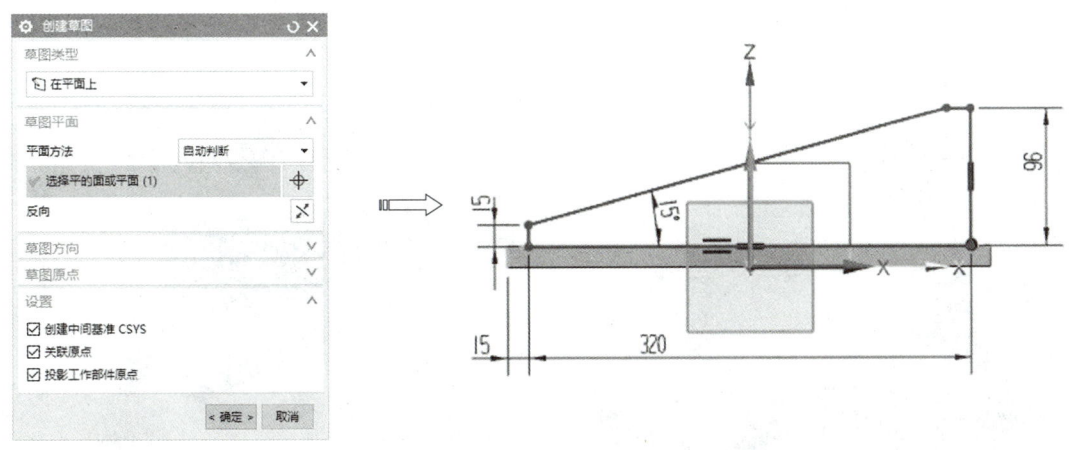

图 3-60 绘制草图

（4）在建模功能区单击【主页】选项卡【特征】组中的【拉伸】命令，弹出【拉伸】对话框，选择上一步创建的草图为截面曲线，【限制结束】为"对称值"，【距离】为 5 mm，【布尔】为"无"，单击【确定】按钮完成，如图 3-61 所示。

图 3-61 创建拉伸特征

(5) 选择下拉菜单【插入】|【在任务环境中绘制草图】命令，弹出【创建草图】对话框，选择 ZX 平面为草绘平面，利用草图工具绘制如图 3-62 所示的草图。

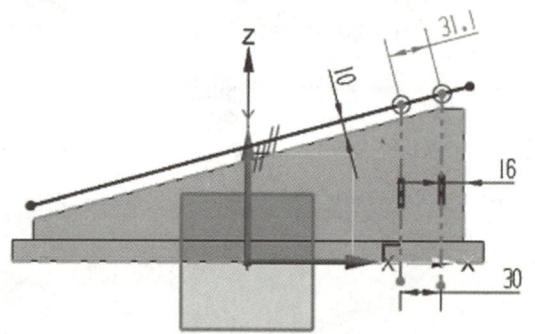

图 3-62 绘制草图

(6) 在建模功能区单击【主页】选项卡【特征】组中的【基准平面】命令，弹出【基准平面】对话框，选择如图 3-63 所示的实体表面，【距离】为 16 mm，单击【确定】按钮完成，如图 3-63 所示。

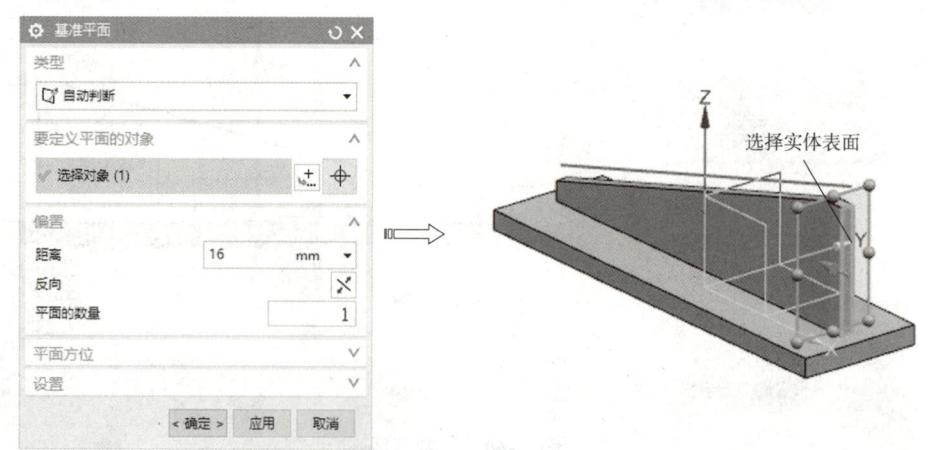

图 3-63 创建基准平面

(7) 选择下拉菜单【插入】|【在任务环境中绘制草图】命令，弹出【创建草图】对话框，选择上一步创建的基准平面为草绘平面，利用草图工具绘制如图 3-64 所示的草图。

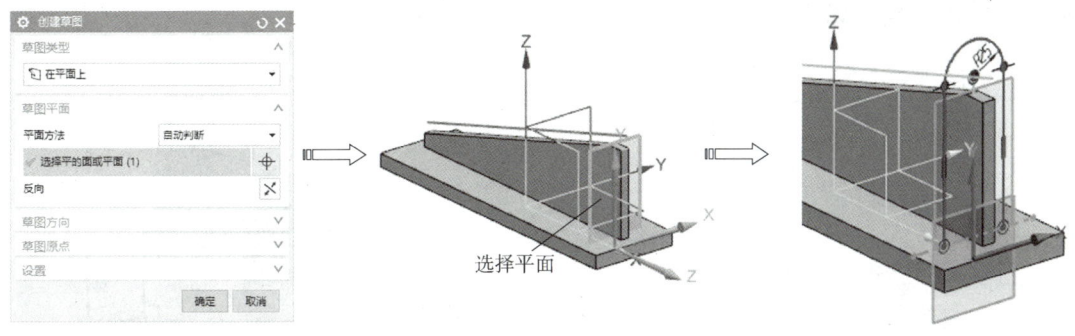

图 3-64 绘制草图

（8）选择下拉菜单【插入】|【扫掠】|【管道】命令，弹出【管道】对话框，【外径】为 6，选择如图 3-65 所示的草图曲线，单击【确定】按钮完成。

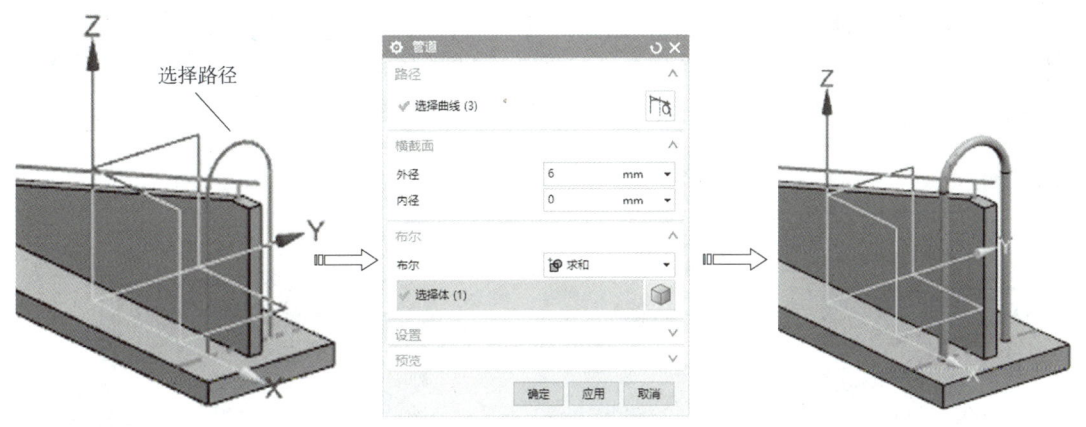

图 3-65 创建管道

（9）在建模功能区单击【主页】选项卡【特征】组中的【阵列特征】按钮，弹出【阵列特征】对话框，选择如图 3-66 所示的管道为阵列特征，【方向 1】选择上一步草图曲线，设置【数量】为 10，【节距】为 31.1，单击【确定】按钮完成阵列，如图 3-66 所示。

图 3-66 创建线性阵列

（10）选择下拉菜单【插入】|【在任务环境中绘制草图】命令，弹出【创建草图】对话框，选择基准平面 ZX 为草绘平面，利用草图工具绘制如图 3-67 所示的草图。

87

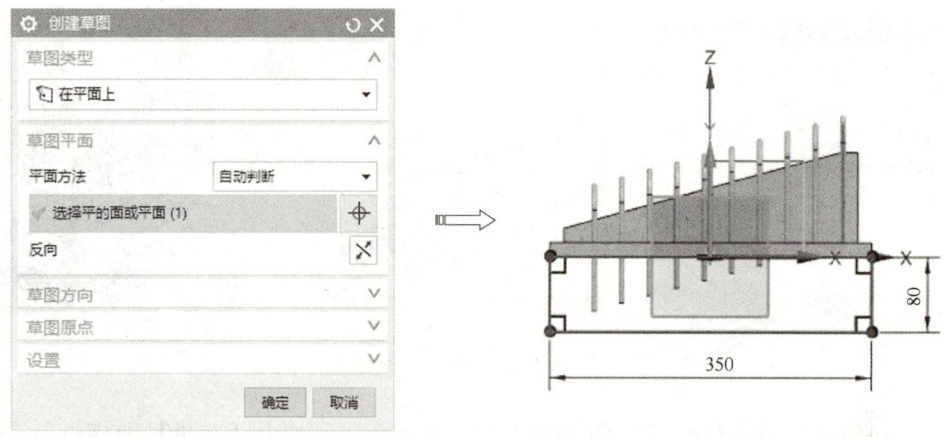

图 3-67 绘制草图

（11）在建模功能区单击【主页】选项卡【特征】组中的【拉伸】命令，弹出【拉伸】对话框，选择上一步创建的草图为截面曲线，【限制结束】为"对称值"，【距离】为 50 mm，【布尔】为"求差"，单击【确定】按钮完成，如图 3-68 所示。

图 3-68 创建拉伸特征

3. 创建算珠子

（1）选择下拉菜单【插入】|【在任务环境中绘制草图】命令，弹出【创建草图】对话框，选择创建的基准平面为草绘平面，单击【确定】按钮，利用草图工具绘制如图 3-69 所示的草图。

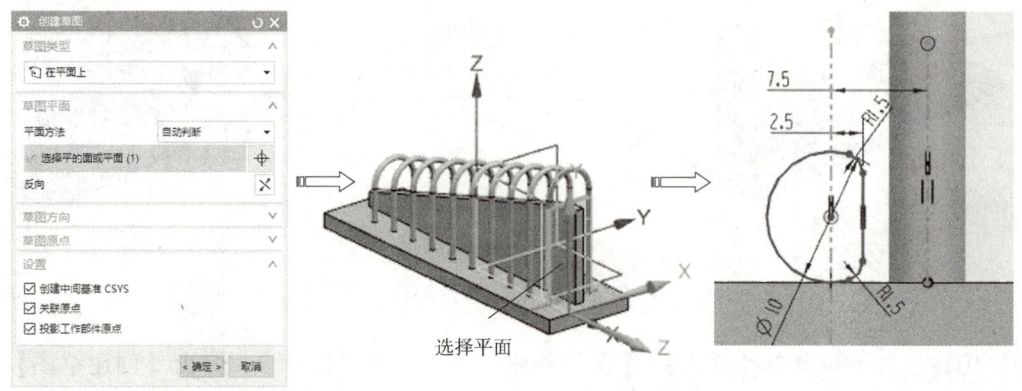

图 3-69 绘制草图

(2) 在建模功能区单击【主页】选项卡【特征】组中的【旋转】命令，弹出【旋转】对话框，选择上一步创建的草图作为回转截面，设置旋转轴为扫掠实体，旋转中心捕捉如图 3-70 所示的圆心，【布尔】为"无"，单击【确定】按钮完成旋转特征，如图 3-70 所示。

图 3-70 创建旋转特征

(3) 在建模功能区单击【主页】选项卡【特征】组中的【阵列特征】按钮，弹出【阵列特征】对话框，选择如图 3-71 所示的旋转特征为阵列特征，【方向 1】选择 XC 轴，设置【数量】为 10，【节距】为 30，【方向 2】选择 ZC 轴，设置【数量】为 10，【节距】为 10，如图 3-71 所示。

图 3-71 设置阵列参数

(4) 从右侧选择阵列的第二列最上端的阵列点，单击鼠标右键，在弹出的快捷菜单中选择【抑制】命令，抑制该阵列点，如图 3-72 所示。

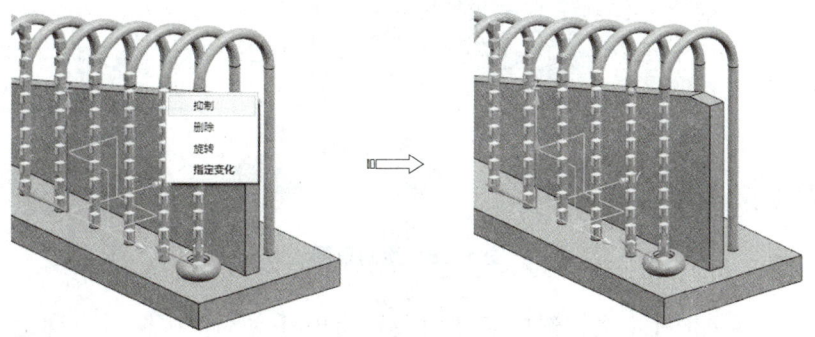

图 3-72 抑制阵列点

(5) 重复阵列点抑制，使左侧第一列为 1 个阵列点，第二列为 2 个阵列……，单击【确定】按钮完成阵列，如图 3-73 所示。

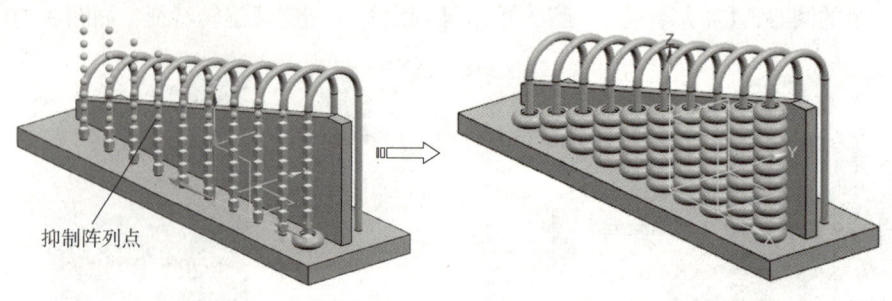

图 3-73　完成阵列特征

(6) 在建模功能区单击【主页】选项卡【特征】组中的【边倒圆】按钮，弹出【边倒圆】对话框，设置【半径 1】为 15，选择如图 3-74 所示的 4 条边，单击【确定】按钮，系统自动完成倒圆特征，如图 3-74 所示。

图 3-74　创建边倒圆

4. 创建数字

(1) 选择下拉菜单【插入】|【在任务环境中绘制草图】命令，弹出【创建草图】对话框，选择如图 3-75 所示的平面为草绘平面，利用草图工具绘制如图 3-75 所示的草图。

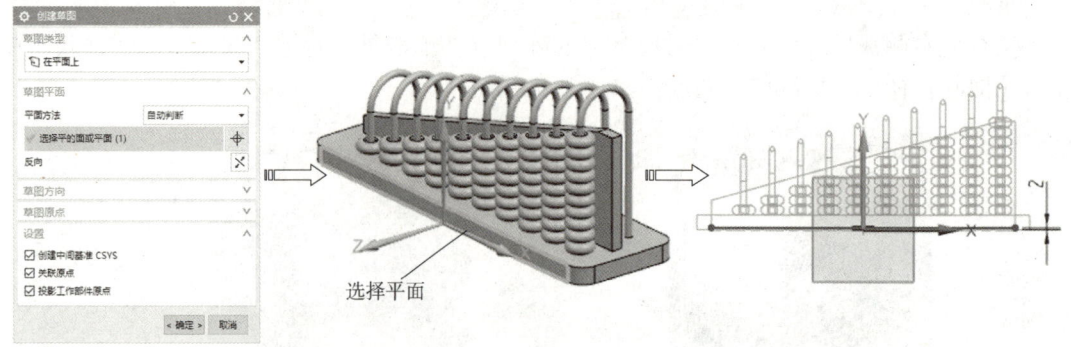

图 3-75　绘制草图

(2) 在功能区单击【主页】选项卡【曲线】组中【文本】按钮，弹出【文本】对话框，【类型】下拉列表选择"面上"，选择如图 3-76 所示的曲面和曲线。

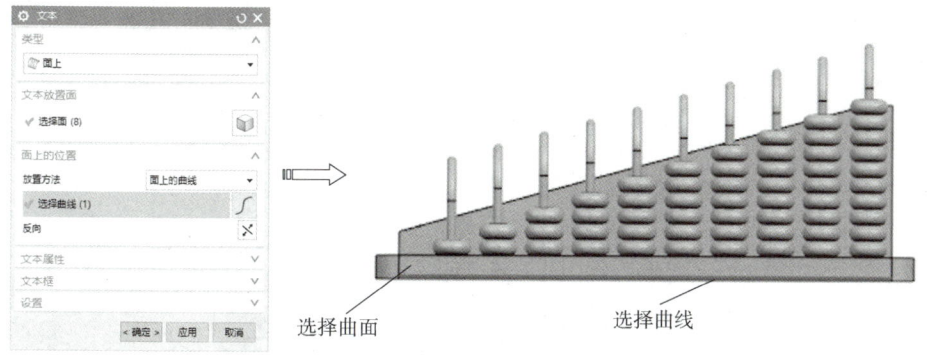

图 3-76 选择文字创建的曲线和曲面

（3）设置【锚点位置】为"左"，【参数百分比】为 10%，在【文本属性】中输入"1 2 3 4 5 6 7 8 9 10"，单击【确定】按钮完成，如图 3-77 所示。

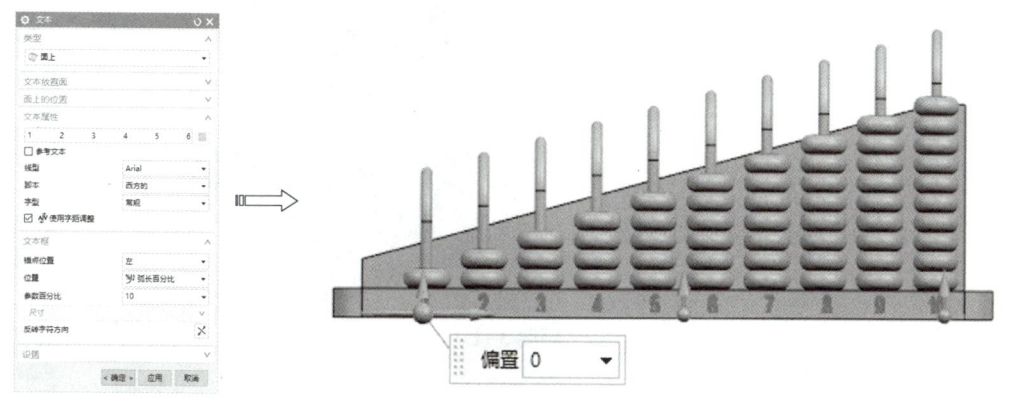

图 3-77 创建文本

（4）在建模功能区中单击【主页】选项卡【特征】组中的【拉伸】命令，弹出【拉伸】对话框，上一步创建的草图为截面曲线，【距离】为 2 mm，【布尔】为"无"，单击【确定】按钮完成，如图 3-78 所示。

图 3-78 创建拉伸特征

1. 如题图 3-1 所示创建一个公制的 part 文件，应用拉伸、圆柱等命令绘制三维实体。

2. 如题图 3-2 所示创建一个公制的 part 文件，应用旋转、键槽、孔和拉伸等命令绘制三维实体。

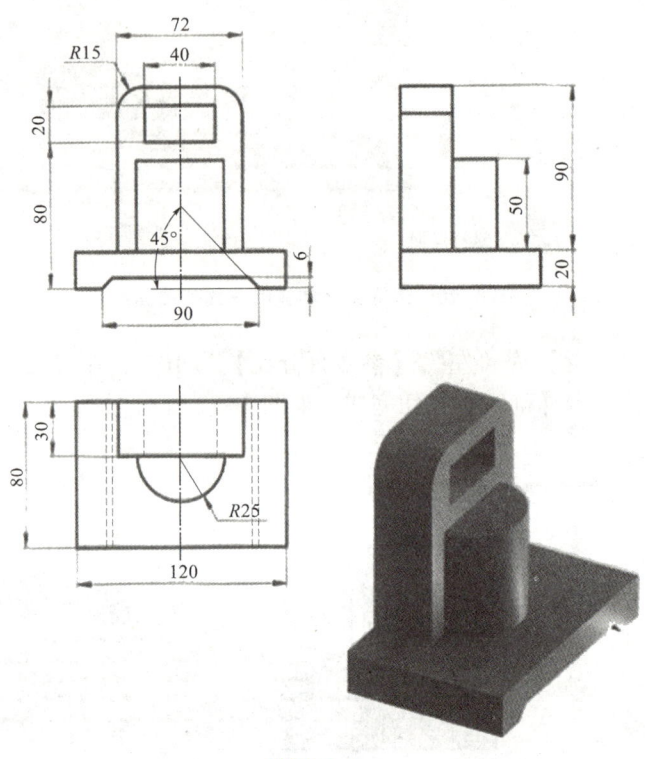

题图 3-1

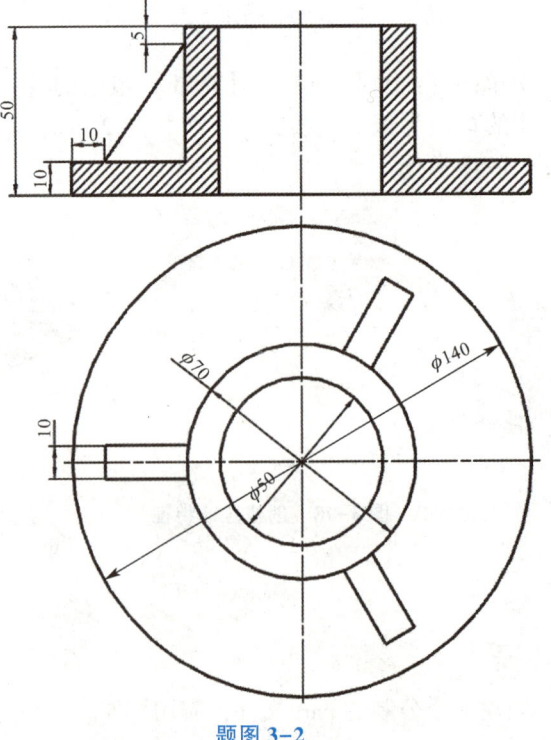

题图 3-2

3. 如题图 3-3 所示创建一个公制的 part 文件，应用圆柱、拉伸、移动面等命令绘制三维实体。

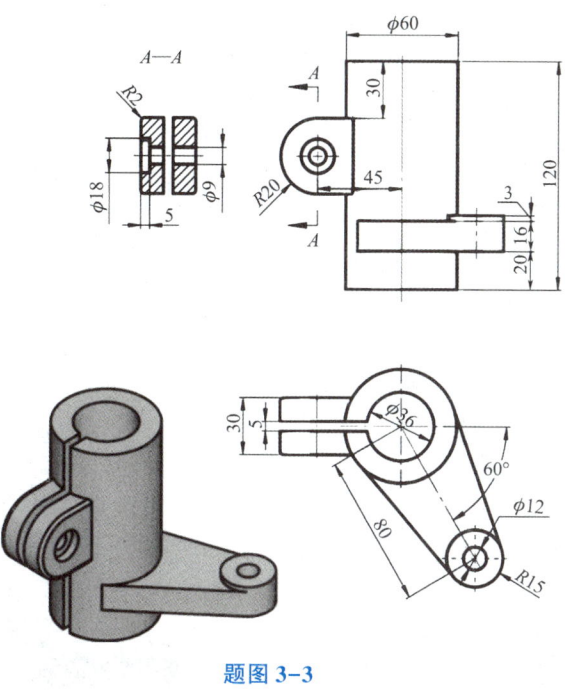

题图 3-3

4. 如题图 3-4 所示创建一个公制的 part 文件，应用拉伸、管道、孔等命令绘制三维实体。

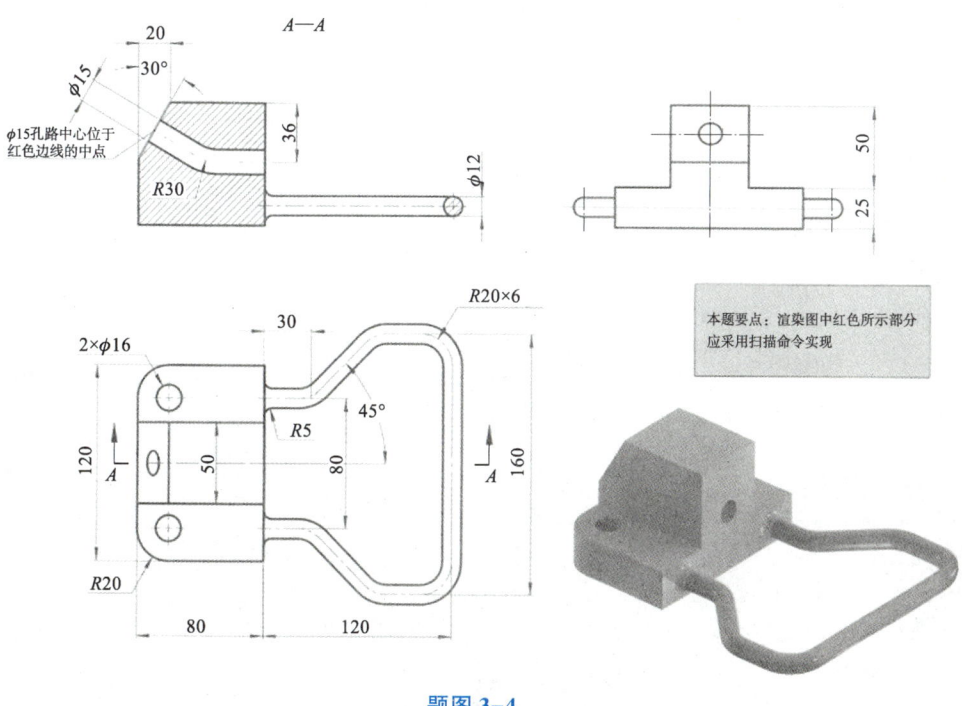

题图 3-4

5. 如题图 3-5 所示创建一个公制的 part 文件，应用拉伸、圆柱、孔、阵列等命令绘制三维实体。

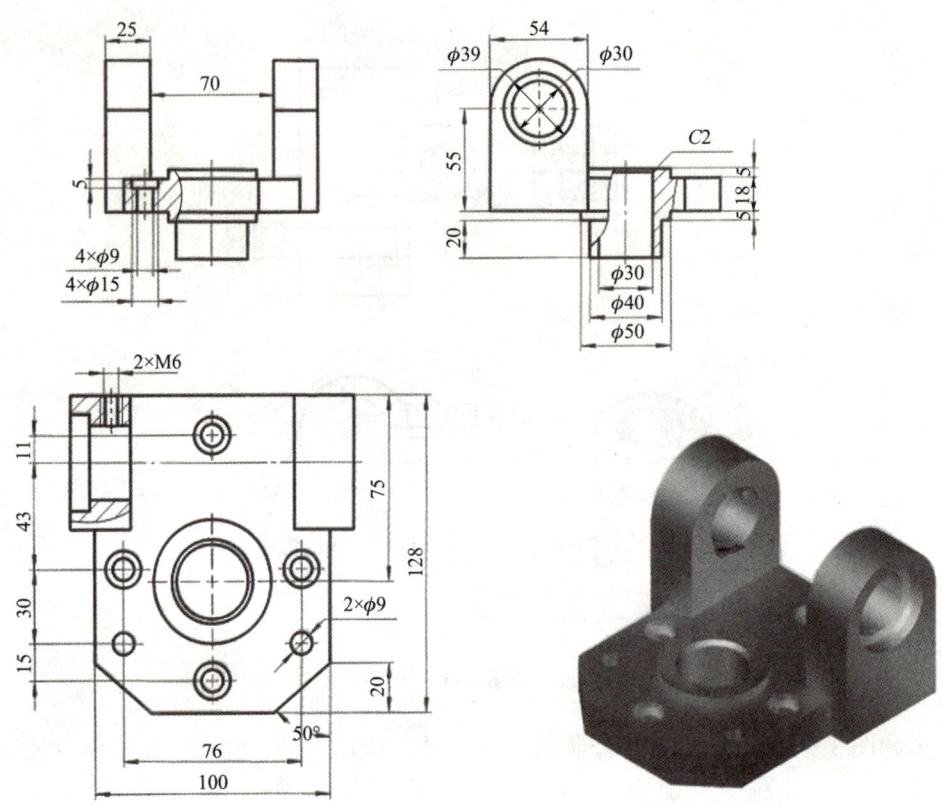

题图 3-5

项目四

NX 曲线曲面项目式设计案例

流畅的外形设计离不开曲线和曲面，为了建立好曲面，必须适当建好曲线，曲线线框是曲面的基础，进而由曲线创建曲面，通过曲面生成实体来创建特定零件。

任务 4.1 NX 曲线和曲面设计认知

使用 NX 软件进行产品设计时，对于形状比较规则的零件，利用实体特征造型快捷方便，基本能满足造型的需要。但对于形状复杂的零件，实体特征的造型方法显得力不从心，难于胜任，就需要实体和曲面混合设计才能完成。NX 曲面造型方法繁多、功能强大、使用方便，提供了强大的弹性化设计方式是三维造型技术的重要组成。

在曲面建模操作时，一定要养成认真、细致、一丝不苟的工作作风，能达到事半功倍的效果；在命令操作时注意观察选择对象时的提示，否则容易出现错误，无法实现正确建模。

4.1.1 曲线设计用户界面认知

在建模模块中单击 Ribbon 功能区的【曲线】选项卡，进入曲线创建用户界面，如图 4-1 所示。

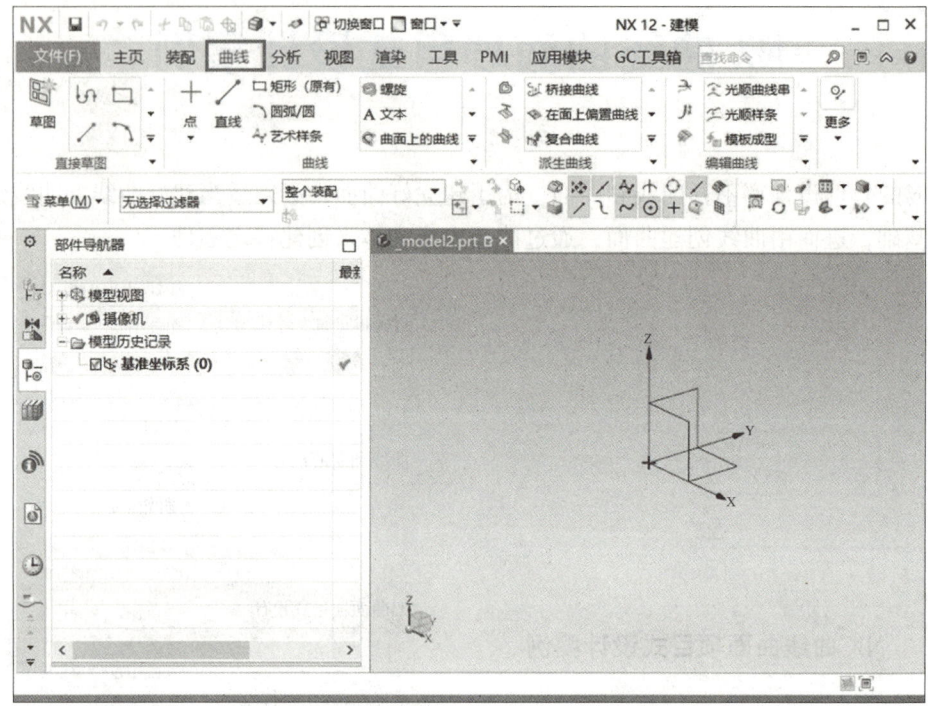

图 4-1 曲线设计用户界面

利用【曲线】选项卡或相关菜单命令 NX 可创建两类曲线。

1. 基本曲线

基本曲线包括点、直线和圆弧。

2. 复杂曲线

复杂曲线包括矩形、多边形、椭圆、抛物线、螺旋线、艺术样条等。

4.1.2 曲面设计用户界面认知

在建模模块中单击 Ribbon 功能区的【曲面】选项卡，进入曲面创建用户界面，如图 4-2 所示。默认状态下，Ribbon 功能区的曲面是不可见的，可以参看项目一中任务 1.3Ribbon 功能区认知部分添加功能区选项卡部分内容。

根据其创建方法的不同，曲面可以分成以下几种类型：

1. 点建曲面

点创建各种曲面的方法主要包括"四点曲面""整体突变""通过点""从极点"和"从点云"等。

2. 基本曲面（拉伸和旋转曲面）

基本曲面是指将草图、曲线、直线或曲面拉伸（或旋转）成曲面。

项目四 NX 曲线曲面项目式设计案例

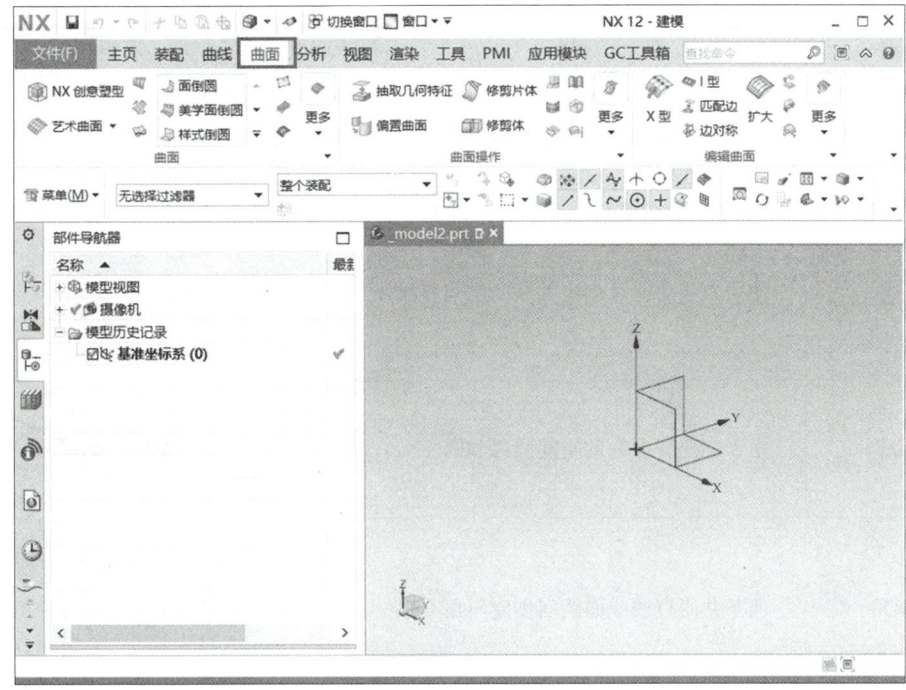

图 4-2 曲面用户操作界面

3. 曲线曲面

曲线建立曲面是指通过网格线框创建曲面，包括直纹曲面、通过曲线组曲面、通过曲线网格、艺术曲面和 N 边曲面。

4. 扫掠曲面

"扫掠曲面"是指选择几组曲线作为截面线沿着引导线（路径）扫掠生成曲面，包括直纹曲面、通过曲线组曲面、通过曲线网格、艺术曲面和 N 边曲面。

5. 其他曲面

有界平面、填充曲面、条带曲面、曲线成片体、修补开口等。

任务 4.2 曲线和曲面认知

4.2.1 创建曲线

为了建立好曲面，必须适当建好基本曲线模型，NX 所建立的曲线可以用来作为创建曲面的截面线和引导线。NX 曲线创建功能主要是指生成点、直线、圆弧、样条曲线等，如表 4-1 所示。

表 4-1 常用曲线创建命令

类型	说明	示例
点	利用【点】每次生成一个点，并且作为一个独立的几何对象，在图形区以"+"标识	

97

续表

类型	说明	示例
点集	点集是通过一次操作生成一系列点	
直线	使用直线功能可创建关联的空间直线	
圆弧/圆	用于创建有参数的空间圆弧和圆	
倒斜角	两条共面直线或曲线间创建斜角	
矩形	用于通过选择两个对角点创建一个矩形	
多边形	用于创建正多边形	
艺术样条	艺术样条可创建关联或非关联样条曲线	

4.2.2 曲线操作

在曲线创建过程中，由于多数曲线属于非参数性曲线类型，一般在空间中具有很大的随意性和不确定性。通常创建完曲线后，并不能满足用户要求，往往需要借助各种曲线的操作手段来不断调整对曲线做进一步的处理，从而满足用户要求。曲线操作是指对已存在的曲线进行几何运算处理，如曲线偏置、桥接、投影等，如表4-2所示。

表4-2 常用曲线操作命令

类型	说明	示例
偏置曲线	偏置曲线用于将直线、圆弧、样条、二次曲线、实体的棱边偏置一定的距离，从而得到新曲线	

续表

类型	说明	示例
桥接曲线	桥接曲线命令可连接两个对象创建连接曲线	
圆形圆角	用于在两条 3D 曲线或边链之间创建光滑的圆角曲线	
连接曲线	将所选的多条曲线或边连接成一条曲线,其结果生成是与原先的曲线链近似的多项式样条	
投影曲线	将曲线、边缘线或点沿某一方向投影到曲面、平面和基准平面上	
镜像曲线	镜像曲线用于将选定的曲线沿选定的镜像平面生成新的曲线,可对空间曲线进行镜像	
相交曲线	相交曲线是指在两组对象之间生成相交曲线	

4.2.3 创建曲面

绝大多数产品的设计都离不开曲面的构建。NX 的曲面建模功能强大,可以通过点、线或曲面等多种方法来构造曲面,如表 4-3 所示。

表 4-3 常用曲面创建命令

类型	说明	示例
拉伸曲面	拉伸曲面是指将草图、曲线、直线或者曲面拉伸成曲面	
旋转曲面	将草图、曲线等绕旋转轴旋转形成一个旋转曲面	

续表

类型	说明	示例
直纹面	通过一组假想的直线，将两组截面线串之间的对应点连接起来形成的曲面	
通过曲线组	通过选取一系列的截面线串来创建曲面，作为截面线串的对象可以是曲线也可以是实体或片体的边	
通过曲线网格	从沿着两个不同方向的一组现有的曲线轮廓上生成片体	
扫掠曲面	令截面曲线沿所选的引导线进行扫掠生成曲面	
有界平面	有界平面可利用首尾相接曲线的线串作为片体边界来生成一个平面片体	

4.2.4 曲面操作

NX 除曲面构造命令外，还可以对创建的曲面进行操作创建或编辑曲面，如表 4-4 所示。

表 4-4 常用的曲面操作

类型	说明	示例
阵列面	可按不同的阵列布局创建面的阵列	
镜像几何体	通过基准平面或平面镜像选定特征的方法来创建对称的面	
缝合	将两个或两个以上的片体连接成单个新片体	
修剪片体	用已有的曲线（投影曲线和边）或曲面（曲面和平面）为边界来修剪指定的片体或曲面	

续表

类型	说明	示例
延伸片体	用于延伸或修剪片体	
偏置曲面	沿参考曲面的法向在指定的距离上生成一系列偏置曲面	
面倒圆	指在两个面之间生成恒定半径或可变半径的圆角曲面,所生成的圆角相切于两个面	

任务 4.3　盘架曲面项目式设计

以盘架曲面为例来对曲线曲面特征设计和操作相关知识进行综合性应用,盘架曲面结构如图 4-3 所示。

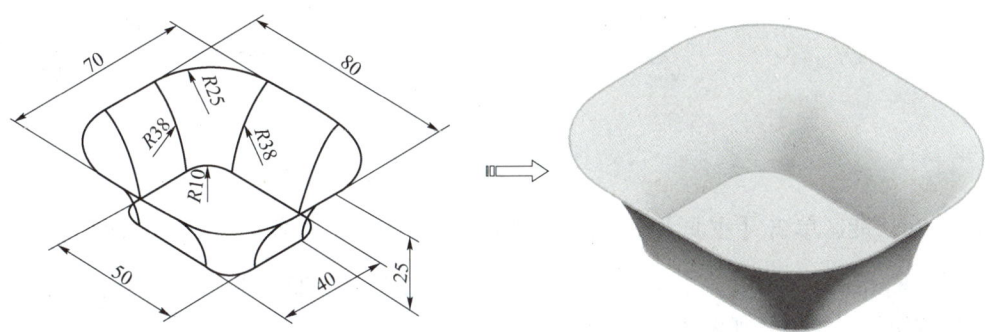

图 4-3　盘架曲面

4.3.1　盘架曲面设计思路分析

按盘架曲面的曲面结构特点对曲面进行分解,可分解为侧曲面和底平面,如图 4-4 所示。

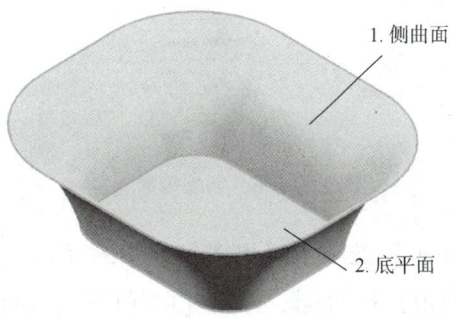

图 4-4　曲面分解

4.3.2 盘架曲面设计操作过程

1. 新建文件

启动 NX 后,单击【主页】选项卡的【新建】按钮，弹出【文件新建】对话框,选择【模型】模板,输入【名称】为"盘架曲面",单击【确定】按钮新建文件。

2. 创建曲线

(1) 在功能区单击【主页】选项卡【曲线】组中的【更多】按钮，然后单击【矩形】按钮，在弹出的【点】对话框中输入(-25,-20,0)和(25,20,0),单击【确定】按钮创建矩形,如图4-5所示。【矩形】在默认状态下是隐藏的,可以在命令查找器中输入"矩形"进行查找,也可以在功能区中通过添加命令进行添加。

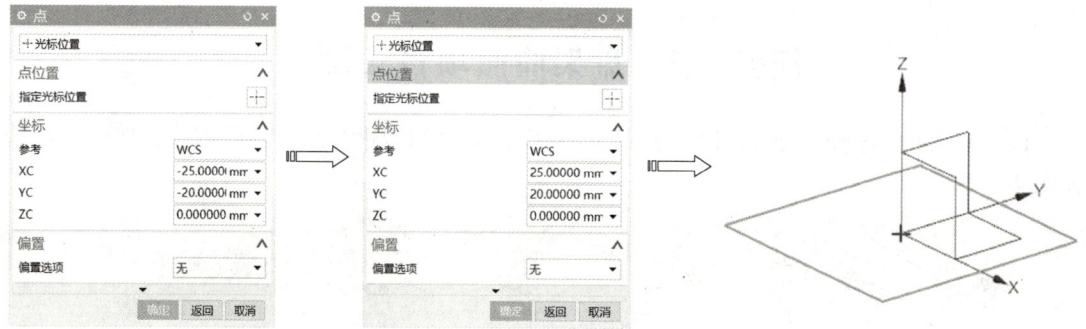

图 4-5　创建矩形

(2) 在功能区单击【主页】选项卡【曲线】组中的【更多】按钮，然后单击【矩形】按钮，在弹出的【点】对话框中输入(-40,-35,25)和(40,35,25),单击【确定】按钮创建矩形,如图4-6所示。

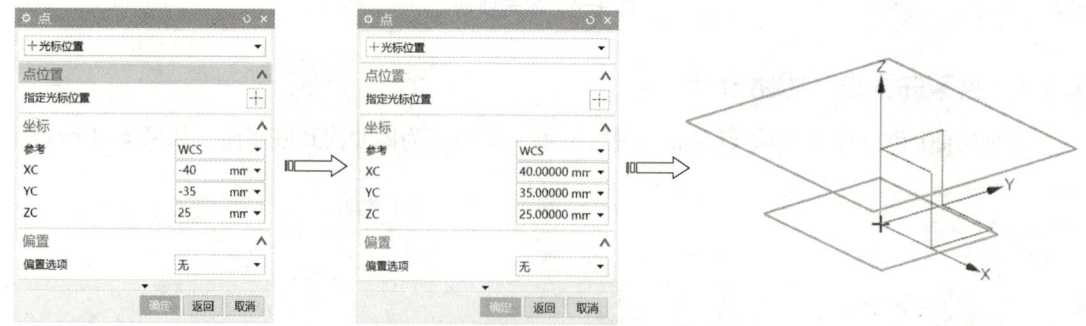

图 4-6　创建矩形

(3) 在功能区单击【主页】选项卡【更多】组中的【基本曲线】按钮，弹出【基本直线】对话框,单击【圆角】按钮，弹出【曲线倒圆】对话框,单击"两曲线圆角"按钮，【半径】为"10",然后设置"修剪选项",如图4-7所示。

注：【基本曲线】在默认状态下是隐藏的。

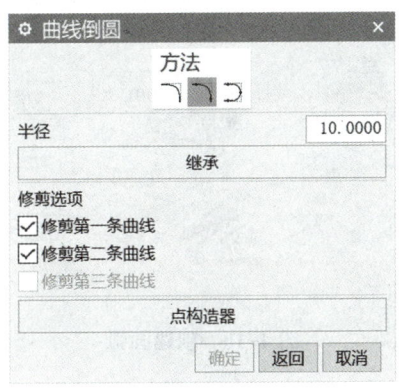

图 4-7 【曲线倒圆】对话框

（4）依次选择第一、二条曲线，再在相交线的四个象限中单击鼠标设定圆心的大致位置即可，如图 4-8 所示。

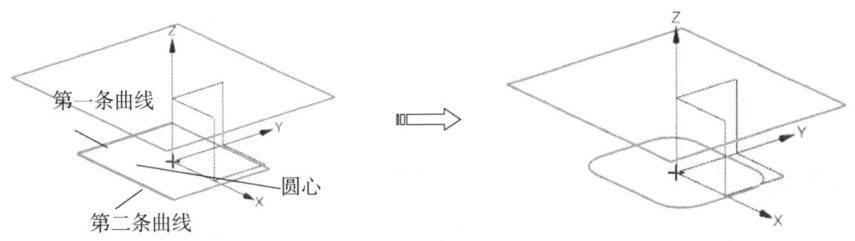

图 4-8 创建圆角

（5）重复上述过程，创建其余 4 个 25 mm 的圆角，如图 4-9 所示。

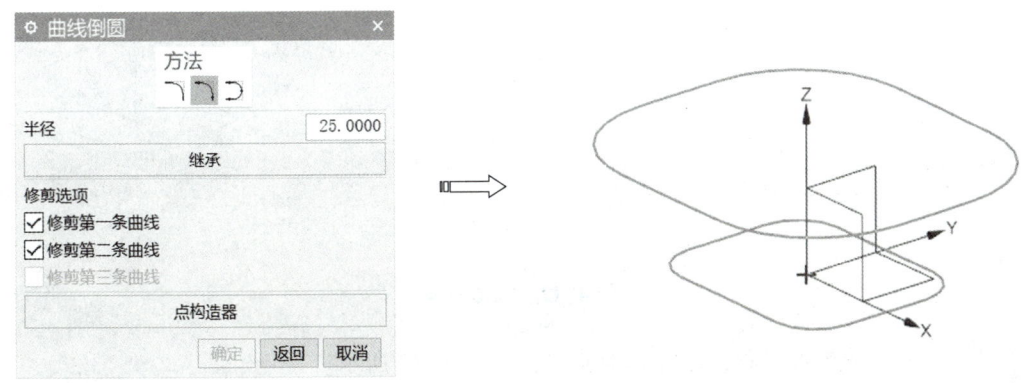

图 4-9 创建圆角

（6）在功能区单击【主页】选项卡【曲线】组中的【圆弧/圆】按钮，弹出【圆弧/圆】对话框，选择圆角端点 1 作为起点，圆角端点 2 作为终点，在【半径】文本框中输入"38"，单击【确定】按钮完成，如图 4-10 所示。

（7）重复上述圆弧创建过程，创建其他圆弧，如图 4-11 所示。

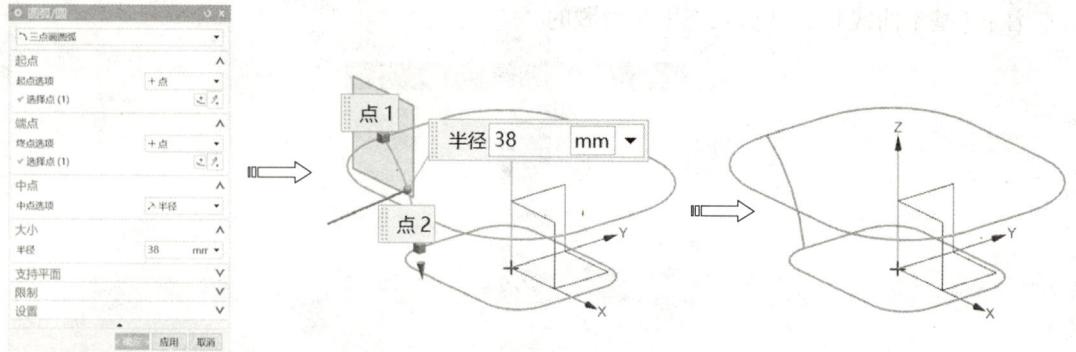

图 4-10 创建圆弧

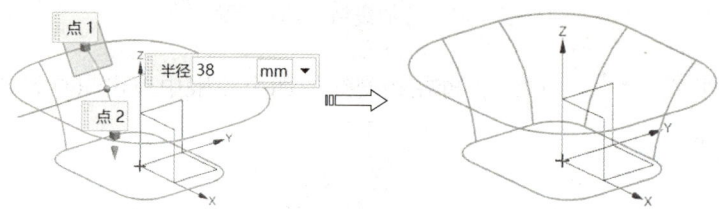

图 4-11 创建其他圆弧

3. 镜像曲线

(1) 在功能区单击【主页】选项卡【派生曲线】组中的【镜像曲线】按钮,弹出【镜像曲线】对话框,选择如图 4-12 所示的曲线作为要镜像的曲线,选择 YC-ZC 为镜像平面,单击【确定】按钮创建镜像曲线,如图 4-12 所示。

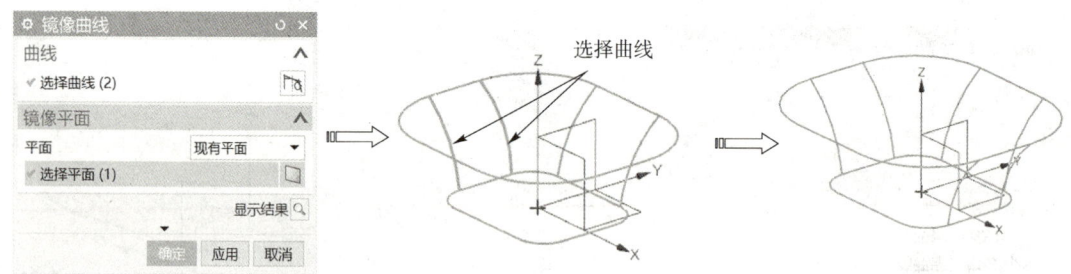

图 4-12 镜像曲线

(2) 重复上述镜像过程,创建其他曲线,如图 4-13 所示。

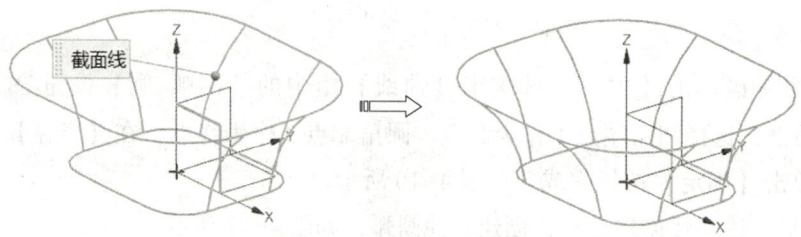

图 4-13 镜像创建其他曲线

4. 创建曲面

(1) 在功能区单击【主页】选项卡【曲面】组中的【通过曲线网格】按钮，弹出【通过曲线网格】对话框，选择如图 4-14 所示的主曲线和交叉曲线，单击【确定】按钮创建通过曲线网格曲面，如图 4-14 所示。

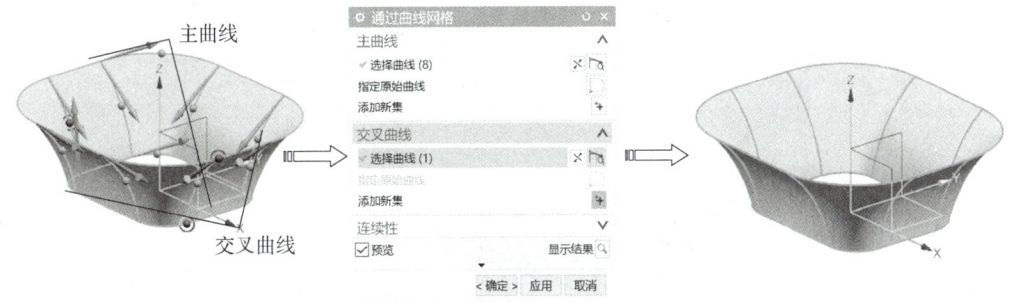

图 4-14 创建通过曲线网格曲面

(2) 在功能区单击【曲面】选项卡【曲面】组中的【有界平面】按钮，弹出【有界平面】对话框，在图形中选择封闭曲线，单击【确定】按钮创建底平面，如图 4-15 所示。

图 4-15 创建有界平面

任务 4.4 凸模曲面项目式设计

以凸模曲面为例来对曲线曲面特征设计和操作相关知识进行综合性应用，凸模曲面结构如图 4-16 所示。

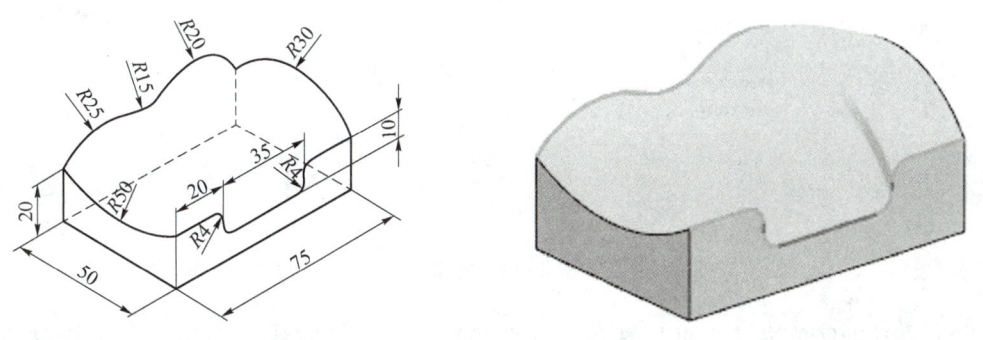

图 4-16 凸模曲面

4.4.1 凸模曲面设计思路分析

按凸模曲面的曲面结构特点对曲面进行分解，可分解为顶曲面和侧平面，如图 4-17 所示。

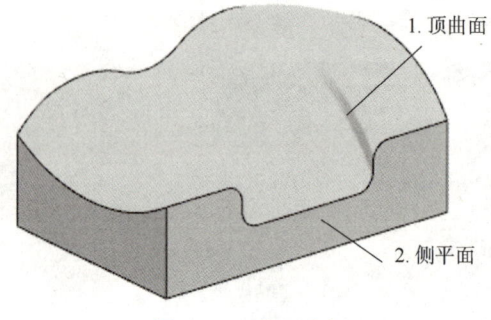

图 4-17 曲面分解

4.4.2 凸模曲面设计操作过程

1. 新建文件

启动 NX 后，单击【主页】选项卡的【新建】按钮，弹出【文件新建】对话框，选择【模型】模板，设【名称】为"凸模曲面"，单击【确定】按钮新建文件。

2. 创建曲线

（1）在功能区单击【主页】选项卡【曲线】组中的【点】按钮，弹出【点】对话框，在【坐标】中输入（0, 0, 0）、（50, 0, 0）、（50, 75, 0）、（0, 75, 0），单击【确定】按钮创建点，如图 4-18 所示。

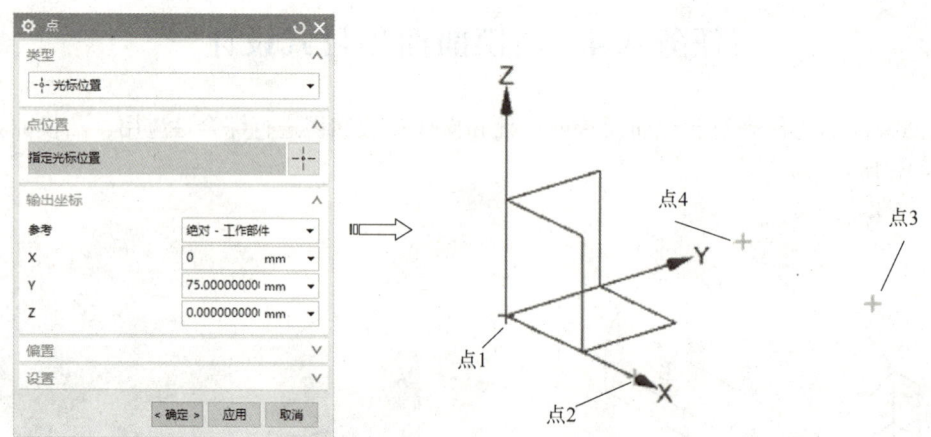

图 4-18 创建点

（2）在功能区单击【主页】选项卡【曲线】组中的【直线】命令，弹出【直线】对话框，选择点和方向创建长度为 20 mm 的 4 条直线，如图 4-19 所示。

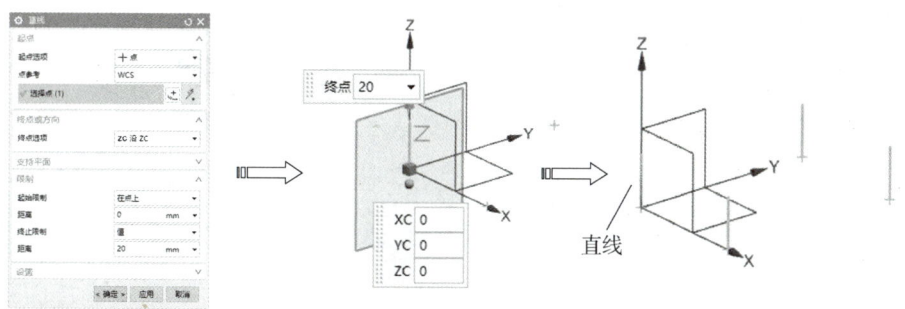

图 4-19 创建直线

（3）在功能区单击【主页】选项卡【曲线】组中的【直线】命令，弹出【直线】对话框，选择点创建 4 条直线，如图 4-20 所示。

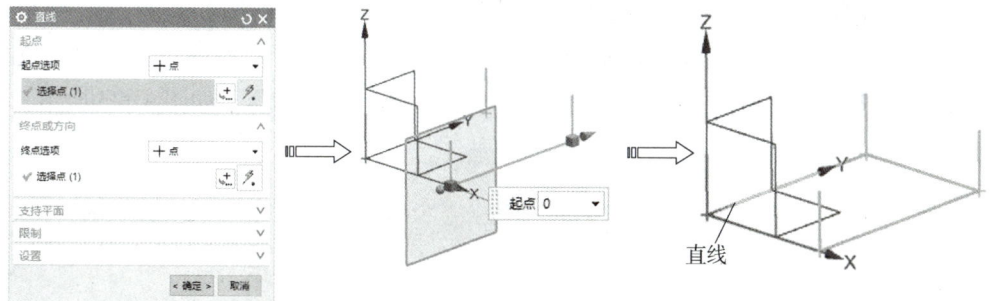

图 4-20 创建直线

（4）在功能区单击【主页】选项卡【曲线】组中的【点】按钮，弹出【点】对话框，选择如图 4-21 所示的直线端点作为参考点，在【偏置】中设置（0，37.5，0），单击【确定】按钮创建点，如图 4-21 所示。

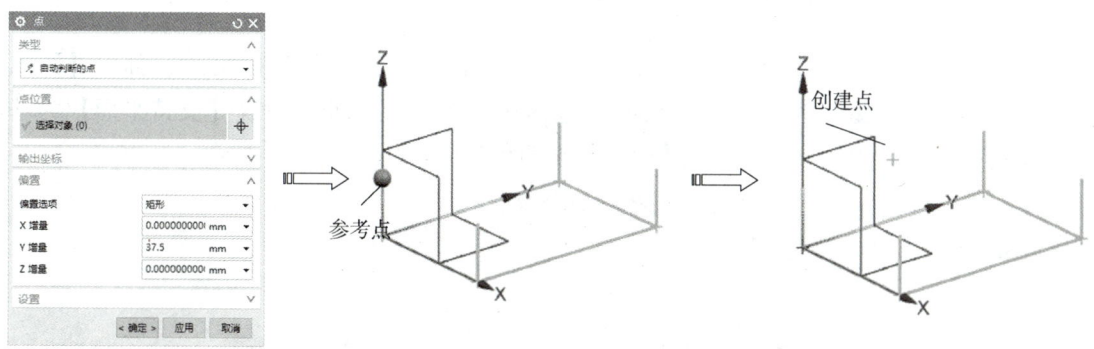

图 4-21 创建点

（5）在功能区单击【主页】选项卡【曲线】组中的【圆弧/圆】按钮，弹出【圆弧/圆】对话框，【类型】为"三点画圆弧"，选择如图 4-22 所示的两直线的端点，【半径】为 30 mm，单击【确定】按钮创建圆弧，如图 4-22 所示。

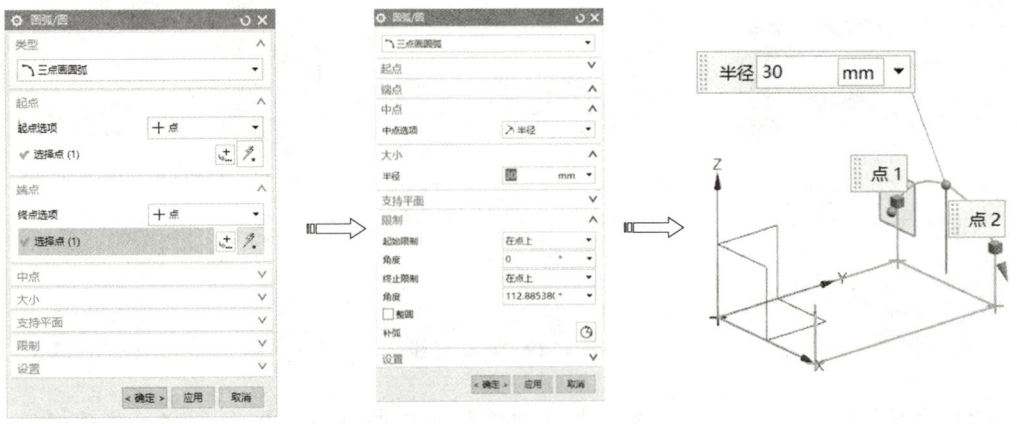

图 4-22 创建圆弧

(6) 在功能区单击【主页】选项卡【曲线】组中的【圆弧/圆】按钮，弹出【圆弧/圆】对话框，【类型】为"三点画圆弧"，选择如图 4-23 所示的两点，设置【支持平面】为基准面 XZ，【半径】为 50 mm，单击【确定】按钮创建圆弧，如图 4-23 所示。

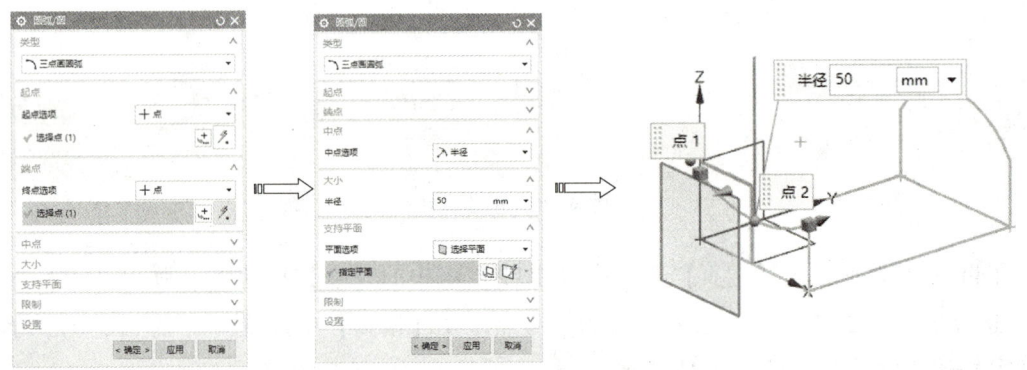

图 4-23 创建圆弧

(7) 在功能区单击【主页】选项卡【曲线】组中的【圆弧/圆】按钮，弹出【圆弧/圆】对话框，【类型】为"三点画圆弧"，选择图 4-24 中的两点，设置【支持平面】为基准面 ZY，【半径】为 25 mm，单击【确定】按钮创建圆弧，如图 4-24 所示。

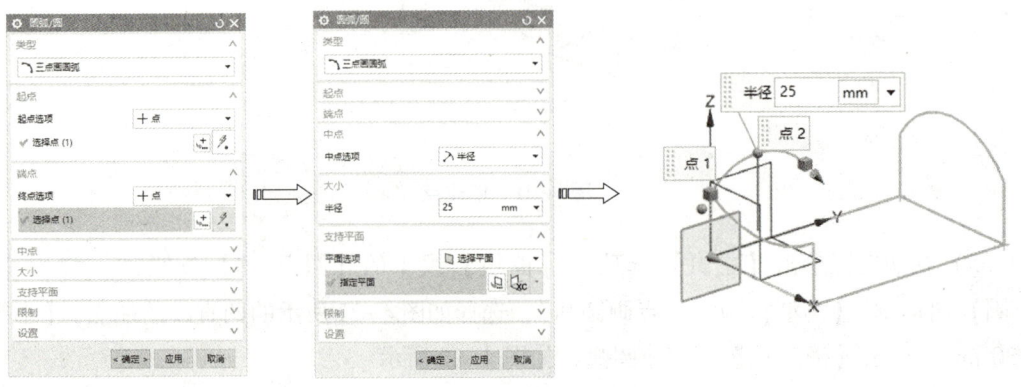

图 4-24 创建圆弧

（8）在功能区单击【主页】选项卡【曲线】组中的【圆弧/圆】按钮，弹出【圆弧/圆】对话框，【类型】为"三点画圆弧"，选择如图4-25所示的两点，设置【支持平面】为基准面ZY，【半径】为20 mm，单击【确定】按钮创建圆弧，如图4-25所示。

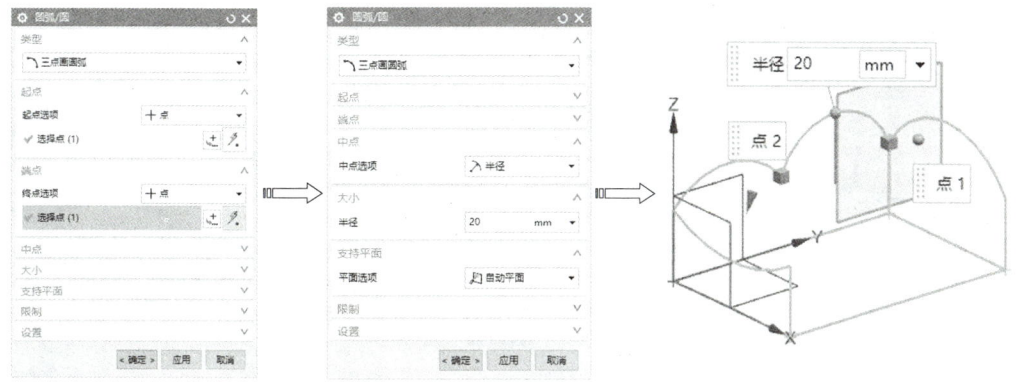

图4-25 创建圆弧

（9）在功能区单击【主页】选项卡【更多】组中的【基本曲线】按钮，弹出【基本曲线】对话框，单击【圆角】按钮，弹出【曲线倒圆】对话框，单击【两曲线圆角】按钮，【半径】为15 mm，依次选择第一、二条曲线，单击鼠标设定圆心位置，如图4-26所示。

图4-26 创建圆角

（10）在功能区单击【主页】选项卡【派生曲线】组中的【偏置曲线】按钮，弹出【偏置曲线】对话框，【偏置类型】为"3D轴向"，选择要偏置的曲线，设置【距离】为10 mm，【方向】为+ZC，单击【确定】按钮完成曲线偏置，如图4-27所示。

图4-27 创建偏置曲线

(11)在功能区单击【主页】选项卡【派生曲线】组中的【偏置曲线】按钮，弹出【偏置曲线】对话框，【偏置类型】选择"3D轴向"，选择要偏置的曲线，设置【距离】为20，【方向】为YC，单击【确定】按钮完成曲线偏置，如图4-28所示。

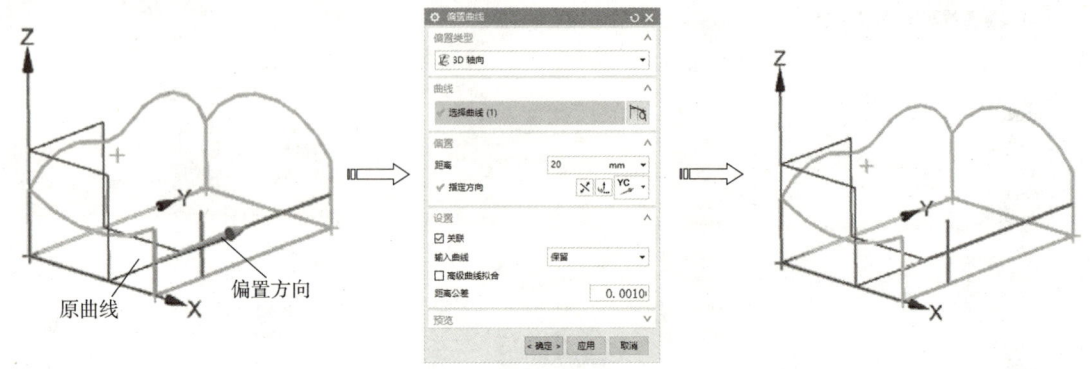

图4-28　创建偏置曲线

(12)在功能区单击【主页】选项卡【派生曲线】组中的【偏置曲线】按钮，弹出【偏置曲线】对话框，在【偏置类型】下拉列表中选择"3D轴向"，在图形区选择曲线，设置【距离】为20，【方向】为YC，单击【确定】按钮完成曲线偏置，如图4-29所示。

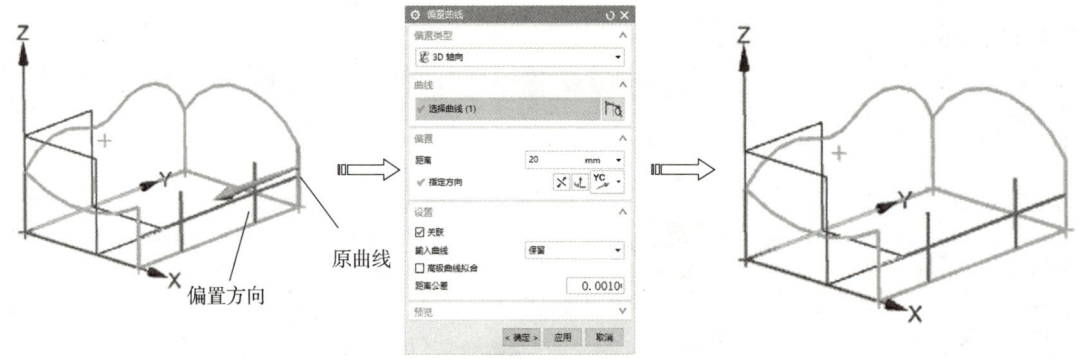

图4-29　创建偏置曲线

(13)在功能区单击【主页】选项卡【曲线】组中的【直线】命令，弹出【直线】对话框，选择点创建长度为20 mm的2条直线，如图4-30所示。

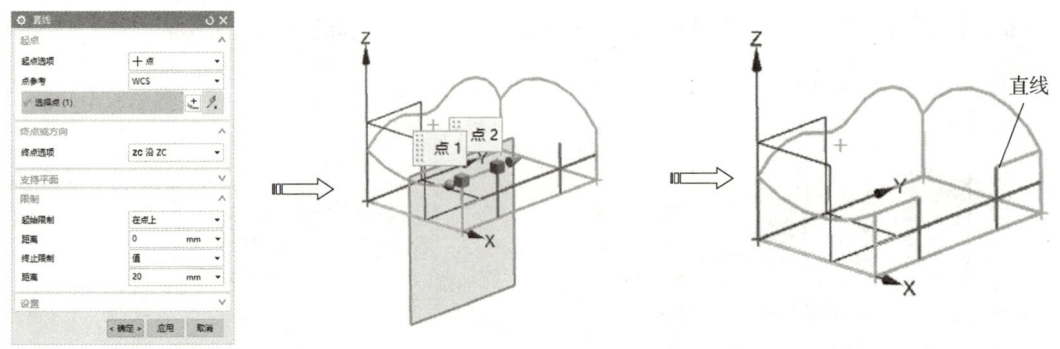

图4-30　创建直线

（14）在功能区单击【主页】选项卡【更多】组中的【基本曲线】按钮，弹出【基本曲线】对话框，单击【圆角】按钮，弹出【曲线倒圆】对话框，单击【两曲线圆角】按钮，【半径】为 4 mm，依次选择第一、二条曲线，单击鼠标设定圆心位置，创建 4 个圆角，如图 4-31 所示。

图 4-31 创建圆角

3. 创建曲面

（1）在功能区单击【主页】选项卡【曲面】组中的【通过曲线网格】按钮，弹出【通过曲线网格】对话框，选择如图 4-32 所示的主曲线和交叉曲线，单击【确定】按钮创建顶曲面，如图 4-32 所示。

图 4-32 创建通过曲线网格曲面

（2）在建模功能区单击【曲面】选项卡【曲面】组中的【有界平面】按钮，弹出【有界平面】对话框，在图形中选择封闭曲线，单击【确定】按钮创建的有界平面，如图 4-33 所示。按上述方法，依次创建其他 3 个有界平面。创建好的侧平面如图 4-33 所示。

图 4-33 创建有界平面

任务 4.5 按钮曲面项目式设计

以一个按钮曲面设计实例,来详解曲面产品设计和应用技巧。按钮曲面如图 4-34 所示。

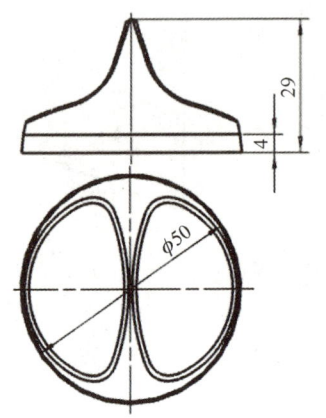
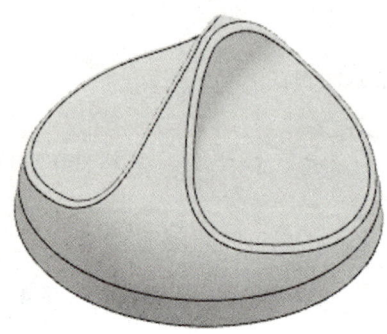

图 4-34 按钮曲面

4.5.1 按钮曲面设计思路分析

按按钮曲面的结构特点对曲面进行分解,可分解为外形轮廓曲面和凹曲面,如图 4-35 所示。

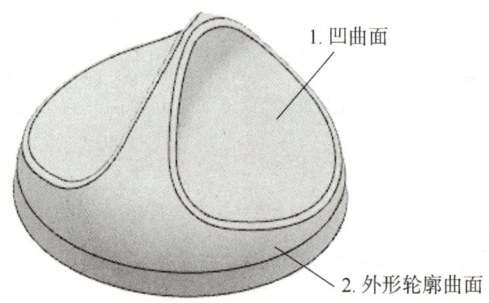

图 4-35 曲面分解

4.5.2 按钮曲面设计操作过程

1. 新建文件

启动 NX 后,单击【主页】选项卡的【新建】按钮,弹出【文件新建】对话框,选择【模型】模板,设【名称】为"按钮曲面",单击【确定】按钮新建文件。

2. 创建曲线

1)创建外形,轮廓曲面曲线

(1)在功能区单击【主页】选项卡【曲线】组中的【点】按钮,弹出【点】对话框,在【坐标】中输入 (0, 25, 0)、(0, 0, 29),单击【确定】按钮创建点,如图 4-36 所示。

项目四　NX曲线曲面项目式设计案例

图4-36　创建点

（2）在功能区单击【主页】选项卡【曲线】组中的【直线】命令，弹出【直线】对话框，选择点和成一角度，选择Z轴为参考对象，创建长度为4 mm的直线，如图4-37所示。

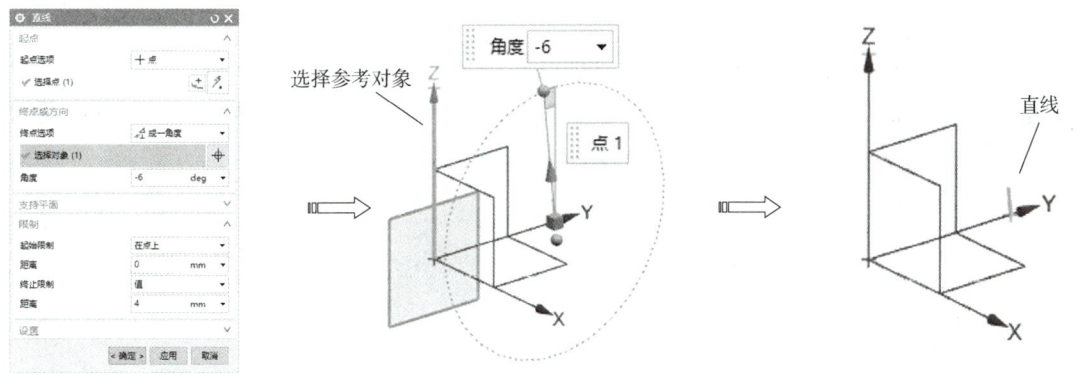

图4-37　创建直线

（3）在功能区单击【主页】选项卡【曲线】组中的【圆弧/圆】按钮，弹出【圆弧/圆】对话框，选择【类型】为"三点画圆弧"，选择如图4-38所示的两点，设置【支持平面】为基准面YZ，【半径】为30 mm，单击【确定】按钮创建圆弧，如图4-38所示。

图4-38　创建圆弧

113

2)创建凹曲面曲线

(1)在功能区单击【主页】选项卡【更多】组中的【基本曲线】按钮,弹出【基本曲线】对话框,单击【圆角】按钮,弹出【曲线倒圆】对话框,单击【两曲线圆角】按钮,【半径】为 6 mm,依次选择第一、二条曲线,单击鼠标设定圆心的位置创建圆角,如图 4-39 所示。

图 4-39 创建圆角

(2)在功能区单击【主页】选项卡【曲线】组中的【点】按钮,弹出【点】对话框,在【坐标】中输入(0,1.3,30)、(0,29,7),单击【确定】按钮创建点,如图 4-40 所示。

图 4-40 创建点

(3)在功能区单击【主页】选项卡【曲线】组中的【直线】命令,弹出【直线】对话框,选择点和成一角度,选择 Z 轴为参考对象,创建长度为 -28 mm 的直线,如图 4-41 所示。

(4)在功能区单击【主页】选项卡【曲线】组中的【直线】命令,弹出【直线】对话框,选择点和成一角度,选择 X 轴为参考对象,创建长度为 -28 mm 的直线,如图 4-42 所示。

(5)在功能区单击【主页】选项卡【更多】组中的【基本曲线】按钮,弹出【基本曲线】对话框,单击【圆角】按钮,弹出【曲线倒圆】对话框,单击【两曲线圆角】按钮,【半径】为 12 mm,依次选择第一、二条曲线,单击鼠标设定圆心的位置,创建圆角如图 4-43 所示。

(6)在功能区单击【主页】选项卡【曲线】组中的【点】按钮,弹出【点】对话

项目四　NX曲线曲面项目式设计案例

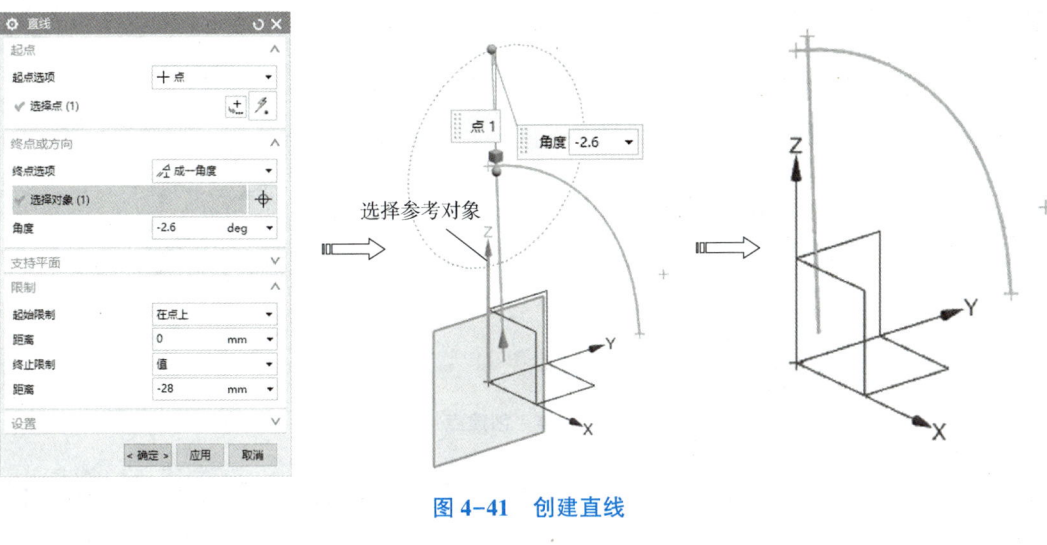

图 4-41　创建直线

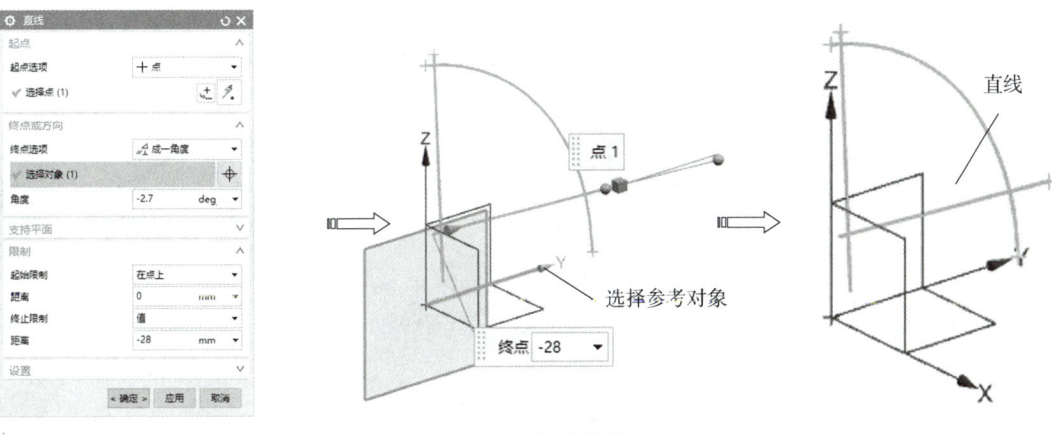

图 4-42　创建直线

图 4-43　创建圆角

框，在【坐标】中输入（-30，29，17）、（30，29，17），单击【确定】按钮创建点，如图 4-44 所示。

115

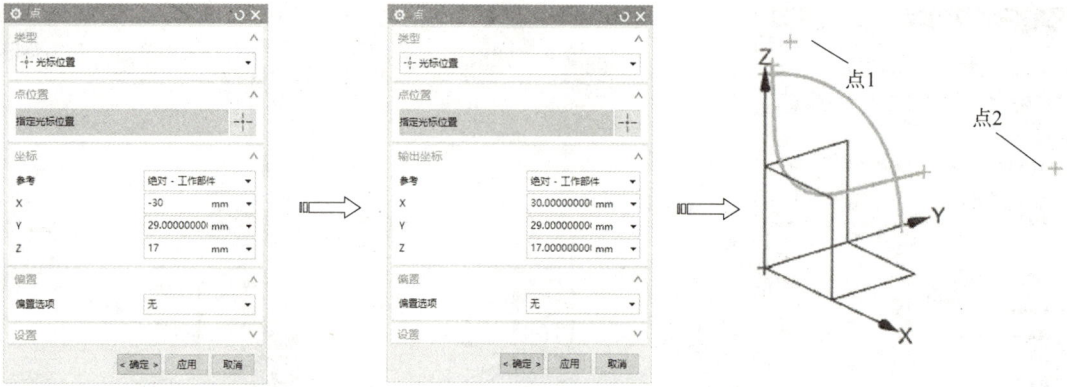

图 4-44 创建点

(7) 在功能区单击【主页】选项卡【曲线】组中的【圆弧/圆】按钮，弹出【圆弧/圆】对话框，选择【类型】为"三点画圆弧"，选择 3 点创建圆弧，如图 4-45 所示。

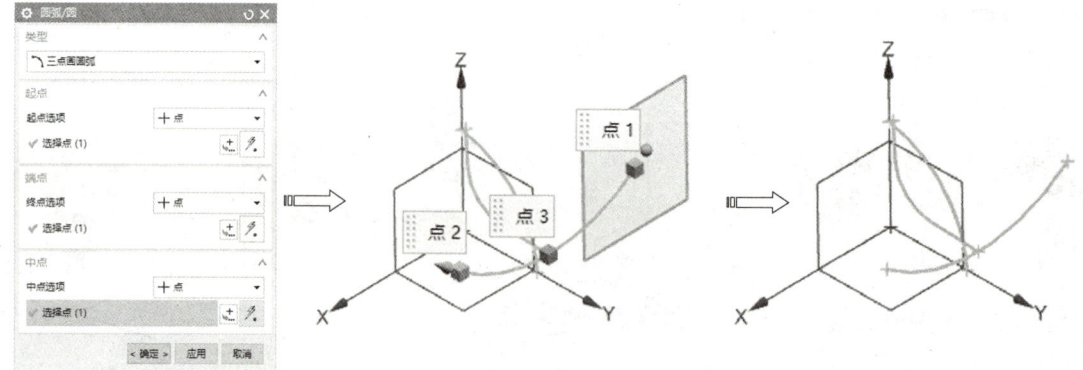

图 4-45 创建圆弧

3. 创建曲面

(1) 在建模功能区单击【主页】选项卡【特征】组中的【旋转】命令，弹出【旋转】对话框，【体类型】为"片体"，选择旋转截面和旋转轴 ZC，单击【确定】按钮创建外形轮廓曲面，如图 4-46 所示。

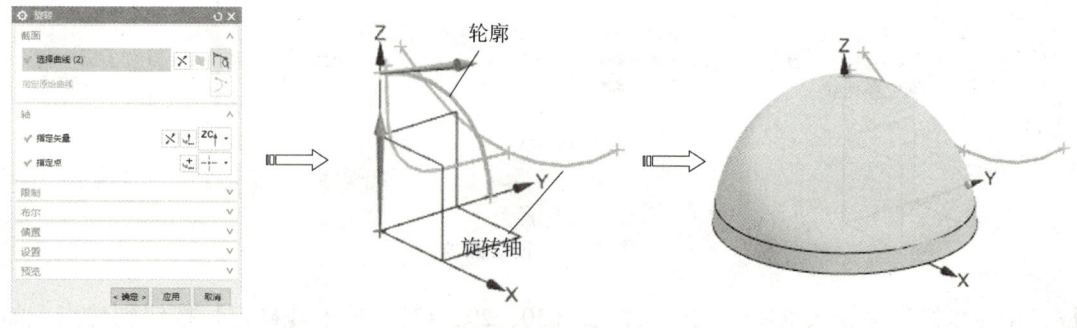

图 4-46 创建旋转曲面

（2）在建模功能区单击【曲面】选项卡【曲面】组中的【扫掠】按钮，弹出【扫掠】对话框，选择截面曲线和引导线，单击【确定】按钮创建扫掠曲面，如图4-47所示。

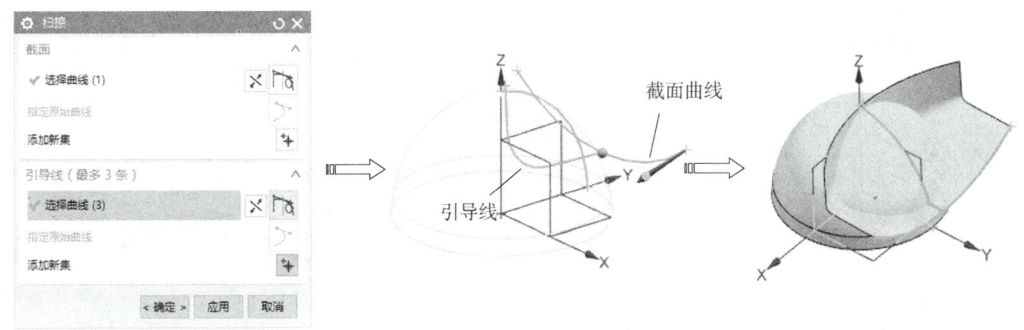

图4-47　创建扫掠曲面

（3）在建模功能区单击【主页】选项卡【特征】组中的【镜像几何体】按钮，弹出【镜像几何体】对话框，选择如图4-48所示的扫掠曲面为镜像特征，选择 XZ 平面为镜像基准面，单击【确定】按钮完成。

图4-48　创建镜像体

（4）在功能区单击【主页】选项卡【曲面工序】组中的【延伸片体】按钮，弹出【延伸片体】对话框，选择如图4-49所示的边为曲面延伸侧，【限制】为"直至选定"，选择旋转曲面，单击【确定】按钮完成。

图4-49　延伸片体

（5）在功能区单击【主页】选项卡【曲面工序】组中的【修剪片体】按钮，弹出【修剪片体】对话框，选择旋转曲面为目标片体和2个曲面作为修剪边界，单击【确定】按钮完成，如图 4-50 所示。

图 4-50　选择修剪片体和修剪边界

（6）在功能区单击【主页】选项卡【曲面工序】组中的【缝合】按钮，弹出【缝合】对话框，选择所有曲面，单击【确定】按钮完成，如图 4-51 所示。

图 4-51　创建缝合曲面

（7）在建模功能区单击【主页】选项卡【特征】组中的【边倒圆】按钮，弹出【边倒圆】对话框，设置【半径 1】为 1 mm，选择 2 条圆角边，单击【确定】按钮，系统自动完成倒圆角特征，如图 4-52 所示。

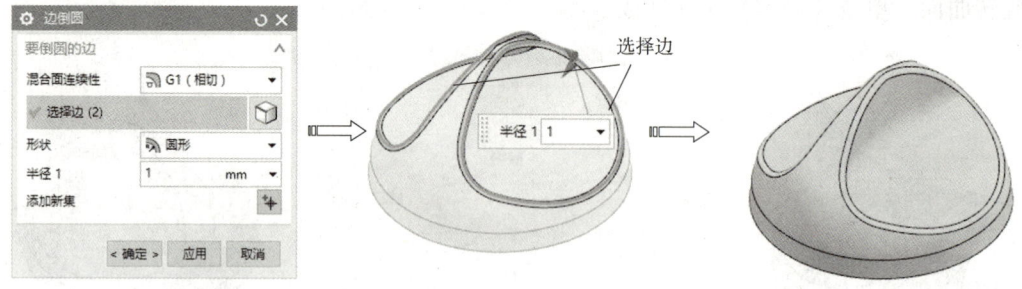

图 4-52　创建倒圆角

任务 4.6　风扇叶轮项目式设计

以风扇叶轮为例来对曲线曲面特征设计和操作相关知识进行综合性应用，风扇叶轮如图 4-53 所示。

项目四　NX 曲线曲面项目式设计案例

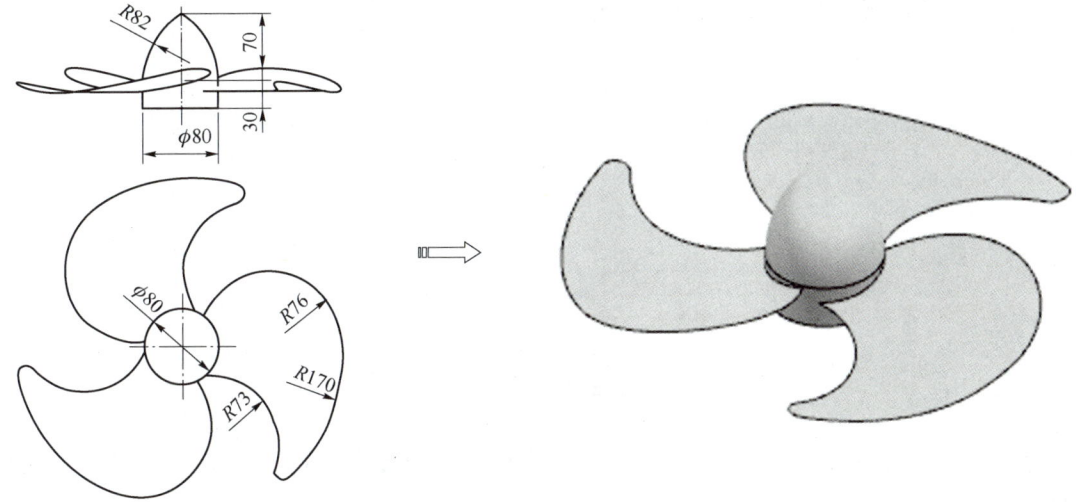

图 4-53　风扇叶轮

4.6.1　风扇叶轮设计思路分析

风扇叶轮是日常生活用品，其外形结构流畅圆滑美观，扇叶对称均布。按风扇叶轮的曲面结构特点对曲面进行分解，可分解为扇轴曲面和扇叶曲面，扇叶曲面为 3 个，结构相同均布分布，如图 4-54 所示。

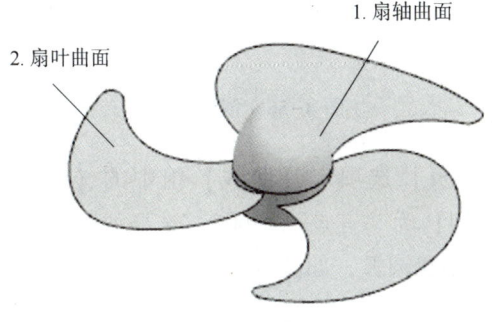

图 4-54　曲面分解

4.6.2　风扇叶轮设计操作过程

1. 新建文件

启动 NX 后，单击【主页】选项卡的【新建】按钮，弹出【文件新建】对话框，选择【模型】模板，设【名称】为"风扇叶轮曲面"，单击【确定】按钮新建文件。

2. 创建曲线

1）创建扇轴曲面曲线

（1）在功能区单击【主页】选项卡【曲线】组中的【点】按钮，弹出【点】对话框，在【坐标】中输入（0，0，80）、（40，0，-20）、（40，0，10），单击【确定】按钮创建点，如图 4-55 所示。

119

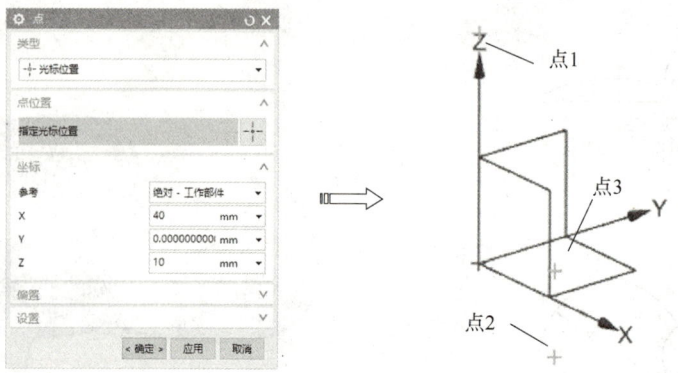

图 4-55　创建点

（2）在功能区单击【主页】选项卡【曲线】组中的【直线】命令，弹出【直线】对话框，捕捉点创建直线，如图 4-56 所示。

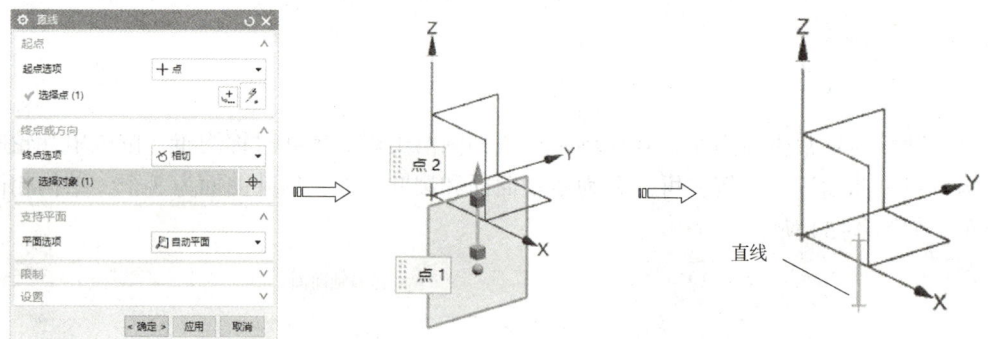

图 4-56　创建直线

（3）在功能区单击【主页】选项卡【曲线】组中的【圆弧/圆】按钮，弹出【圆弧/圆】对话框，选择【类型】为"三点画圆弧"，选择如图 4-49 所示的两点，【半径】为 82 mm，单击【确定】按钮创建圆弧，如图 4-57 所示。

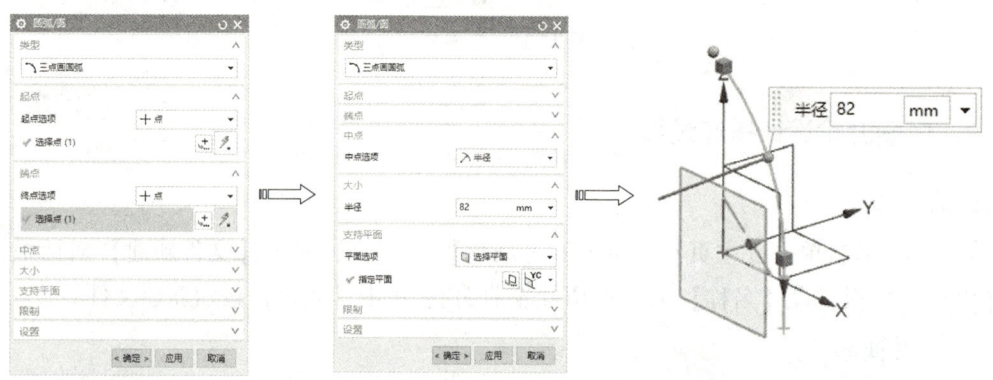

图 4-57　创建圆弧

2）创建扇面曲面曲线

（1）选择下拉菜单【插入】|【在任务环境中绘制草图】命令，弹出【创建草图】对话

框，选择 XY 平面为草绘平面，绘制草图如图 4-58 所示。

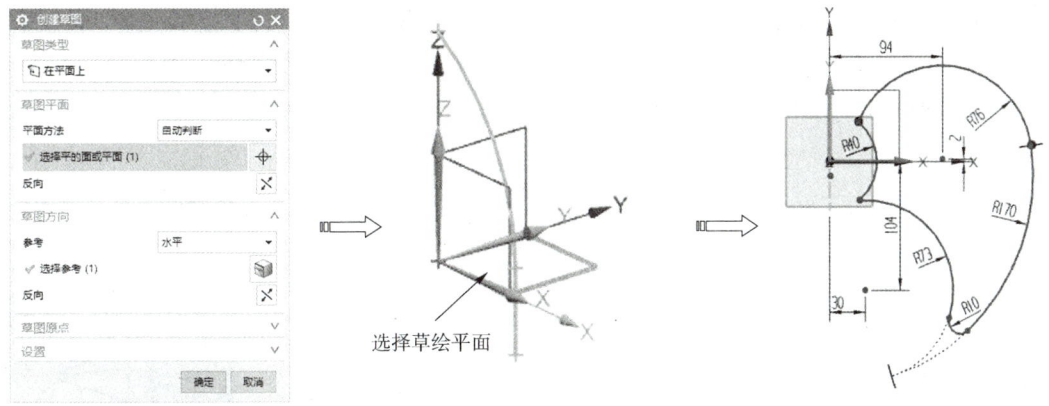

图 4-58 绘制草图

（2）在功能区单击【主页】选项卡【曲线】组中的【点】按钮，弹出【点】对话框，在【坐标】中输入（0，128，45）、（0，-150，10），单击【确定】按钮创建点，如图 4-59 所示。

图 4-59 创建点

（3）在功能区单击【主页】选项卡【曲线】组中的【圆弧/圆】按钮，弹出【圆弧/圆】对话框，选择【类型】为"三点画圆弧"，选择如图 4-60 所示的两点，【半径】为 380 mm，设置支持平面和限制创建圆弧，如图 4-60 所示。

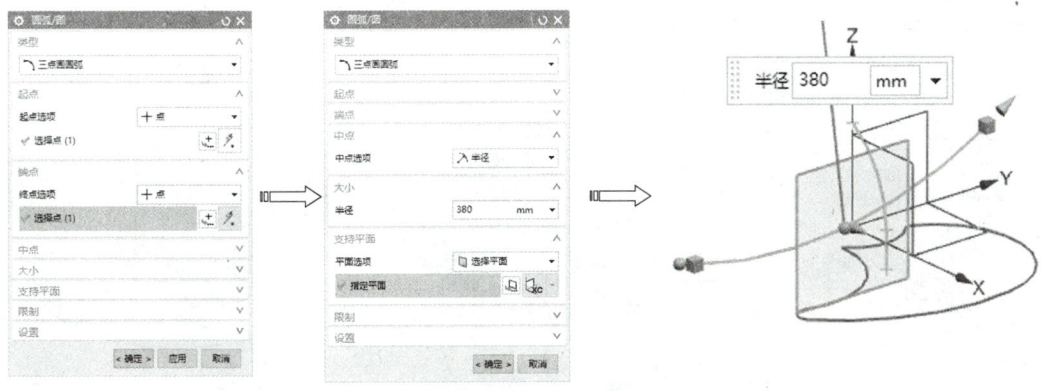

图 4-60 创建圆弧

3. 创建曲面

(1) 在建模功能区单击【主页】选项卡【特征】组中的【旋转】命令，弹出【旋转】对话框，在【体类型】中选择"片体"，选择旋转截面和旋转轴 ZC，单击【确定】按钮，创建扇轴曲面，如图 4-61 所示。

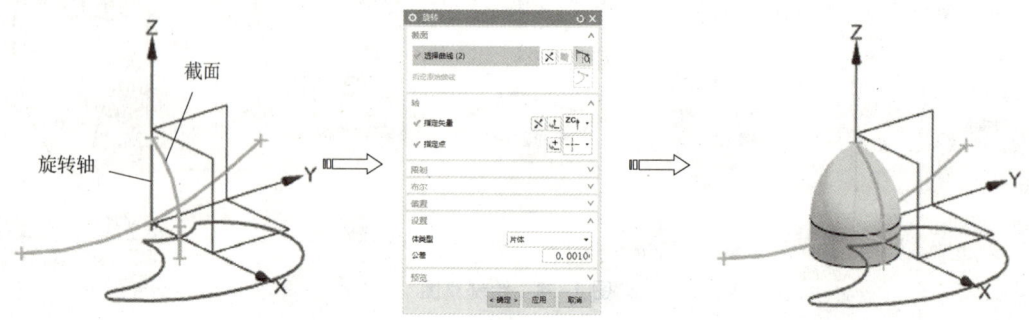

图 4-61　创建旋转曲面

(2) 在建模功能区单击【主页】选项卡【特征】组中的【拉伸】命令，弹出【拉伸】对话框，在【体类型】中选择"片体"，选择如图 4-62 所示的圆弧为拉伸截面，【距离】为 180 mm，单击【确定】按钮，系统自动完成拉伸曲面创建，如图 4-62 所示。

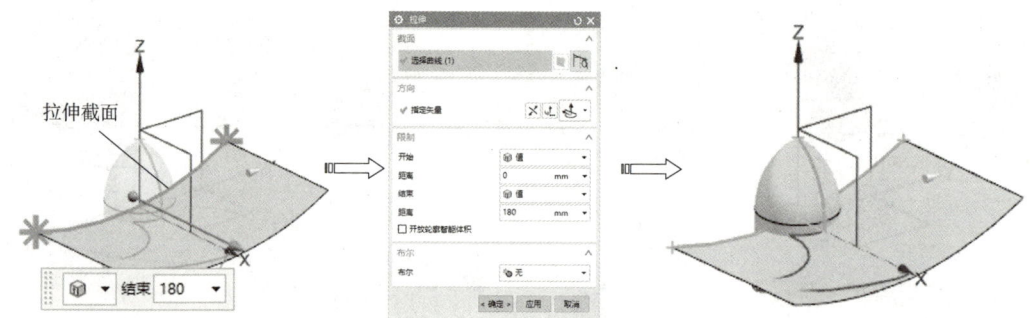

图 4-62　创建拉伸曲面

(3) 在功能区单击【主页】选项卡【曲面工序】组中的【修剪片体】按钮，弹出【修剪片体】对话框，选择如图 4-63 所示的曲面和边界，【投影方向】为"沿矢量" ZC，单击【确定】按钮完成修剪片体操作，如图 4-63 所示。

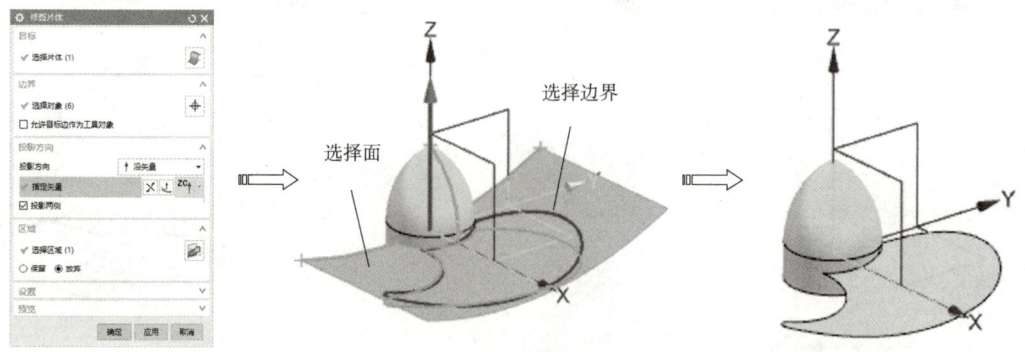

图 4-63　修剪片体

（4）在建模功能区单击【主页】选项卡【特征】组中的【阵列几何特征】按钮，弹出【阵列几何特征】对话框，【布局】为"圆形"，选择如图 4-64 所示的扇叶曲面为阵列特征，【旋转轴】为 ZC 轴，【指定点】为（0，0，0），【数量】为 3，【节距角】为 120，单击【确定】按钮完成阵列，如图 4-64 所示。

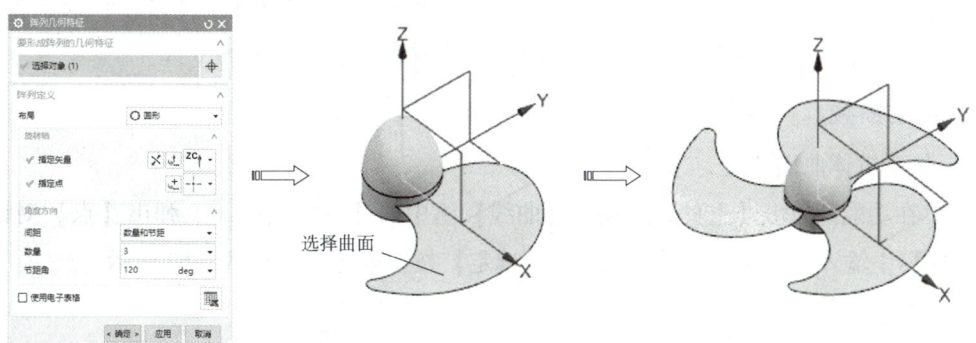

图 4-64　创建阵列几何特征

任务 4.7　吹风机产品设计

本节以一个生活产品——吹风机产品设计实例，来详解曲面产品设计和应用技巧。吹风机如图 4-65 所示。

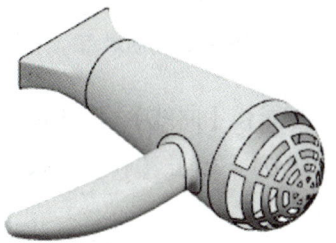

图 4-65　吹风机

4.7.1　吹风机产品造型思路分析

吹风机是日常生活用品，其外形结构流畅、圆滑、美观。按吹风机的曲面结构特点对曲面进行分解，可分解为机体曲面、把手曲面、出风口曲面、进风口曲面，如图 4-66 所示。

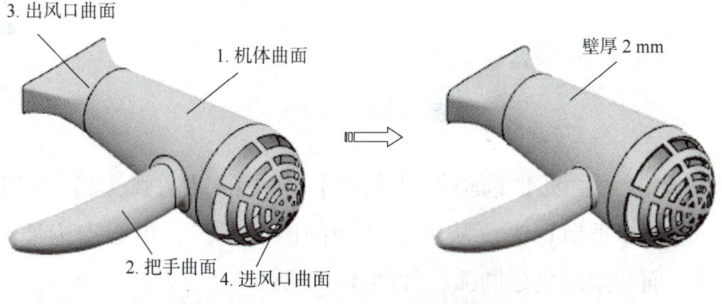

图 4-66　曲面分解

4.7.2 吹风机产品造型操作过程

1. 新建文件

启动 NX 后,单击【主页】选项卡的【新建】按钮,弹出【文件新建】对话框,选择【模型】模板,设【名称】为"吹风机",单击【确定】按钮新建文件。

2. 创建曲线

1)创建机体曲面曲线

(1)在功能区单击【主页】选项卡【曲线】组中的【点】按钮,弹出【点】对话框,在【坐标】中输入(-100,20,0),单击【确定】按钮创建点,如图 4-67 所示。

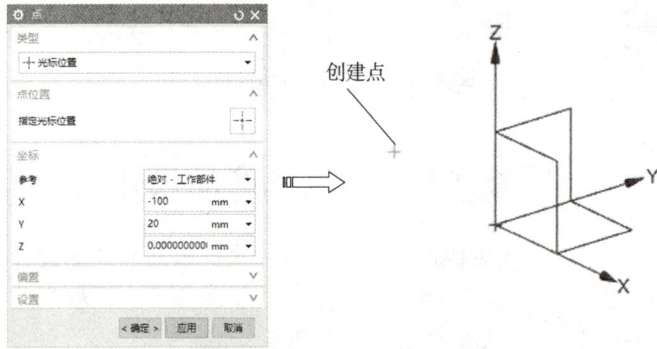

图 4-67　创建点

(2)在功能区单击【主页】选项卡【曲线】组中的【点】按钮,弹出【点】对话框,在【坐标】中输入(-100,0,0),单击【确定】按钮创建点,如图 4-68 所示。

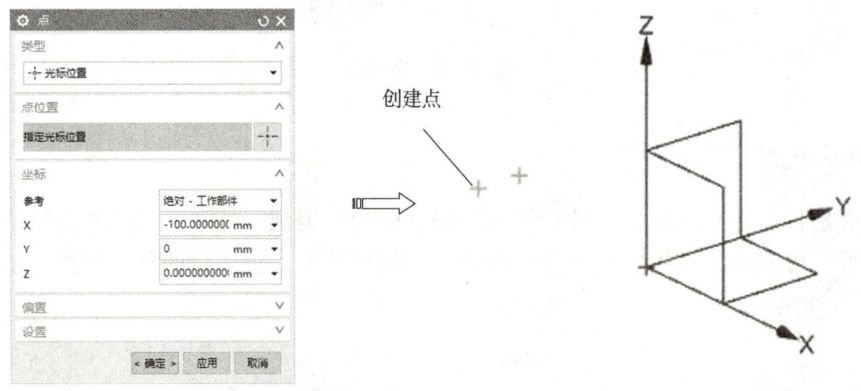

图 4-68　创建点

(3)在功能区单击【主页】选项卡【曲线】组中的【圆弧/圆】按钮,弹出【圆弧/圆】对话框,选择【类型】为"从中心开始的圆弧/圆",中心点为原点,【半径】为 32 mm,设置支持平面和限制创建圆弧,如图 4-69 所示。

项目四 NX曲线曲面项目式设计案例

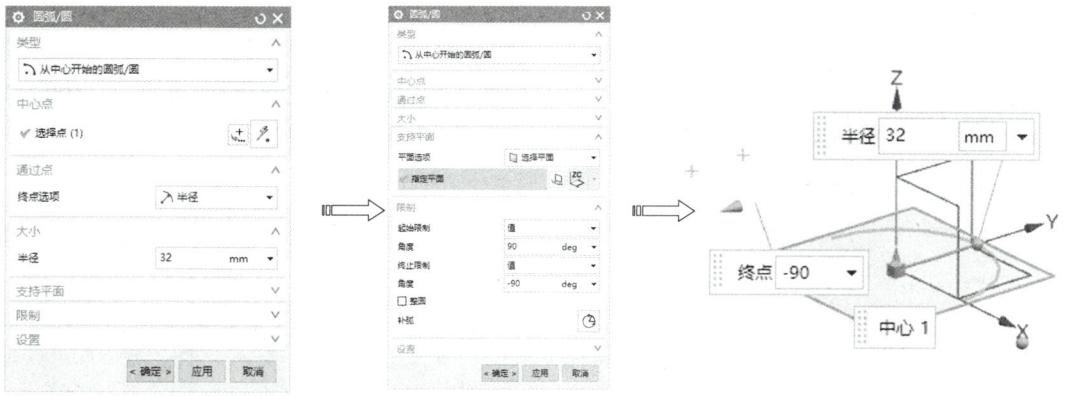

图 4-69 创建圆弧

(4) 在功能区单击【主页】选项卡【曲线】组中的【直线】命令，弹出【直线】对话框，捕捉点和圆弧相切创建，单击【确定】按钮创建直线，如图 4-70 所示。

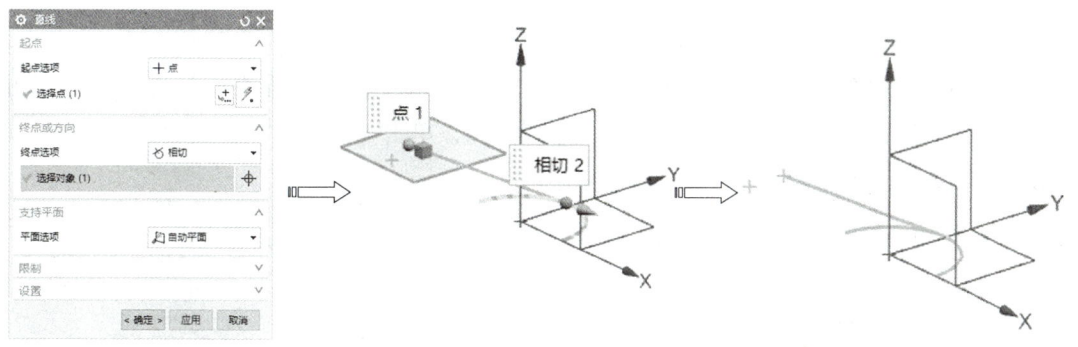

图 4-70 创建直线

(5) 在功能区单击【主页】选项卡【编辑曲线】组中的【修剪曲线】按钮，弹出【修剪曲线】对话框，设【要修剪的端点】为"开始"，选择如图 4-71 所示的修剪曲线和边界对象，单击【确定】按钮完成曲线修剪。

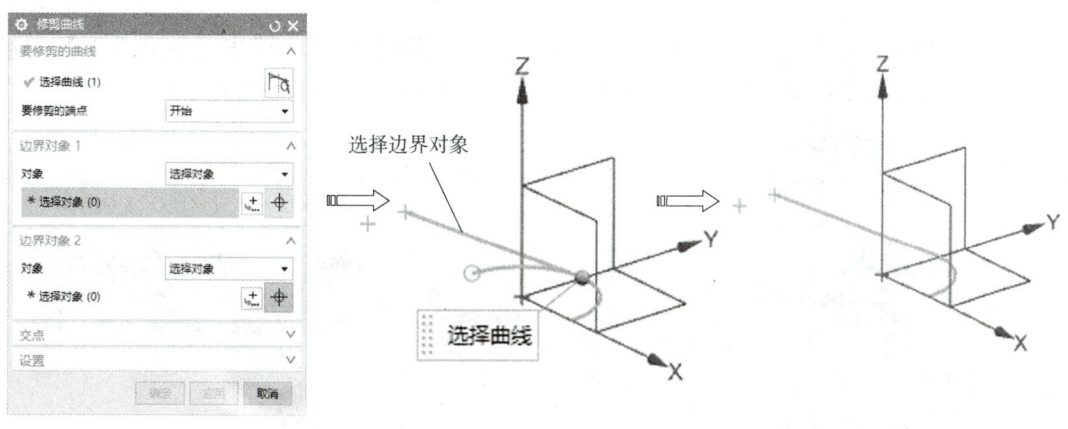

图 4-71 修剪曲线

2）创建出风口曲面曲线

(1) 在功能区单击【主页】选项卡【曲线】组中的【圆弧/圆】按钮，弹出【圆弧/圆】对话框，选择【类型】为"从中心开始的圆弧/圆"，中心点为现有点（-100，0，0），【半径】为20 mm，设置支持平面和限制创建圆，如图4-72所示。

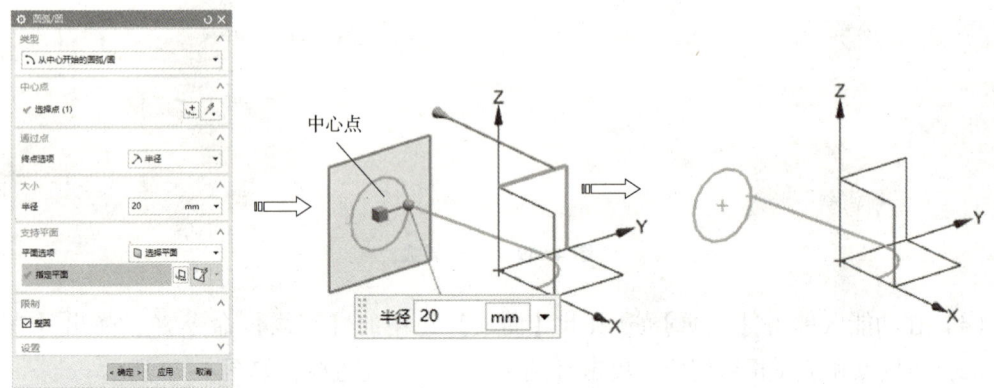

图 4-72　创建圆

(2) 在建模功能区单击【主页】选项卡【特征】组中的【基准平面】命令，弹出【基准平面】对话框，选择YZ平面，【距离】为135，单击【确定】按钮创建基准平面，如图4-73所示。

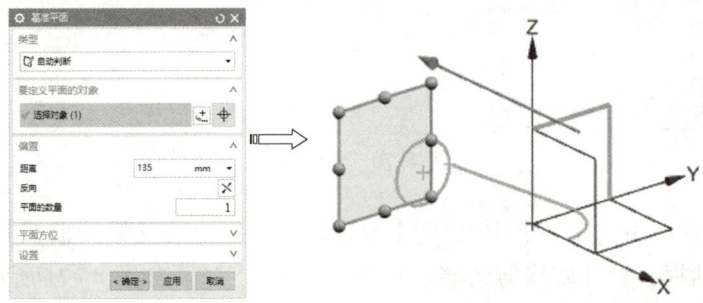

图 4-73　创建基准平面

(3) 选择下拉菜单【插入】|【在任务环境中绘制草图】命令，弹出【创建草图】对话框，选择新建基准平面为草绘平面，利用草图工具绘制如图4-74所示的草图。

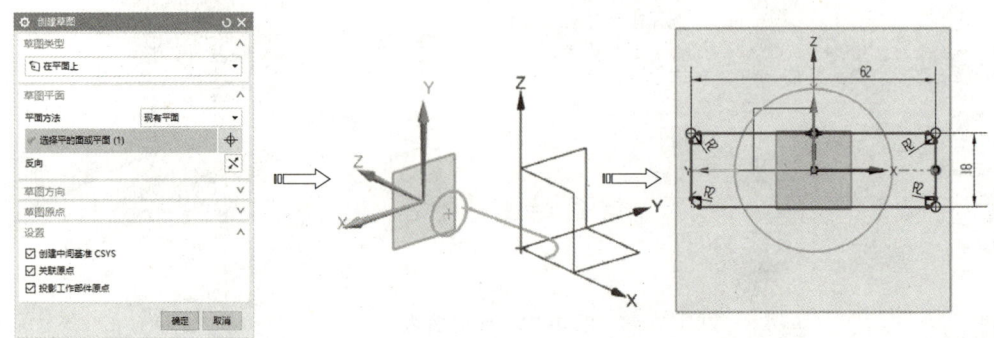

图 4-74　绘制草图

3)创建把手曲面曲线

(1) 在功能区单击【主页】选项卡【曲线】组中的【点】按钮，弹出【点】对话框，在【坐标】中输入（-27，-20，0），单击【确定】按钮创建点，如图 4-75 所示。

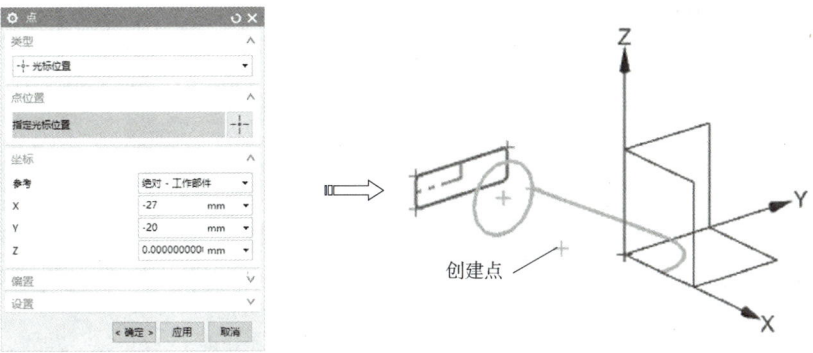

图 4-75　创建点

(2) 在功能区单击【主页】选项卡【曲线】组中的【圆弧/圆】按钮，弹出【圆弧/圆】对话框，选择【类型】为"从中心开始的圆弧/圆"，中心点为现有点（-27，-20，0），【半径】为 12 mm，设置支持平面和限制创建圆，如图 4-76 所示。

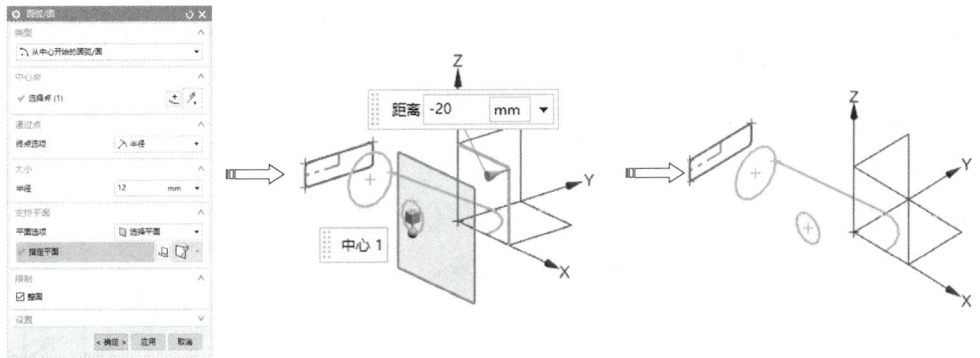

图 4-76　创建圆

(3) 在功能区单击【主页】选项卡【曲线】组中的【点】按钮，弹出【点】对话框，在【坐标】中输入（-16，-69，0）、（-40，-121，0）、（-59，-132，0）、（-44.5，-87.5，0），单击【确定】按钮创建 4 个点，如图 4-77 所示。

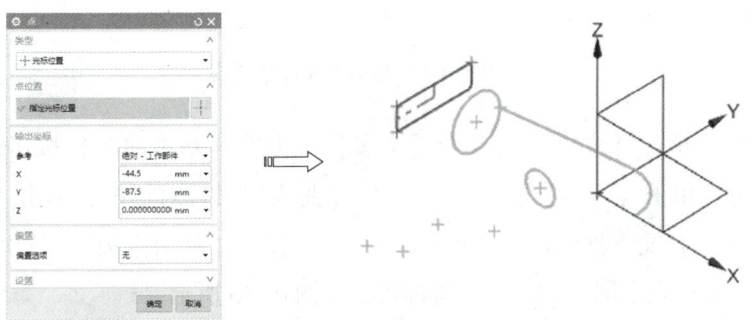

图 4-77　创建点

(4) 在功能区单击【主页】选项卡【曲线】组中的【艺术样条】按钮，弹出【艺术样条】对话框，【类型】为"通过点"，【次数】为 3，设置第一点相切-YC，选择 4 点创建艺术样条，如图 4-78 所示。

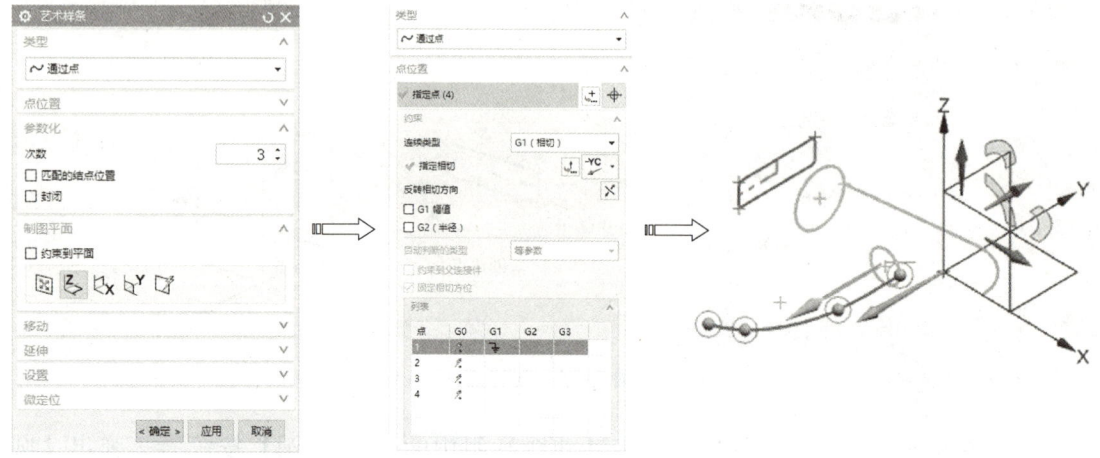

图 4-78　创建艺术样条

(5) 在功能区单击【主页】选项卡【曲线】组中的【艺术样条】按钮，弹出【艺术样条】对话框，【类型】为"通过点"，【次数】为 2，设置第 1 点相切-YC，选择 3 点创建艺术样条，如图 4-79 所示。

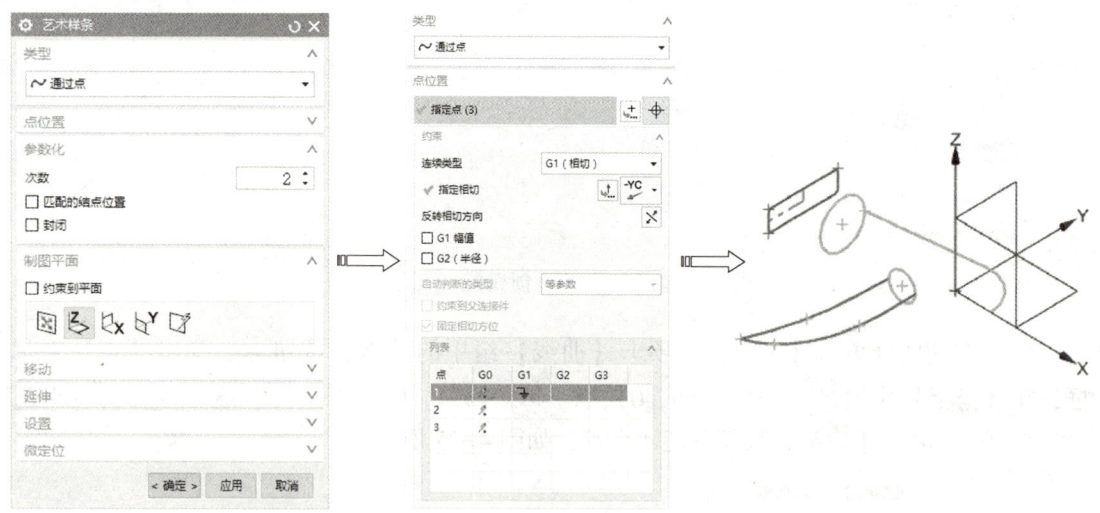

图 4-79　创建艺术样条

(6) 在功能区单击【主页】选项卡【更多】组中的【基本曲线】按钮，弹出【基本曲线】对话框，单击【圆角】按钮，弹出【曲线倒圆】对话框，单击"两曲线圆角"按钮，在【半径】文本框中输入圆角半径 6，然后设置"修剪选项"，依次选择第一、二条曲线，再单击鼠标设定圆心的大致位置即可，如图 4-80 所示。

项目四　NX曲线曲面项目式设计案例

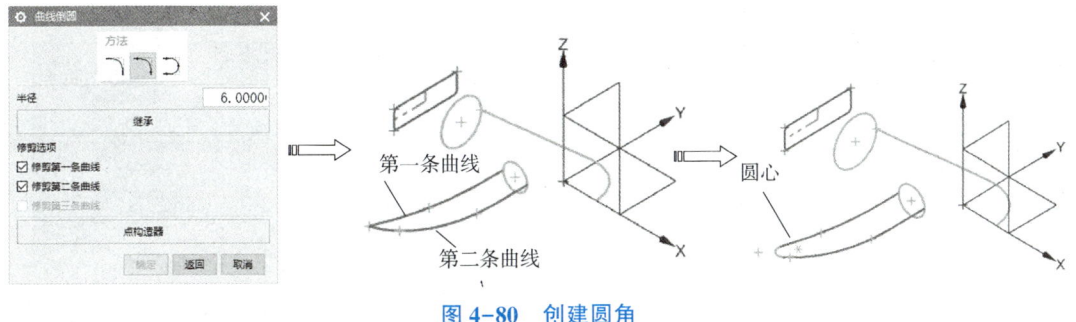

图 4-80　创建圆角

（7）在功能区单击【主页】选项卡【编辑曲线】组中的【分割曲线】按钮，弹出【分割曲线】对话框，【类型】为"等分段"，选择圆角，【段数】为 2，单击【确定】按钮完成，如图 4-81 所示。

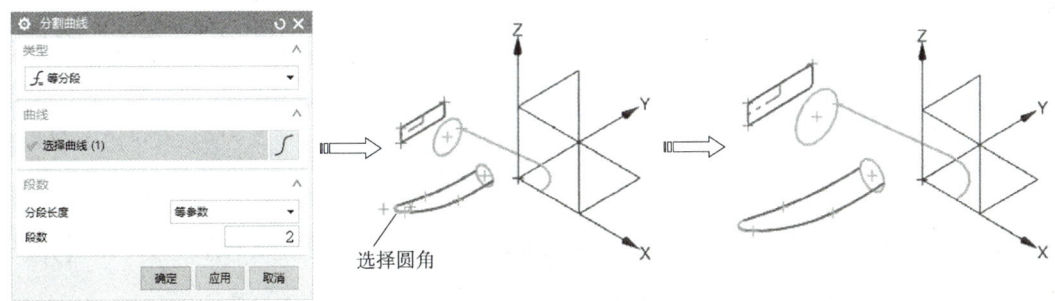

图 4-81　分割曲线

4）创建进风口曲面曲线

（1）在建模功能区单击【主页】选项卡【特征】组中的【基准平面】命令，弹出【基准平面】对话框，选择"自动判断"类型，选择 YZ 平面，偏置【距离】为 60，单击【确定】按钮创建基准平面，如图 4-82 所示。

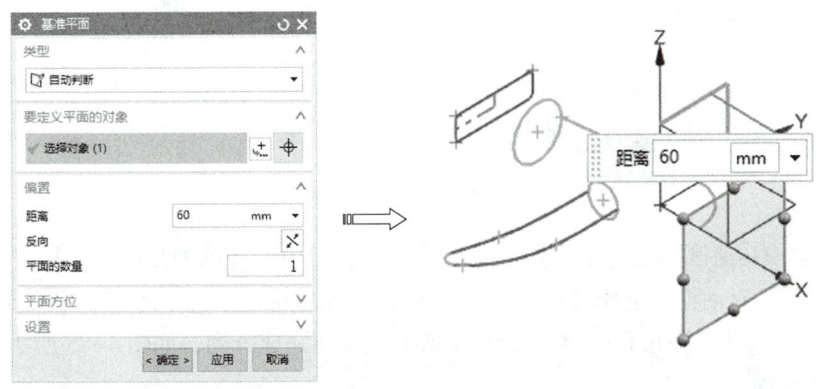

图 4-82　创建基准平面

（2）选择下拉菜单【插入】|【在任务环境中绘制草图】命令，弹出【创建草图】对话框，选择新建基准平面为草绘平面，利用圆绘制直径为 62 mm 的圆，将 62 mm 的圆向内侧以距离 3 mm 偏置 9 次，如图 4-83 所示。

129

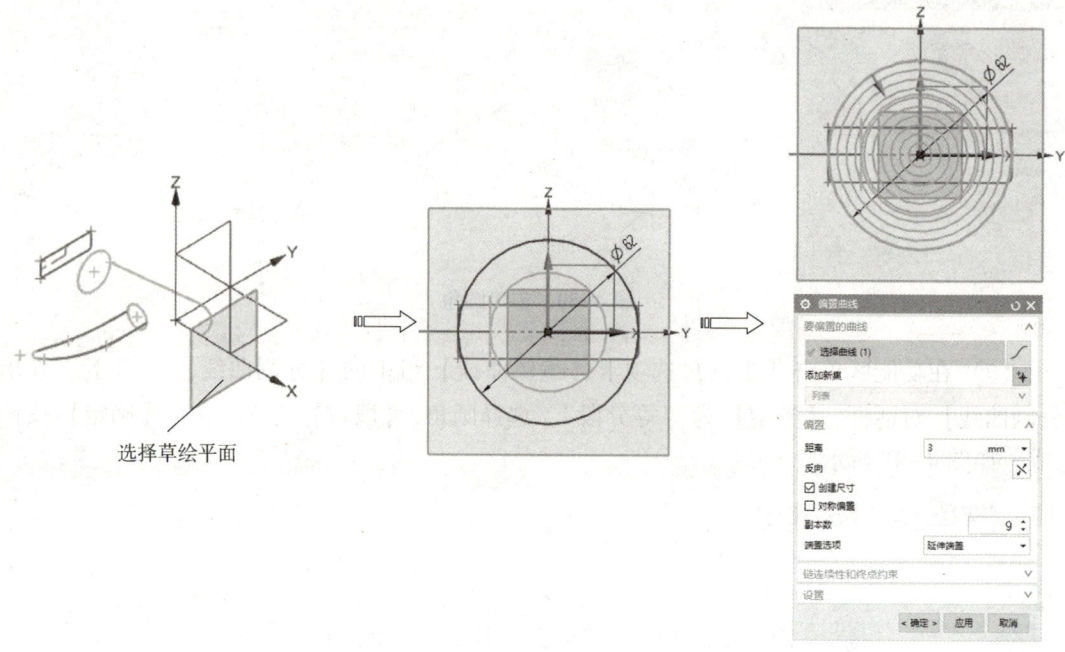

图 4-83 绘制草图

（3）绘制夹角为 60° 的两条直线，偏置 2 mm，修剪草图如图 4-84 所示。单击【草图】组上的【完成】按钮，完成草图绘制退出草图编辑器环境。

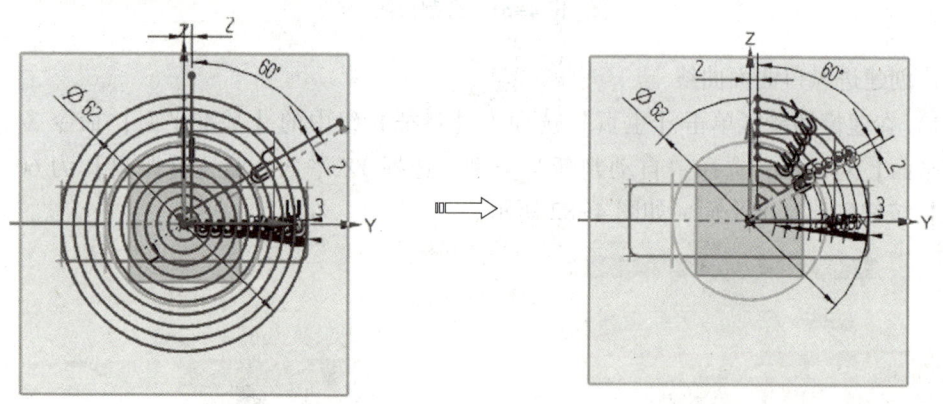

图 4-84 修剪草图

（4）在建模功能区单击【主页】选项卡【特征】组中的【阵列几何特征】按钮，弹出【阵列几何特征】对话框，选择【布局】为"圆形"，选择图形区上一步草图，阵列方向为 XC 轴，【数量】为 6，【节距角】为 60，单击【确定】按钮完成阵列，如图 4-85 所示。

3. 创建曲面

1）创建机体曲面

在建模功能区单击【主页】选项卡【特征】组中的【旋转】命令，弹出【旋转】对话框，在【体类型】中选择"片体"，选择旋转截面和旋转轴 XC，单击【确定】按钮，系统自动完成旋转曲面创建，如图 4-86 所示。

项目四　NX 曲线曲面项目式设计案例

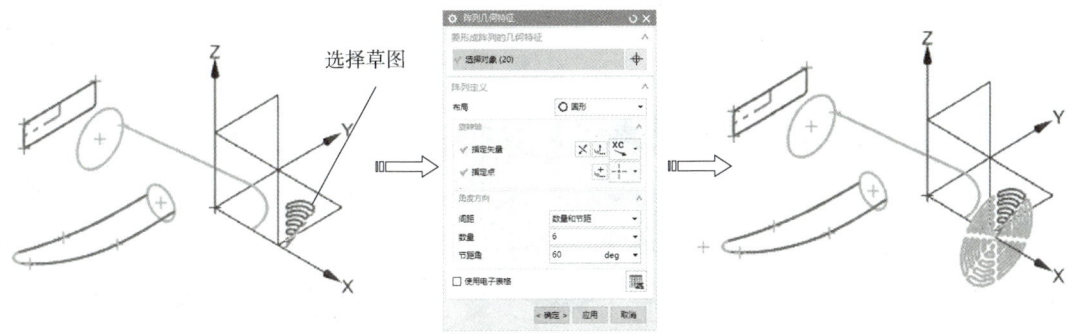

图 4-85　创建阵列几何特征

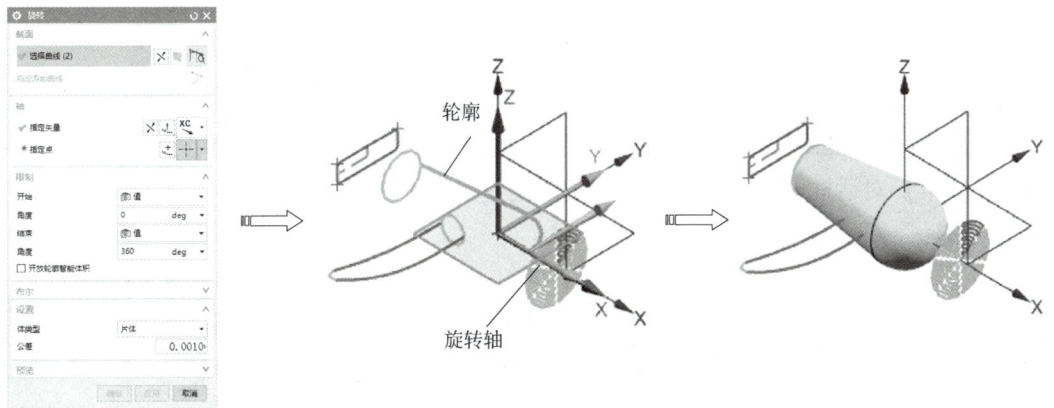

图 4-86　创建旋转曲面

2）创建把手曲面

（1）在建模功能区单击【曲面】选项卡【曲面】组中的【扫掠】按钮，弹出【扫掠】对话框，在图形中选择 1 条截面线，选择 2 条引导线，单击【确定】按钮创建扫掠曲面，如图 4-87 所示。

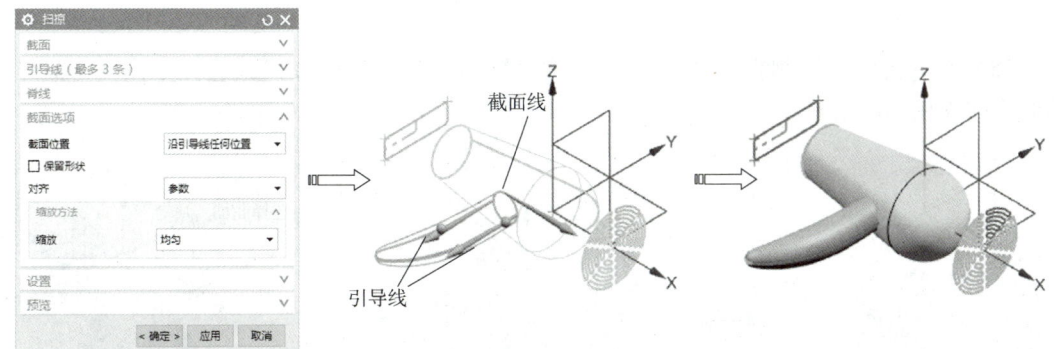

图 4-87　创建扫掠曲面

（2）在功能区单击【主页】选项卡【曲面】组中的【倒圆角】按钮，弹出【面倒圆】对话框，选择面 1 和面 2，设置【半径】为 5 mm，单击【确定】按钮创建圆角，如图 4-88 所示。

131

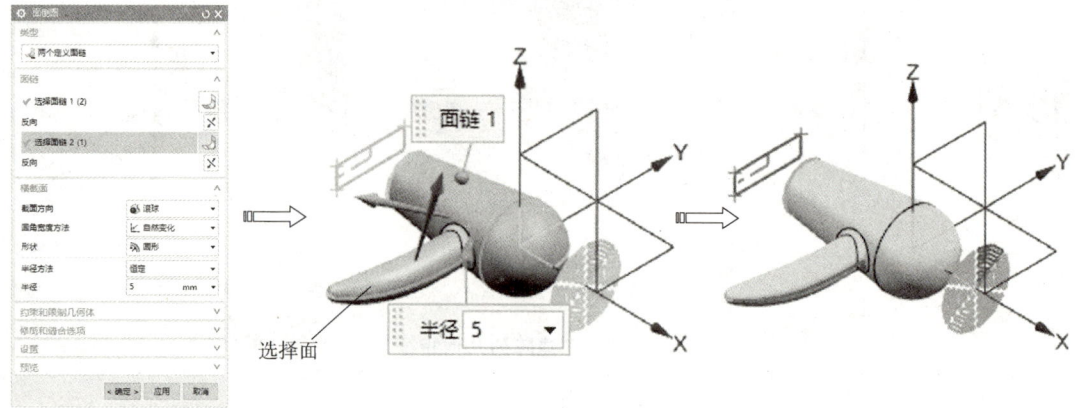

图 4-88 创建圆角

3) 创建出风口曲面

(1) 在建模功能区单击【曲面】选项卡【曲面】组中的【通过曲线组】按钮，弹出【通过曲线组】对话框，选择圆和矩形为截面线，如图 4-89 所示。

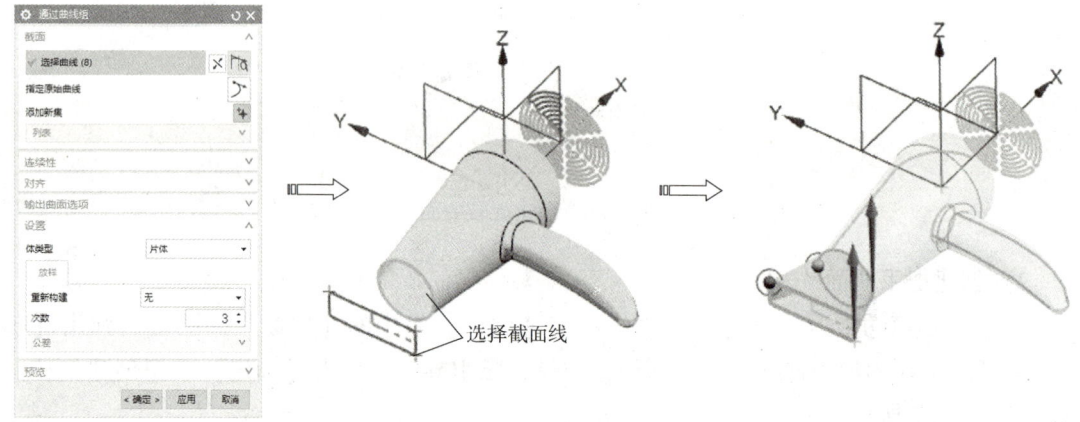

图 4-89 选择截面线

(2) 在【连续性】组框中选择【第一截面】为"G1（相切）"，选择如图 4-90 所示的曲面作为相切曲面。

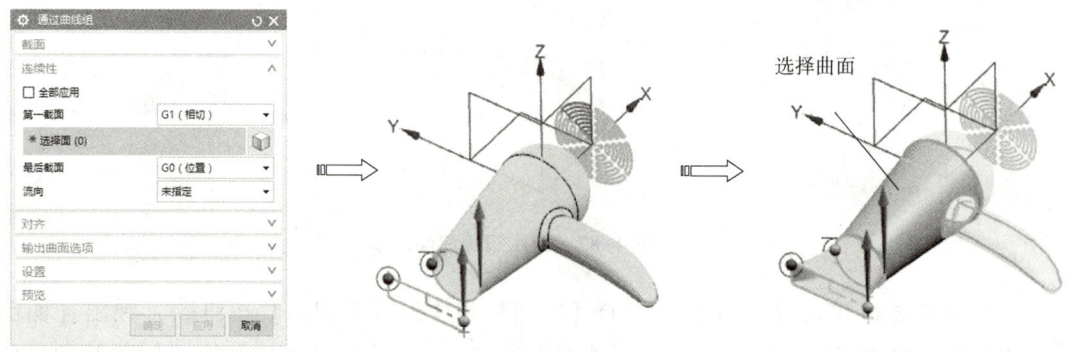

图 4-90 选择相切曲面

(3) 在【对齐】中选择"根据点",将圆的象限点与矩形中点对齐,单击【确定】按钮创建通过曲线组曲面,如图 4-91 所示。

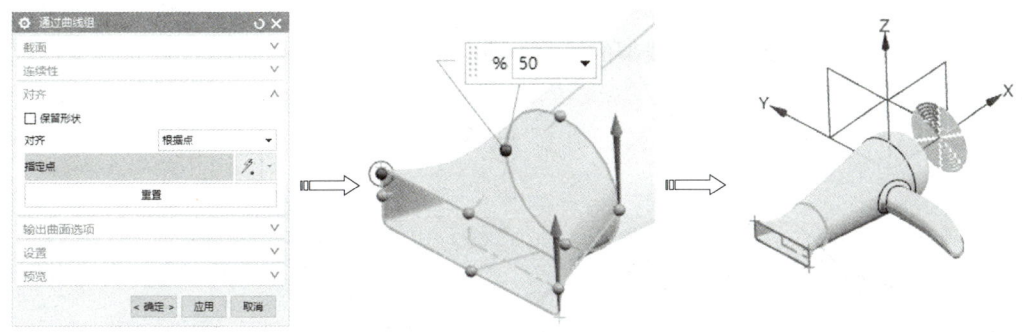

图 4-91 创建通过曲线组曲面

4) 创建进风口曲面

(1) 在功能区单击【主页】选项卡【曲面工序】组中的【修剪片体】按钮,弹出【修剪片体】对话框,选择"曲面"作为目标片体,选择草图作为修剪边界,【投影方向】为"沿矢量"-XC,单击【确定】按钮完成修剪片体操作,如图 4-92 所示。

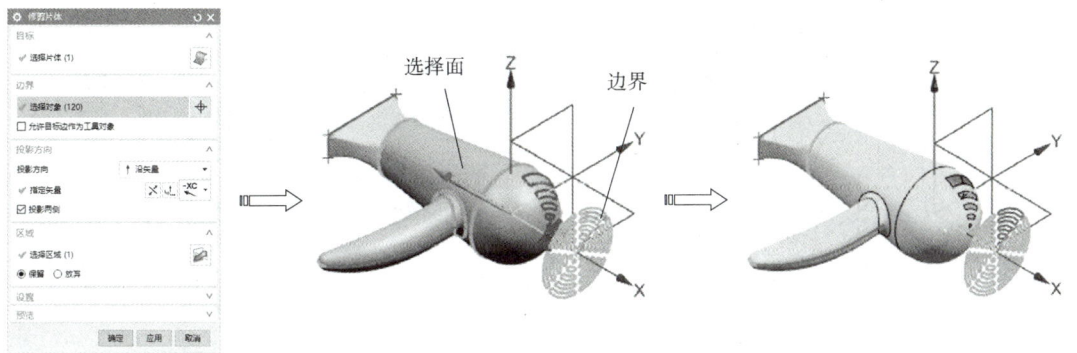

图 4-92 修建片体

(2) 在功能区单击【主页】选项卡【曲面工序】组中的【修剪片体】按钮,弹出【修剪片体】对话框,选择"曲面"作为目标片体,选择阵列几何体作为修剪边界,【投影方向】为"沿矢量"-XC,单击【确定】按钮,完成修剪片体操作,如图 4-93 所示。

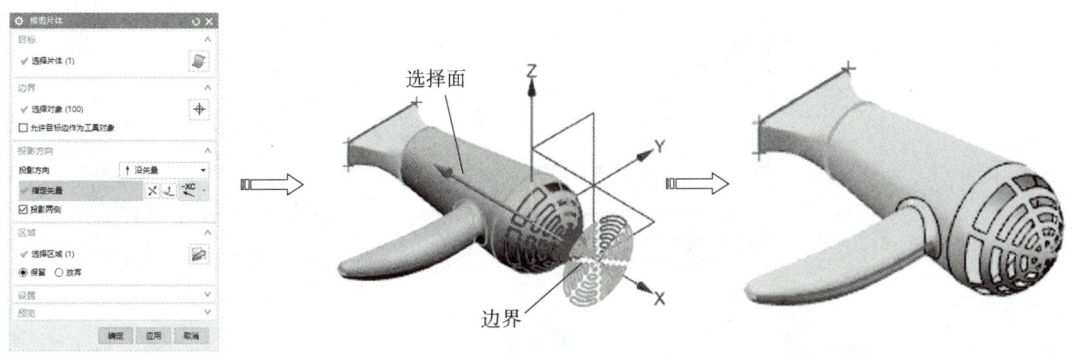

图 4-93 修剪片体

上机习题

1. 完成如题图 4-1 所示零件线架的绘制并进行曲面建模。

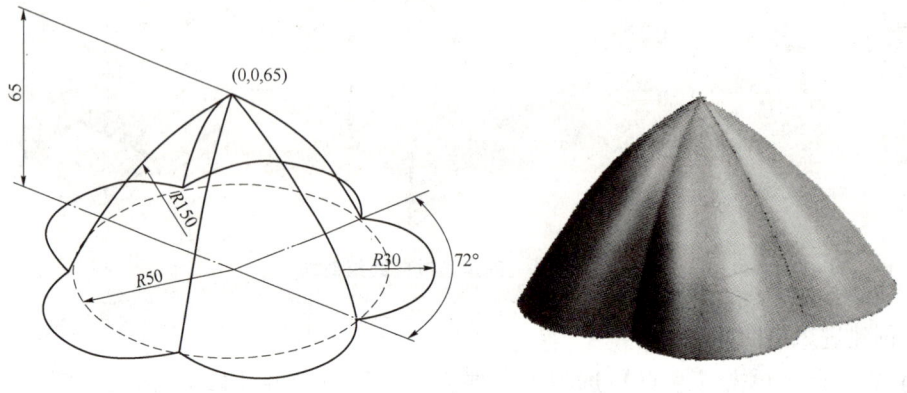

题图 4-1

2. 完成如题图 4-2 所示零件线架的绘制并进行曲面建模。

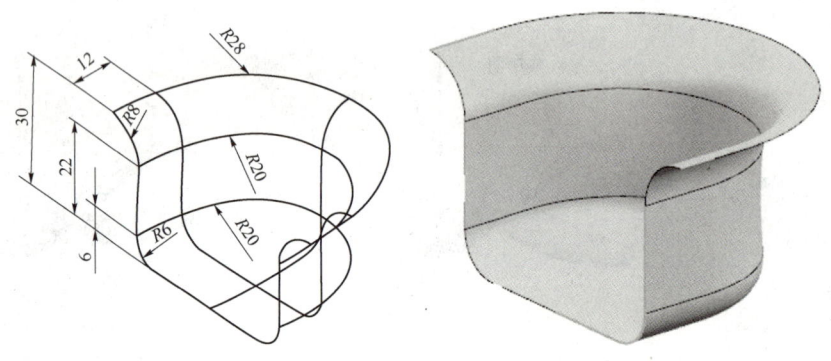

题图 4-2

3. 完成如题图 4-3 所示零件线架的绘制并进行曲面建模。

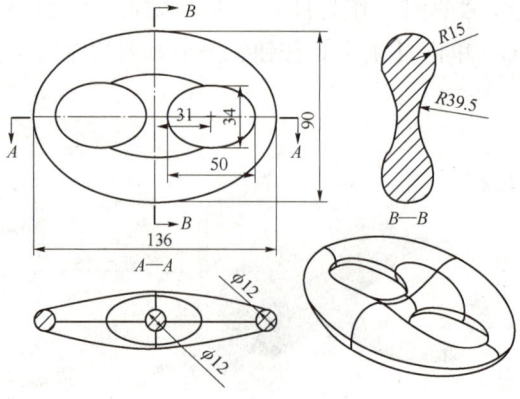

题图 4-3

4. 完成如题图 4-4 所示零件线架的绘制并进行曲面建模。

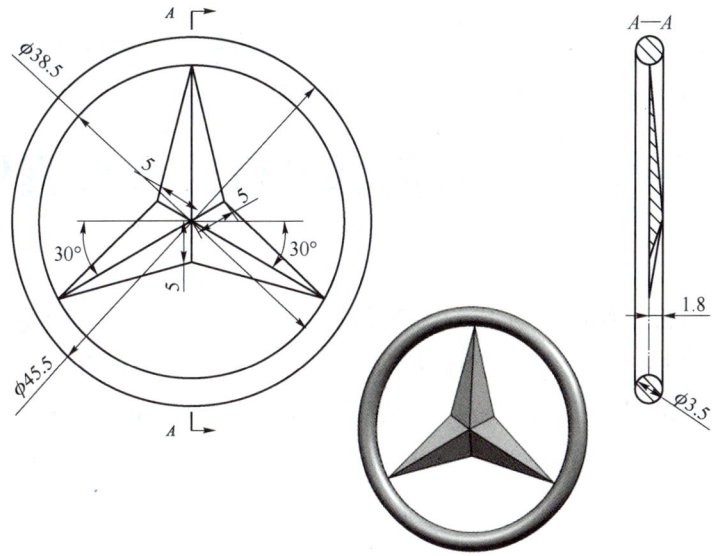

题图 4-4

5. 完成如题图 4-5 所示零件线架的绘制并进行曲面建模。

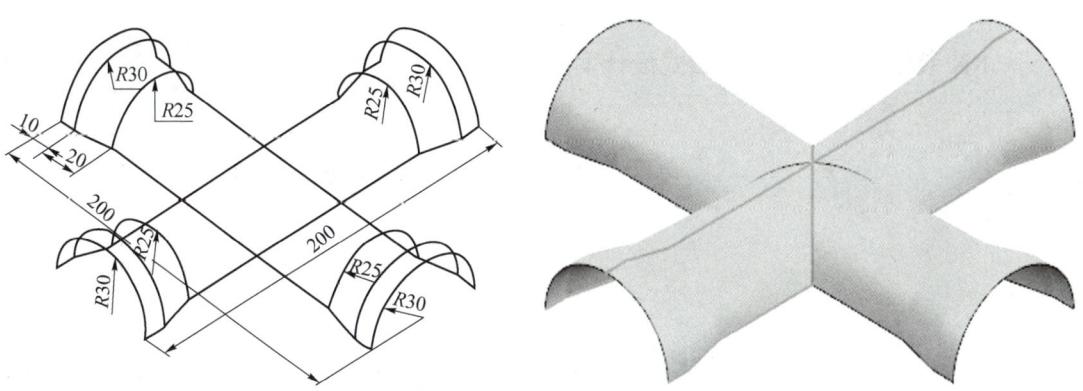

题图 4-5

项目五

NX装配与运动仿真项目式设计案例

装配是把零部件进行组织和定位形成产品的过程，通过装配可以形成产品的总体结构、检查部件之间是否发生干涉、建立爆炸视图以及绘制装配工程图。UG NX 装配模块采用虚拟装配模式快速将零部件组合成产品，在装配中建立部件之间的链接关系，当零部件被修改后，则引用它的装配部件自动更新。

任务 5.1　装配认知

装配模块是 NX 集成环境中的一个模块，用于实现将部件的模型装配成一个最终的产品模型，或者从装配开始产品的设计。

5.1.1　NX 装配术语

在装配操作中，经常会用到一些装配术语，下面简单介绍这些常用基本术语的含义。

1. 装配（Assembly）

装配是把单个零部件或子装配等通过约束组装成具有一定功能的产品的过程。

2. 装配件（Assembly Part）

装配件是由零件和子装配构成的部件。在 UG 中，允许向任何一个 part 文件中添加组件构成装配,因此,任何一个"*.prt"格式的文件都可以当作装配部件或子装配部件来使用。零件和部件不必严格区分。需要注意的是,当存储一个装配时,各部件的实际几何数据并不是存储在装配部件文件中,而是存储在相应的组件文件中。

3. 子装配(Subassembly)

子装配是指在更高一层的装配件中作为组件的一个装配,它也拥有自己的组件。子装配是一个相对的概念,任何一个装配都可以在更高级的装配中用作子装配。

4. 组件对象(Component Object)

每个装配件和子装配件都可以看作是一个组件对象,组件对象是一个从装配件或自装配件连接到主模型部件的指针实体,指在一个装配中以某个位置和方向对部件的使用。在装配中每一个组件仅仅含有一个指针指向它的主几何体(引用组件部件)。组件对象记录的信息有:部件名称、层、颜色、线型、装配约束等。

5. 组件(Component)

组件是指装配中所引用的.prt文件,即装配中组件对象所指的.prt文件。组件是由装配部件引用而不是复制到装配部件中,实际几何体被存储在零件的部件文件中,如图5-1所示。

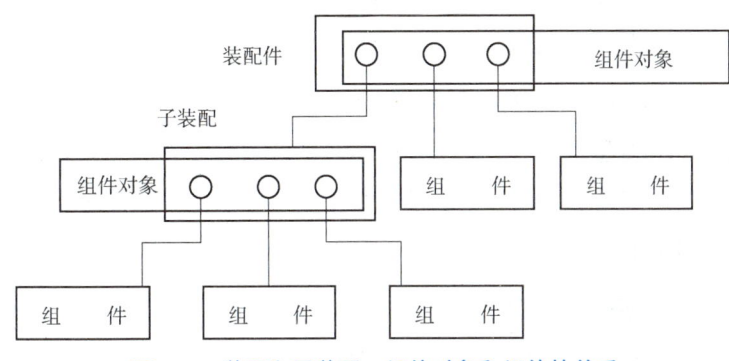

图5-1 装配和子装配、组件对象和组件的关系

6. 单个零件(Part)

单个零件是指含有零件几何体模型的.prt文件,它是在装配外存在的几何模型,它可以作为组件添加到一个装配中去,也可以单独存在,但它本身不能含有下级组件,即它不能作为装配件。

7. 装配引用集(Reference Set)

在装配中,由于各部件含有草图、基准平面及其他的辅助图形数据,若在装配中显示所有数据,一方面容易混淆图形,另一方面引用的部件所有数据需要占用大量内存,会影响运行速度。因此通过引用集可以简化组件的图形显示。

模型(Model):引用部件中实体模型。

整个部件（Entire Part）：引用部件中的所有数据。

空（Empty）：不包括任何模型数据。

8. 装配约束（Mating Condition）

配对关系是装配中用来确定组件间的相互位置和方位的，它是通过一个或多个关联约束来实现。在两个组件之间可以建立一个或多个配对约束，用以部分或完全确定一个组件相对于其他组件的位置与方位。

5.1.2 NX 常规装配方法

在 NX 中，产品的装配有三种方法，即自底向上装配、自顶向下装配、混合装配。

1. 自底向上装配（Bottom-Up Assembly）

自底向上装配是真实装配过程的一种体现。在该装配方法中，需要先创建装配模块中所需的所有部件几何模型，然后再将这些部件依次通过配对条件进行约束，使其装配成所需的部件或产品。部件文件的建立和编辑只能在独立于其上层装配的情况下进行，因此，一旦组件的部件文件发生变化，那么所有使用了该组件的装配文件在打开时将会自动更新以反映部件所做的改变。

使用该装配方法时，首先通过"添加组件"操作将已设计好的部件加入当前装配模型中，再通过"装配约束"操作将添加进来的组件之间进行配对约束操作。

2. 自顶向下装配（Top-Down Assembly）

自顶向下装配是由装配体向下形成子装配体和组件的装配方法。它是在装配层次上建立和编辑组件的，主要用在上下文设计中，即在装配中参照其他零部件对当前工作部件进行设计，装配层上几何对象的变化会立即反映在各自的组件文件上。

3. 混合装配（Mixing Assembly）

混合装配是将自顶向下装配和自底向上装配组合在一起的一种装配方法。

在实际装配建模过程中，不必拘泥于某一种特定的方法，可以根据实际建模需要两种方法灵活穿插使用，即混合装配。也就是说，可以先孤立地建立零件的模型，在以后再将其加入装配中，即自底向上的装配；也可以直接在装配层建立零件的模型，边装配边建立部件模型，即自顶向下的装配；可以随时在两种方法之间进行切换。

任务 5.2　装配设计认知

产品装配设计无论是自顶向下还是自底向上都要涉及组件管理、组件约束等相关命令。

5.2.1 组件管理认知

要建立装配体必须将组件添加到装配体文件中，相关命令集中在【装配】|【组件】菜

单下,如表 5-1 所示。

表 5-1 组件管理命令

命令	说明
添加组件	添加组件就是建立装配体与该零件的一个引用关系,即将该零件作为一个节点链接到装配体上。当组件文件被修改时,所有引用该组件的装配体在打开时都会自动更新到相应组件文件
新建组件	通过新建组件命令可以将现有几何体复制或移到新组件中,或者创建一个空组件文件,随后向其中添加几何体,常用于自顶向下的设计方法创建装配
阵列组件	组件阵列是一种在装配中用对应装配约束快速生成多个组件的方法
镜像装配	对于对称结构的产品的造型设计,用户只需建立产品一侧的装配,然后利用【镜像装配】功能建立另一侧装配即可,这样可有效地减小重新装配组建的麻烦

5.2.2 装配约束认知

装配约束就是在组件之间建立相互约束条件以确定组件在装配体中的相对位置,主要是通过约束部件之间的自由度来实现的。例如,可指定一个组件的圆柱面与另一个组件的圆锥面共轴,如表 5-2 所示。

表 5-2 装配约束

约束类型	说明
对齐/锁定	对齐不同对象中的两个轴,同时防止绕公共轴旋转。通常,当需要将螺栓完全约束在孔中时,这将作为约束条件之一
角度	指定两个对象(可绕指定轴)之间的角度
胶合	将对象约束到一起以使它们作为刚体移动
中心	使一对对象之间的一个或两个对象居中,或使一对对象沿另一个对象居中
同心	约束两条圆边或椭圆边以使中心重合并使边的平面共面
距离	指定两个对象之间的 3D 距离
配合	约束半径相同的两个对象,例如圆边或椭圆边、圆柱面或球面
固定	将对象固定在其当前位置
平行	将两个对象的方向矢量定义为相互平行
垂直	将两个对象的方向矢量定义为相互垂直
接触对齐	约束两个组件,使它们彼此接触或对齐

5.2.3 装配爆炸认知

完成了零部件的装配后，可以通过爆炸图将装配各部件偏离装配体原位置以表达组件装配关系的视图，便于用户观察。NX 中爆炸图的操作命令如表 5-3 所示。

表 5-3　NX 中爆炸图的操作命令

命令	说明
新建爆炸	新建爆炸图是指在当前视图中创建一个新的爆炸视图，并不涉及爆炸图的具体参数，具体的爆炸图参数通过其后的编辑爆炸操作中产生
编辑爆炸	采用自动爆炸一般不能得到理想的爆炸效果，通常还需要利用【编辑爆炸图】功能对爆炸图进行调整
自动爆炸	自动爆炸组件是指基于组件关联条件，按照配对约束中的矢量方向和指定的距离自动爆炸组件
取消爆炸组件	使已爆炸的组件回到其原来的位置

任务 5.3　曲柄滑块装配项目式设计

本节以曲柄滑块装配实例来详解产品装配设计过程和应用技巧。曲柄滑块装配结构如图 5-2 所示。

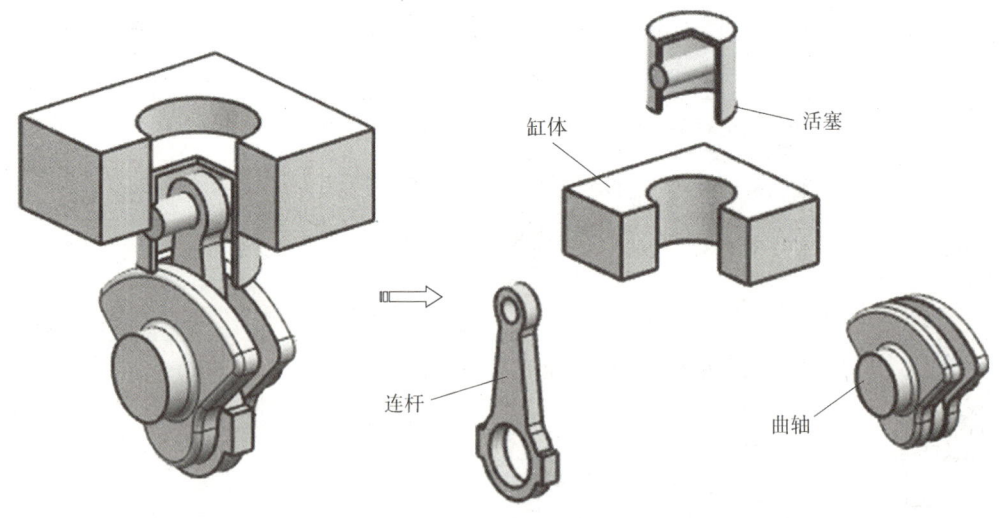

图 5-2　曲柄滑块装配结构

5.3.1　曲柄滑块装配设计思路分析

首先根据实体造型、曲面造型等方法创建装配零件模型，然后利用添加组件到装配体，最后利用装配约束方法施加约束，完成装配结构。

5.3.2 曲柄滑块装配操作过程

1. 新建装配文件

启动 NX 后，单击【主页】选项卡的【新建】按钮，弹出【新建】对话框，选择【装配】模板，在【名称】文本框中输入"曲柄滑块总装"，单击【确定】按钮新建装配体文件。

2. 加载组件

(1) 在功能区单击【装配】选项卡【组件】组中的【添加组件】按钮，弹出【添加组件】对话框，选择"缸体.prt"，选择【定位】为"绝对原点"，单击【确定】按钮添加缸体到装配体文件中，如图 5-3 所示。

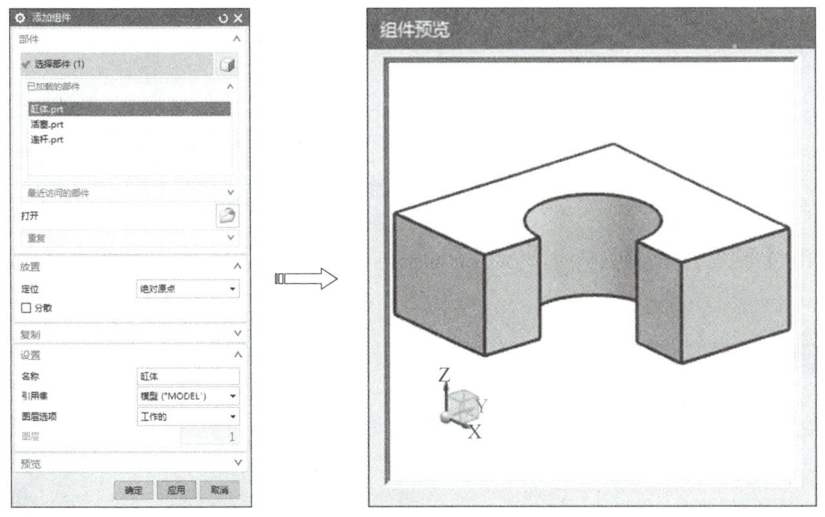

图 5-3 加载缸体零件

(2) 在功能区单击【装配】选项卡【组件位置】组中的【装配约束】命令，弹出【装配约束】对话框，在【类型】中选择"固定"并选择缸体零件，单击【确定】按钮完成约束，如图 5-4 所示。

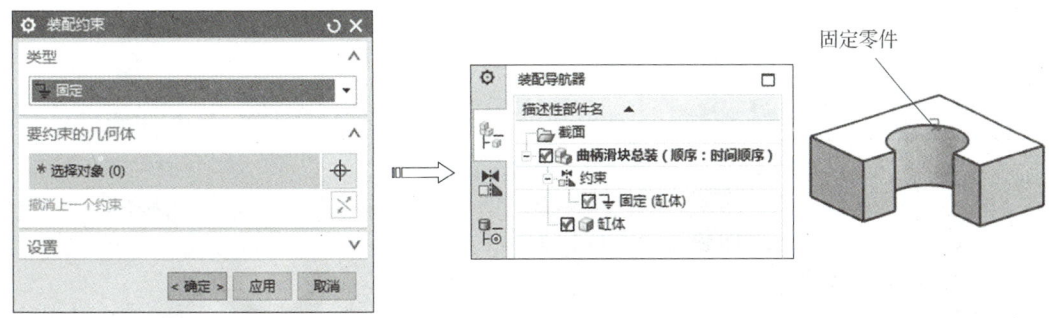

图 5-4 创建固定约束

（3）在功能区单击【装配】选项卡【组件】组中的【添加组件】按钮，系统弹出【添加组件】对话框，选择"活塞.prt"，选择【定位】为"选择原点"，图形区显示【组件预览】对话框，如图 5-5 所示。

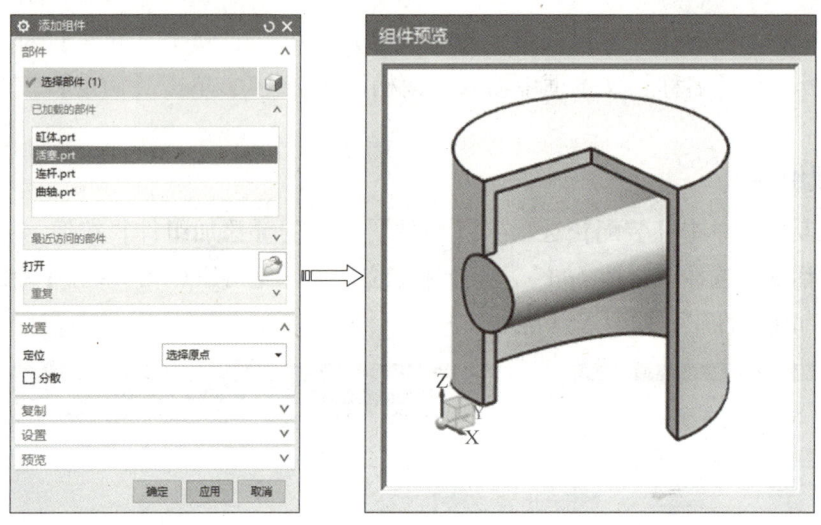

图 5-5　添加组件

（4）单击【确定】按钮，弹出【点】对话框，在图形区选择一方便点放置活塞，如图 5-6 所示。

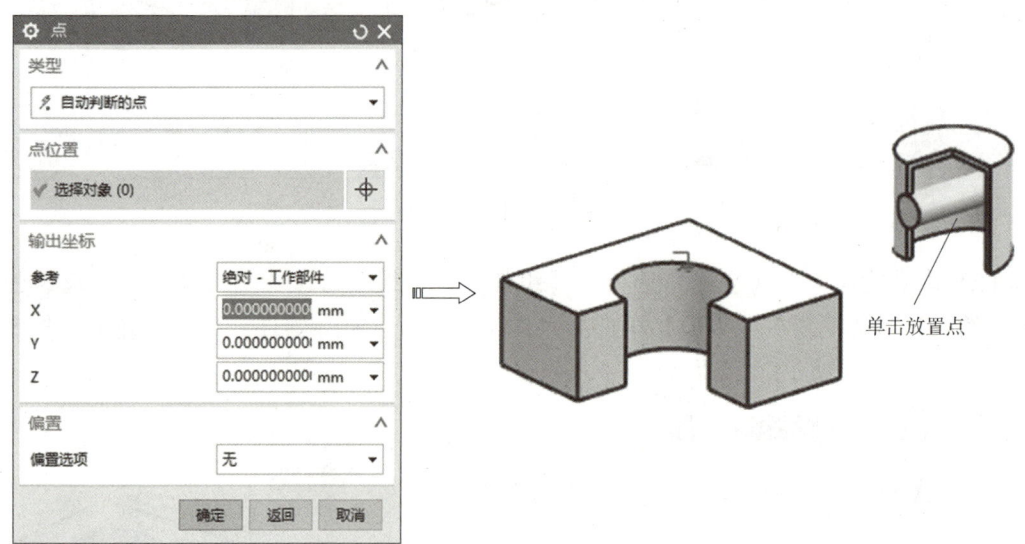

图 5-6　加载活塞零件

（5）重复活塞加载过程加载连杆零件，如图 5-7 所示。
（6）重复活塞加载过程加载曲轴零件，如图 5-8 所示。

3. 施加装配约束

（1）在功能区单击【装配】选项卡【组件位置】组中的【装配约束】命令，弹出

项目五 NX 装配与运动仿真项目式设计案例

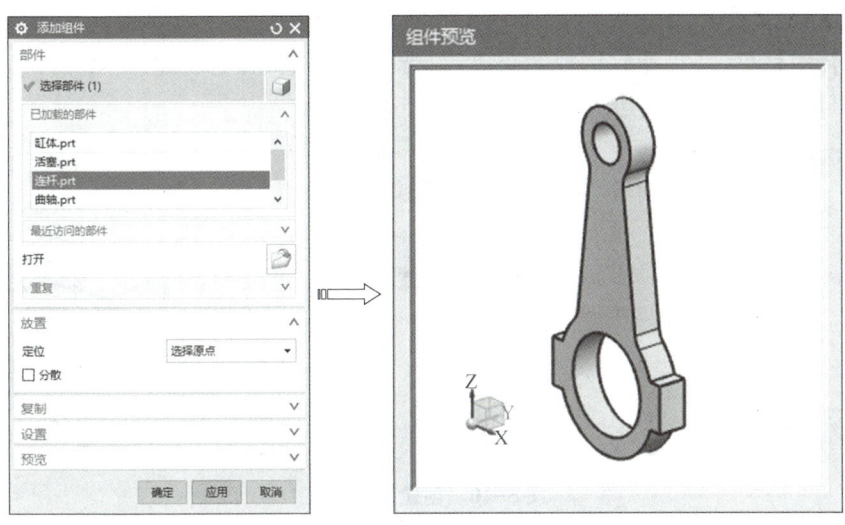

图 5-7 加载连杆零件

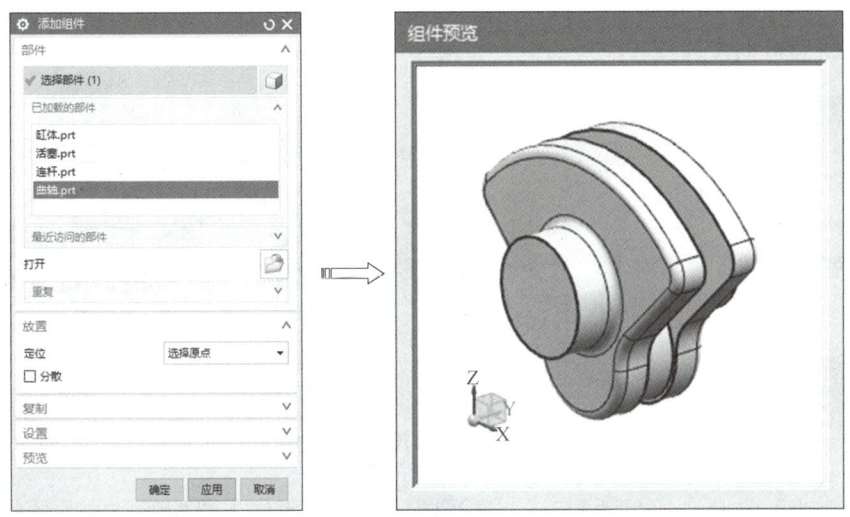

图 5-8 加载曲轴零件

【装配约束】对话框,【类型】选择"接触对齐",在【方位】中选择"自动判断中心/轴",选择中心线作为装配面,单击【应用】按钮即可创建中心重合约束,如图 5-9 所示。

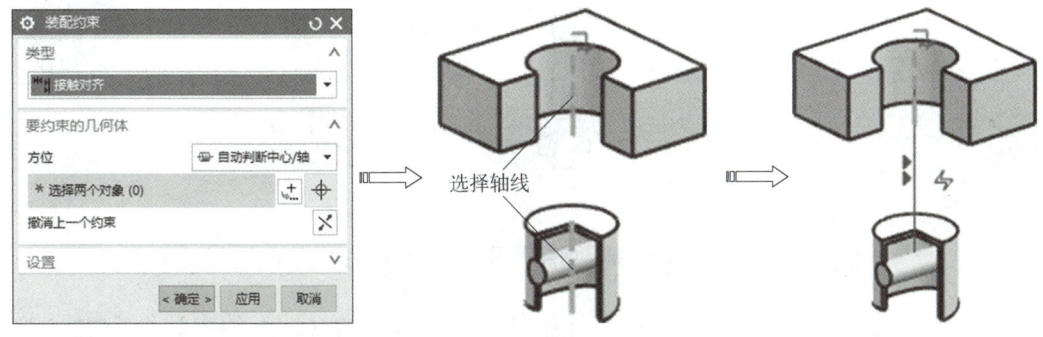

图 5-9 创建中心重合约束

143

(2)在功能区单击【装配】选项卡【组件位置】组中的【装配约束】命令，弹出【装配约束】对话框，【类型】选择"距离"，选择两个端面作为装配面，【距离】为20 mm，单击【应用】按钮，即可创建距离约束，如图5-10所示。

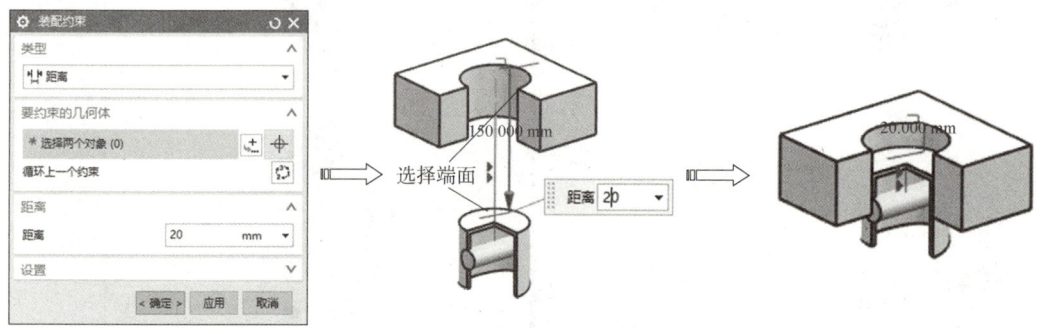

图5-10　创建距离约束

(3)在功能区单击【装配】选项卡【组件位置】组中的【装配约束】命令，弹出【装配约束】对话框，【类型】选择"等尺寸配对"，选择圆柱和孔表面作为装配面，单击【应用】按钮即可创建等尺寸配对约束，如图5-11所示。

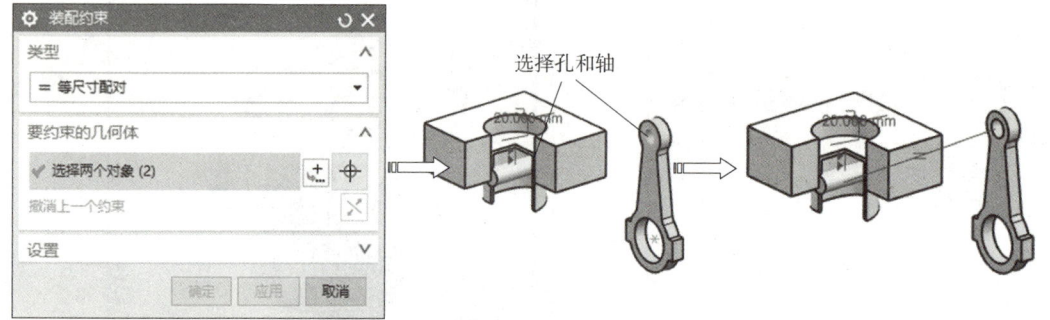

图5-11　创建等尺寸配对约束

(4)【类型】选择"等尺寸配对"，选择圆柱和孔表面作为装配面，单击【应用】按钮即可创建等尺寸配对约束，如图5-12所示。

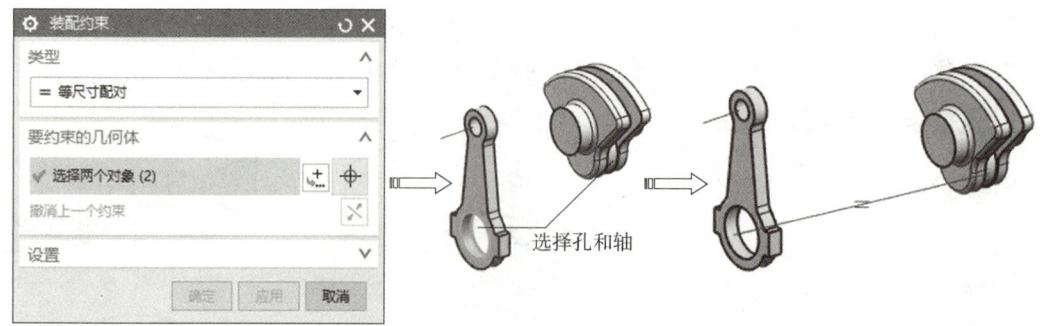

图5-12　创建等尺寸配对约束

(5)在功能区单击【装配】选项卡【组件位置】组中的【装配约束】命令，弹出

【装配约束】对话框,在【类型】中选择"中心",在【子类型】中选择"2对2",选择如图 5-12 所示的 2 对表面作为装配面,单击【应用】按钮即可创建中心约束,如图 5-13 所示。

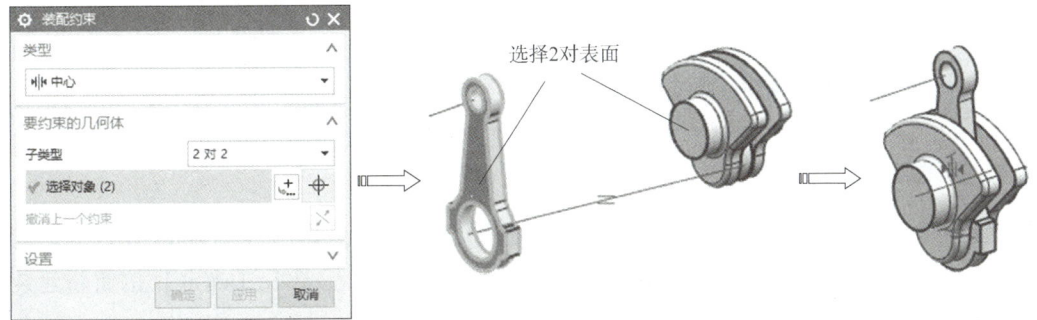

图 5-13　创建中心约束

(6) 在【类型】中选择"中心",在【子类型】中选择"2对2",选择如图 5-14 所示的 2 对表面作为装配面,单击【应用】按钮即可创建中心约束,如图 5-14 所示。

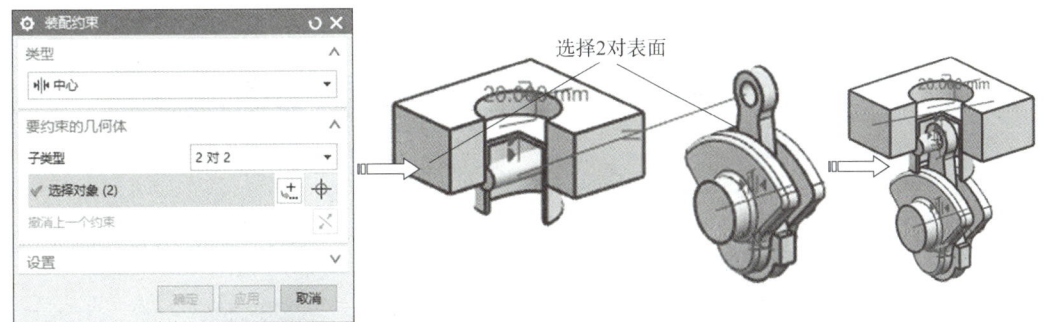

图 5-14　创建中心约束

任务 5.4　斜滑动轴承装配项目式设计

本节中以斜滑动轴承装配实例来详解产品装配设计过程和应用技巧。斜滑动轴承结构如图 5-15 所示。

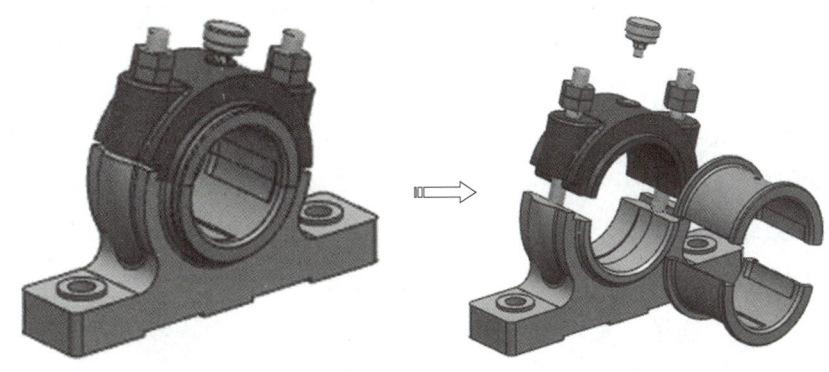

图 5-15　斜滑动轴承结构

5.4.1 斜滑动轴承装配设计思路分析

首先根据实体造型、曲面造型等方法创建装配零件模型，然后利用添加组件到装配体，最后利用装配约束方法施加约束，完成装配结构。

5.4.2 斜滑动轴承装配操作过程

1. 新建装配文件

启动 NX 后，单击【主页】选项卡的【新建】按钮，弹出【新建】对话框，选择【装配】模板，在【名称】文本框中输入"斜滑动轴承总装"，单击【确定】按钮新建装配体文件。

2. 加载固定轴承座

（1）在功能区单击【装配】选项卡【组件】组中的【添加组件】按钮，弹出【添加组件】对话框，选择"轴承座.prt"，选择【定位】为"绝对原点"，单击【确定】按钮完成添加，如图 5-16 所示。

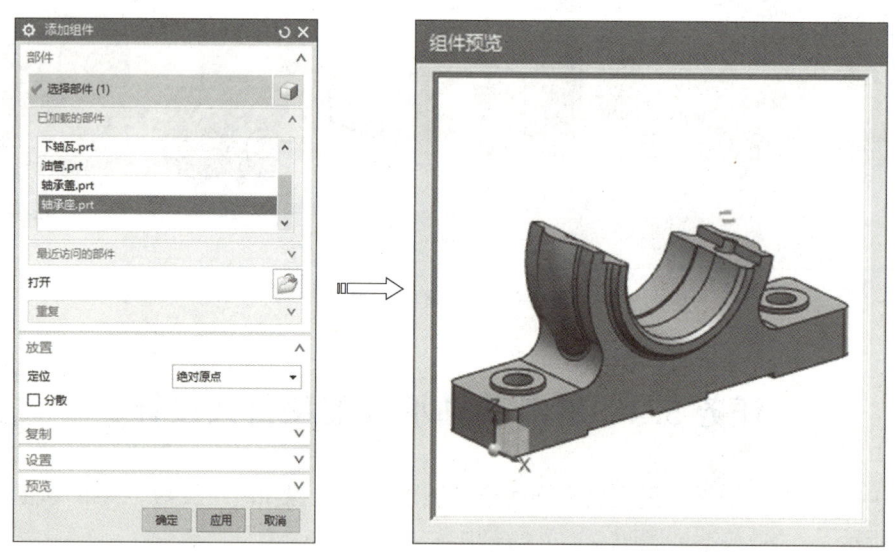

图 5-16 【添加组件】对话框

（2）在功能区单击【装配】选项卡【组件位置】组中的【装配约束】命令，弹出【装配约束】对话框，在【类型】中选择"固定"并选择轴承座零件，单击【确定】按钮完成约束，如图 5-17 所示。

3. 加载约束轴承盖

（1）在功能区单击【装配】选项卡【组件】组中的【添加组件】按钮，系统弹出【添加组件】对话框，选择"轴承盖.prt"，选择【定位】为"选择原点"，单击【确定】按钮，弹出【点】对话框，在图形区选择一方便点放置轴承盖，如图 5-18 所示。

项目五　NX装配与运动仿真项目式设计案例

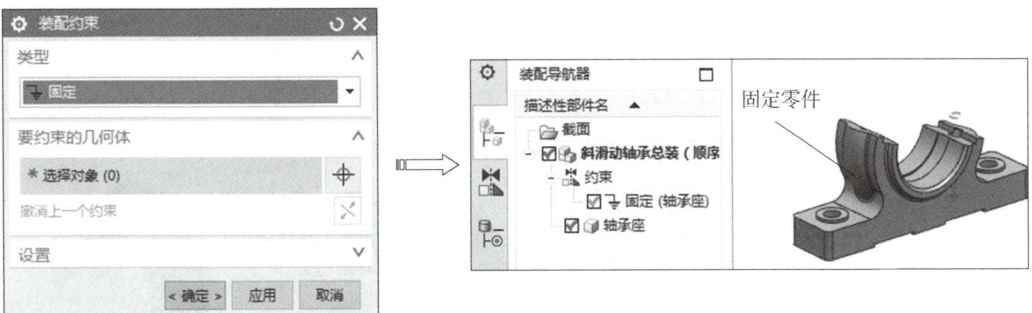

图 5-17　施加固定约束

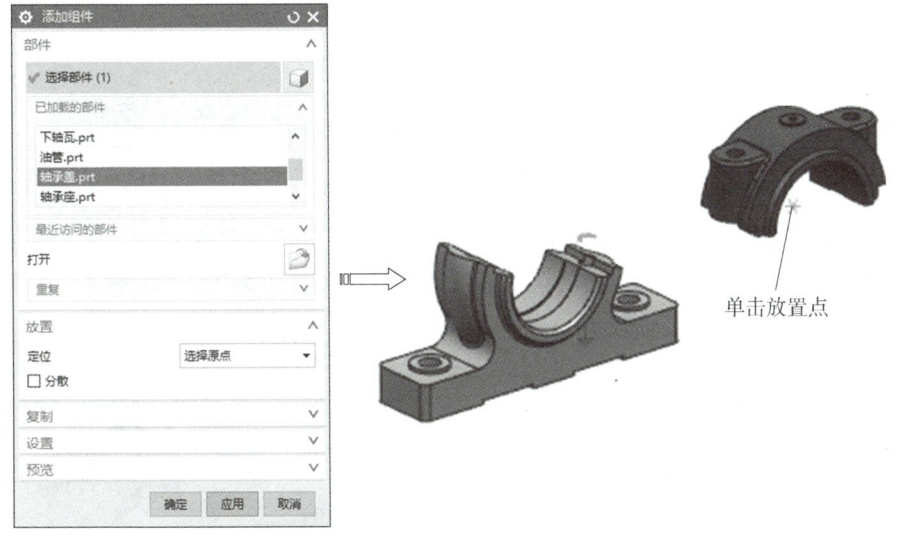

图 5-18　加载轴承盖零件

（2）在功能区单击【装配】选项卡【组件位置】组中的【装配约束】命令，弹出【装配约束】对话框，【类型】选择"接触对齐"，【方位】选择"自动判断中心/轴"，选择轴承座和轴承盖中心线作为装配对象，单击【应用】按钮即可创建中心重合约束，如图 5-19 所示。

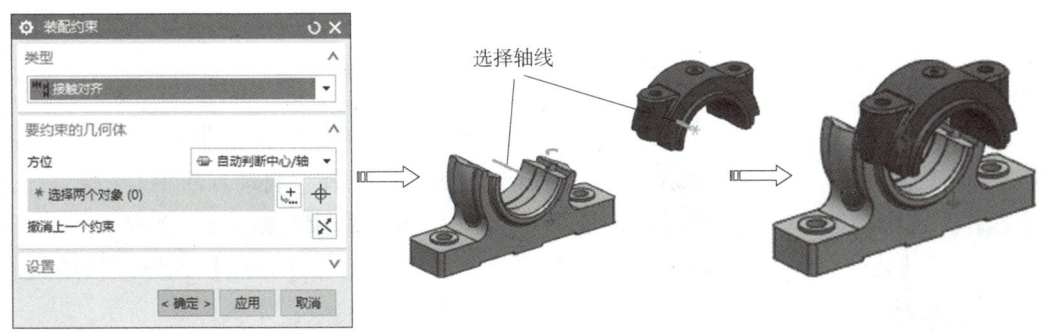

图 5-19　创建中心重合约束

147

(3)【类型】选择"接触对齐",【方位】选择"自动判断中心/轴",选择轴承座和轴承盖定位孔中心线作为装配对象,单击【应用】按钮即可创建中心重合约束,如图 5-20 所示。

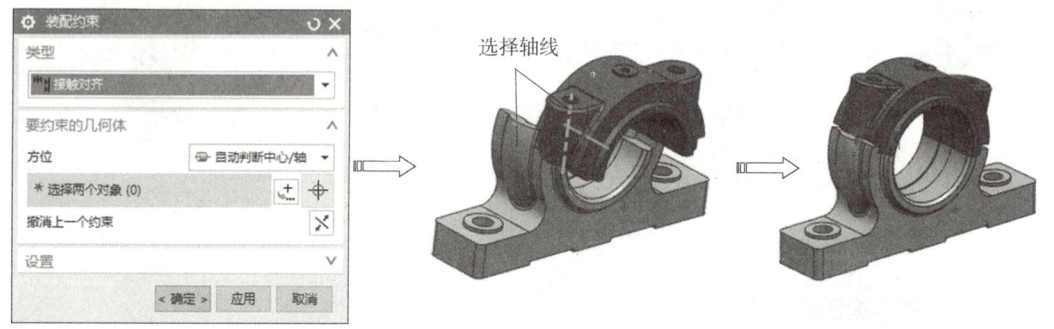

图 5-20 创建中心重合约束

4. 加载约束上轴瓦

(1)在功能区单击【装配】选项卡【组件】组中的【添加组件】按钮,弹出【添加组件】对话框,选择"上轴瓦.prt",选择【定位】为"选择原点",单击【确定】按钮,弹出【点】对话框,在图形区选择一方便点放置上轴瓦,如图 5-21 所示。

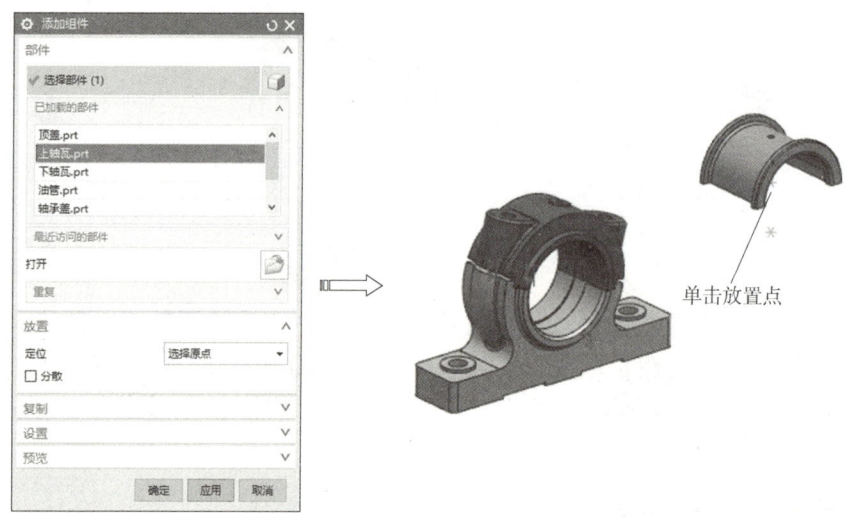

图 5-21 加载上轴瓦零件

(2)在功能区单击【装配】选项卡【组件位置】组中的【装配约束】命令,弹出【装配约束】对话框,【类型】选择"接触对齐",【方位】选择"自动判断中心/轴",选择中心线作为装配对象,单击【应用】按钮即可创建中心重合约束,如图 5-22 所示。

(3)在【装配约束】对话框中【类型】选择"接触对齐",【方位】选择"接触",选择两个接触面作为装配面,单击【应用】按钮即可创建接触约束,如图 5-23 所示。

(4)在【装配约束】对话框中【类型】选择"平行",选择表面作为装配面,单击【应用】按钮即可创建平行约束,如图 5-24 所示。

项目五 NX装配与运动仿真项目式设计案例

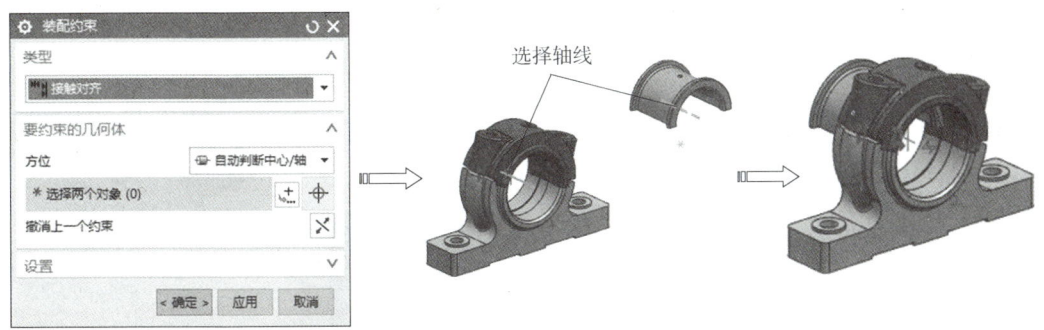

图5-22 创建中心重合约束

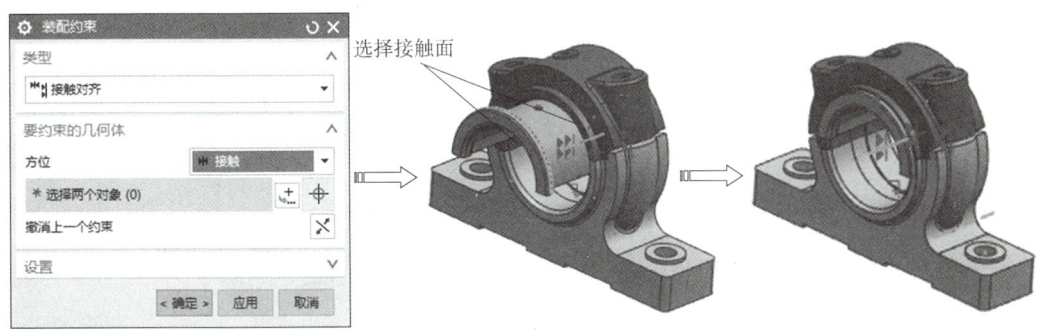

图5-23 创建接触约束

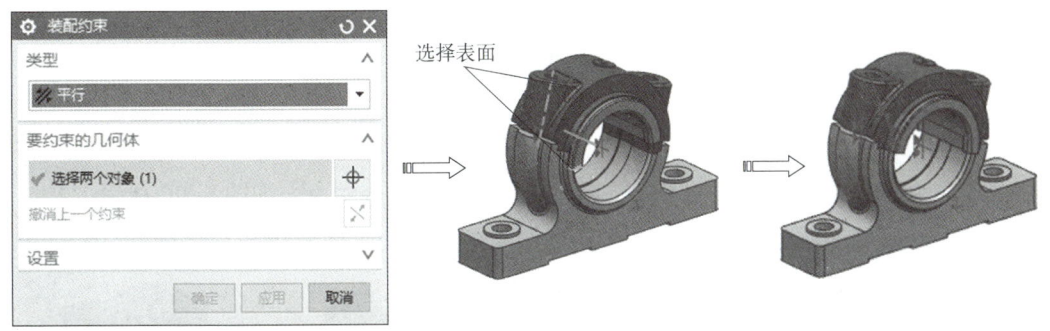

图5-24 创建平行约束

5. 加载约束下轴瓦

（1）在功能区单击【装配】选项卡【组件】组中的【添加组件】按钮，弹出【添加组件】对话框，选择"下轴瓦.prt"，选择【定位】为"选择原点"，单击【确定】按钮，弹出【点】对话框，在图形区选择一方便点放置下轴瓦，如图5-25所示。

（2）在功能区单击【装配】选项卡【组件位置】组中的【移动组件】命令，弹出【移动组件】对话框，选择图5-26所示的组件，拖动旋转手柄调整零件位置，单击【确定】按钮可完成组件的重定位操作。

（3）在功能区单击【装配】选项卡【组件位置】组中的【装配约束】命令，弹出【装配约束】对话框，【类型】选择"接触对齐"，【方位】选择"自动判断中心/轴"，选择

149

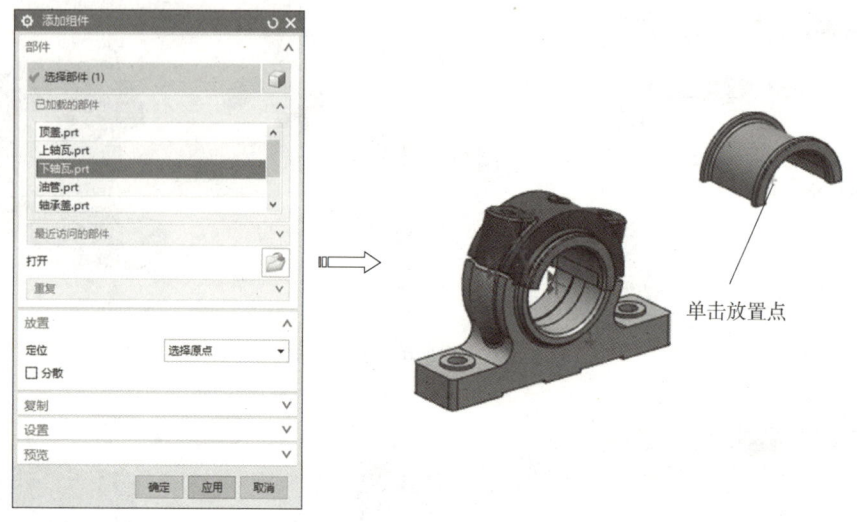

图 5-25 加载下轴瓦零件

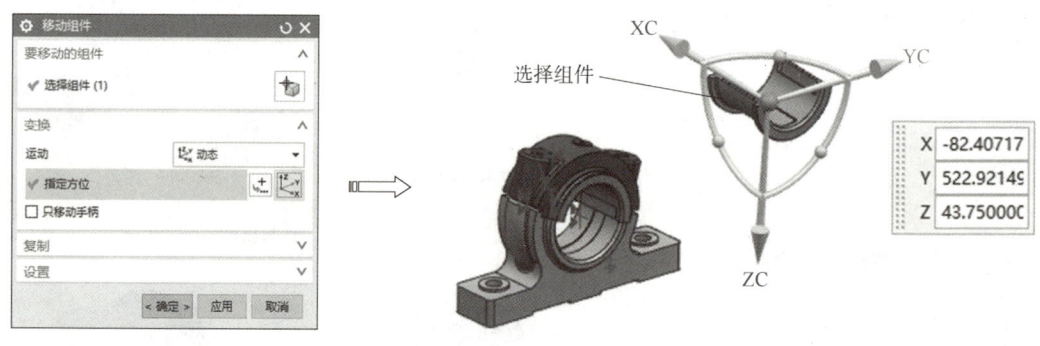

图 5-26 组件移动

中心线作为装配对象,单击【应用】按钮即可创建中心重合约束,如图 5-27 所示。

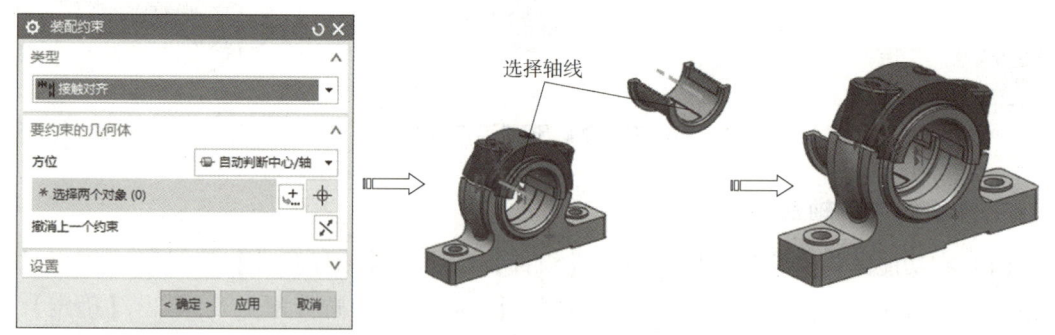

图 5-27 创建中心重合约束

(4)在【装配约束】对话框中【类型】选择"接触对齐",【方位】选择"接触",选择两个接触面作为装配面,单击【应用】按钮即可创建接触约束,如图 5-28 所示。

(5)在【装配约束】对话框中【类型】选择"平行",选择表面作为装配面,单击【应用】按钮即可创建平行约束,如图 5-29 所示。

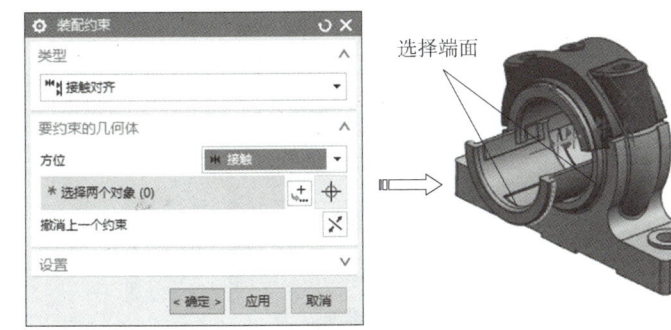

图 5-28 创建接触约束

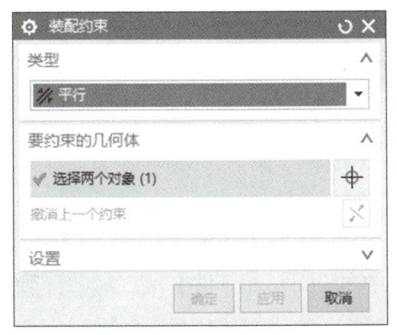
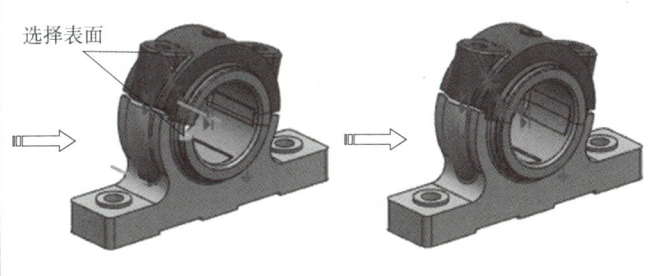

图 5-29 创建平行约束

6. 加载约束双头螺柱

(1) 在功能区单击【装配】选项卡【组件】组中的【添加组件】按钮 ，弹出【添加组件】对话框，选择"双头螺柱 M24.prt"，选择【定位】为"选择原点"，单击【确定】按钮，弹出【点】对话框，在图形区选择一方便点放置双头螺柱，如图 5-30 所示。

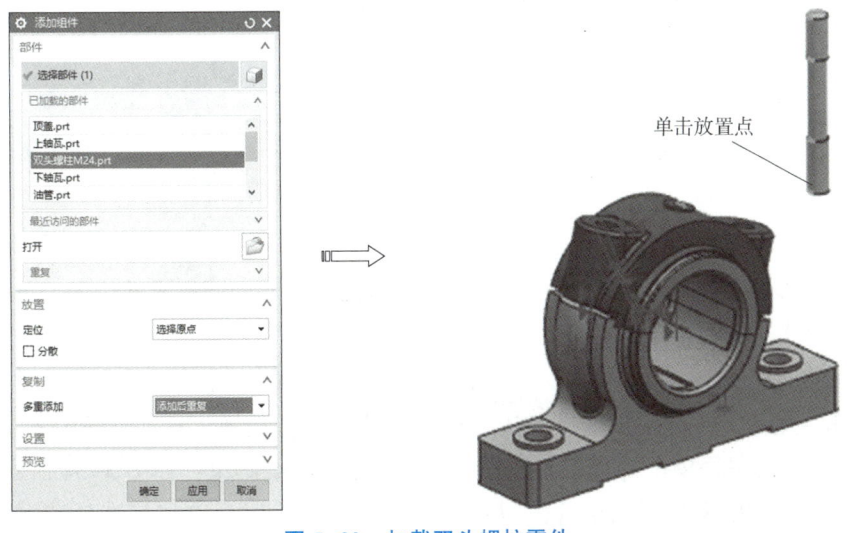

图 5-30 加载双头螺柱零件

（2）单击【确定】按钮，弹出【点】对话框，在图形区选择一方便点放置双头螺柱，如图 5-31 所示，单击【取消】按钮完成。

图 5-31　加载双头螺柱零件

（3）在功能区单击【装配】选项卡【组件位置】组中的【移动组件】命令，弹出【移动组件】对话框，选择组件，拖动旋转手柄调整零件位置，单击【确定】按钮可完成组件的重定位操作，如图 5-32 所示。

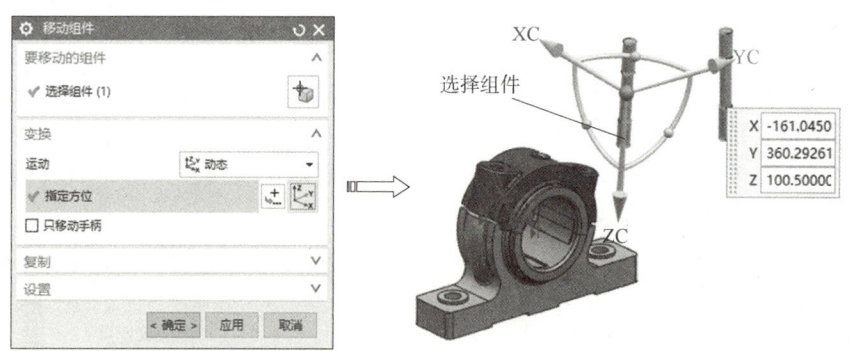

图 5-32　组件移动

（4）在功能区单击【装配】选项卡【组件位置】组中的【移动组件】命令，弹出【移动组件】对话框，选择图 5-33 所示的组件，拖动旋转手柄调整零件位置，单击【确定】按钮可完成组件的重定位操作。

（5）在功能区单击【装配】选项卡【组件位置】组中的【装配约束】命令，弹出【装配约束】对话框，【类型】选择"接触对齐"，【方位】选择"自动判断中心/轴"，选择中心线作为装配对象，单击【应用】按钮即可创建中心重合约束，如图 5-34 所示。

（6）在【装配约束】对话框【类型】选择"接触对齐"，【方位】选择"对齐"，选择两个接触面作为装配面，单击【应用】按钮即可创建对齐约束，如图 5-35 所示。

（7）重复上述过程，对另一个螺柱进行中心对齐和对齐约束，如图 5-36 所示。

项目五　NX 装配与运动仿真项目式设计案例

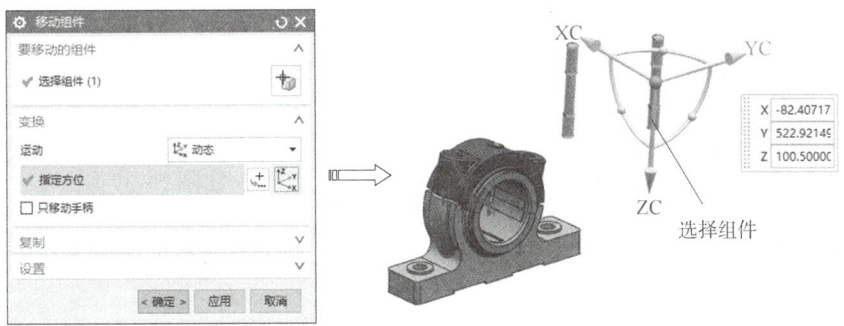

图 5-33　组件移动

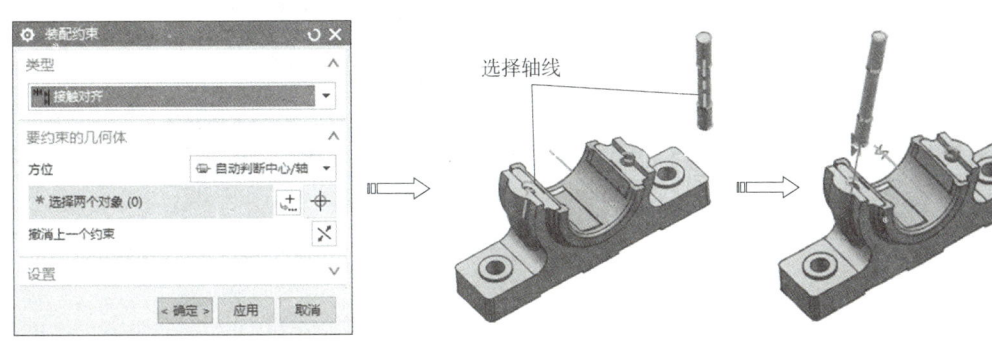

图 5-34　创建中心重合约束

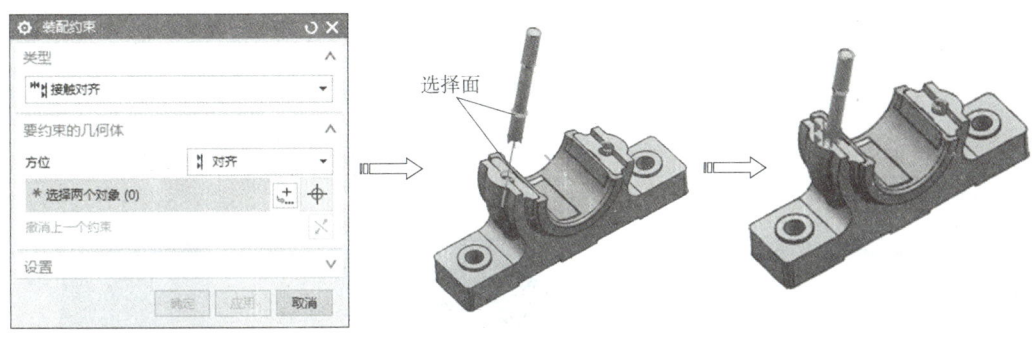

图 5-35　创建对齐约束

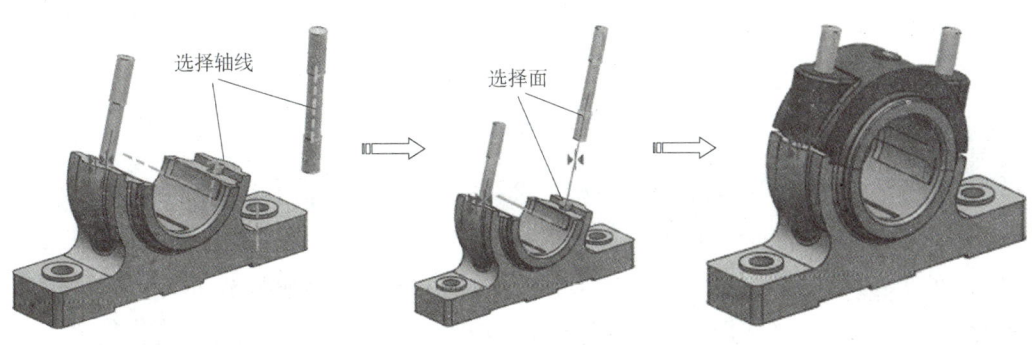

图 5-36　约束螺柱

153

7. 加载约束螺母

（1）在功能区单击【装配】选项卡【组件】组中的【添加组件】按钮，系统弹出【添加组件】对话框，选择"螺母 M24.prt"，选择【定位】为"选择原点"，单击【确定】按钮，弹出【点】对话框，在图形区选择一方便点放置螺母，如图 5-37 所示。

图 5-37　添加螺母组件

（2）在功能区单击【装配】选项卡【组件位置】组中的【装配约束】命令，弹出【装配约束】对话框，【类型】选择"接触对齐"，【方位】选择"自动判断中心/轴"，选择中心轴线作为装配对象，单击【应用】按钮即可创建中心重合约束，如图 5-38 所示。

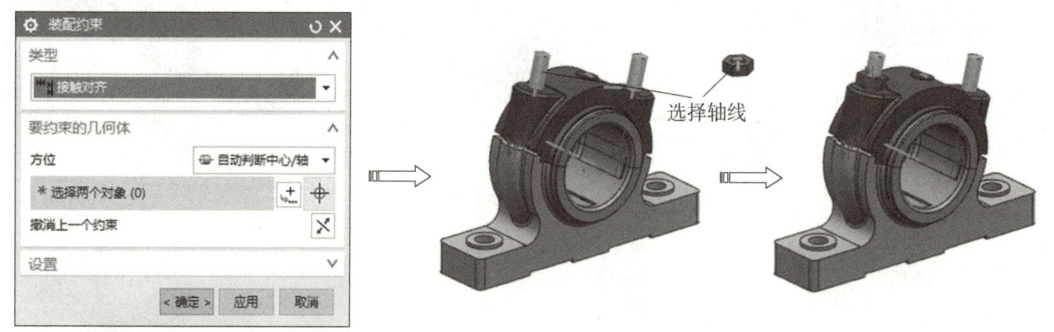

图 5-38　创建中心重合约束

（3）在【装配约束】对话框中【类型】选择"接触对齐"，【方位】中选择"接触"，选择两个接触面作为装配面，单击【应用】按钮即可创建接触约束，如图 5-39 所示。

（4）在【装配约束】对话框中【类型】选择"平行"，选择如图 5-40 所示的表面作为装配面，单击【应用】按钮即可创建平行约束，如图 5-40 所示。

（5）重复上述过程，装配其他螺母，如图 5-41 所示。

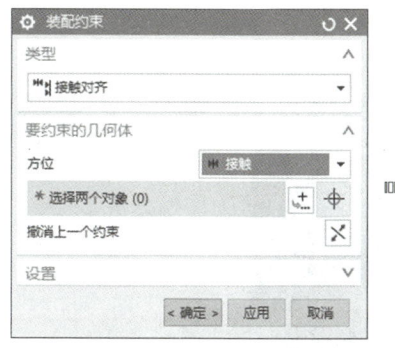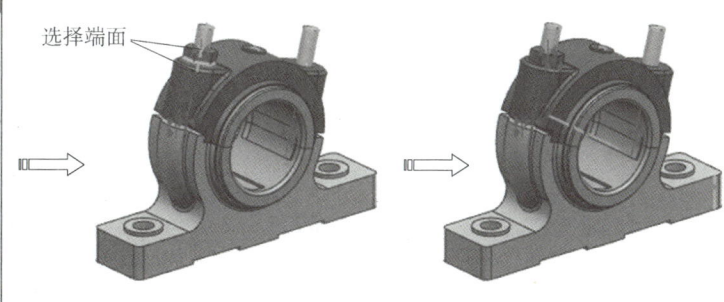

图 5-39　创建接触约束

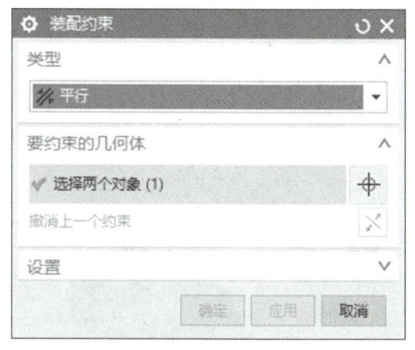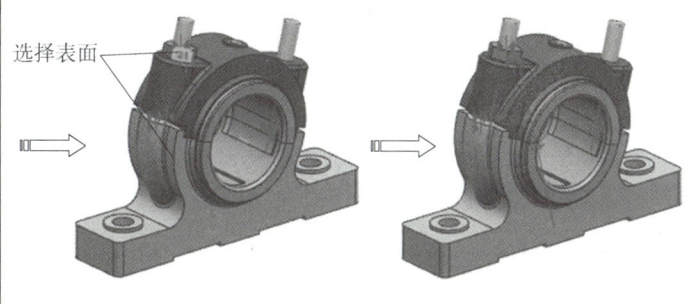

图 5-40　创建平行约束

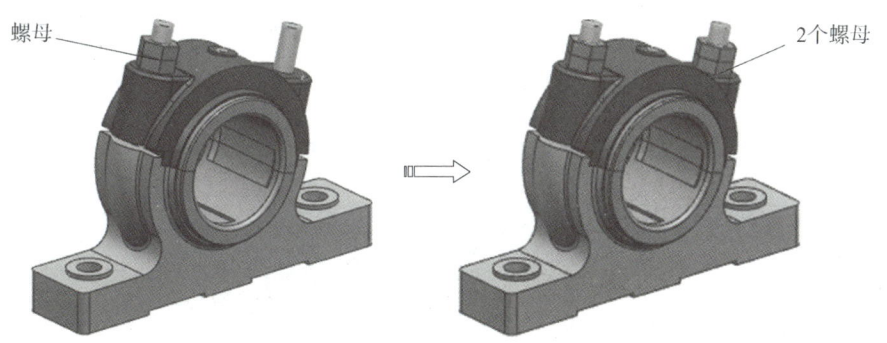

图 5-41　装配其他螺母

8. 加载约束顶盖

（1）在功能区单击【装配】选项卡【组件】组中的【添加组件】按钮，系统弹出【添加组件】对话框，选择"顶盖.prt"，选择【定位】为"选择原点"，单击【确定】按钮，弹出【点】对话框，在图形区选择一方便点放置顶盖，如图 5-42 所示。

（2）在功能区单击【装配】选项卡【组件位置】组中的【装配约束】命令，弹出【装配约束】对话框，【类型】选择"接触对齐"，【方位】选择"自动判断中心/轴"，选择轴线作为装配对象，单击【应用】按钮即可创建中心重合约束，如图 5-43 所示。

155

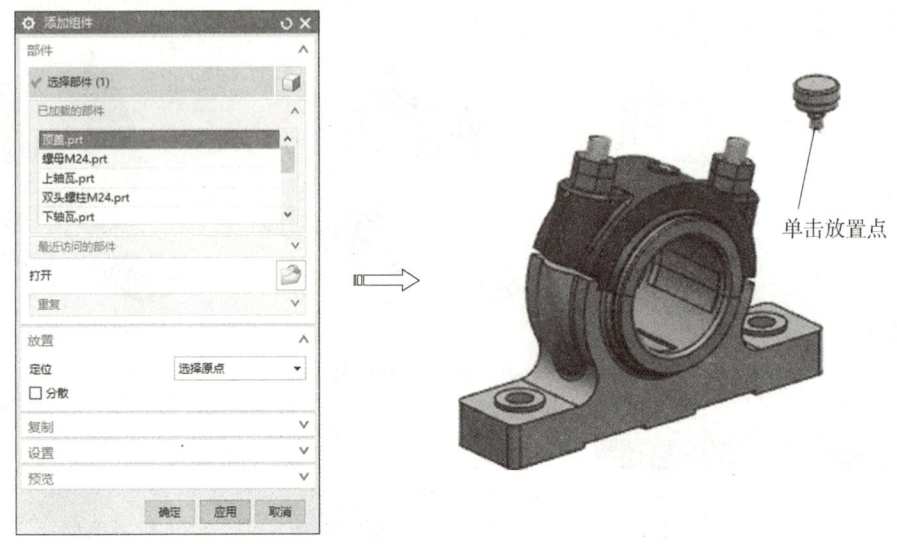

图 5-42　添加顶盖组件

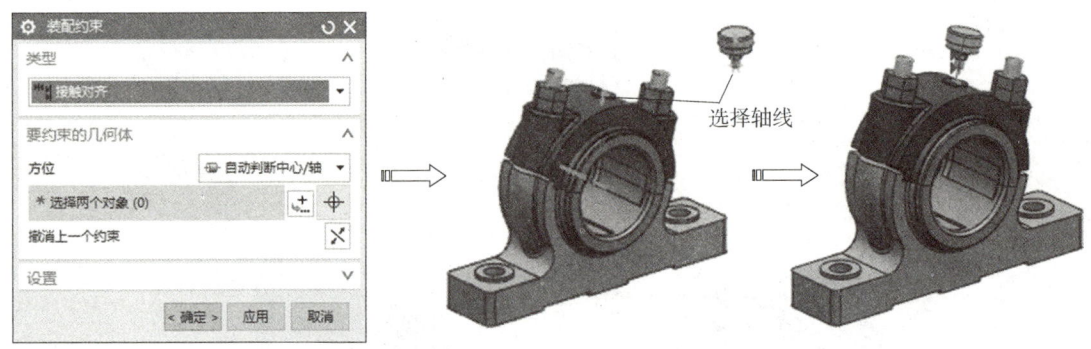

图 5-43　创建中心重合约束

（3）在【装配约束】对话框中【类型】选择"接触对齐",【方位】选择"接触",选择两个接触面作为装配面,单击【应用】按钮即可创建接触约束,如图 5-44 所示。

图 5-44　创建接触约束

任务 5.5 独轮车装配项目式设计

本节中以独轮车装配实例来详解产品装配设计过程和应用技巧。独轮车如图 5-45 所示。

5.5.1 独轮车装配设计思路分析

首先根据实体造型、曲面造型等方法创建装配零件模型，然后利用添加组件到装配体，最后利用装配约束方法施加约束，完成装配结构。由于没有垫片文件，自顶向下利用 WAVE 技术—部件间建模技术创建垫片结构。

5.5.2 独轮车装配操作过程

1. 启动 NX10.0

在【文件】工具栏中单击【新建】按钮，弹出【新建】对话框，在【新建】对话框下选择"装配"模块，输入名称为"独轮车"，为 asm3.prt，然后单击【确定】按钮，软件进入【装配】环境自动弹出【添加组件】对话框，如图 5-46 所示。

图 5-45 独轮车

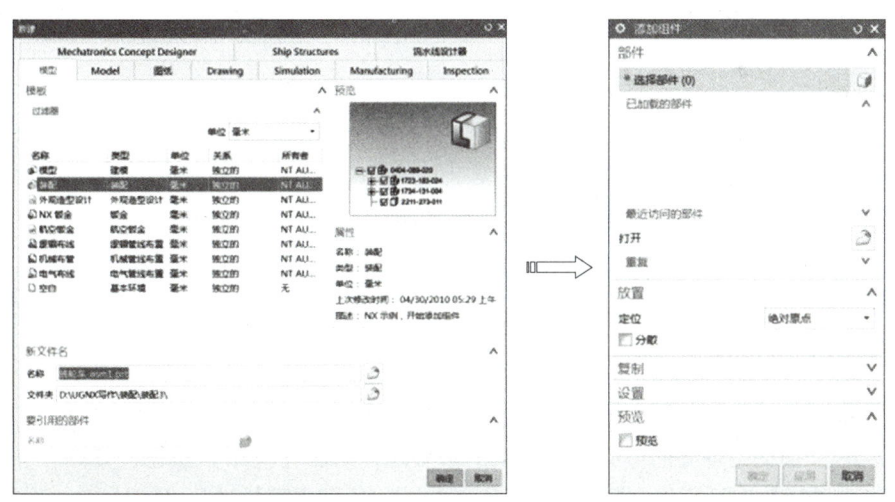

图 5-46 【添加组件】对话框

2. 添加组件

在【添加组件】对话框中单击"打开"图标，弹出【部件名】对话框，选择文件"lunjia.prt"，单击【确定】按钮，此时会有【组件预览】的对话框生成，在【添加组件】的对话框里有个【放置】的小命令，【定位】选择"选择原点"，单击【确定】按钮，轮架文件"lunjia.prt"被添加到"装配"环境下，如图 5-47 所示。

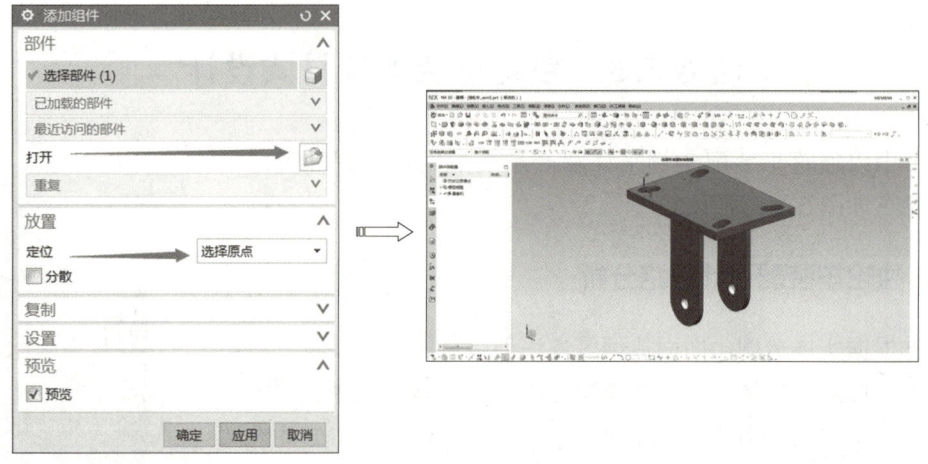

图 5-47　添加轮架文件

3. 添加轴套

在菜单栏里单击【装配】→【组件】→【添加组件】命令，或者在屏幕下方直接单击【添加组件】命令，弹出【添加组件】对话框，在【添加组件】对话框中单击"打开"图标，弹出【部件名】对话框，选择文件"zhoutao.prt"，单击【确定】按钮，此时会有【组件预览】对话框生成；【定位】选择"通过约束"，单击【确定】按钮，弹出【装配约束】对话框，如图 5-48 所示。

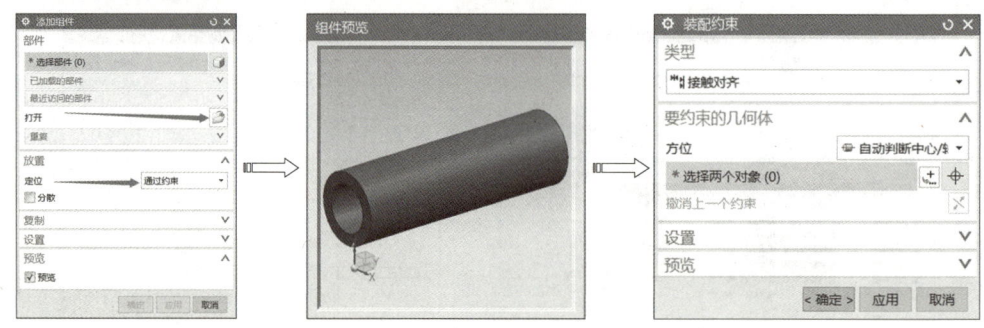

图 5-48　添加轴套

装配约束：在【装配约束】对话框里，【类型】选择"接触对齐"，【方位】选择"自动判断中心/轴"，捕捉到轴套的中心线和轮架的中心线，单击【应用】按钮，如图 5-49 所示。

在【装配约束】对话框里，【类型】选择"中心"，【子类型】选择"2 对 2"的方式；捕捉轴套的两个端面，再捕捉轮架的两个内表面，单击【确定】按钮完成约束，如图 5-50 所示。

4. 添加轮子

在菜单栏里单击【装配】→【组件】→【添加组件】命令，或者在屏幕下方直接单击【添加组件】命令，弹出【添加组件】对话框在【添加组件】对话框中单击"打开"图标，弹出【部件名】对话框，选择文件"lunzi.prt"，单击【确定】按钮，此时会有【组件预览】的对话框生成；【定位】选择"通过约束"，单击【确定】按钮，弹出【装配约束】对话框，如图 5-51 所示。

项目五 NX 装配与运动仿真项目式设计案例

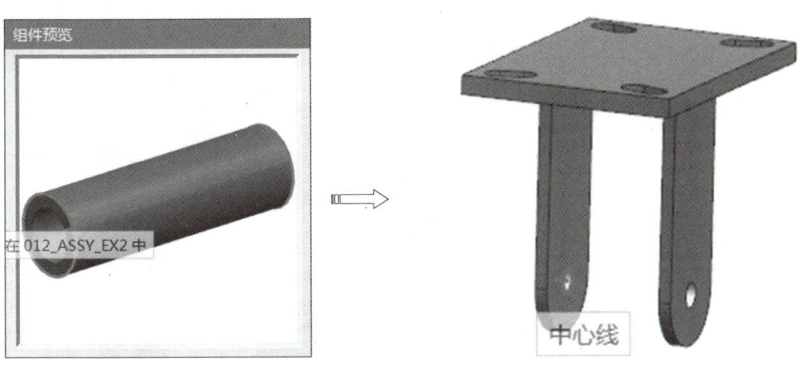

图 5-49 捕捉中心线

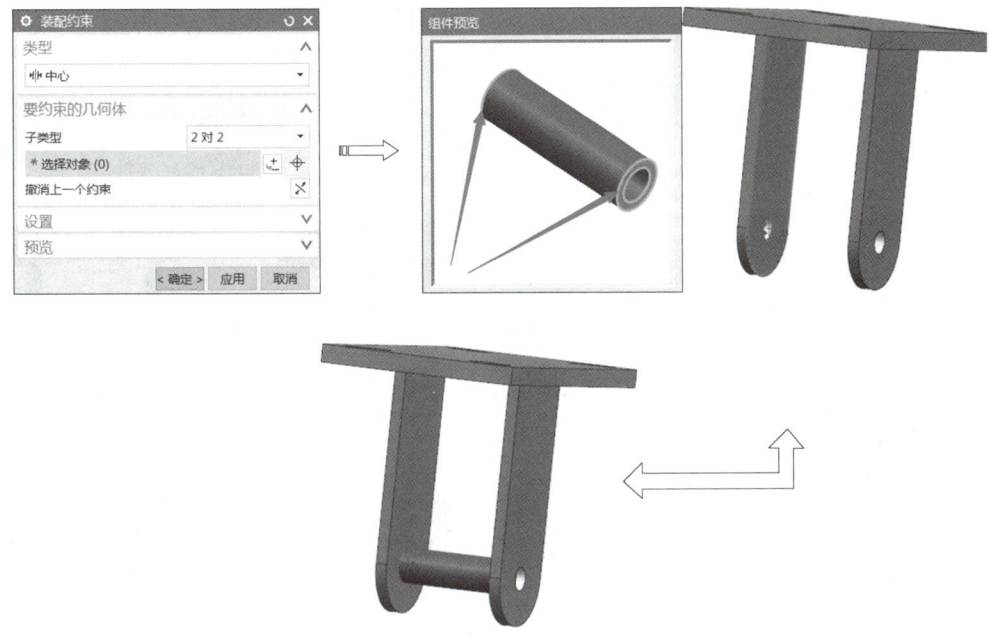

图 5-50 创建约束

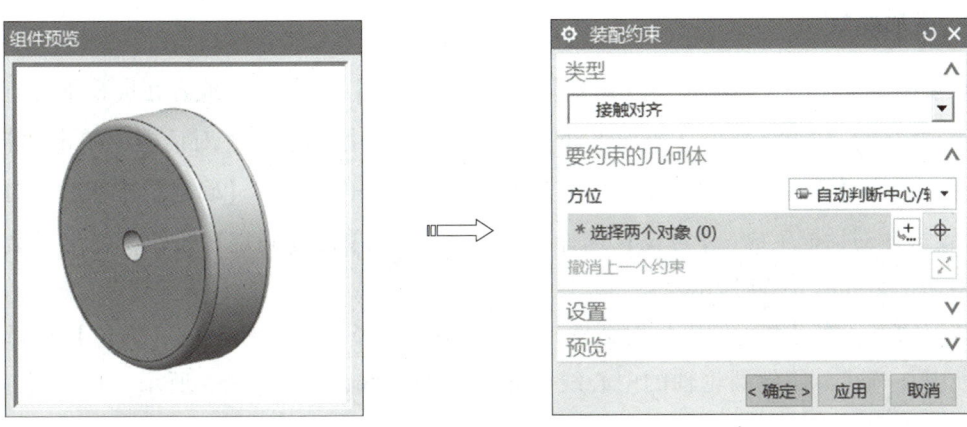

图 5-51 添加轮子

159

装配约束：在【装配约束】对话框里，【类型】选择"接触对齐"，【方位】选择"自动判断中心/轴"，捕捉到轮子的中心线和轮架孔的中心线，如图5-52所示，单击【应用】按钮。

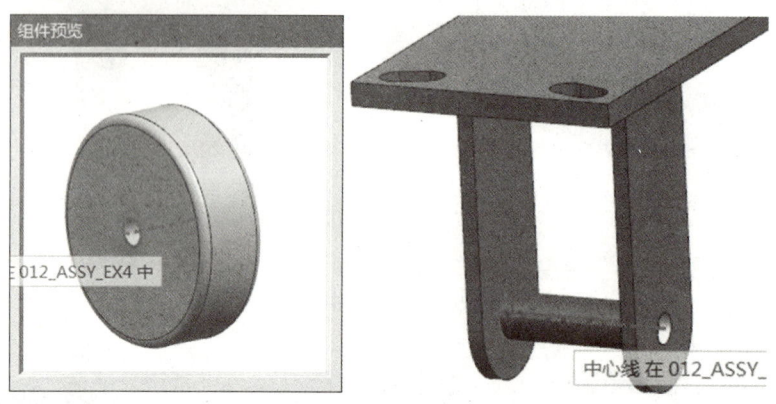

图5-52 捕捉中心线

在【装配约束】对话框里，类型选择"中心"，【子类型】选择"2对2"。捕捉轮子的两个表面和轮架的两个外表面，如图5-53所示；单击【确定】按钮完成装配。

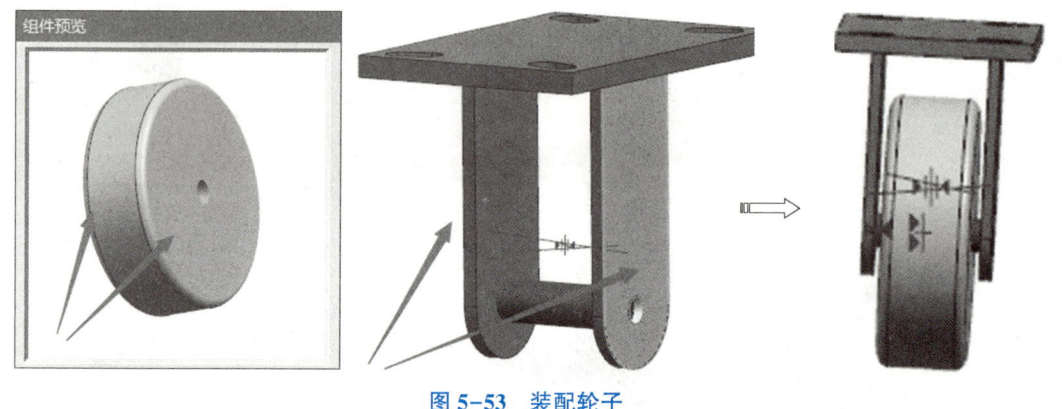

图5-53 装配轮子

5. 添加轮轴

在菜单栏里单击【装配】→【组件】→【添加组件】命令，或者在屏幕下方直接单击【添加组件】命令，弹出【添加组件】对话框。在【添加组件】对话框中单击"打开"图标，弹出【部件名】对话框，选择文件"lunzhou.prt"，单击【确定】按钮，此时会有【组件预览】对话框生成；【定位】选择"通过约束"，单击【确定】按钮，弹出【装配约束】对话框，如图5-54所示。

装配约束：在【装配约束】对话框里，【类型】选择"接触对齐"，【方位】选择"自动判断中心/轴"，捕捉到轮轴的中心线和轮子的中心线，如图5-55所示，单击【应用】按钮。

在【装配约束】对话框里，【类型】选择"中心"，【子类型】选择"2对2"，先捕捉

项目五 NX 装配与运动仿真项目式设计案例

到轮轴的两个端面，再捕捉到轮子的两个端面，如图 5-56 所示；单击【确定】按钮，轮轴装配完成，如图 5-57 所示；

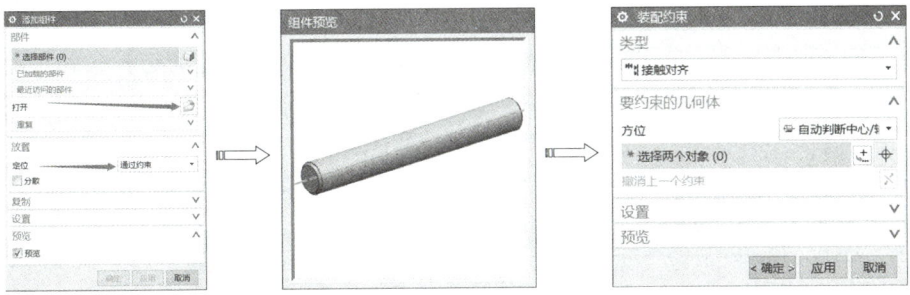

图 5-54 添加轮轴

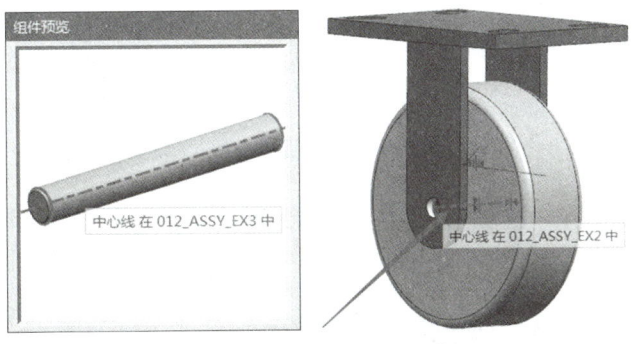

图 5-55 捕捉中心线

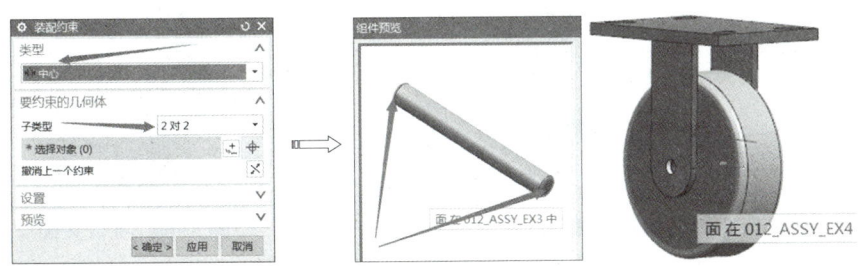

图 5-56 捕捉两端面

图 5-57 完成装配

161

6. 添加螺母

在菜单栏里单击【装配】→【组件】→【添加组件】命令 ，或者在屏幕下方直接单击【添加组件】命令，弹出【添加组件】对话框。在【添加组件】对话框中单击"打开"图标 ，弹出【部件名】对话框，选择文件"luomu.prt"，单击【确定】按钮，此时会有【组件预览】对话框生成。【定位】选择"通过约束"，单击【确定】按钮，弹出【装配约束】对话框，【类型】选择"接触对齐"，【方位】选择"自动判断中心/轴"，捕捉到螺母的中心轴线，再捕捉到轮子的中心轴线，如图5-58所示，单击【应用】按钮。

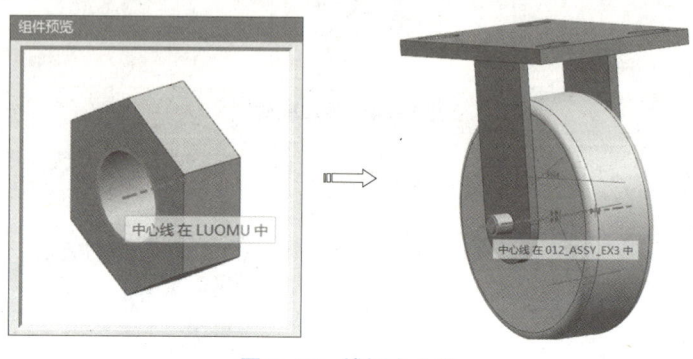

图 5-58 捕捉中心线

再次把【方位】选择"接触"，捕捉到螺母的端面和轮架支架的端面，如图5-59所示；单击【确定】按钮完成装配，如图5-60所示。

 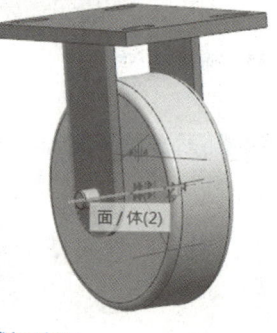 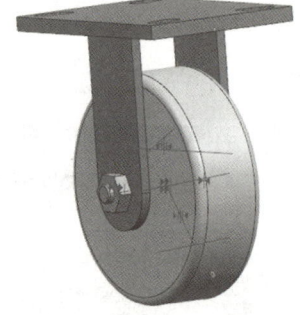

图 5-59 捕捉端面　　　　　　　　　　图 5-60 完成装配

轮架的另一端螺母用同样的方式进行装配约束，或者用【镜像组件】命令。最终装配结果如图5-61所示。

图 5-61 最终装配结果

上机习题

1. 如题图 5-1 所示创建装配体文件，要求装配约束完整准确，引用集设置为 Model，该引用集只包含实体。

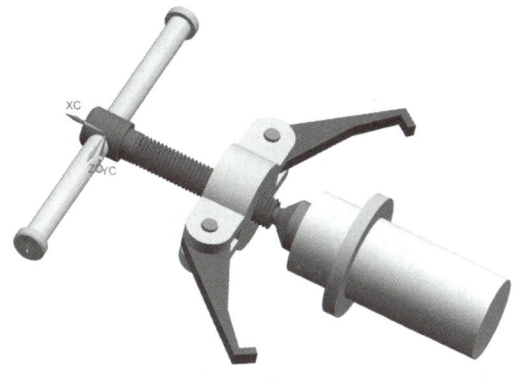

题图 5-1

2. 如题图 5-2 所示创建装配体文件，要求装配约束完整准确，引用集设置为 Model，该引用集只包含实体。

题图 5-2

3. 如题图 5-3 所示创建装配体文件，要求装配约束完整准确。

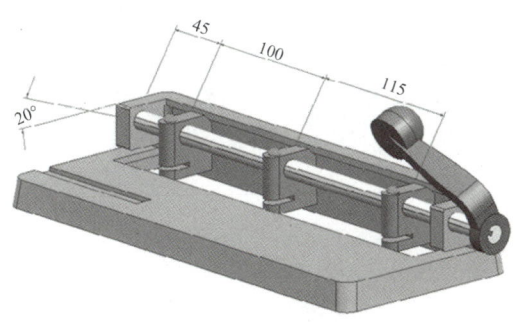

题图 5-3

4. 如题图 5-4 所示创建装配体文件，要求装配约束完整准确。

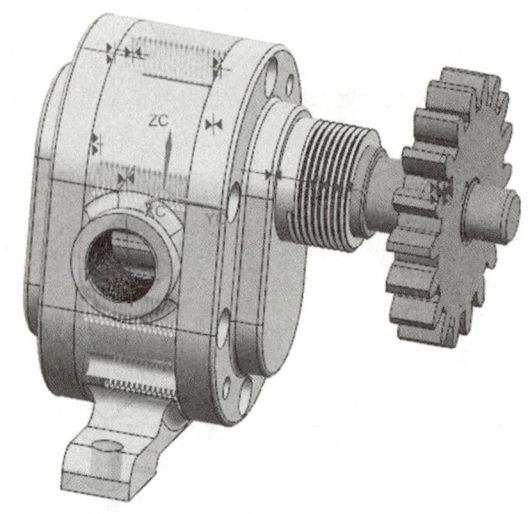

题图 5-4

5. 如题图 5-5 所示创建运动仿真，要求旋转速度为 30 °/s。

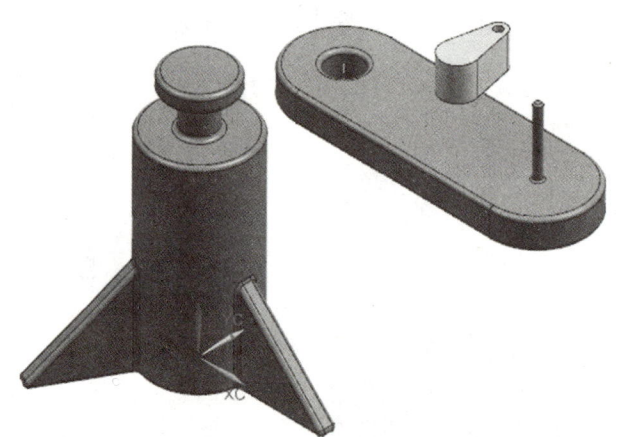

题图 5-5　悬臂运动仿真

项目六

NX 工程图项目式设计案例

使用 NX 工程图模块可方便、高效地创建三维零件的二维图纸，且生成的工程图与模型相关，当模型修改时工程图自动更新。工程图是设计人员与生产人员交流的工具，因此掌握工程图是设计的必然要求。希望通过本项目的学习，使读者轻松掌握零件工程图的基本应用。

任务 6.1　NX 工程图认知

NX 的工程制图模块可以利用 NX 的建模模块所创建的三维模型直接生成二维工程图，并且所生成的视图与三维模型相互关联，即三维模型修改，二维工程图也会相应更新。该制图模块生成二维视图后，可以对视图进行编辑、标注尺寸、添加注释以及表格设计，极大地提高了设计效率。

6.1.1　NX 工程图简介

在 NX 建模模块中建立的实体模型，可以引用到工程图模块中进行投影从而快速自动地

生成平面工程图。由于建立的平面工程图是由三维实体模型投影得到的,因此,所生成的平面工程图具有以下特点:

(1) 平面工程图与三维实体模型完全相关,实体模型的尺寸、形状以及位置的任何改变都会引起平面工程图的相应更新,更新过程可由用户控制。

(2) 对于任何一个三维模型,可以根据不同的需要,使用不同的投影方法、不同的图幅尺寸,以及不同的视图比例建立模型视图、局部放大视图、剖视图等各种视图;各种视图能够自动对齐;完全相关的各种剖视图能自动生成剖面线并控制隐藏线的显示。

(3) 可以半自动对平面工程图进行各种标注,且标注对象与基于它们所创建的视图对象相关;当模型变化或视图对象变化时,各种相关的标注都会自动更新。

(4) 可以在平面工程图中加入文字说明、标题栏、明细栏等注释,系统提供了多种绘图模板,也可以自定义模板,使标注参数的设置更容易、方便和有效。

6.1.2 NX 工程图界面

当启动 NX 12.0 之后,单击【应用模块】选项卡的【制图】选项,系统便进入 NX 制图操作界面,如图 6-1 所示。

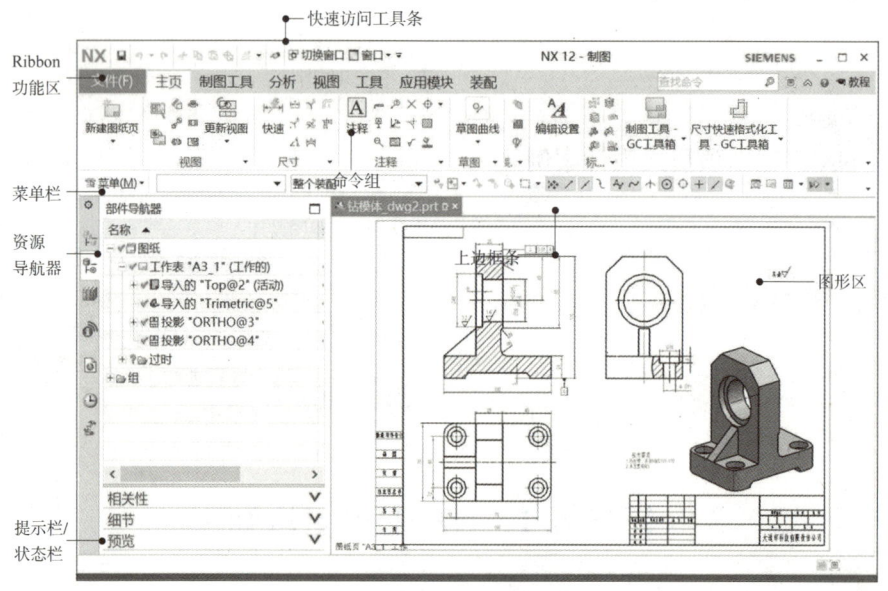

图 6-1 制图操作界面

6.1.3 工程视图

在工程图中,视图一般使用二维图形表示零件的形状信息,而且它也是尺寸标注、符号标注的载体,由不同方向投影得到的多个视图可以清晰完整地表示零件信息。

NX 基本视图相关命令集中在下拉菜单【插入】|【视图】下,视图类型如表 6-1 所示。

表6-1 视图类型

类型	说明
基本视图	基本视图一般用于生成第一个视图,它是指部件模型的各种向视图和轴测图
投影视图	投影视图又称为向视图,是沿着一个方向观察实体模型而得到的投影视图
局部放大视图	放大来表达视图的细小结构,局部放大视图应尽可能放置在被放大视图附近
断开视图	对于细长的杆类零件或其他细长零件,按比例显示全部会因比例太小而无法表达清楚,可采用断开视图将中间完全相同的部分裁剪掉
轴测图	轴测图是一种单面投影图,在一个投影面上能同时反映出物体三个坐标面的形状,并接近于人们的视觉习惯,形象、逼真、富有立体感
剖视图	NX 将前期版本中的简单剖视图、半剖视图、旋转剖视图等命令统一集中在【剖视图】命令中
局部剖	在工程中经常需要将视图的一部分剖开,以显示其内部结构,即建立局部剖视图

6.1.4 注释

为了能够更加清楚地区分轴、孔、螺纹孔等部件,往往需要对其添加中心线或轴线,这些就是所谓中心线符号。添加中心线符号只能在工程绘图窗口中看见,而不会影响实体的构型。NX 工程图中心线命令可选择下拉菜单【插入】|【中心线】,中心线类型如表6-2所示。

表6-2 中心线类型

类型	说明
中心标记	中心标记可创建通过点或圆弧的中心标记
螺栓圆中心线	使用螺栓圆中心线创建通过点或圆弧的完整或不完整螺栓圆,选择时通常以逆时针方向选择圆弧,螺栓圆的半径始终等于从螺栓圆中心到选择的第一个点的距离
圆形中心线	使用圆形中心线可创建通过点或圆弧的完整或不完整圆形中心线,圆形中心线符号是通过以逆时针方向选择圆弧来定义的
对称中心线	使用对称中心线命令可以在图纸上创建对称中心线,以指明几何体中的对称位置,节省必须绘制对称几何体另一半的时间
2D 中心线	使用曲线、控制点来限制中心线的长度,从而创建 2D 中心线
3D 中心线	用于在扫描面或分析面,例如圆柱面、锥面、直纹面、拉伸面、回转面、环面和扫掠类型面等上创建 3D 中心线
自动中心线	自动中心线命令可自动在任何现有的视图(孔或销轴与制图视图的平面垂直或平行)中创建中心线。自动中心线将在共轴孔之间绘制一条中心线

任务 6.2 泵盖零件工程图设计（非主模型）

6.2.1 任务分析

本任务需要完成泵盖零件的工程图设计，如图 6-2 所示。

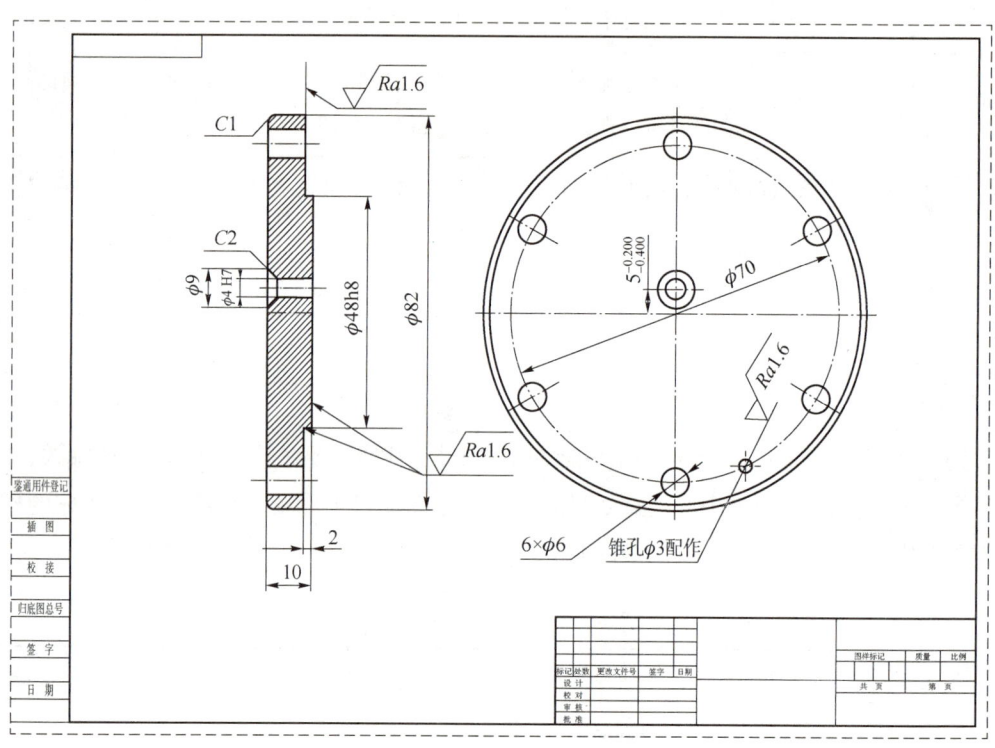

图 6-2 泵盖工程图

6.2.2 相关知识

1. 结构分析

由于盘盖类零件大多是回转体，还经常带有各种形状的凸缘、均布的圆孔和肋等局部结构，所以仅采用一个主视图还不能完整地表达零件，此时要增加其他视图，如左视图。在标注盘盖类零件的尺寸时，通常选用通过轴孔的轴线作为径向尺寸基准长度方向，尺寸基准常选用重要的端面。

2. 绘制步骤

本例零件工程图的绘制步骤为：创建图纸→设置制图首选项→创建工程视图→标注尺寸和公差→标注表面粗糙度等。

6.2.3 任务实施

1. 打开模型文件

启动 NX 后,单击【主页】选项卡的【打开】按钮,弹出【打开部件文件】对话框,选择"泵盖.prt",单击【OK】按钮,文件打开后如图 6-3 所示。

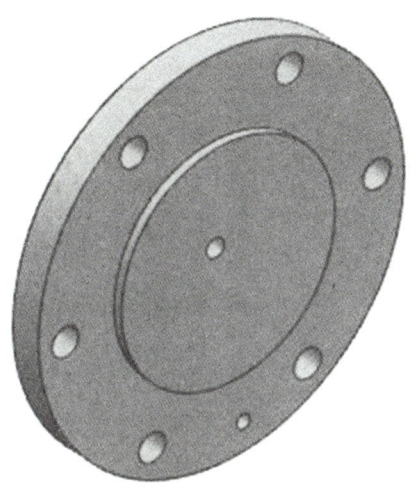

图 6-3 打开模型零件

2. 创建图纸页

(1)选择【应用模块】选项卡上的【制图】按钮,进入到制图模块,单击【主页】选项卡上的【新建图纸页】按钮,弹出【工作表】对话框,选择"A3-无视图"模板,单击【确定】按钮进入制图环境,创建空白图纸,如图 6-4 所示。

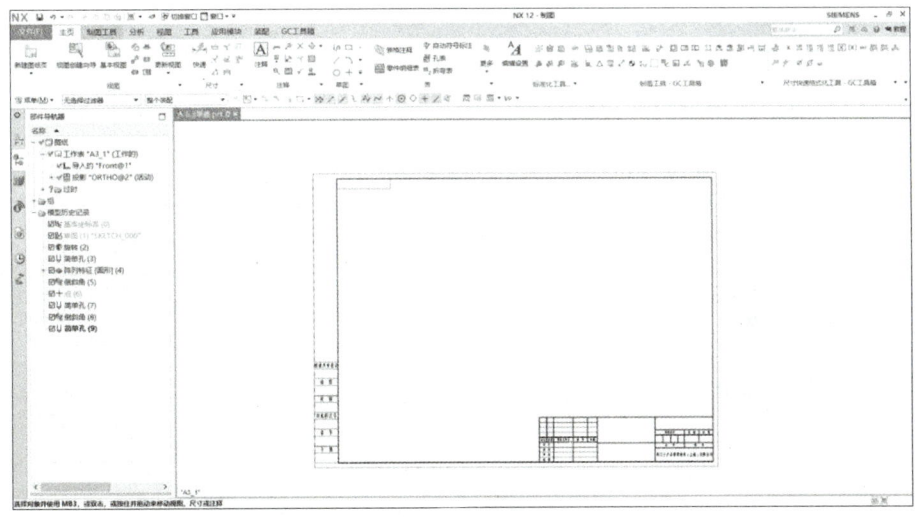

图 6-4 创建图纸页

（2）单击【视图创建向导】对话框中的【取消】按钮，并将 170 号图层设置为"仅可见"。

3．设置制图首选项

（1）选择下拉菜单【首选项】|【制图】命令，在左侧列表中选择【常规/设置】|【常规】选项，设置【标准】为 GB 格式，如图 6-5 所示。

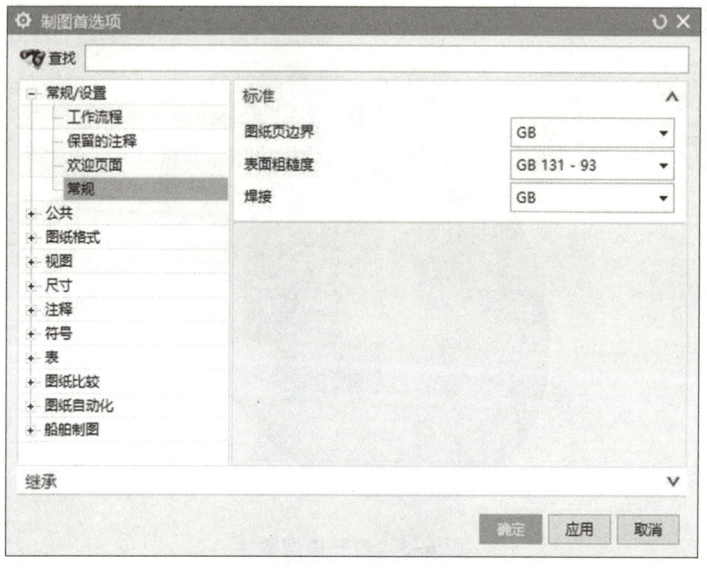

图 6-5　【常规】选项卡

（2）在左侧列表中选择【公共】|【文字】选项，设置【文字参数】为"ChangFangSong"，如图 6-6 所示。

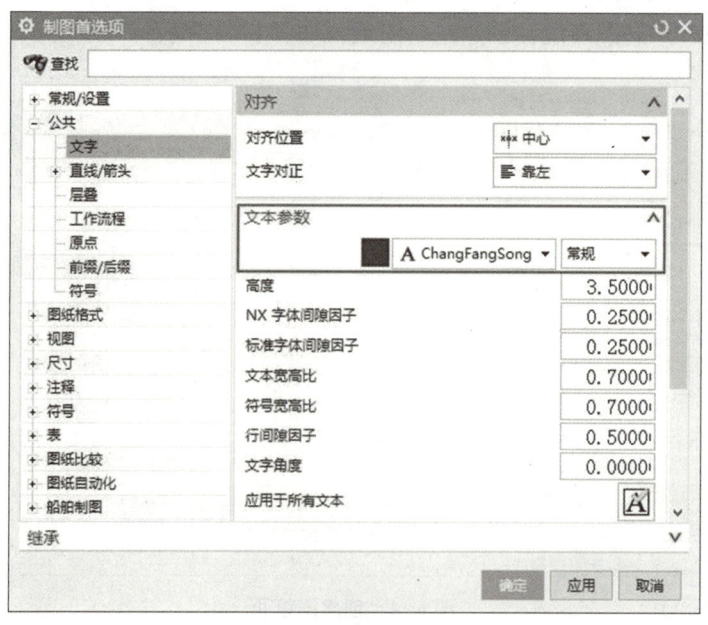

图 6-6　【文字】选项卡

（3）选择下拉菜单【首选项】|【制图】命令，在左侧列表中选择【公共】|【直线/箭头】|【箭头】选项，设置箭头形式、线宽和尺寸，如图6-7所示。

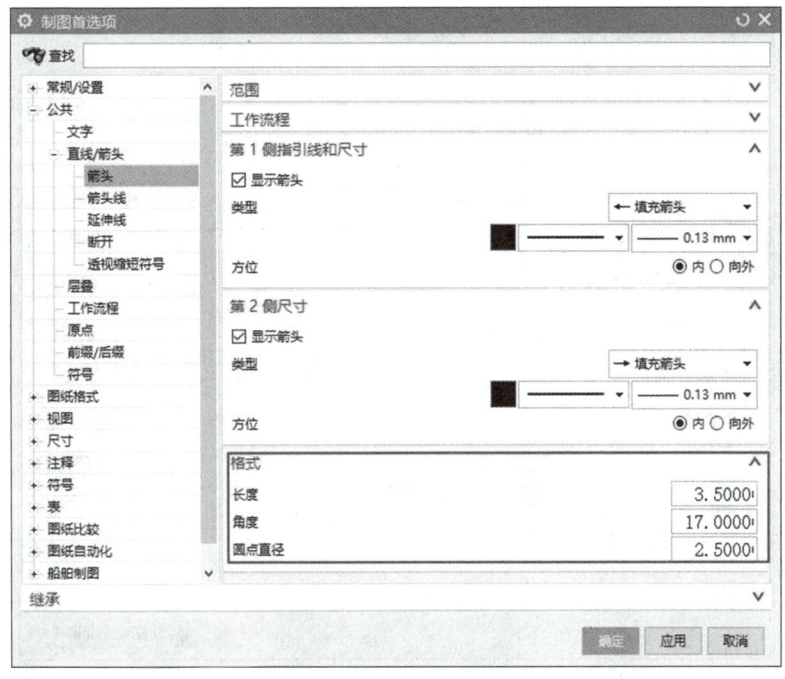

图6-7 设置箭头选项

（4）在左侧列表中选择【公共】|【直线/箭头】|【箭头线】选项，设置箭头线选项，如图6-8所示。

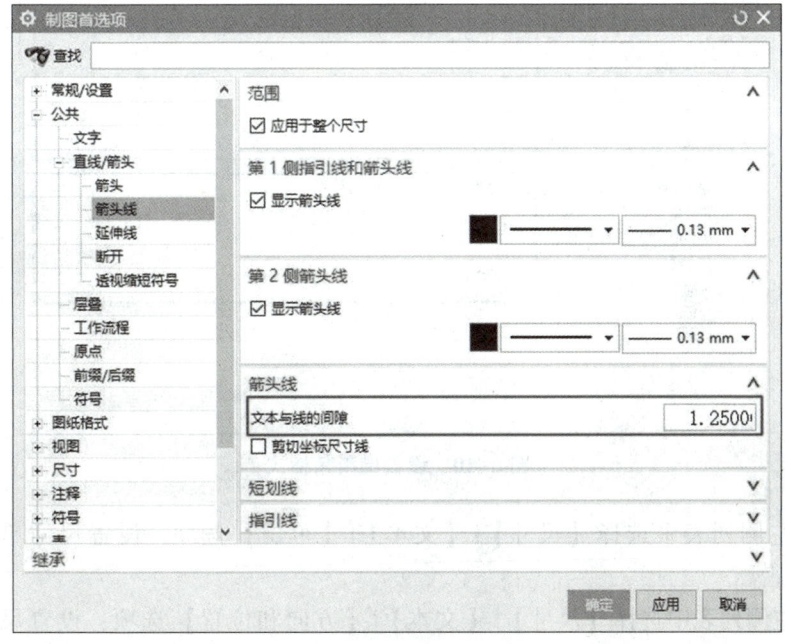

图6-8 设置箭头线选项

(5) 在左侧列表中选择【公共】|【直线/箭头】|【延伸线】选项,设置延伸线选项,如图6-9所示。

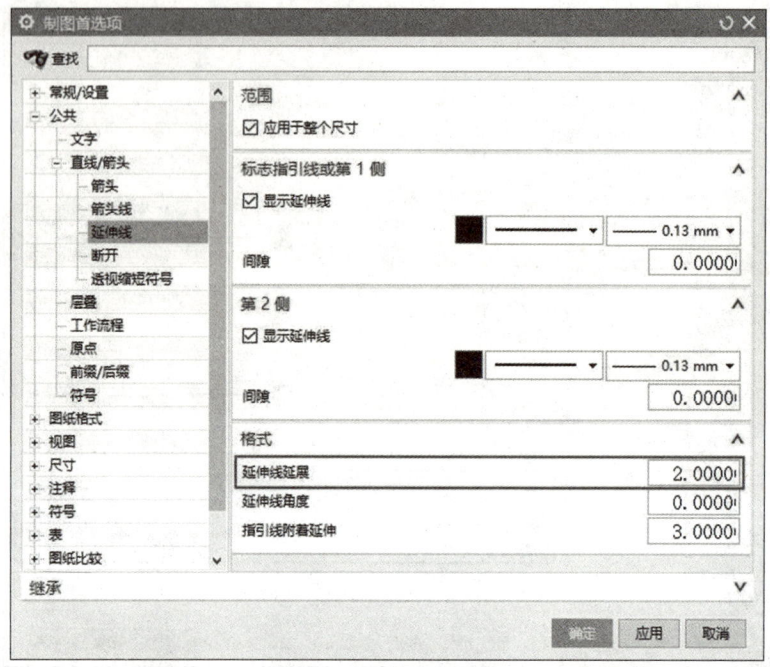

图6-9 设置延伸线选项

(6) 在左侧列表中选择【尺寸】|【倒斜角】选项,设置倒斜角格式,如图6-10所示。

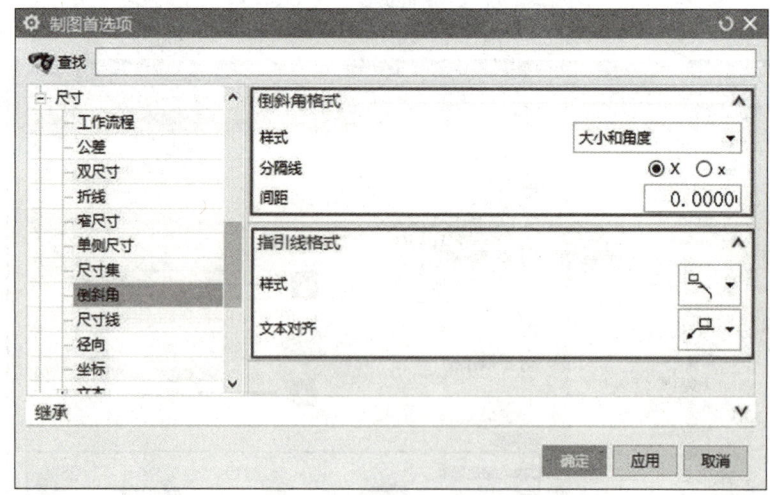

图6-10 设置倒斜角格式

(7) 在左侧列表中选择【尺寸】|【文本】|【单位】选项,设置尺寸单位选项,如图6-11所示。

(8) 在左侧列表中选择【尺寸】|【文本】|【方向和位置】选项,设置尺寸方向和位置,如图6-12所示。

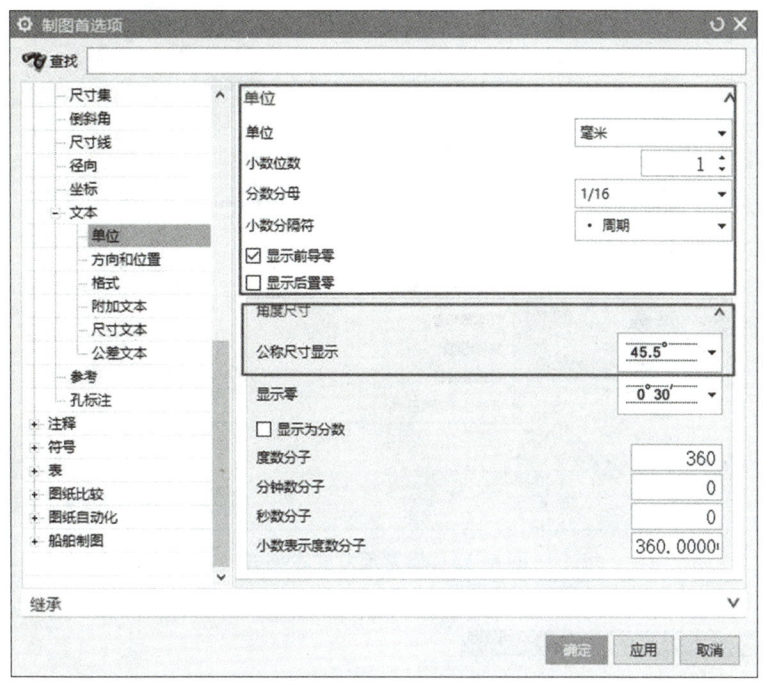

图 6-11 设置尺寸单位选项

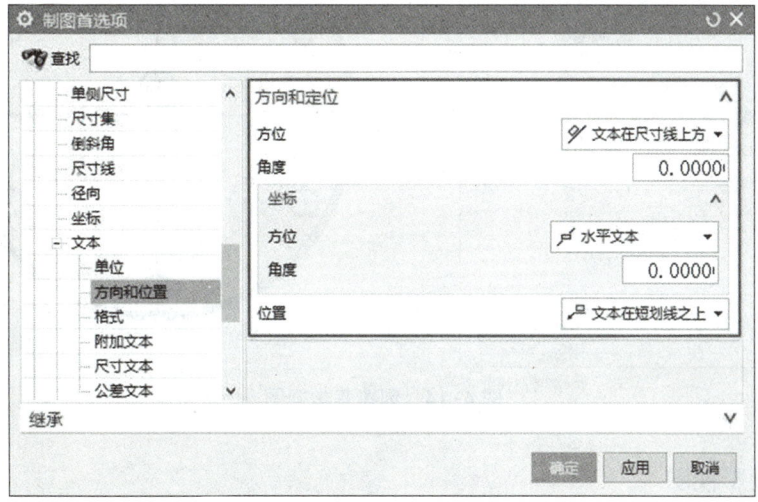

图 6-12 设置尺寸方向和位置

（9）在左侧列表中选择【尺寸】|【文本】|【尺寸文本】选项，设置尺寸文本格式为"Times New Roman"，如图 6-13 所示。

4. 创建主视图

在【主页】工具栏单击【视图】组的【基本视图】按钮 ，弹出【基本视图】对话框，【要使用的模型视图】为"前视图"，【比例】为"2∶1"，移动鼠标指针在适当位置处单击放置视图，如图 6-14 所示。

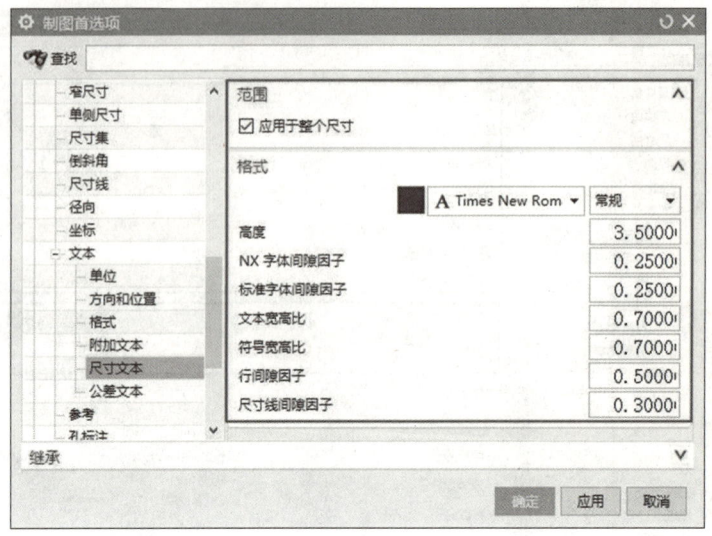

图 6-13　设置尺寸文本格式

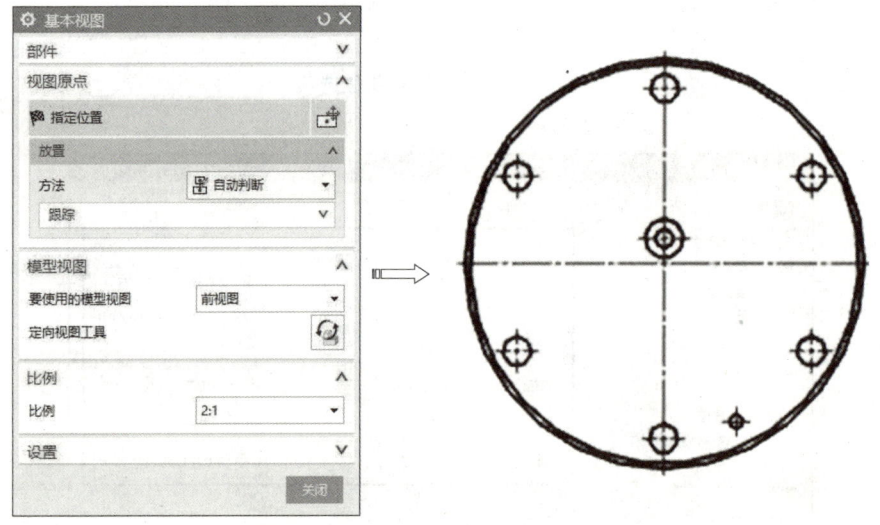

图 6-14　创建基本视图

5. 创建投影视图

系统自动弹出【投影视图】对话框，并自动选择图纸中唯一视图为父视图，在父视图中会显示铰链线和对齐箭头矢量符号，垂直向上拖动鼠标，在合适位置单击放置视图，如图 6-15 所示。单击 Esc 键完成操作。

6. 创建全剖视图

（1）绘制局部剖曲线。选择要进行局部剖的视图边界，并单击鼠标右键弹出快捷菜单，选择【快捷菜单】下的【活动草图视图】命令，转换为活动草图。选择下拉菜单【插入】|【草图曲线】|【艺术样条】命令，弹出【艺术样条】对话框，选择【类型】为"通过点"，绘制如图 6-16 所示的封闭曲线。

项目六　NX 工程图项目式设计案例

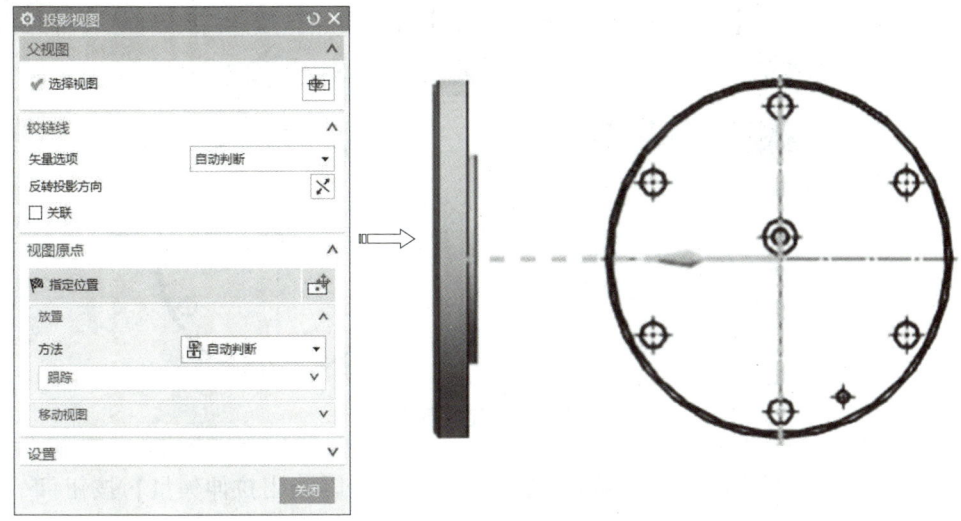

图 6-15　创建投影视图

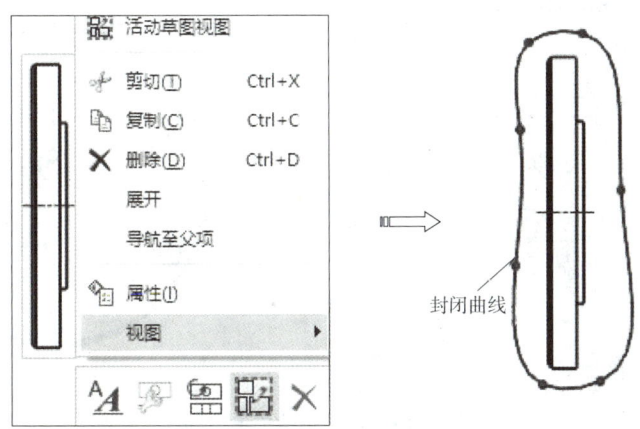

图 6-16　绘制局部剖曲线

（2）选择视图。单击【主页】选项卡【视图】组中的【局部剖】按钮，弹出【局部剖】对话框，在列表中选择 ORTHO@2 视图，也可在图形区单击选择视图，如图 6-17 所示。

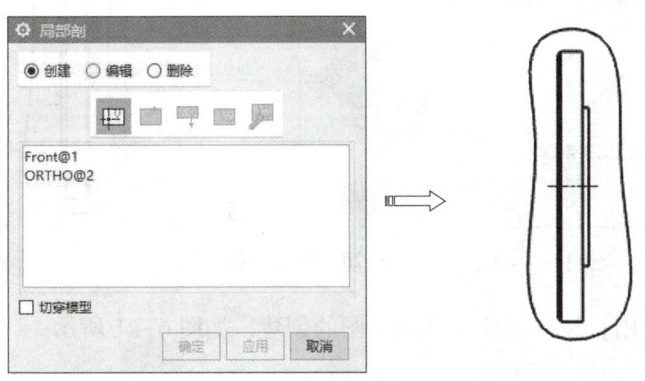

图 6-17　选择视图

175

(3) 定义基点。在【局部剖】对话框中单击【指出基点】按钮，确认【捕捉方式】工具条上的⊙按钮按下，选择如图 6-18 所示的圆心。

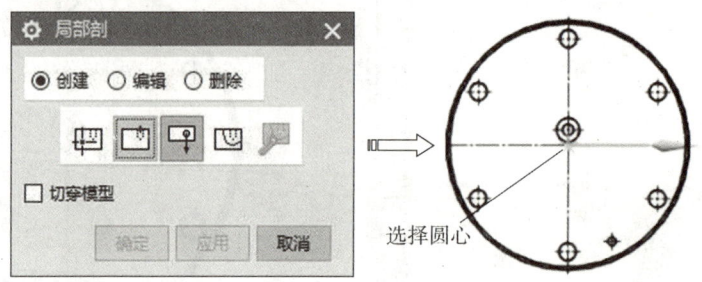

图 6-18　定义基点

(4) 定义拉伸矢量方向。在【局部剖】对话框中单击【指出拉伸矢量】按钮，接收系统默认拉伸方向，如图 6-19 所示。

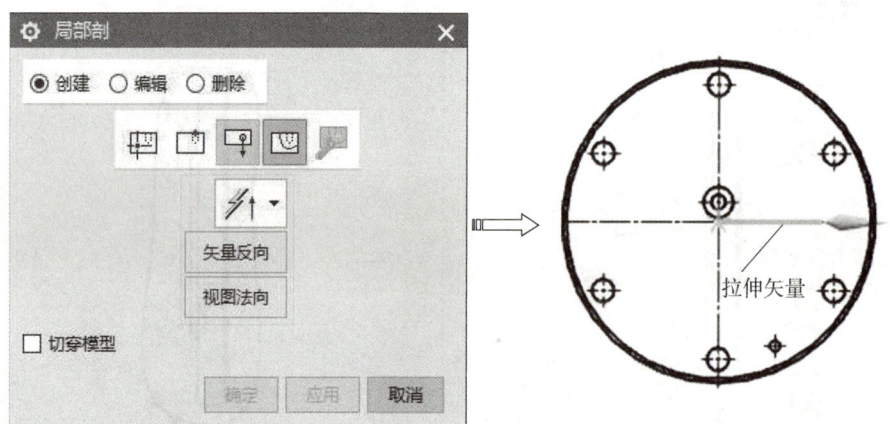

图 6-19　定义拉伸矢量方向

(5) 选择曲线。在【局部剖】对话框中单击【选择曲线】按钮，选择前面绘制的样条曲线作为剖切曲线，如图 6-20 所示。

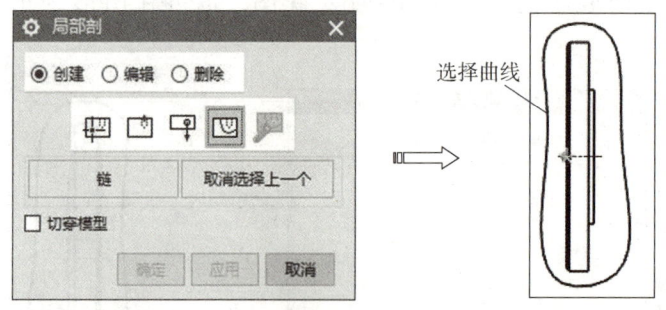

图 6-20　选择曲线

(6) 单击【应用】按钮完成局部剖视图的创建，如图 6-21 所示。

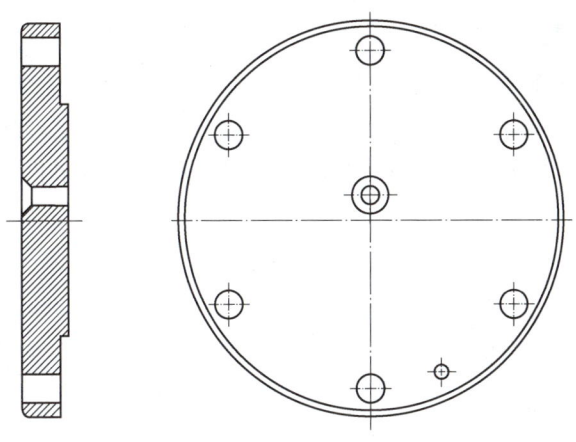

图 6-21 创建局部剖视图

7. 标注中心标记

（1）单击【主页】选项卡【注释】组中的【2D 中心线】按钮，弹出【2D 中心线】对话框，在图形区选择图 6-22 所示的线，单击【确定】按钮依次创建 2D 中心线，如图 6-22 所示。

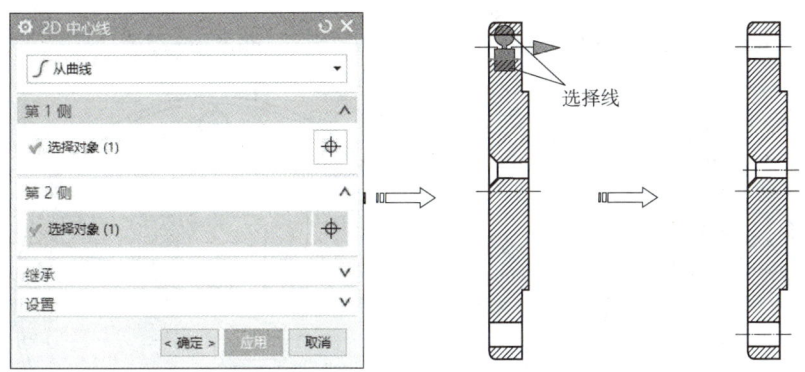

图 6-22 创建 2D 中心线

（2）单击【主页】选项卡【注释】组中的【螺栓圆】按钮，弹出【螺栓圆中心线】对话框，【类型】选择为"通过 3 个点或多个点"，在图形区依次选择如图 6-23 所示的圆，单击【确定】按钮完成中心线。

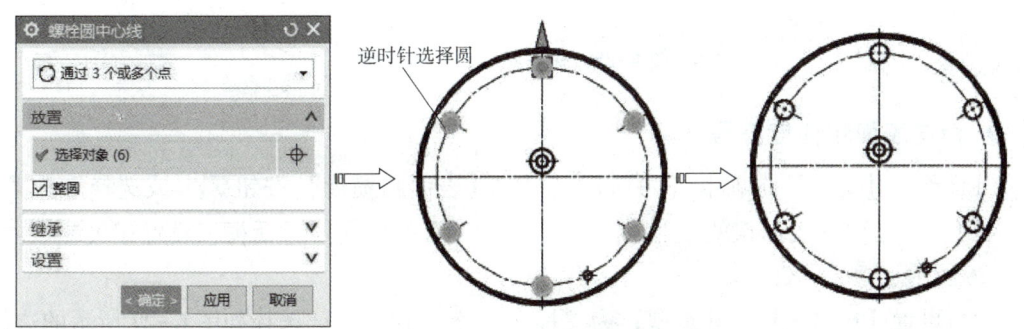

图 6-23 创建螺栓圆中心线

8. 标注尺寸和公差

（1）在【主页】选项卡单击【尺寸】组的【线性尺寸】按钮，弹出【线性尺寸】对话框，【方法】选择"圆柱式"，在图纸上依次选择点，在屏幕控件中选择公差方式和大小，移动鼠标到合适位置放置尺寸，如图 6-24 所示，单击【关闭】按钮完成。

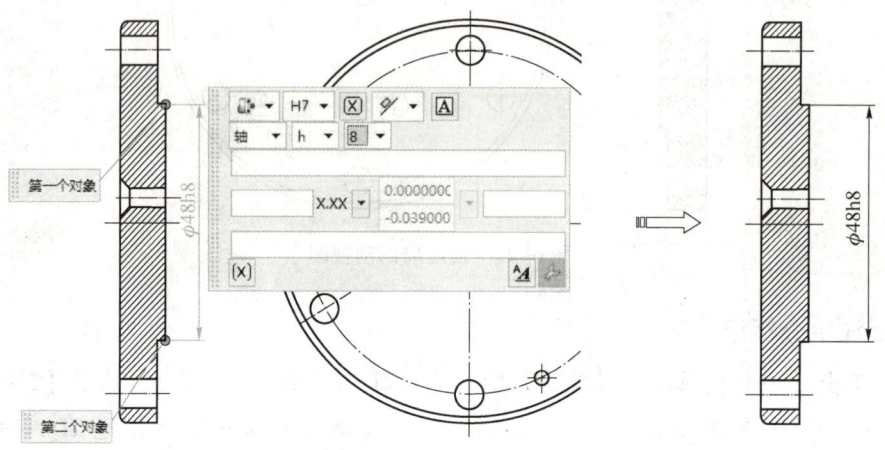

图 6-24 标注尺寸和公差

（2）重复上述尺寸标注过程，标注其余尺寸和公差，如图 6-25 所示。

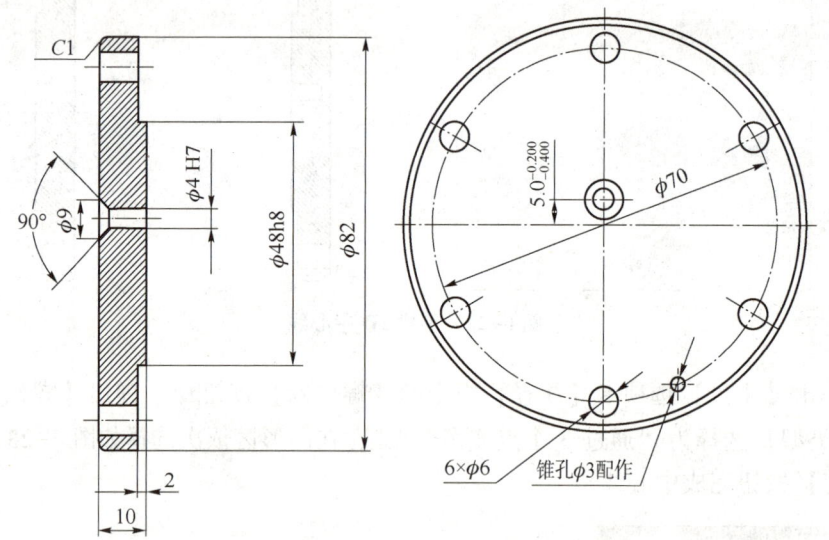

图 6-25 标注其余尺寸和公差

9. 标注表面粗糙度符号

（1）单击【主页】选项卡【注释】组中的【表面粗糙度】按钮 √，或选择下拉菜单【插入】|【注释】|【表面粗糙度】命令，弹出【表面粗糙度】对话框，设置相关参数，如图 6-26 所示。

（2）设置【指引线】的【类型】为"标态"，在图形区选择如图 6-27 所示的边线，

项目六　NX 工程图项目式设计案例

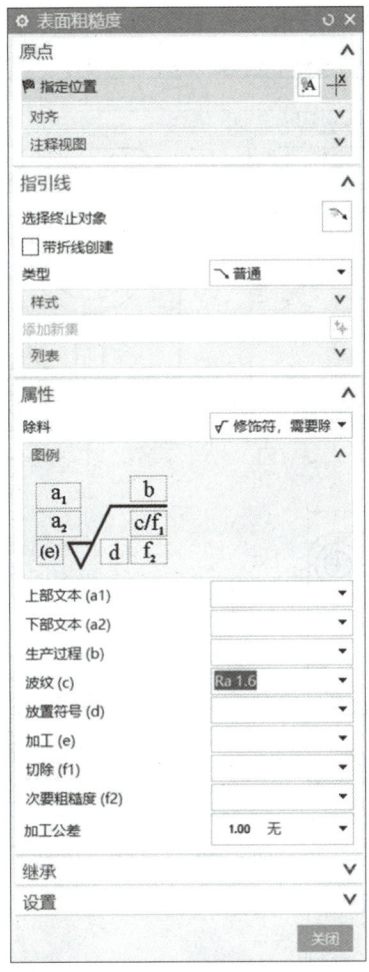

图 6-26　【表面粗糙度】对话框

然后单击表面边并拖动以放置粗糙度符号。重复上述粗糙度创建步骤，标注其余表面粗糙度。

图 6-27　标注表面粗糙度

（3）选择下拉菜单【文件】|【保存】命令，选择合适保存路径和文件名后，单击【保存】按钮即可保存文件。

任务 6.3　钻模体零件工程图设计（非主模型）

6.3.1　任务分析

本任务需要完成钻模体零件的工程图设计，如图 6-28 所示。钻模体属于叉架类零件，叉架类零件包括叉杆和支架，一般有杠杆、拨叉、连杆、支座等零件，本节通过完成钻模体零件的工程图绘制，掌握叉架类零件的工程图绘制方法。

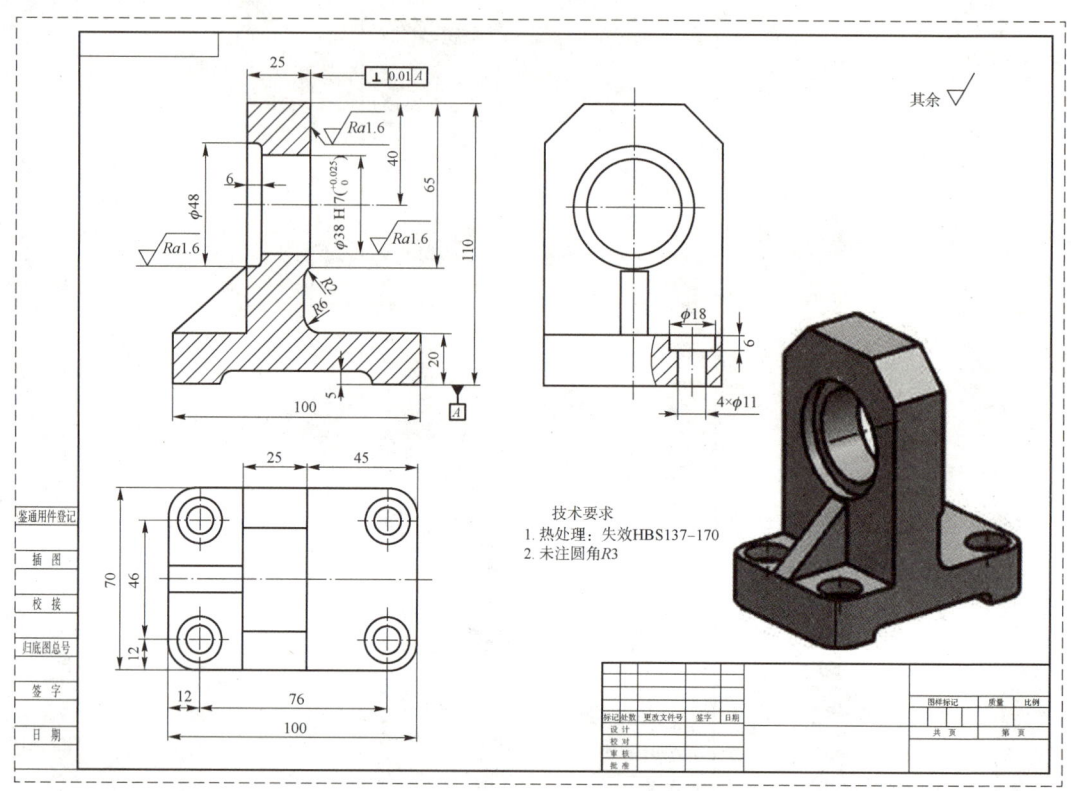

图 6-28　钻模体

6.3.2　相关知识

1. 结构分析

叉架类零件的加工位置较难区别主次，因此，主视图一般按工作位置放置，当工作位置倾斜或不固定时，可将主视图摆正，按自然安放位置，主视图的投射方向主要考虑其形状特征。

2. 绘制步骤

本例零件工程图的绘制步骤为：创建图纸→设置制图首选项→创建工程视图→标注尺寸和公差→标注表面粗糙度→标注基准特征和形位公差→标注文本等。

6.3.3　任务实施

1. 打开模型文件

启动 NX 后，单击【主页】选项卡的【打开】按钮，弹出【打开部件文件】对话框，选择"钻模体.prt"，单击【OK】按钮，文件打开后如图 6-29 所示。

2. 创建图纸页

（1）选择【应用模块】选项卡的【制图】按钮，进入制图模块，单击【主页】选项卡的【新建图纸页】按钮，弹出【工作表】对话框，选择"A3-无视图"模板，单击【确

项目六 NX 工程图项目式设计案例

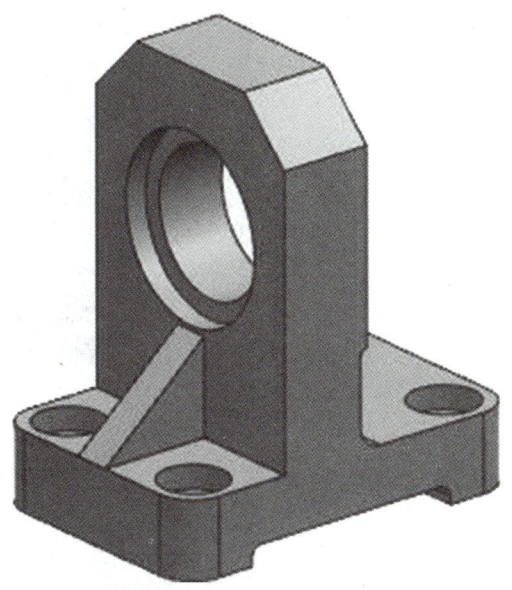

图 6-29 打开模型零件

定】按钮进入制图环境，创建空白图纸，如图 6-30 所示。

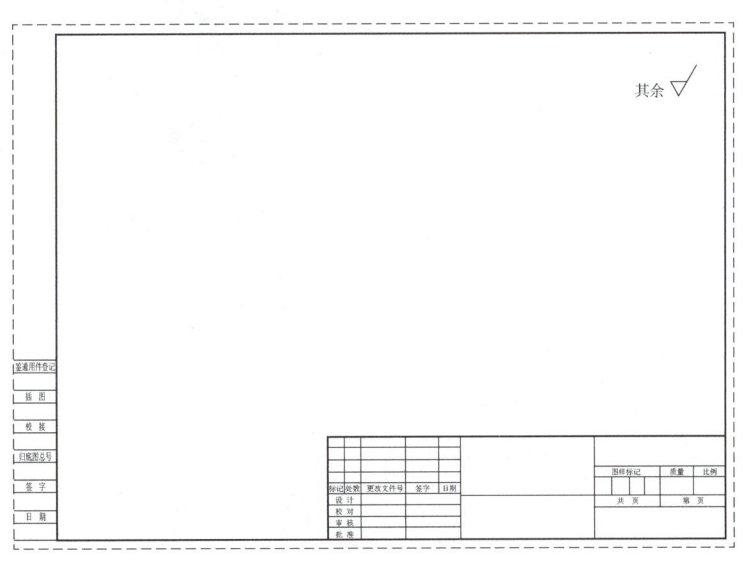

图 6-30 创建图纸页

（2）单击【视图创建向导】对话框中的【取消】按钮，并将 170 号图层设置为"仅可见"。

3. 创建基本视图

（1）在【主页】工具栏单击【视图】组的【基本视图】按钮，或选择下拉菜单【插入】|【视图】|【基本视图】命令，弹出【基本视图】对话框，图形区显示模型预览效果，如图 6-31 所示。

（2）在【模型视图】选项中单击【定向视图工具】命令图标，弹出【定向视图工

181

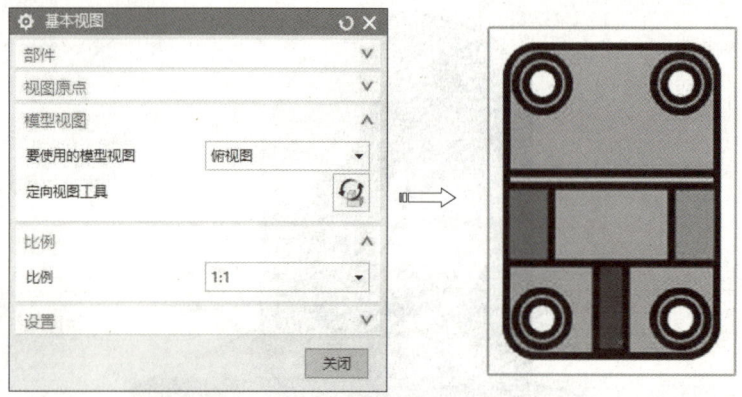

图 6-31　基本视图预览

具】对话框和【定向视图】观察窗口，根据所需的投影方向，分别选择法向方向和 X 向方向，如图 6-32 所示。

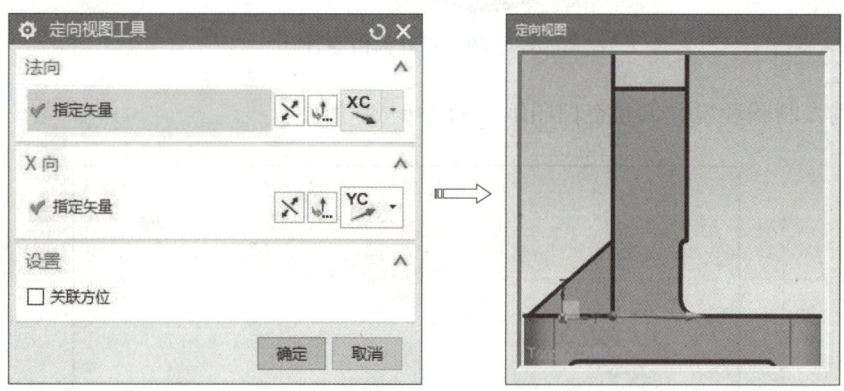

图 6-32　定向视图

（3）移动鼠标指针在适当位置处单击放置基本视图，如图 6-33 所示。在弹出的【基本视图】对话框中单击【关闭】按钮。

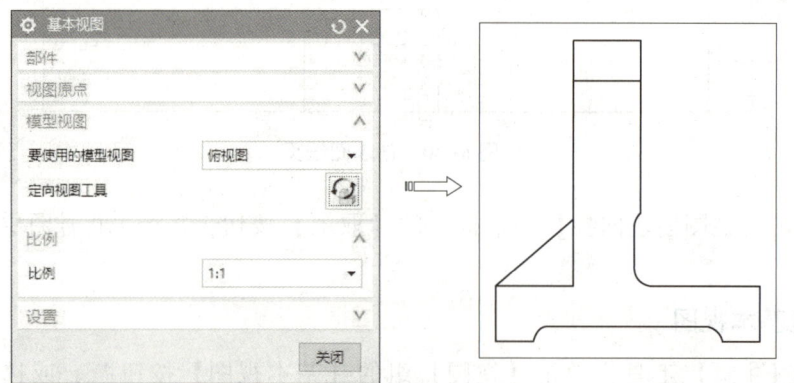

图 6-33　创建基本视图

（4）在【主页】工具栏单击【视图】组的【基本视图】按钮，弹出【基本视图】

对话框,选择"正三轴测图",如图 6-34 所示。

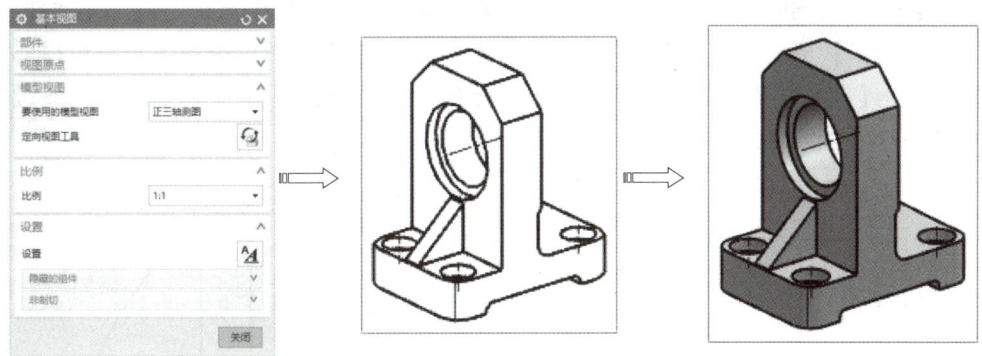

图 6-34　创建正三轴测图

4. 创建投影视图

(1) 在【主页】工具栏单击【视图】组的【投影视图】按钮,弹出【投影视图】对话框,并自动选择图纸中唯一视图为父视图,在父视图中会显示铰链线和对齐箭头矢量符号,水平拖动鼠标,在合适位置单击来放置左视图,如图 6-35 所示。

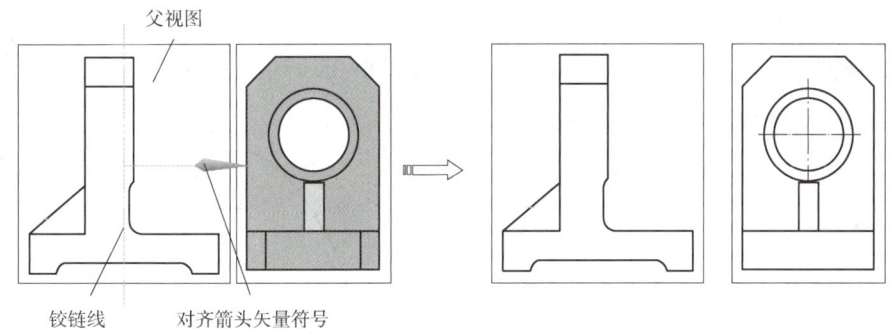

图 6-35　创建投影视图

(2) 再次竖直拖动鼠标,在父视图中会显示铰链线和对齐箭头矢量符号,在合适位置单击放置俯视图,如图 6-36 所示。单击 Esc 键完成操作。

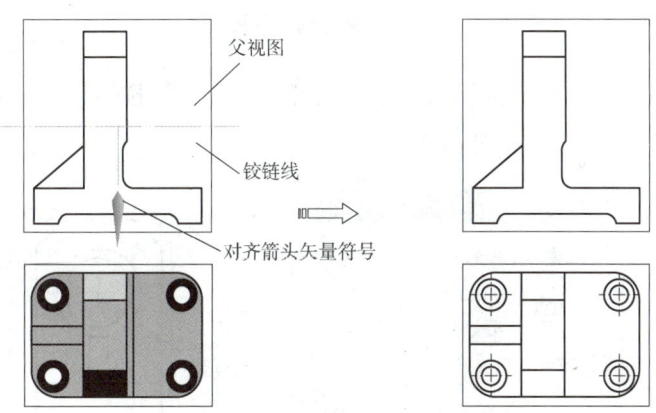

图 6-36　创建投影视图

5. 创建局部剖视图

（1）绘制局部剖曲线。选择要进行局部剖的视图边界，并单击鼠标右键弹出快捷菜单，选择【快捷菜单】下的【活动草图视图】命令，转换为活动草图。选择下拉菜单【插入】|【草图曲线】|【艺术样条】命令，弹出【艺术样条】对话框，选择【类型】为"通过点"，绘制如图 6-37 所示的封闭草图样条。

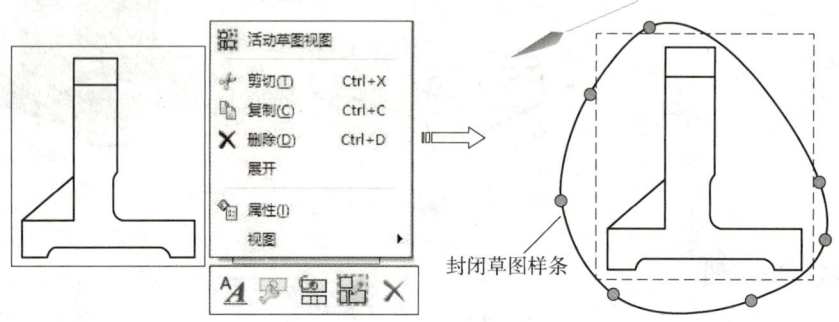

图 6-37　绘制局部剖曲线

（2）选择视图。单击【主页】选项卡【视图】组中的【局部剖】按钮，或选择下拉菜单【插入】|【视图】|【截面】|【局部剖】命令，弹出【局部剖】对话框，在列表中选择 Top@2 视图，也可在图形区单击选择视图，如图 6-38 所示。

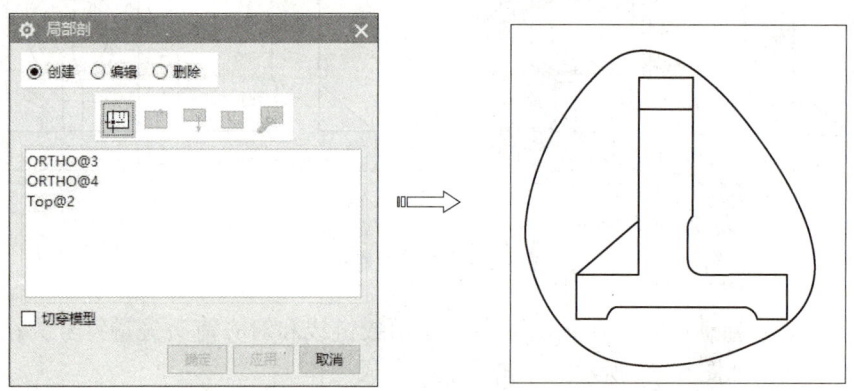

图 6-38　选择视图

（3）定义基点。在【局部剖】对话框单击【指出基点】按钮，确认【捕捉方式】工具条上的按钮按下，选择如图 6-39 所示的圆心。

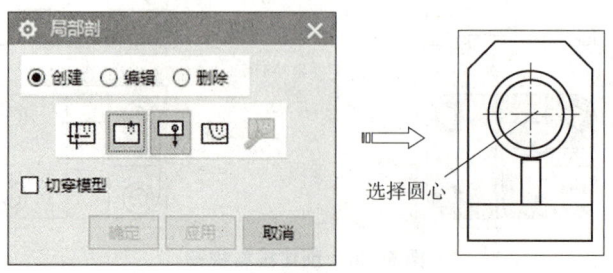

图 6-39　选择基点

(4)定义拉伸矢量方向。在【局部剖】对话框单击【指出拉伸矢量】按钮，接收系统默认拉伸方向，如图 6-40 所示。

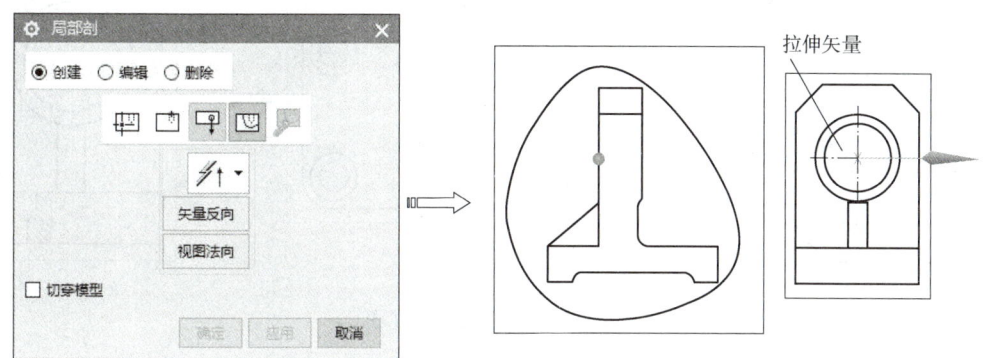

图 6-40　定义拉伸矢量方向

(5)选择曲线。在【局部剖】对话框单击【选择曲线】按钮，选择前面绘制的样条曲线作为剖切曲线，如图 6-41 所示。

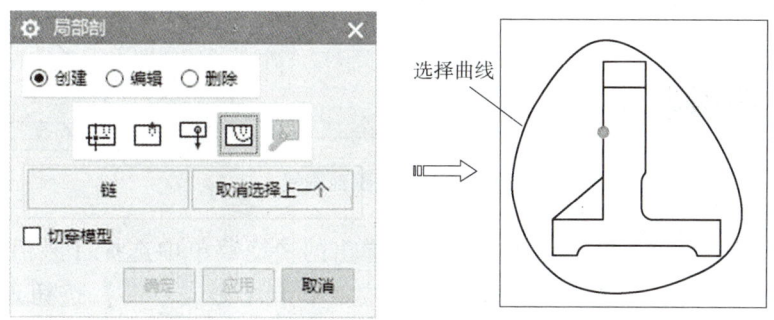

图 6-41　选择曲线

(6)单击【应用】按钮完成局部剖视图的创建及拉伸矢量方向，如图 6-42 所示。

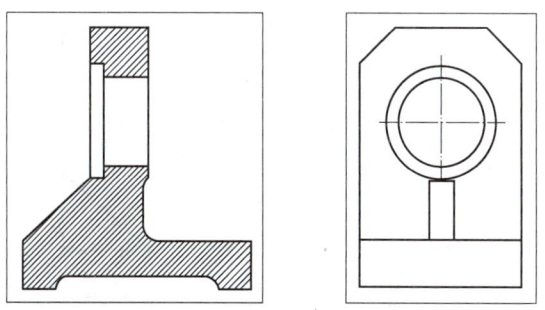

图 6-42　创建局部剖视图

(7)重复上述创建局部剖视图的过程，创建另一个局部剖视图，如图 6-43 所示。

6. 工程图中的草图绘制

(1)选中主视图，单击【主页】选项卡的【编辑设置】按钮，弹出【设置】对话框，取消【创建剖面线】复选框，单击【确定】按钮完成，如图 6-44 所示。

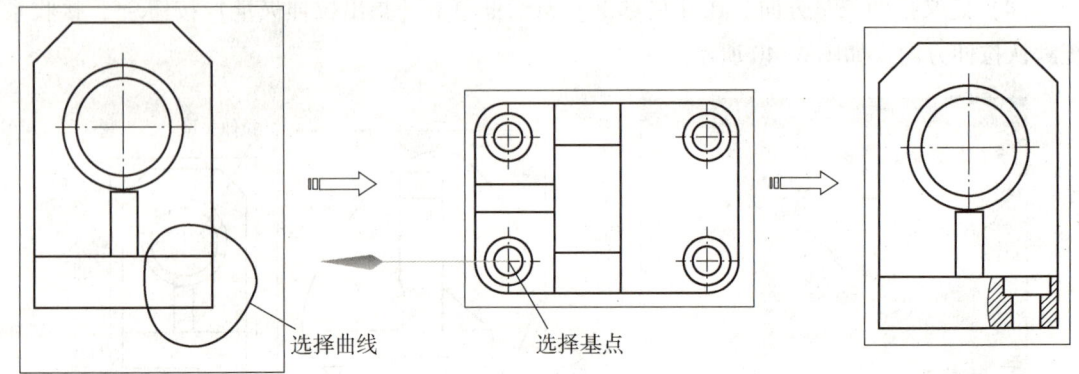

图 6-43 创建局部剖视图

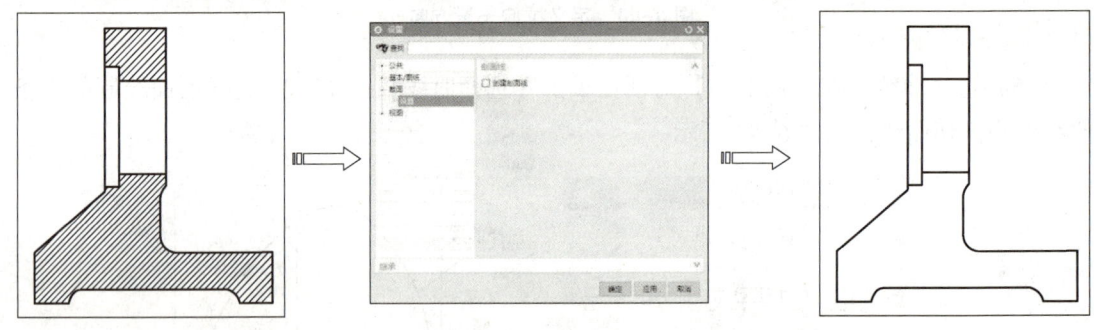

图 6-44 隐藏剖面线

（2）选择视图边界，单击鼠标右键，在弹出的快捷菜单中选择【激活草图】命令，利用草图绘制工具绘制如图 6-45 所示的直线。单击【完成草图】按钮退出草图绘制状态。

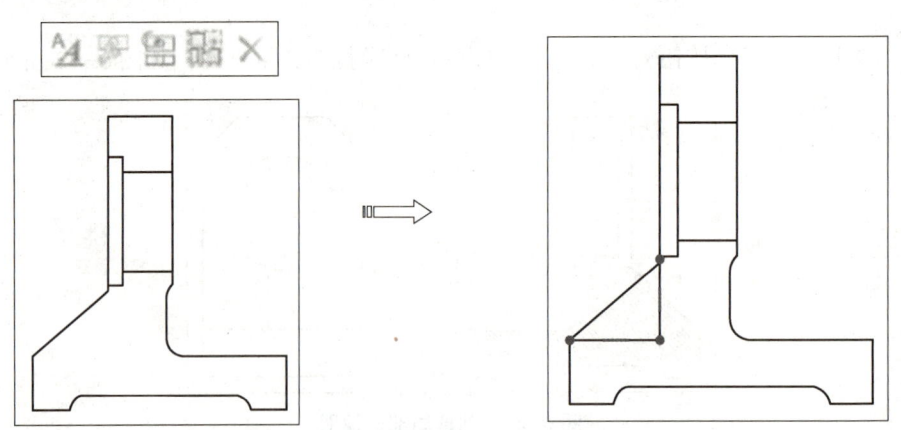

图 6-45 绘制草图直线

（3）单击【注释】工具栏的【剖面线】按钮，或选择下拉菜单【插入】|【注释】|【剖面线】命令，弹出【剖面线】对话框，【选择模式】为"区域中的点"，依次选择如图 6-46 所示的两点。

项目六　NX 工程图项目式设计案例

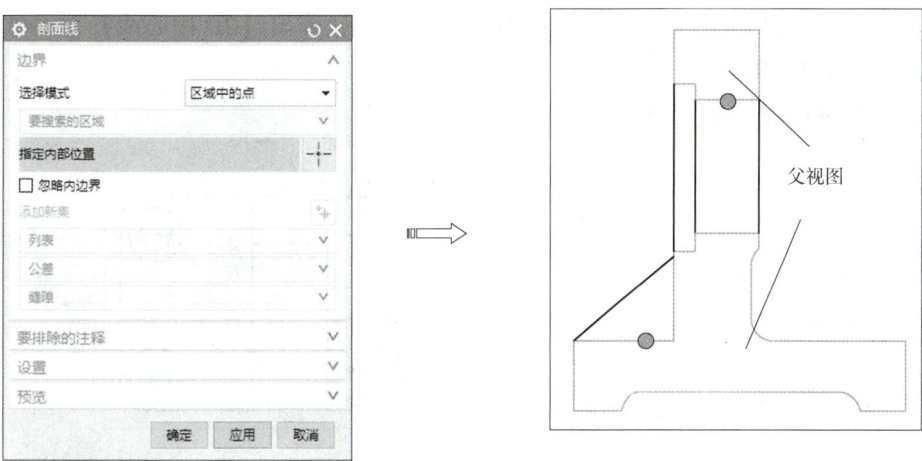

图 6-46　选择剖面区域

（4）在【设置】组框的【图样】下拉列表中选择"Iron/General Use"，【距离】为 4 mm，单击【确定】按钮，完成添加剖面线，如图 6-47 所示。

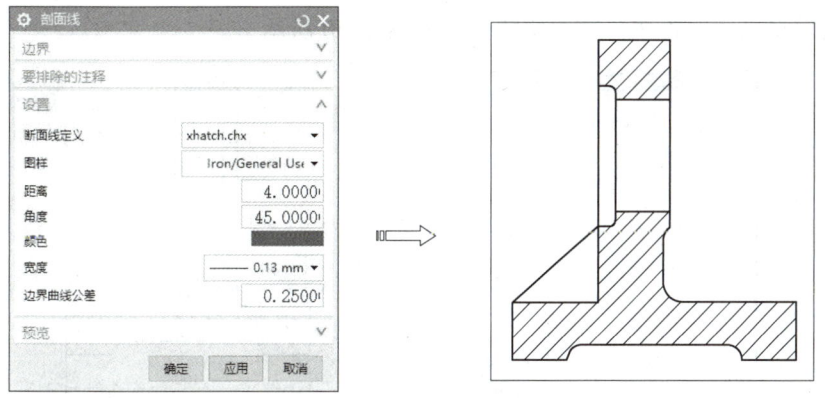

图 6-47　添加剖面线

7. 创建中心线符号

（1）单击【注释】工具条的【自动】按钮，弹出【自动中心线】对话框，选择所有视图，单击【确定】按钮完成中心线符号创建，如图 6-48 所示。

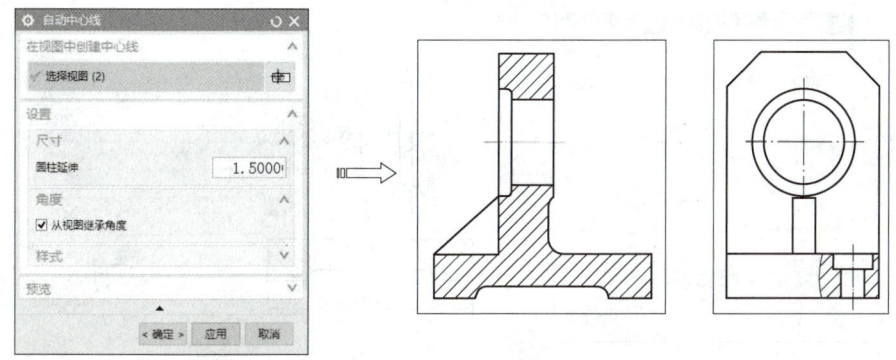

图 6-48　创建中心线

（2）单击【注释】工具条的【2D 中心线】按钮，弹出【2D 中心线】对话框，设置相关参数，如图 6-49 所示。

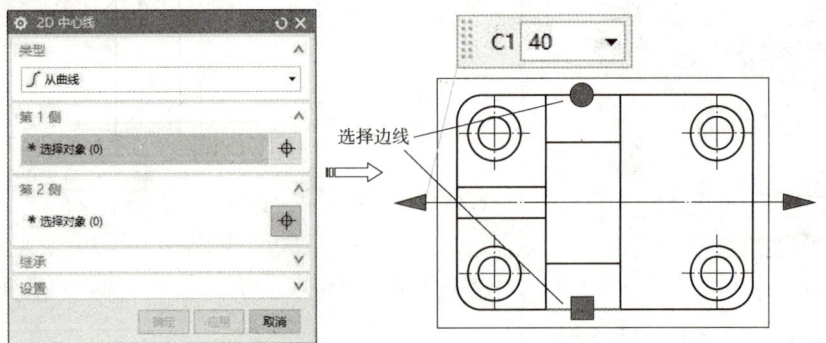

图 6-49　创建 2D 中心线

8. 标注尺寸

（1）单击【主页】选项卡【尺寸】组中的【快速】按钮，选择【线性尺寸】命令，弹出【线性尺寸】对话框，【测量方法】选项选择"自动判断"，在图中依次选择该尺寸两端位置，然后将尺寸放置在合适的位置处，如图 6-50 所示。

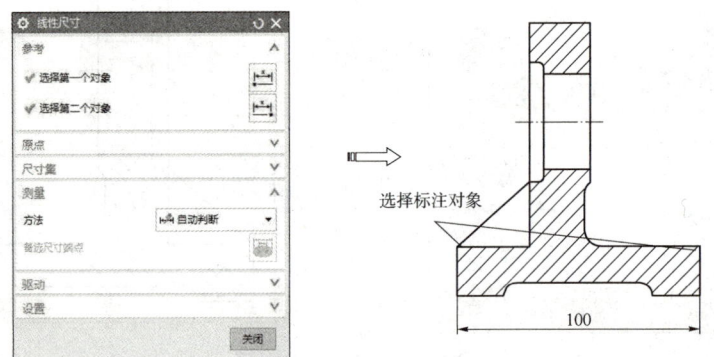

图 6-50　标注长度尺寸

（2）单击【主页】选项卡【尺寸】组中的【快速】按钮，选择【线性尺寸】命令，弹出【线性尺寸】对话框，【测量方法】选项选择"圆柱坐标系"，单击【尺寸文本】手柄弹出【尺寸文本】快捷窗口，如图 6-51 所示。

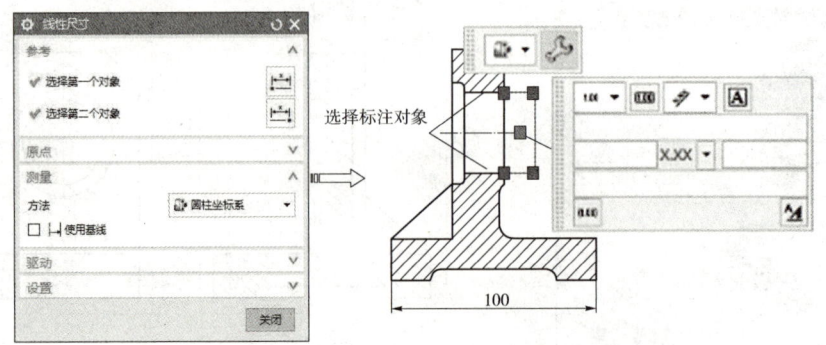

图 6-51　【尺寸文本】快捷窗口

(3) 单击快捷窗口中的【设置】按钮，弹出【设置】对话框，设置【类型】为"限制和拟合"以及格式形式，单击【确定】按钮，然后将尺寸放置在合适的位置处，如图 6-52 所示。

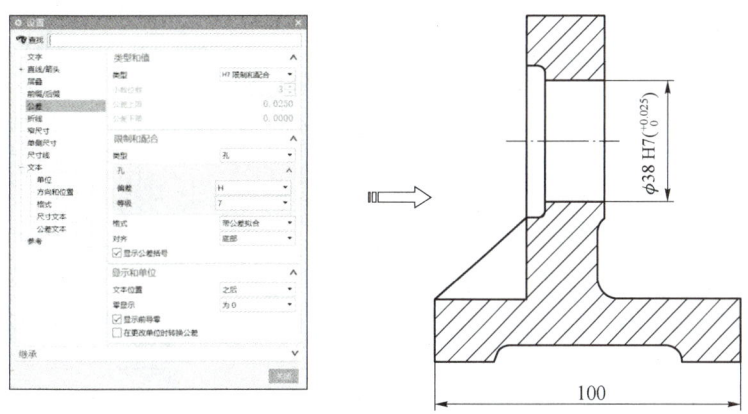

图 6-52 标注尺寸公差

(4) 按上述标注方法，标注该图纸其他尺寸及公差如图 6-53 所示。

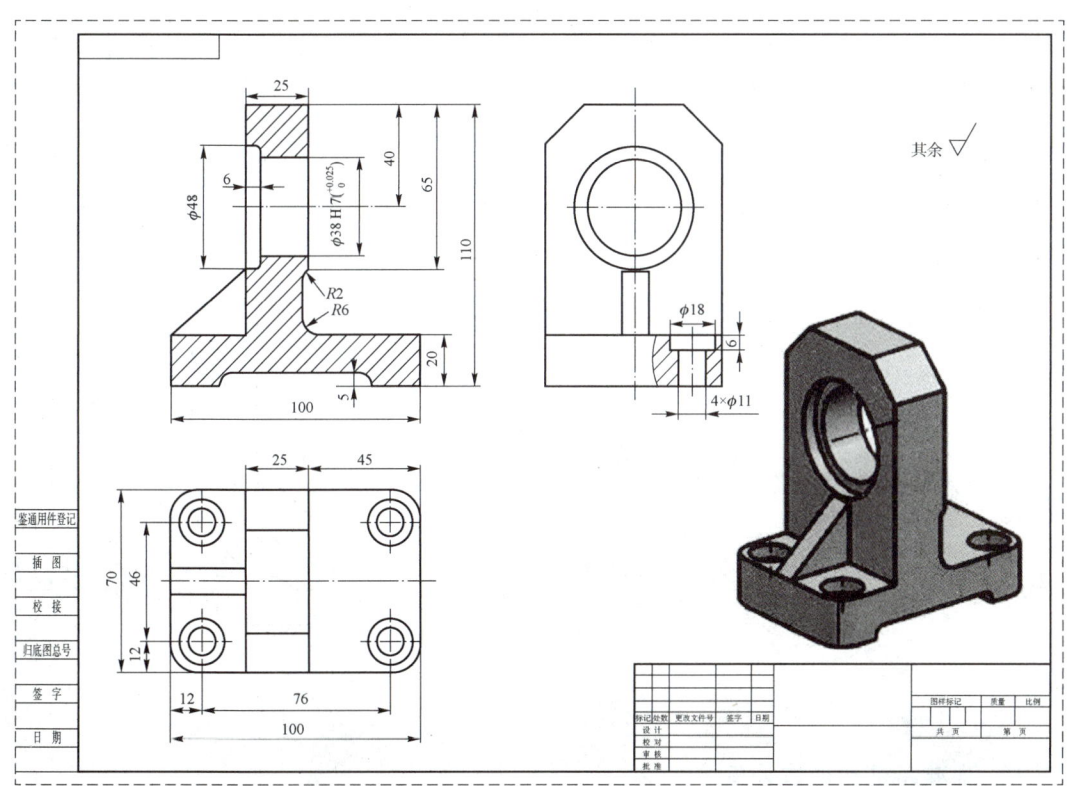

图 6-53 尺寸标注

9. 标注表面粗糙度

(1) 选择【主页】选项卡的【表面粗糙度符号】按钮√，弹出【表面粗糙度】对话框,在指引线组中,将类型设置为"标志 ",设置好参数后,单击表面边并拖动以放置符号,如图 6-54 所示。

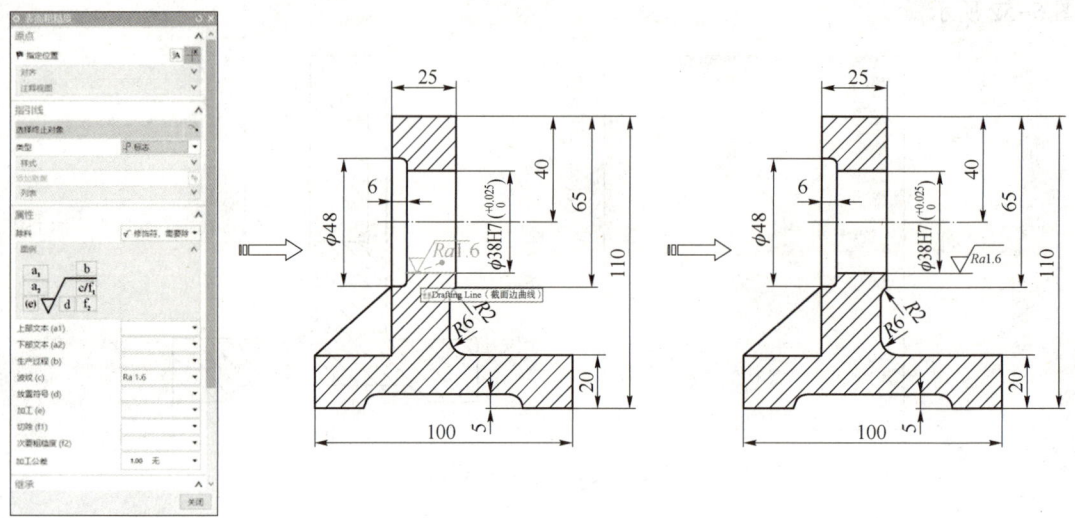

图 6-54 标注表面粗糙度

(2)选择【主页】选项卡的【表面粗糙度符号】按钮,或选择下拉菜单【插入】|【注释】|【表面粗糙度符号】命令,弹出【表面粗糙度】对话框,在指引线组中将类型设置为"标志 ",勾选【反转文本】复选框,单击表面边并拖动以放置符号,如图 6-55 所示。

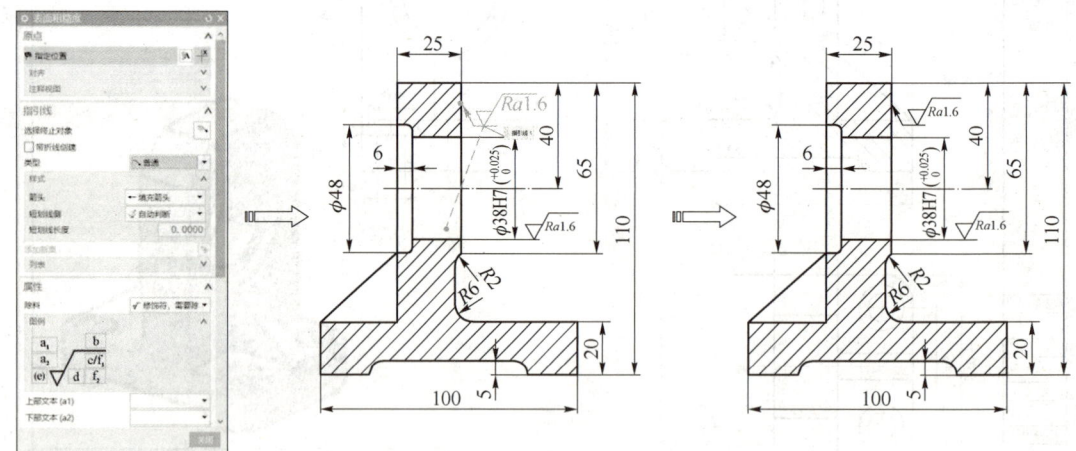

图 6-55 标注表面粗糙度

10. 基准特征和形位公差

(1)单击【主页】选项卡【注释】组的【基准特征符号】按钮,弹出【基准特征符号】对话框,在【基准标识符】组框的【字母】框中输入 A,确定对话框中的【指定位置】选项激活,选择如图 6-56 所示的边,单击【关闭】按钮完成基准特征放置操作。

(2)单击【主页】选项卡【注释】组的【特征控制框】命令,弹出【特征控制框】

项目六 NX 工程图项目式设计案例

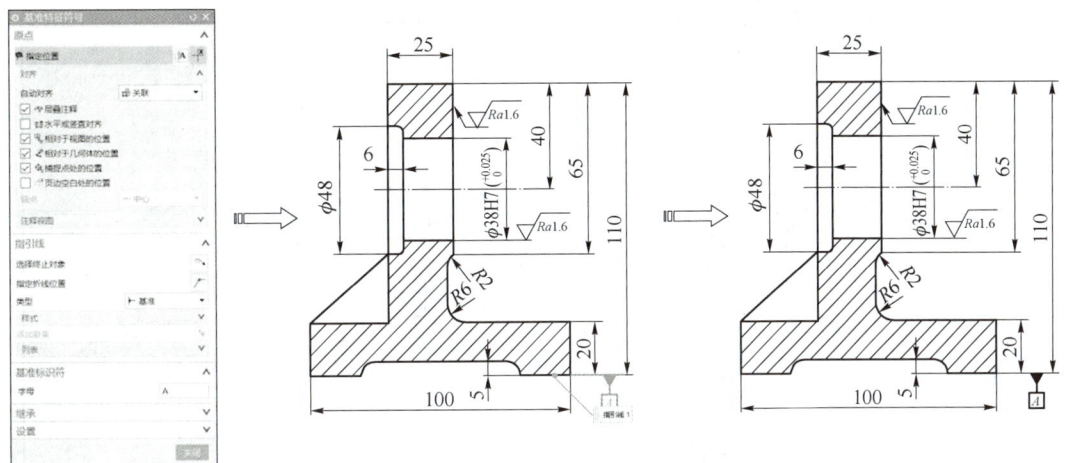

图 6-56 标注基准符号

对话框,在【特性】下拉列表中选择"垂直度",【框样式】为"单框",【公差】设置为 0.01,拖动形位公差到尺寸线,单击鼠标左键放置公差,如图 6-57 所示。

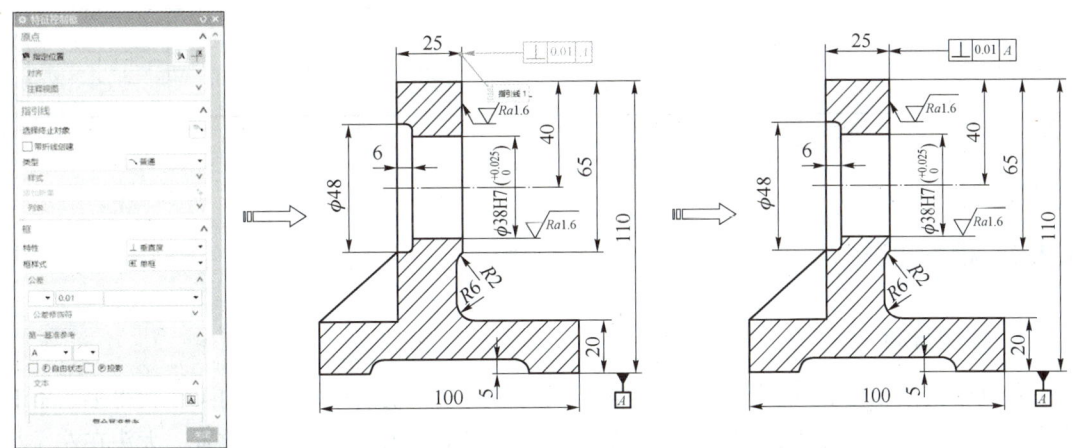

图 6-57 标注形位公差

(3) 选择下拉菜单【文件】|【保存】命令,选择合适保存路径和文件名后,单击【保存】按钮即可保存文件。

任务 6.4 传动轴工程图设计

6.4.1 任务分析

本任务需要完成传动轴零件的工程图设计,如图 6-58 所示。

传动轴零件属于轴套类零件,轴套类零件包括各种轴、丝杆、套筒等,本节通过完成传动轴零件的工程图绘制,掌握轴套类零件的工程图绘制方法。

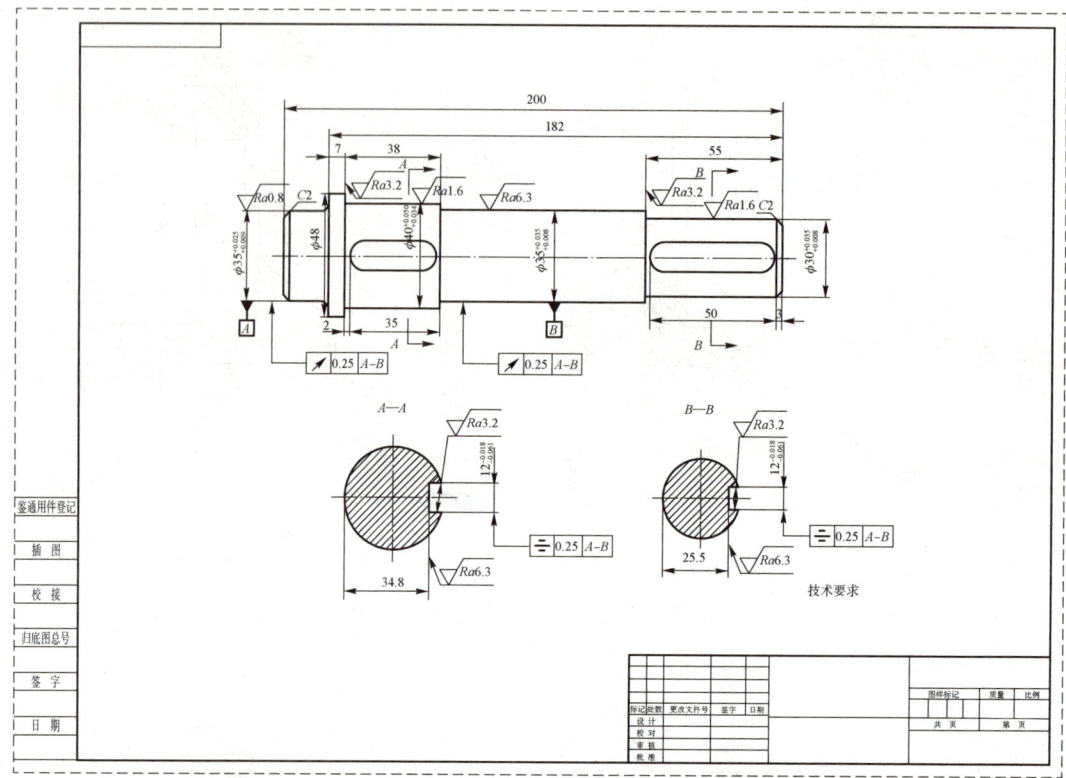

图 6-58 传动轴图纸

6.4.2 相关知识

1. 结构分析

传动轴由同轴中心线、不同直径的数段回转体组成，轴向尺寸比径向尺寸大得多。轴套类零件一般在车床上加工，要按形状和加工位置确定主视图，轴线水平放置，大头在左、小头在右，键槽和孔结构可以朝前。轴套类零件主要结构形状是回转体，一般只画一个主视图。对于零件上的键槽、孔等，可作移出断面。砂轮越程槽、退刀槽、中心孔等可用局部放大图表达。

2. 绘制步骤

本例零件工程图的绘制步骤为：创建图纸→设置制图首选项→创建工程视图→标注尺寸和公差→标注基准符号和形位公差→标注表面粗糙度→文本注释（技术要求）等。

6.4.3 任务实施

1. 打开模型文件

启动 NX 后，单击【主页】选项卡的【打开】按钮，弹出【打开部件文件】对话框，选择"传动轴.prt"，单击【OK】按钮，文件打开后如图 6-59 所示。

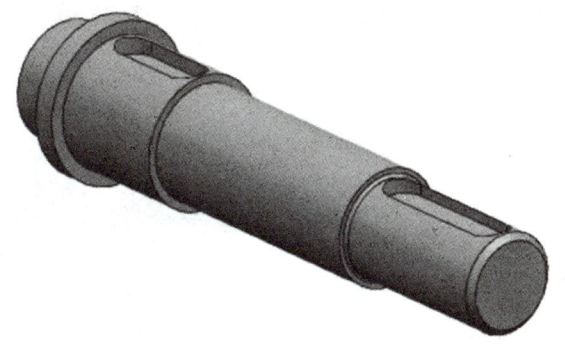

图 6-59 打开模型零件

2. 创建工程图文件

(1) 选择下拉菜单【文件】|【新建】命令,弹出【新建】对话框,选择【图纸】模板,选择"A3-无视图"模板,在【要创建的图纸的部件】的【名称】框中自动显示"传动轴",单击【确定】按钮进入制图环境,创建空白图纸,如图 6-60 所示。单击【视图创建向导】对话框中的【取消】按钮。

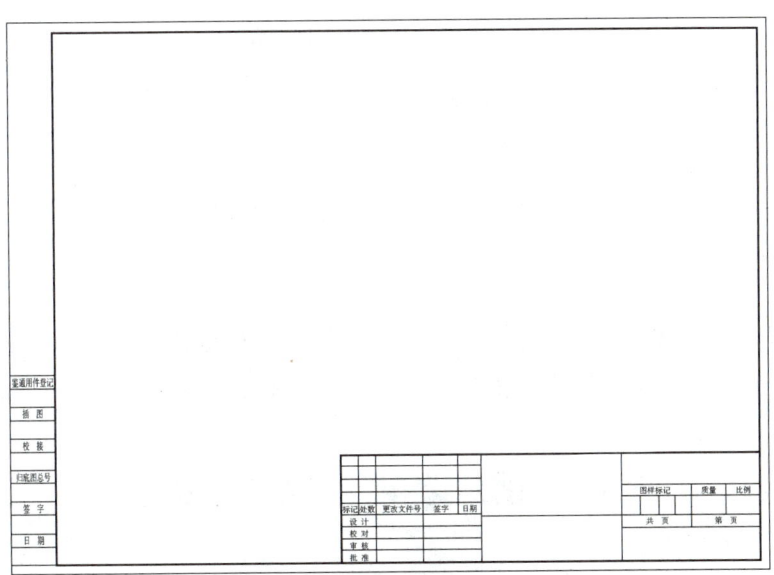

图 6-60 创建图纸页

3. 创建主视图

(1) 在【主页】工具栏单击【视图】组的【基本视图】按钮,弹出【基本视图】对话框,图形区显示模型预览效果,如图 6-61 所示。

(2) 在【模型视图】组框的【要使用的模型视图】下拉列表中选择"俯视图",在【比例】下拉列表中选择"1∶1",移动鼠标指针在适当位置处单击放置视图,如图 6-62 所示。在弹出的【投影视图】对话框中单击【关闭】按钮。

193

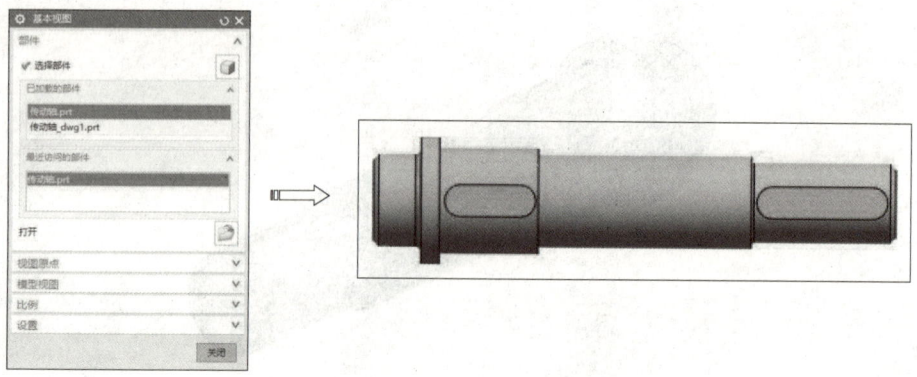

图 6-61 基本视图预览

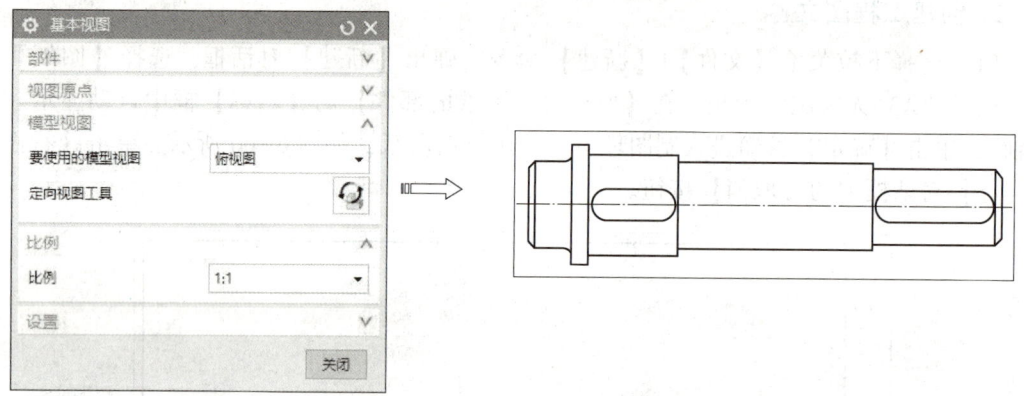

图 6-62 创建基本视图

4. 创建剖面图

(1) 在【主页】选项卡单击【视图】组的【剖视图】按钮,弹出【剖视图】对话框,在【方法】下拉列表中选择"简单剖/阶梯剖",选择主视图作为剖视图的父视图,如图 6-63 所示。

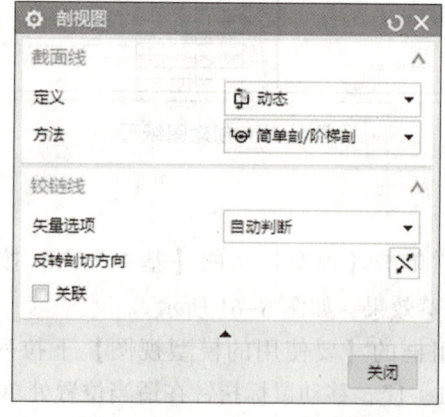

图 6-63 【剖视图】对话框

(2)选择剖切位置。确认【捕捉方式】工具条中的 按下，选择如图 6-64 所示的直线中点，垂直向右拖动鼠标，在父视图的右方放置剖视图，如图 6-65 所示。然后选中新创建的剖视图边界，按住鼠标左键拖动到剖切线的正下方。

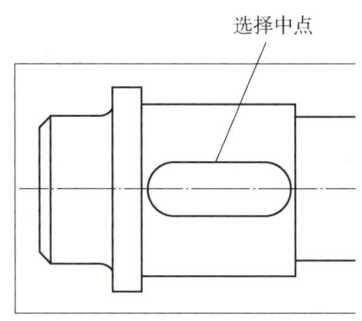

图 6-64 选择剖切位置

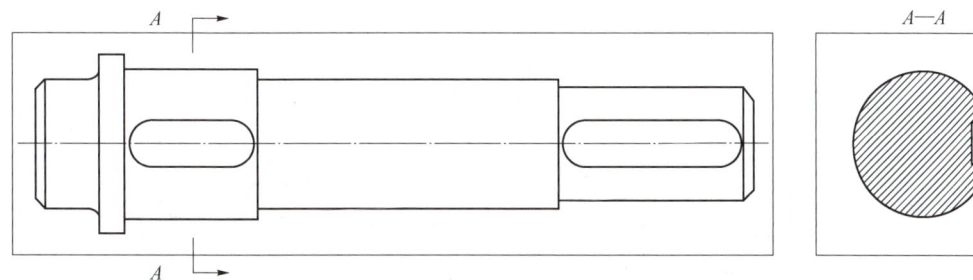

图 6-65 创建剖视图

(3)选中新创建的剖视图边界，单击鼠标右键在弹出的快捷命令中选择【设置】按钮 ，在弹出的【设置】对话框中单击【截面线】选项卡，取消【显示背景】复选框，单击【确定】按钮，删除背景创建剖面图，如图 6-66 所示。

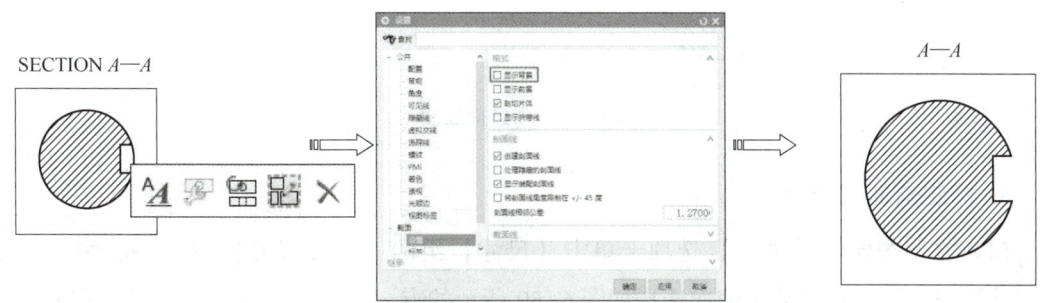

图 6-66 创建剖面图

(4)单击【主页】选项卡的【注释】组的【中心标记】按钮，弹出【中心标记】对话框，在图形区选择如图 6-67 所示的圆弧，单击【确定】按钮完成。

(5)重复上述过程，创建另外一侧的键槽截面，如图 6-68 所示。

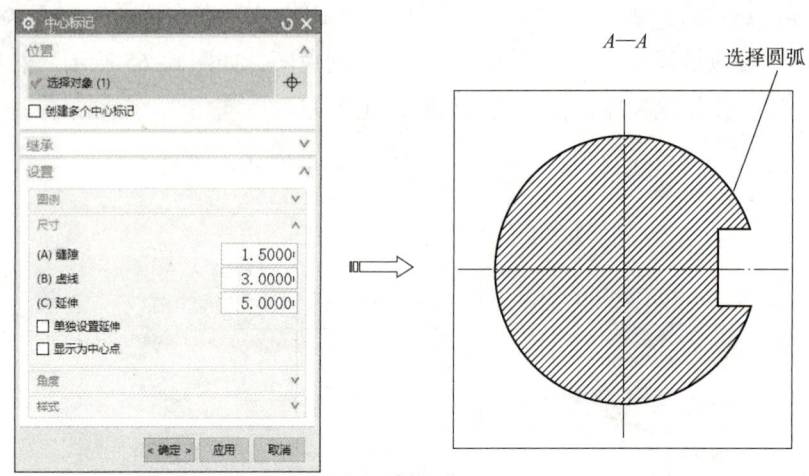

图 6-67　创建中心线

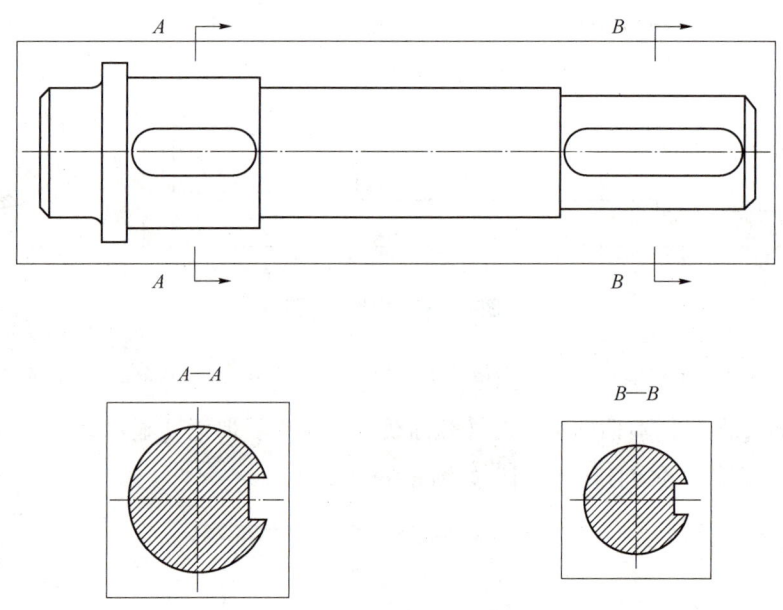

图 6-68　创建剖面图

5. 标注剖面图尺寸

（1）在制图模块【主页】选项卡单击【尺寸】组的【线性尺寸】按钮，弹出【线性尺寸】对话框，在图纸上依次选择如图 6-69 所示的点，此时会出现尺寸预览，移动鼠标到合适位置。在放置尺寸之前，暂停鼠标移动在屏幕上会出现窗口，然后单击【编辑】按钮激活尺寸手柄，设置上偏差-0.018，下偏差-0.061，单击【关闭】按钮完成，如图 6-69 所示。

（2）重复上述尺寸标注过程标注两个键槽尺寸，如图 6-70 所示。

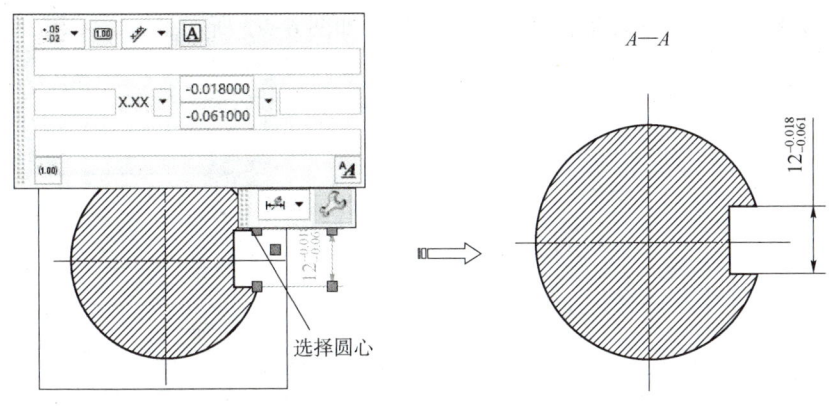

图 6-69 标注尺寸和公差

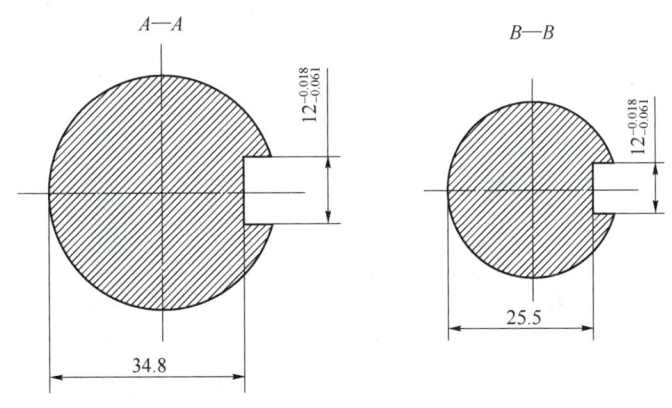

图 6-70 标注键槽尺寸

6. 标注主视图尺寸

（1）在制图模块【主页】选项卡单击【尺寸】组的【线性尺寸】按钮，弹出【线性尺寸】对话框，在【测量】组【方法】中选择"圆柱坐标系"，在图纸上依次选择如图 6-71 所示的点，此时会出现尺寸预览，移动鼠标到合适位置。在放置尺寸之前，暂停鼠标移动在屏幕上会出现窗口，然后单击【编辑】按钮激活尺寸手柄，设置上偏差 0.025，下偏差 0.009，单击【关闭】按钮完成，如图 6-71 所示。

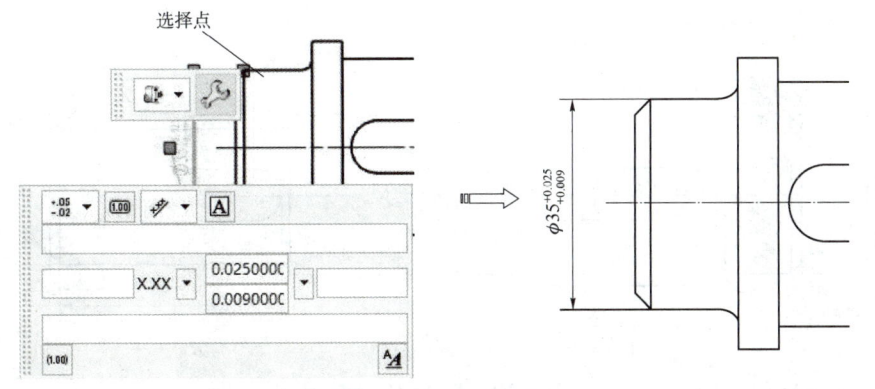

图 6-71 标注尺寸和公差

（2）重复上述尺寸标注过程，标注其他尺寸，如图 6-72 所示。

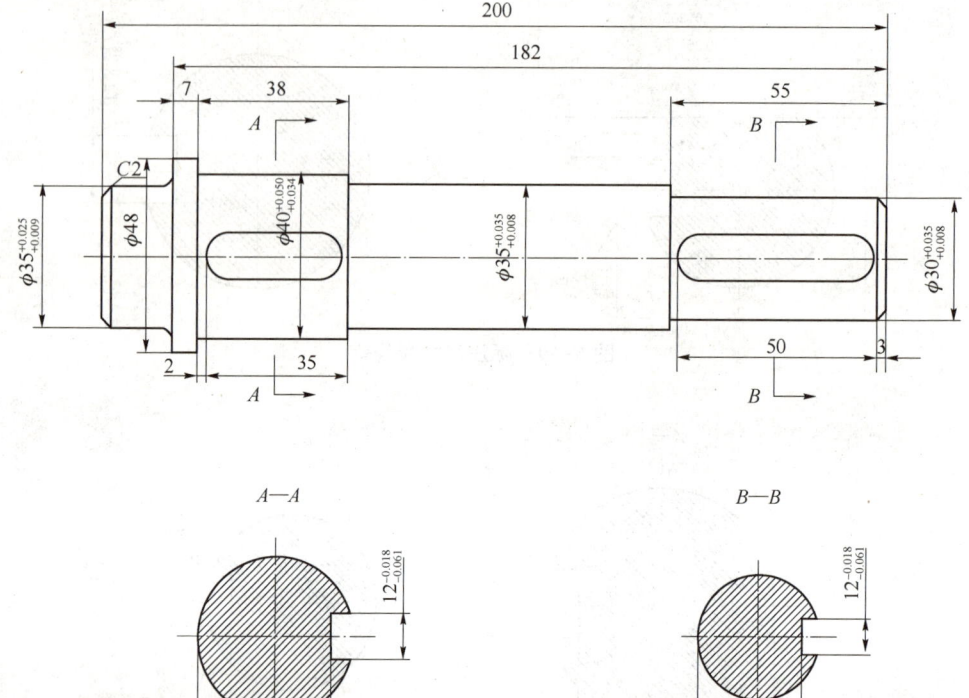

图 6-72　标注其他线性尺寸

7. 标注倒角尺寸

在【主页】选项卡单击【尺寸】组的【倒斜角】按钮，弹出【倒斜角尺寸】对话框，在图纸上选择斜角边，移动鼠标到合适位置放置尺寸，完成标注如图 6-73 所示。按【关闭】按钮结束命令。

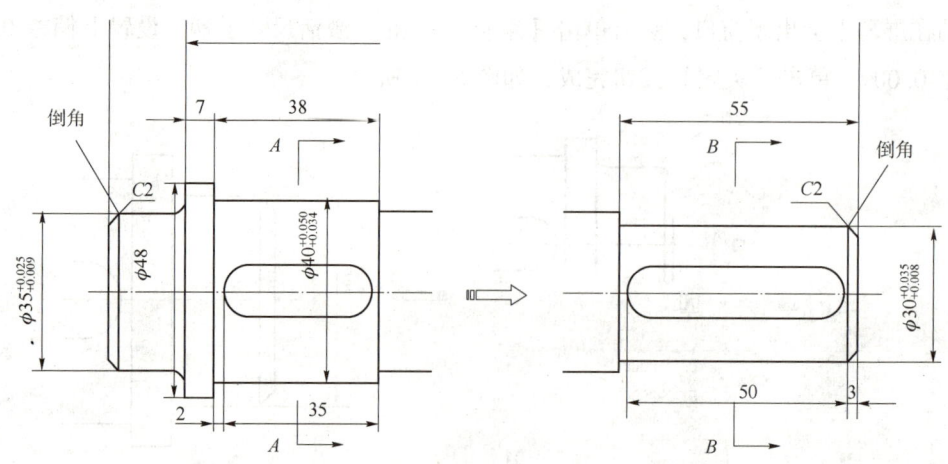

图 6-73　标注倒斜角尺寸

8. 标注基准符号

(1) 单击【主页】选项卡【注释】组的【基准特征符号】按钮，弹出【基准特征符号】对话框，在【基准标识符】组框的【字母】框中输入 A，确定对话框中的【指定位置】选项激活，选择如图 6-74 所示的尺寸线，按住鼠标左键并拖动到放置位置，单击放置基准符号，单击【关闭】按钮完成基准特征放置操作，如图 6-74 所示。

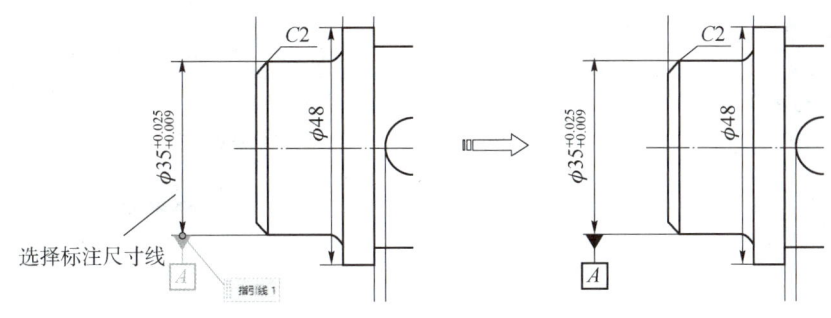

图 6-74　标注基准符号

(2) 重复上述基准特征符号创建，标注特征符号 B，如图 6-75 所示。

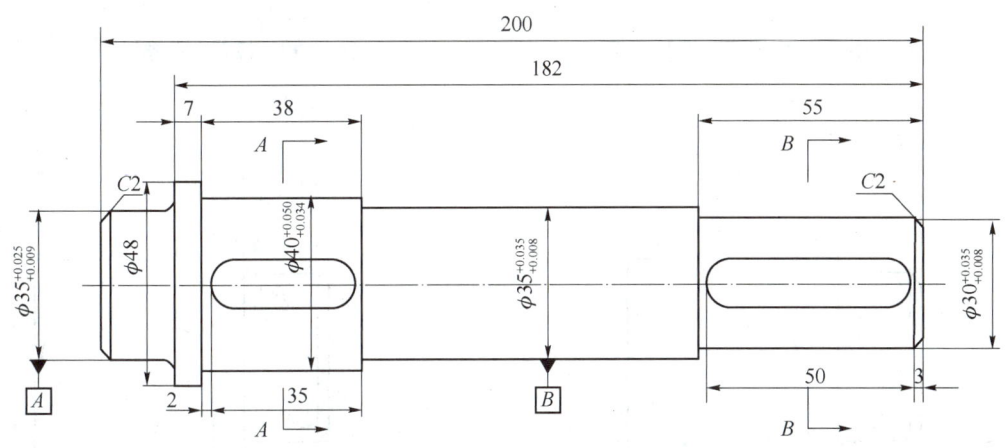

图 6-75　标注其他基准特征符号

9. 创建形位公差

(1) 单击【主页】选项卡【注释】组的【特征控制框】命令，弹出【特征控制框】对话框，如图 6-76 所示，设置【短划线长度】为"15"，在【特性】下拉列表中选择"圆跳动"，【框样式】为"单框"，【公差】设置为"0.25"，【第一基准参考】为"A-B"，如图 6-77 所示。

(2) 确定对话框中的【指定位置】选项激活，移动鼠标指针到尺寸线，按住鼠标左键并拖动，如图 6-78 所示。

(3) 重复上述形位公差创建，标注其他形位公差，如图 6-79 所示。

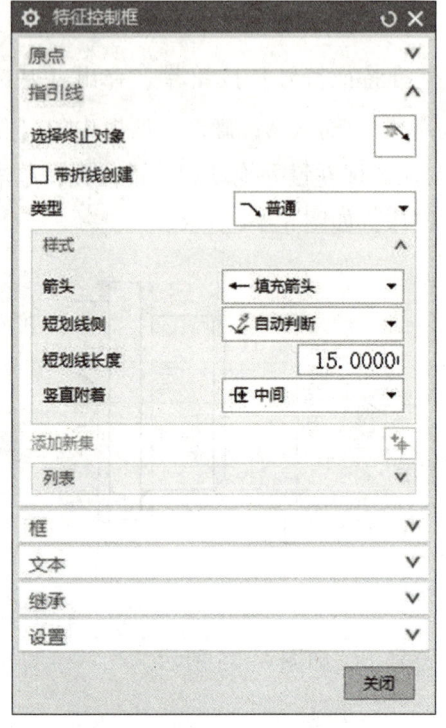

图 6-76 【特征控制框】对话框

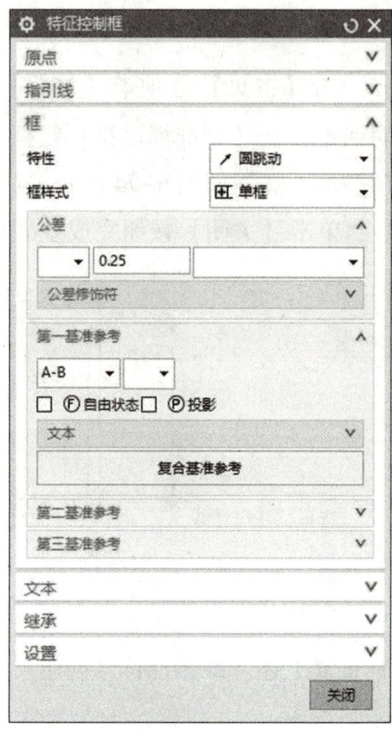

图 6-77 设置公差参数

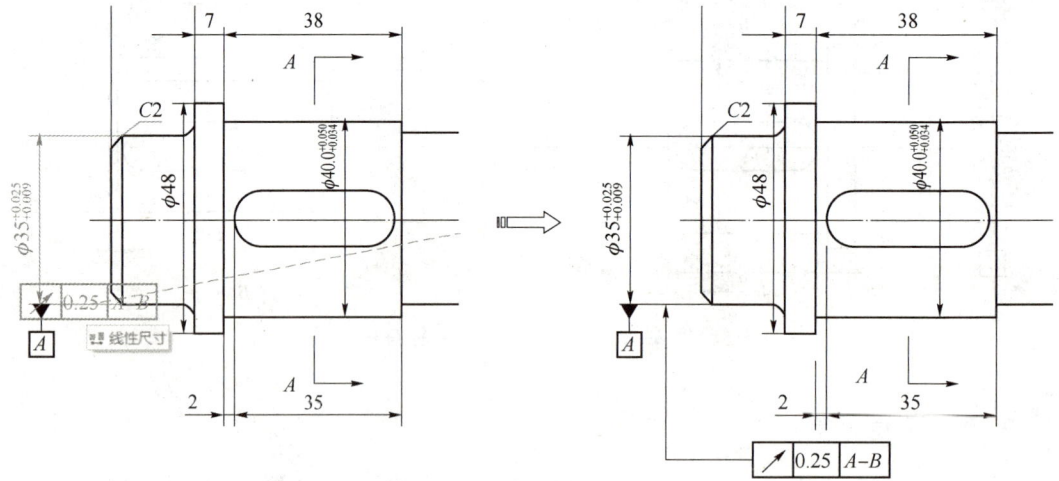

图 6-78 标注形位公差

10. 标注表面粗糙度符号

（1）单击【主页】选项卡【注释】组的【表面粗糙度符号】按钮 √，弹出【表面粗糙度】对话框，设置【指引线】的【类型】为"标志"，在图形区选择如图 6-80 所示的边线，然后单击表面边并拖动以放置粗糙度符号，如图 6-81 所示。

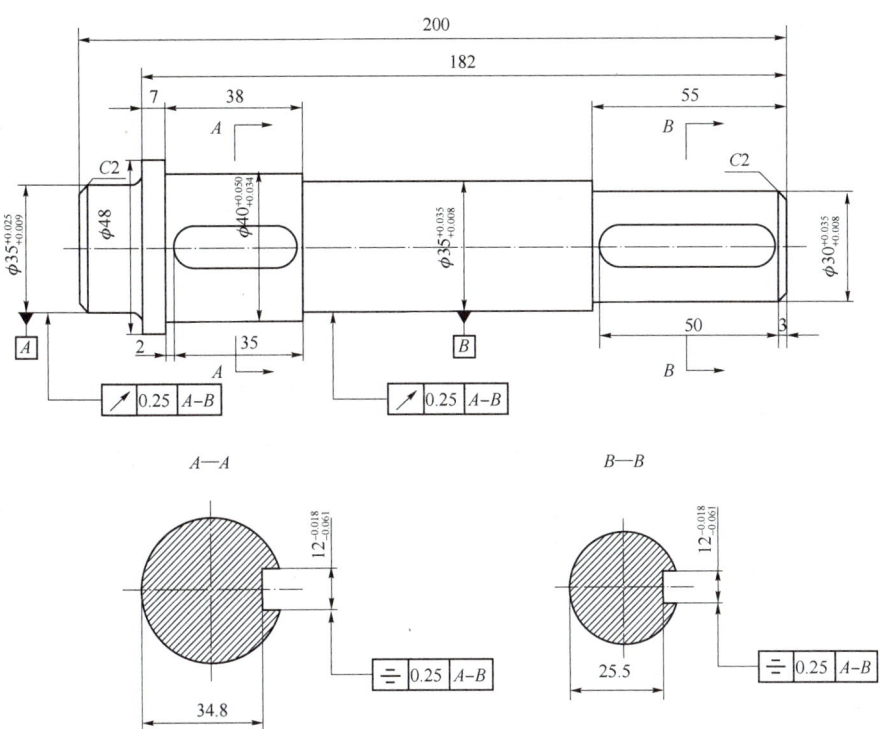

图 6-79 标注其他形位公差

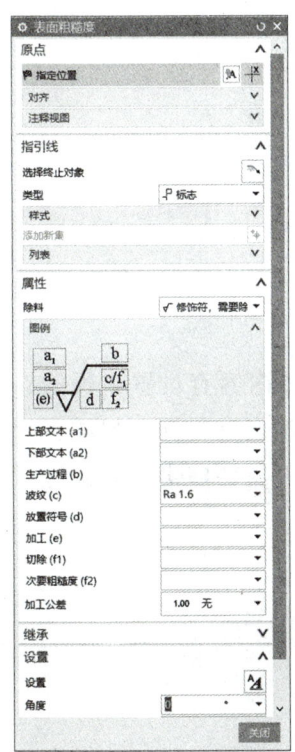

图 6-80 设置指引线参数

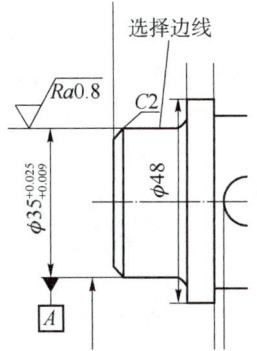

图 6-81 标注表面粗糙度

（2）重复上述粗糙度创建，标注其他粗糙度，如图6-82所示。

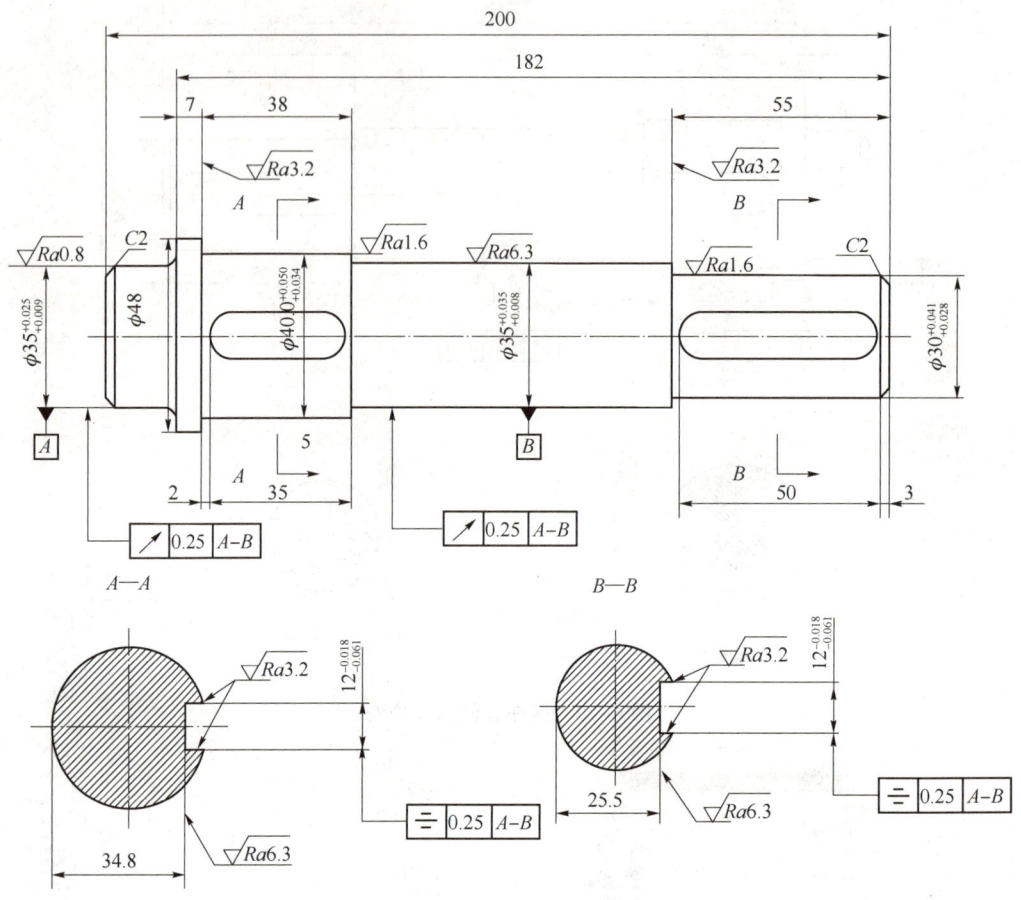

图6-82　标注其他粗糙度符号

项目小结

本项目介绍了NX工程图绘制方法和过程，主要内容有设置工程图界面、创建图纸页、创建工程视图、工程图中的草绘、中心线、标注尺寸、标注粗糙度等。通过本项目的学习熟悉了NX工程图绘制的方法和流程，希望大家按照讲解方法再进一步进行实例练习。

上机习题

1. 如题图 6-1 所示创建一个公制的 dwg 文件,绘制转子轴工程图。

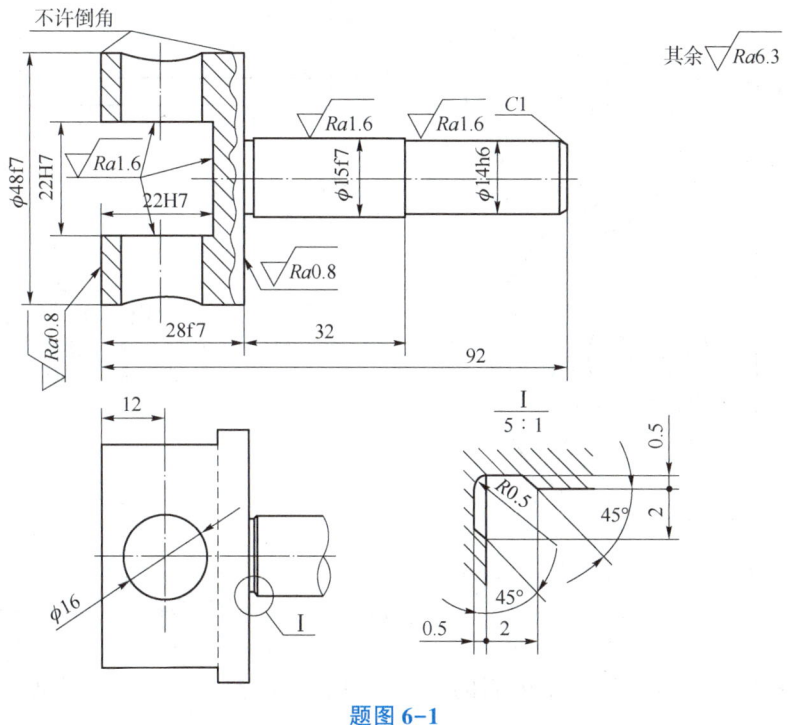

题图 6-1

2. 如题图 6-2 所示创建一个公制的 dwg 文件,绘制转子轴工程图。

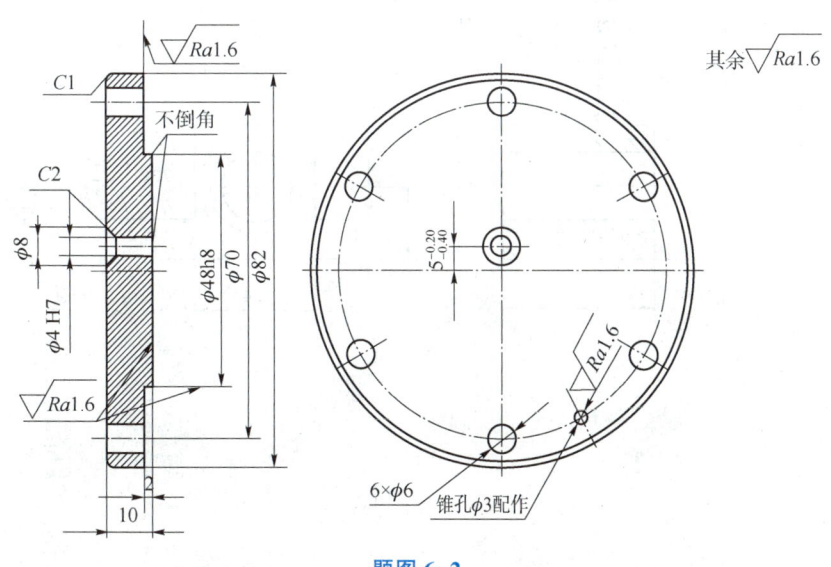

题图 6-2

3. 如题图 6-3 所示创建一个公制的 dwg 文件，绘制泵体工程图。

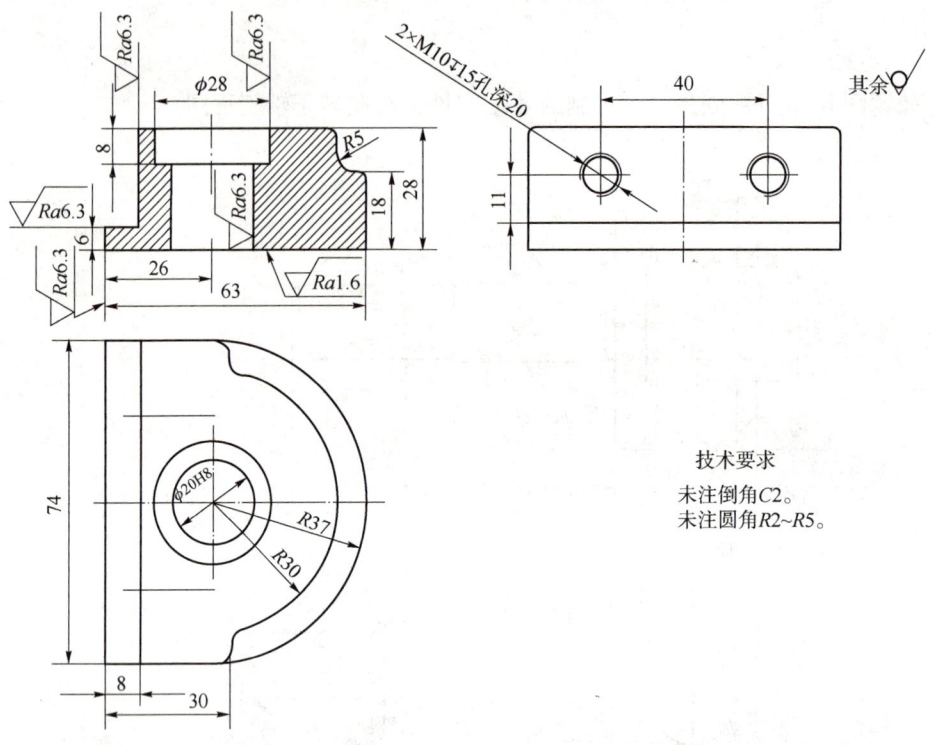

题图 6-3

4. 如题图 6-4 所示创建一个公制的 part 文件，应用拉伸、管道、孔等命令绘制三维实体。

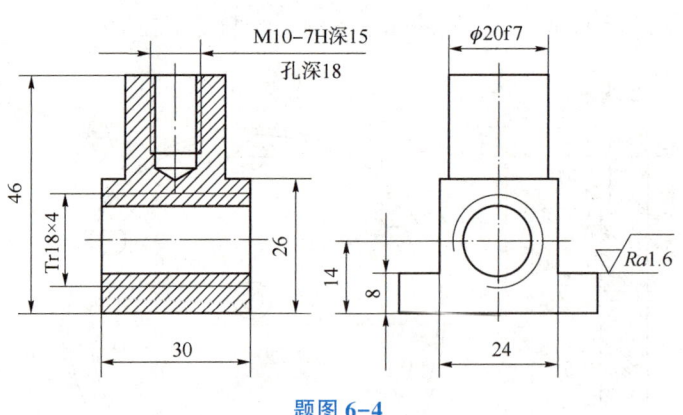

题图 6-4

5. 如题图 6-5 所示创建一个公制的 part 文件，应用拉伸、圆柱、孔、阵列等命令绘制三维实体。

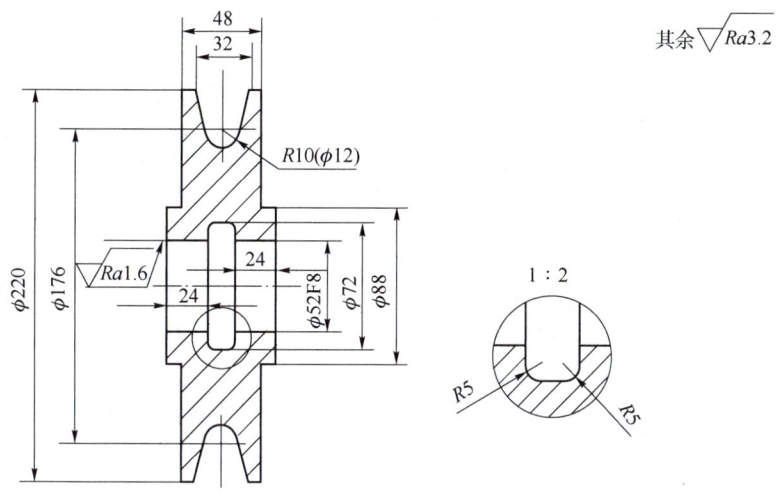

题图 6-5

项目七

NX 2.5 轴铣削项目式设计案例

2.5 轴加工在 NX 中通过平面铣操作实现,它适合加工整个形状由平面与平面垂直的面构成零件,平面铣加工是 NX 数控加工基础。本章通过凸台实例讲解 NX 平面铣加工操作方法和步骤,包括平面铣加工父级组、面铣、平面铣和平面轮廓铣等。冰冻三尺非一日之寒,滴水石穿非一日之功,希望同学们学好平面铣加工为 NX 数控加工夯实基础。

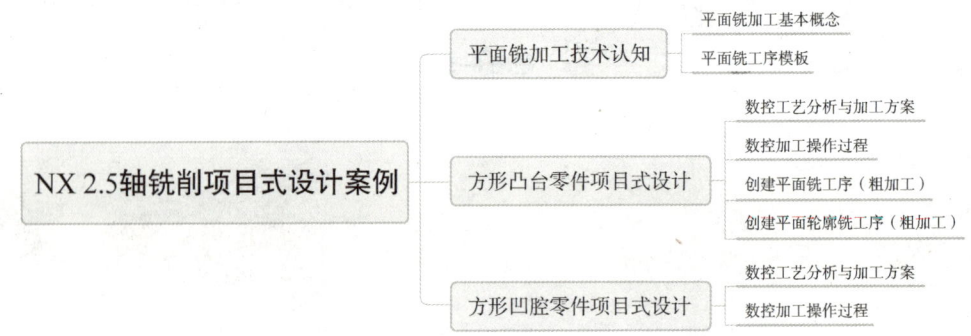

任务 7.1 平面铣加工技术认知

平面铣是一种 2.5 轴的加工方式,它能实现水平方向 XY 的 2 轴联动,而 Z 轴方向只在完成一层加工后进入下一层才做单独的动作,从而完成整个零件的加工。平面铣以边界来定义部件几何体的切削区域,并且一直切削到指定的底平面。知己知彼方能百战百胜,希望同学们通过任务 7.1 的学习能够对平面铣加工技术有进一步的认识。

7.1.1 平面铣加工基本概念

平面铣的切削刀轨是在垂直于刀具平面内的 2 轴刀轨,通过多层二轴刀轨逐层切削材料,每一层刀轨称为一个切削层。平面铣刀具的侧刃切削工件侧面的材料,底面的刀刃切削工件底面的材料。

平面铣加工具有以下特点:

(1) 平面铣在与 XY 平面平行的切削层上创建刀具的切削轨迹,其刀轴固定,垂直于 XY 平面,零件侧面平行于刀轴矢量(刀轴矢量由刀夹指向刀柄)。

(2) 平面铣不采用几何实体来确定加工区域,而是使用边界或曲线来创建切削区域。因此,平面铣无须做出完整的造型,可依据 2D 图形直接创建刀轨。

(3) 平面铣刀轨生成速度快，调整方便，能很好地控制刀具在边界上的位置。

(4) 平面铣既可完成粗加工，也可进行精加工。

7.1.2 平面铣工序模板

NX 提供了多种平面铣加工模板，其中除了常规的平面铣基本模板外，还有其他模板，其他子类型都是在基本模板上派生出来的，主要针对某一特定的加工情况预先指定和/或屏蔽一些参数，包括面铣、平面轮廓铣、精加工底面、精加工侧壁面、孔铣、螺纹铣等。

在【主页】选项卡单击【插入】组中的【创建工序】按钮，系统将弹出【创建工序】对话框，【类型】选择为"mill_planar"，在【工序子类型】中选择平面铣模板，如图 7-1 所示。

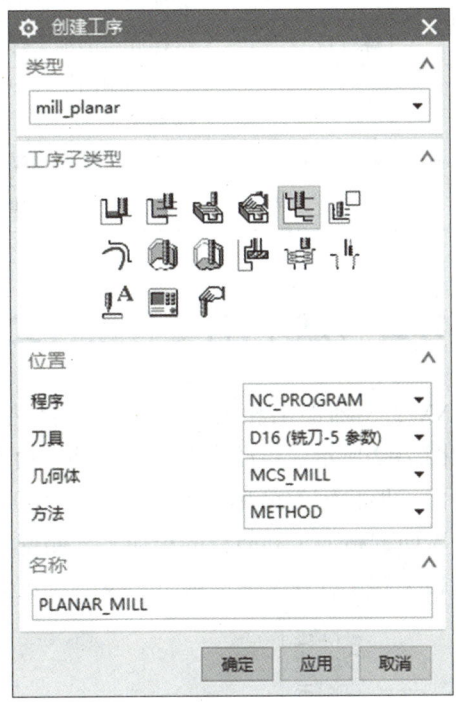

图 7-1 【创建工序】对话框

平面铣的子类型共有 10 多种，平面铣各子类型的说明如表 7-1 所示。

表 7-1 平面铣各子类型的说明

图标	英　文	中　文	说　明
	FACE_MILLING	使用边界面铣削	基本的面切削操作，用于切削实体表面
	FACE_MILLING_MANUAL	手工面铣削	手工面铣削可将切削模式设置为混合模式的面铣加工
	PLANAR_MILL	平面铣	基本的平面铣操作，采用多种方式加工二维的边界和底面
	PLANAR_PROFILE	平面轮廓铣	专门用于侧面轮廓精加工的一种平面铣，并且没有附加刀轨
	CLEANUP_CORNERS	清理拐角	使用来自前一操作 IPW，以跟随零件切削类型进行平面铣，常用于清理拐角

续表

图标	英文	中文	说 明
	FINISH_WALLS	精加工壁	使用"轮廓"切削模式来精加工壁,同时留出底面上的余量。建议用于精加工竖直壁,同时留出余量以防止刀具与底面接触
	FINISH_FLOORS	精细底面	默认的非切削方式为跟随零件切削类型,默认深度为底面的平面铣
	GROOVE_MILLING	槽铣	使用T形刀可铣削加工线槽、键槽和U形夹
	HOLE_MILLING	孔铣	用孔铣工序类型可加工孔和圆柱凸台,而不需要使用基于特征的加工
	THREAD_MILLING	螺纹铣	螺旋切削加工螺纹
	PLANAR_TEXT	文本铣	切削制图注释中的文字,用于对文字和曲线的雕刻加工
	MILLING_CONTROL	机床控制	建立机床控制操作,添加相关的后处理操作
	MILLING_USER	自定义方式	自定义参数来建立操作

任务 7.2 方形凸台零件项目式设计

以方形凸台为例来对 NX 2.5 轴加工相关知识进行综合性应用,方形凸台零件尺寸 100 mm×80 mm×15 mm,如图 7-2 所示。该凸台为直壁,凸台由 4 段直线和 4 段相切的圆弧组成,上表面与底面均为平面,形状较为简单。毛坯尺寸为 100 mm×80 mm×18 mm,四周已经完成加工,需要进行上表面的精加工和凸台的粗加工、侧壁精加工。希望大家通过学习方形凸台零件的设计,掌握相关知识,在今后能够举一反三、灵活应用。

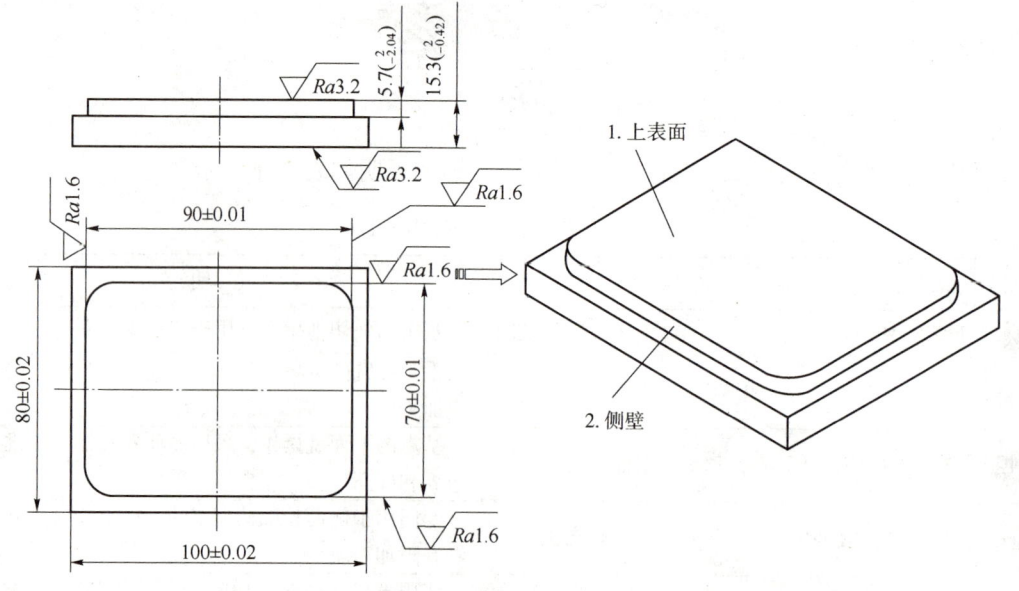

图 7-2 方形凸台零件

7.2.1 方形凸台零件数控工艺分析与加工方案

根据零件形状及加工精度要求,以工件底面固定安装在机床上,加工坐标系原点为上表面毛坯中心,按照先粗后精的原则,按照"面铣"→"粗加工"→"精加工"的顺序逐步达到加工精度。该零件的数控加工工艺流程如表 7-2 所示。

表 7-2 方形凸台零件的数控加工工艺流程

工步号	工步内容	刀具类型	切削用量		
			主轴转速/(r·min^{-1})	进给速度/(mm·min^{-1})	背吃刀量/mm
1	上表面精加工	φ24 立铣刀	600	300	3
2	侧壁粗加工	φ24 立铣刀	600	300	4
3	侧壁精加工	φ16 立铣刀	800	500	2

7.2.2 方形凸台零件数控加工操作过程

1. 启动数控加工环境

(1) 启动 NX 后,单击【文件】选项卡的【打开】按钮,弹出【打开部件文件】对话框,选择"凸台 CAD.prt"("随书光盘:\第 07 章\凸台 CAD.prt"),单击【OK】按钮,文件打开后如图 7-3 所示。

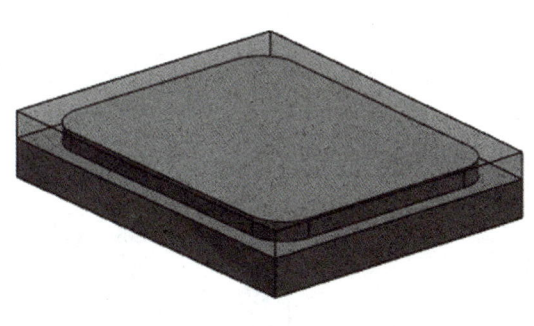

图 7-3 打开模型文件

(2) 单击【应用模块】选项卡的【加工】按钮,系统弹出【加工环境】对话框,在【CAM 会话配置】中选择"cam_general",在【要创建的 CAM 设置】中选择"mill_planar",单击【确定】按钮初始化加工环境,如图 7-4 所示。

2. 创建加工父级组

单击上边框条【工序导航器】组上的【几何视图】按钮,将【工序导航器】切换到几何视图显示。

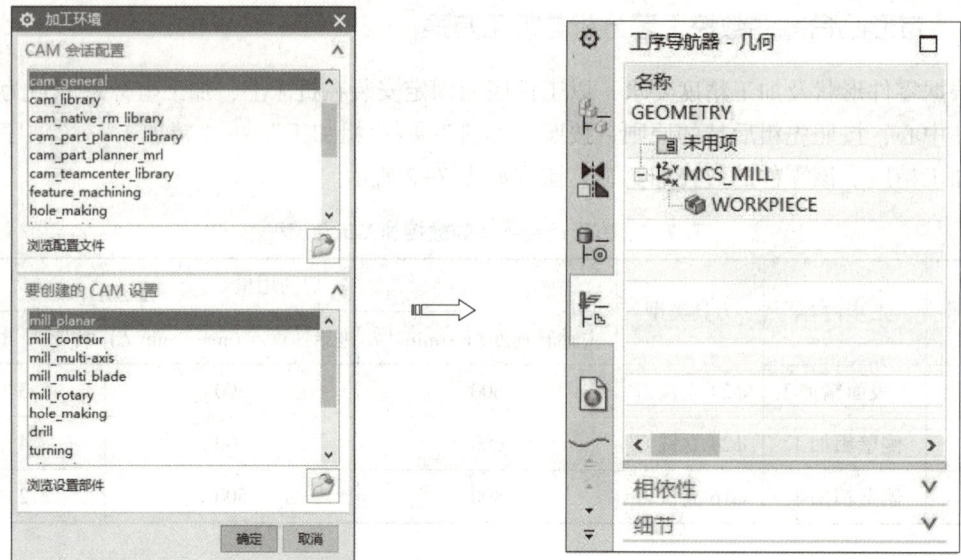

图 7-4 启动 NX CAM 加工环境

3. 创建加工几何组

（1）双击【工序导航器】窗口的【MCS_MILL】图标，弹出【MCS 铣削】对话框，如图 7-5 所示。

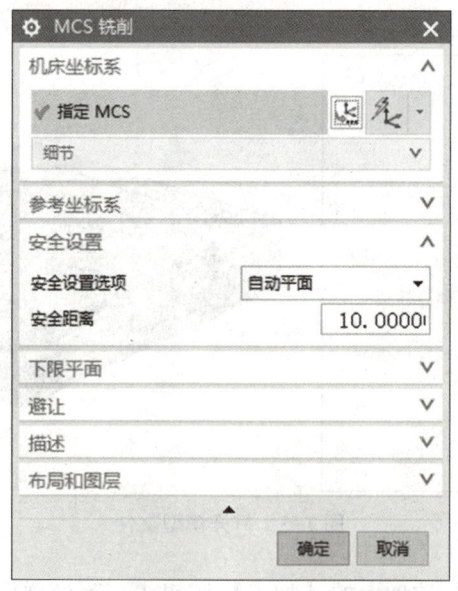

图 7-5 【MCS 铣削】对话框

（2）单击【机床坐标系】组框中的【CSYS】按钮，弹出【CSYS】对话框，鼠标左键按住原点并拖动在图形窗口中，捕捉如图 7-6 所示的点，定位加工坐标系。

（3）【安全设置选项】选择"平面"，然后单击【平面】按钮，弹出【平面】对话框，选择毛坯上表面并设置高度 15 mm，如图 7-7 所示。

项目七　NX 2.5轴铣削项目式设计案例

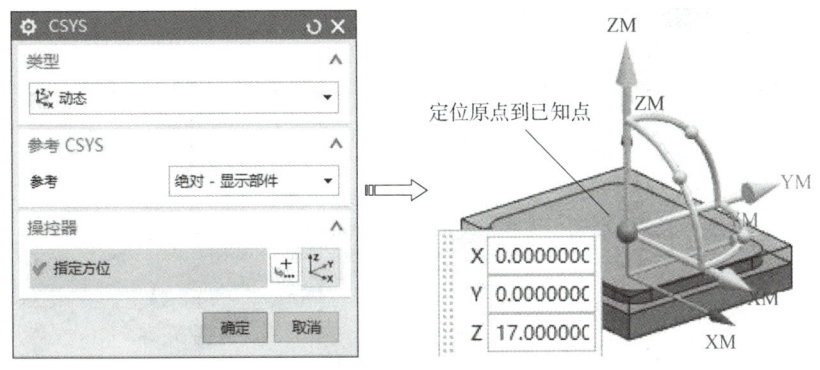

图 7-6　移动确定加工坐标系

图 7-7　设置安全平面

4. 创建铣削工件几何体

（1）在【工序导航器】双击【WORKPIECE】图标，弹出【工件】对话框，如图 7-8 所示。

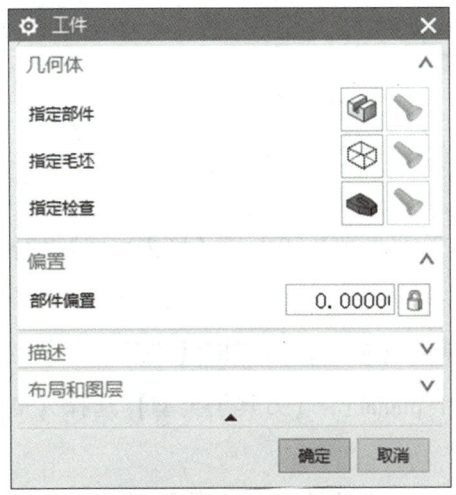

图 7-8　【工件】对话框

（2）单击【几何体】组框【指定部件】选项后的【选择或编辑部件几何体】按钮，弹出【部件几何体】对话框，选择部件几何体，如图 7-9 所示。

211

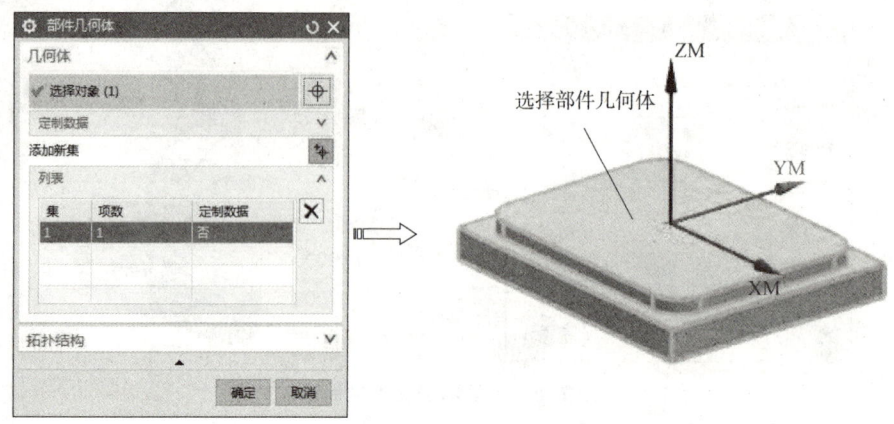

图 7-9　选择部件几何体

（3）单击【几何体】组框【指定毛坯】选项后的【选择或编辑毛坯几何体】按钮，弹出【毛坯几何体】对话框，选择图层 10 上的实体作为毛坯，如图 7-10 所示。

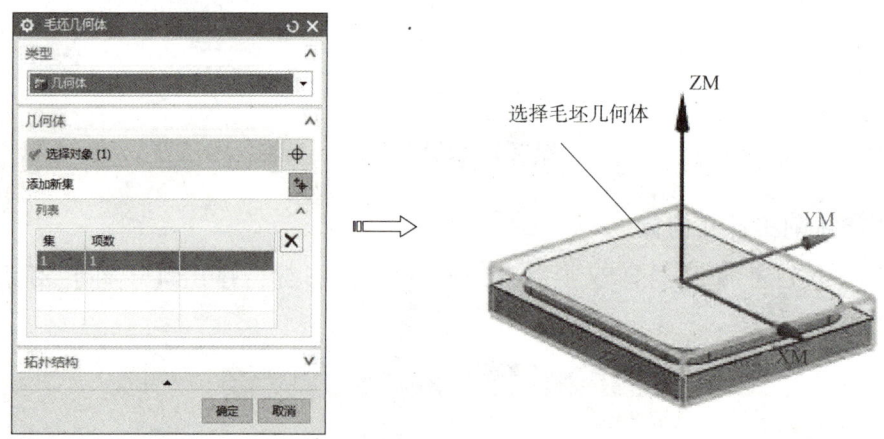

图 7-10　选择毛坯几何体

5. 创建刀具组

（1）单击上边框条【工序导航器】组上的【机床视图】按钮，操作导航器切换到机床刀具视图。

（2）单击【主页】选项卡【插入】组中的【创建刀具】按钮，弹出【创建刀具】对话框，【类型】选择"mill_planar"，【刀具子类型】选择【MILL】图标，【名称】为"D24"，如图 7-11 所示。

（3）单击【确定】按钮，弹出【铣刀-5 参数】对话框，在【铣刀-5 参数】对话框中设定【直径】为"24"，【刀具号】为"1"，如图 7-12 所示。单击【确定】按钮，完成刀具创建。

项目七 NX 2.5轴铣削项目式设计案例

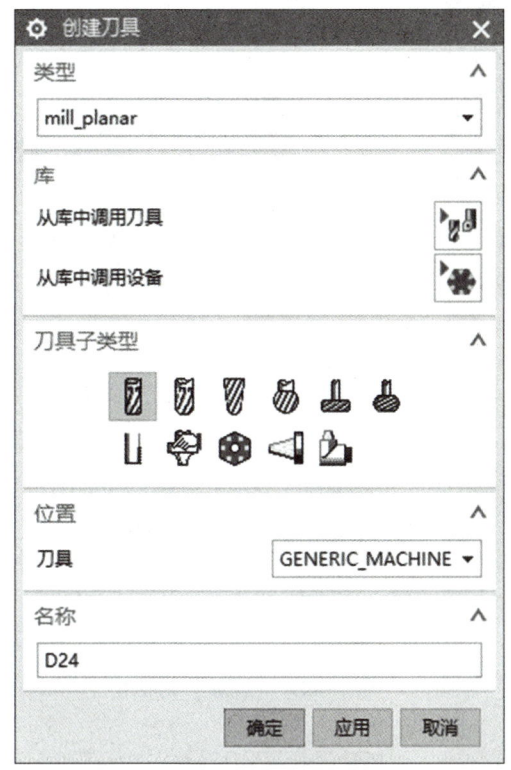

图 7-11 【创建刀具】对话框　　图 7-12 【铣刀-5 参数】对话框

（4）单击【主页】选项卡【插入】组中的【创建刀具】按钮，弹出【创建刀具】对话框。在【类型】下拉列表中选择"mill_contour"，【刀具子类型】选择【MILL】图标，在【名称】文本框中输入"D16"示。单击【确定】按钮，弹出【铣刀-5 参数】对话框。在【铣刀-5 参数】对话框中设定【直径】为"16"，【刀具号】为"2"。单击【确定】按钮，完成刀具创建。

6. 创建面铣工序（面加工）

（1）启动面铣工序。单击【主页】选项卡【插入】组中的【创建工序】按钮，弹出【创建工序】对话框，【类型】选择"mill_planar"，【操作子类型】选择第1行第3个图标（FACE_MILLING），【程序】选择"NC_PROGRAM"，【刀具】选择"D24"，【几何体】选择"WORKPIECE"，【方法】选择"MILL_FINISH"，在【名称】文本框中输入"FACE_MILLING_FINISH"，如图 7-13 所示。

（2）单击【确定】按钮，弹出【面铣】对话框，如图 7-14 所示。

7. 创建面铣几何

在【几何体】组框单击【指定面边界】后的【选择或编辑面几何体】按钮，弹出【毛坯边界】对话框，【选择方法】为"面"，选择如图 7-15 所示的平面。

8. 选择切削模式和设置切削用量

在【面铣】对话框的【刀轨设置】组框中，【切削模式】为"往复"方式，【步距】选择"刀具平直百分比"，【平面直径百分比】输入"75"，如图 7-16 所示。

213

图 7-13 【创建工序】对话框

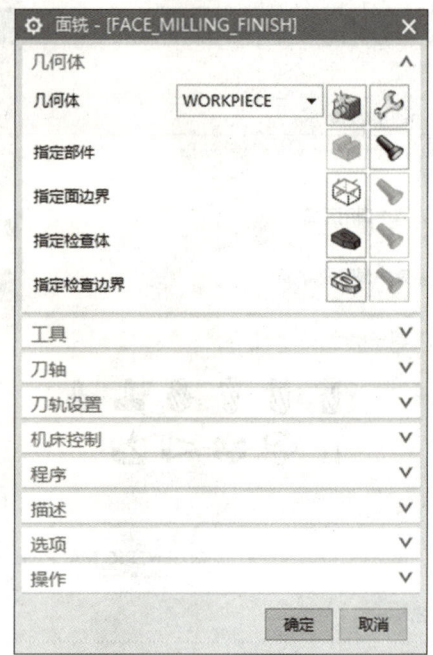
图 7-14 【面铣】对话框

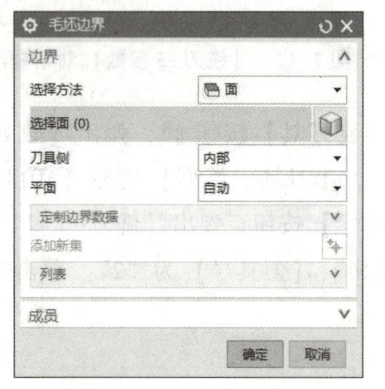

图 7-15 选择平面

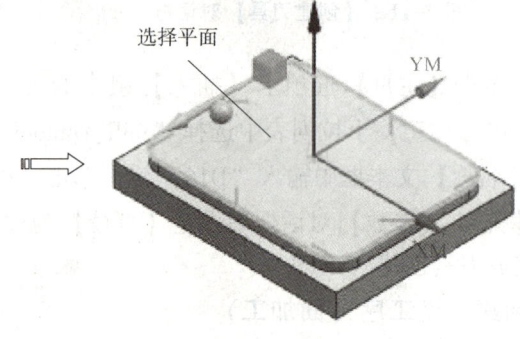

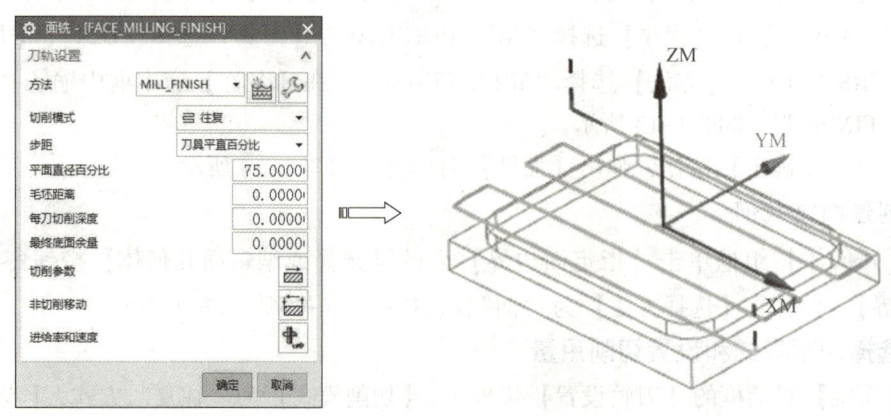
图 7-16 选择切削模式和设置切削用量

9. 设置切削参数

单击【刀轨设置】组框中的【切削参数】按钮，弹出【切削参数】对话框。

（1）【策略】选项卡：【切削方向】为"顺铣"，勾选【延伸到部件轮廓】复选框，【简化形状】为"最小包围盒"，【刀具延展量】为"100"，如图 7-17 所示。

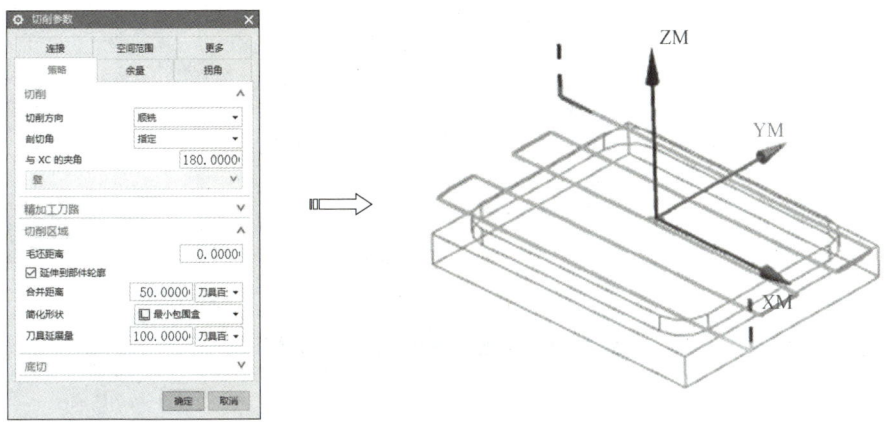

图 7-17 设置切削参数

（2）单击【确定】按钮，完成切削参数设置。

10. 设置非切削参数

单击【刀轨设置】组框中的【非切削移动】按钮，弹出【非切削移动】对话框，进行非切削参数设置。

【进刀】选项卡：开放区域的【进刀类型】为"线性"，【长度】为"50%"，其他参数设置如图 7-18 所示。

【退刀】选项卡：【退刀类型】为"与进刀相同"，其他参数设置如图 7-19 所示。

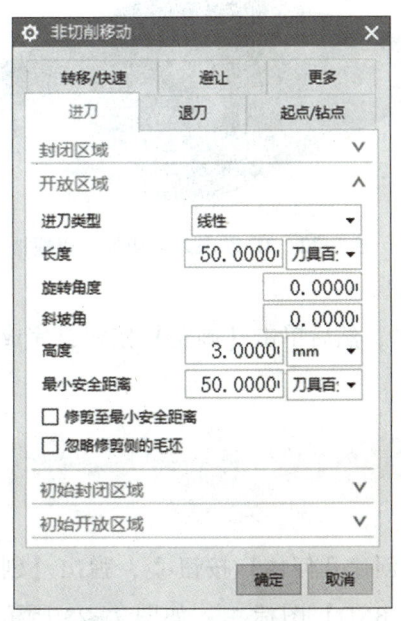

图 7-18 【进刀】选项卡

图 7-19 【退刀】选项卡

11. 设置切削速度

单击【刀轨设置】组框中的【进给率和速度】按钮，弹出【进给率和速度】对话框。设置【主轴速度】为 600 r/min，切削进给率为"300"，单位为"毫米/分钟(mm/min)"，其他接受默认设置，如图 7-20 所示。

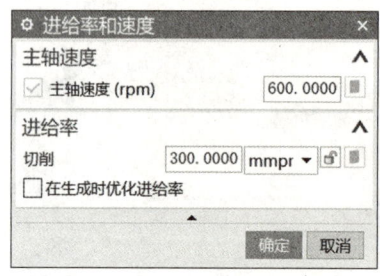

图 7-20 【进给率和速度】对话框

12. 生成刀具路径并验证

（1）在操作对话框中完成参数设置后，单击该对话框底部【操作】组框中的【生成】按钮，可在操作对话框下生成刀具路径，如图 7-21 所示。

（2）单击操作对话框底部【操作】组框中的【确认】按钮，弹出【刀轨可视化】对话框，然后选择【2D 动态】选项卡，单击【播放】按钮可进行 2D 动态刀具切削过程模拟，如图 7-22 所示。

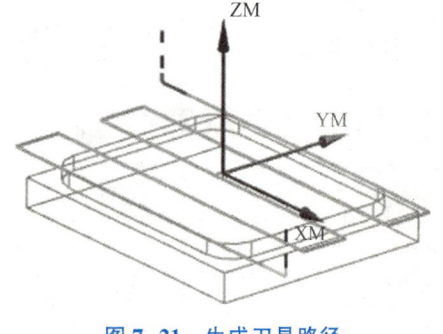

图 7-21 生成刀具路径

图 7-22 2D 动态刀具切削过程模拟

（3）单击【确定】按钮，返回【面铣】对话框，然后单击【确定】按钮，完成面铣加工操作。

7.2.3 创建平面铣工序（粗加工）

1. 创建铣削边界

（1）单击【主页】选项卡【插入】组中的【创建几何体】按钮，弹出【创建几何体】对话框，选择【几何体子类型】中的【MILL_BND】图标，如图 7-23 所示。单击【确定】按钮，弹出【铣削边界】对话框，如图 7-24 所示。

项目七 NX 2.5轴铣削项目式设计案例

图 7-23 【创建几何体】对话框　　　图 7-24 【铣削边界】对话框

（2）单击【指定部件边界】按钮，在弹出的【部件边界】对话框【选择方法】选择"面"图标，【刀具侧】选择"外部"，然后选择如图 7-25 所示的表面。单击【确定】按钮，完成部件边界的设置，返回【铣削边界】对话框。

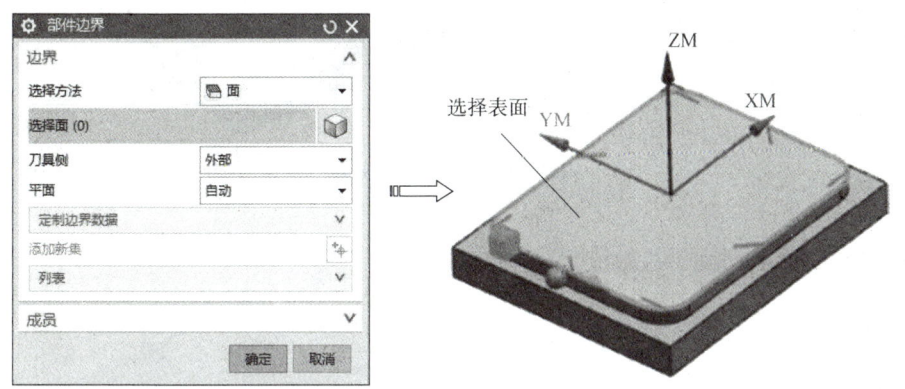

图 7-25 选择部件边界

（3）单击【指定毛坯边界】按钮，在弹出的【毛坯边界】对话框【选择方法】选择"面"图标，选择工件上表面作为平面位置，如图 7-26 所示。

（4）【刀具侧】选择"内部"，然后选择如图 7-27 所示的毛坯上表面。单击【确定】按钮，完成毛坯边界的设置，返回【铣削边界】对话框。

（5）单击【指定底面】按钮，在弹出的【平面】对话框引导下选择如图 7-28 所示的平面作为底面。单击【确定】按钮，完成底面选择。

2. 启动平面铣工序

（1）单击【主页】选项卡【插入】组中的【创建工序】按钮，弹出【创建工序】对话框。【类型】选择"mill_planar"，【操作子类型】选择第 1 行第 4 个图标（PLANAR_

217

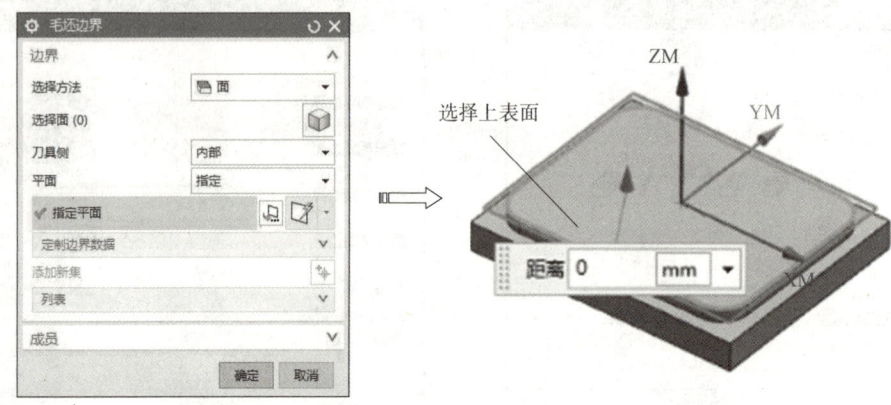

图 7-26　选择平面位置

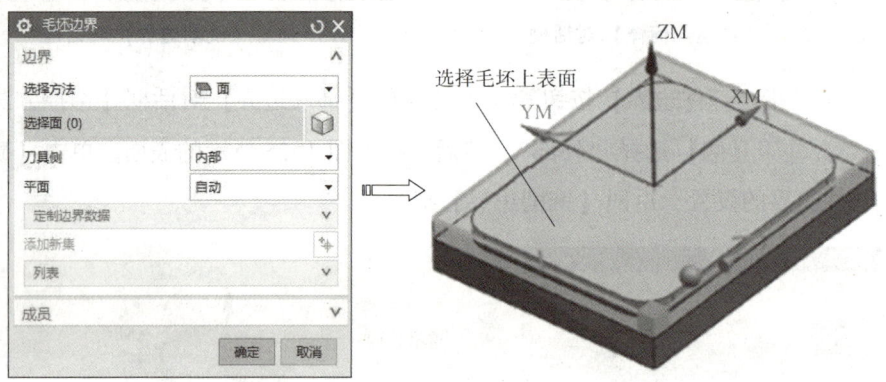

图 7-27　选择毛坯边界

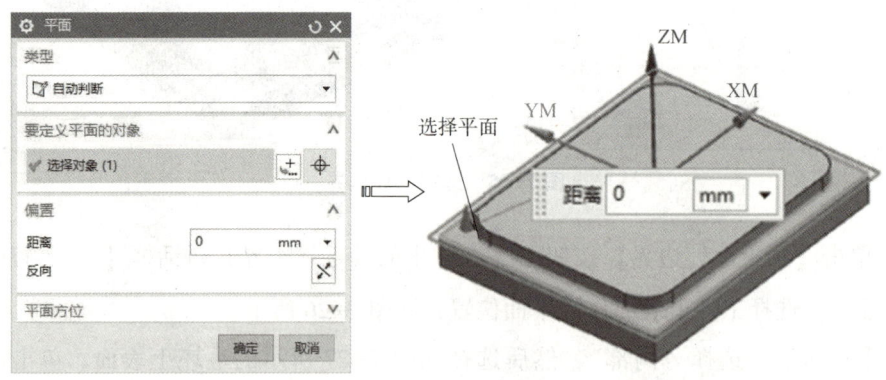

图 7-28　选择底面

MILL），【程序】选择"NC_PROGRAM"，【刀具】为"D24"，【几何体】为"MILL_BND"，【方法】为"MILL_ROUGH"，【名称】为"PLANAR_MILL_ROUGH"，如图 7-29 所示。

（2）单击【确定】按钮，弹出【平面铣】对话框，如图 7-30 所示。

项目七　NX 2.5 轴铣削项目式设计案例

图 7-29　【创建工序】对话框

图 7-30　【平面铣】对话框

3. 选择切削模式和设置切削用量

在【平面铣】对话框的【刀轨设置】组框中，在【切削模式】下拉列表中选择"跟随周边"，在【步距】下拉列表中选择"刀具平直百分比"，在【平面直径百分比】文本框中输入"50"，如图 7-31 所示。

图 7-31　切削模式和设置切削用量

4. 设置切削层（切削深度）

单击【切削层】按钮，弹出【切削层】对话框，【类型】选择为"用户定义"，【公

219

共】为"3",【最小值】为"2",其他参数设置如图7-32所示。单击【确定】按钮,返回【平面铣】对话框。

图7-32 【切削层】对话框

5. 设置切削参数

单击【刀轨设置】组框中的【切削参数】按钮，弹出【切削参数】对话框。

【策略】选项卡:【切削方向】为"顺铣",【切削顺序】为"层优先",【刀路方向】为"向内",其他参数设置如图7-33所示。

【余量】选项卡:【最终底面余量】为"0",其他参数设置如图7-34所示。

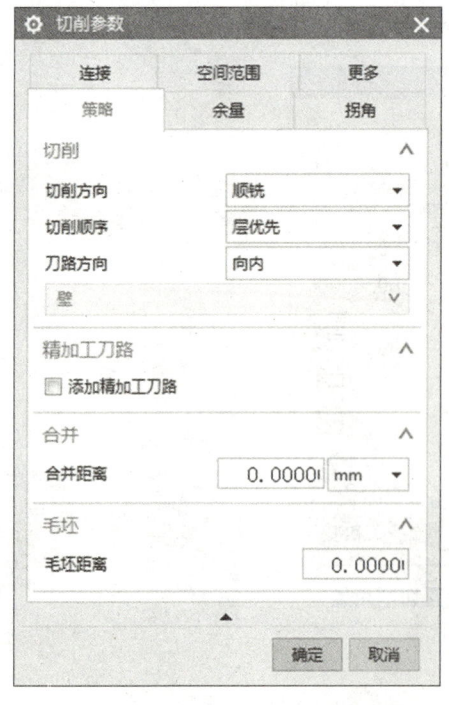

图7-33 【策略】选项卡

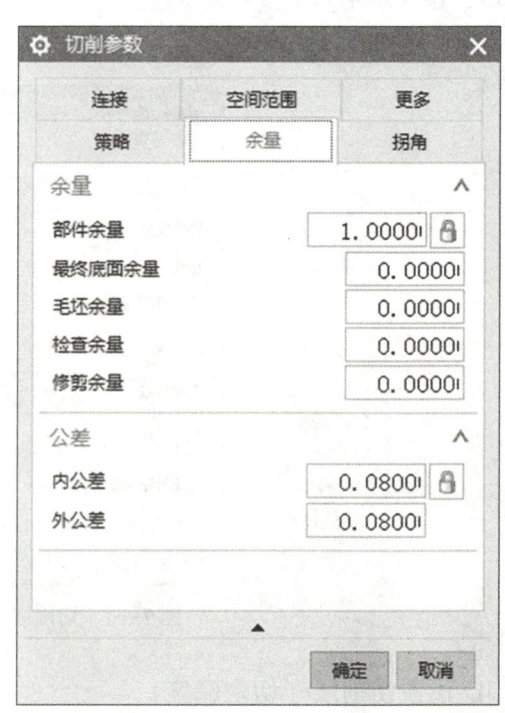

图7-34 【余量】选项卡

单击【切削参数】对话框中的【确定】按钮,完成切削参数设置。

6. 设置非切削参数

单击【刀轨设置】组框中的【非切削移动】按钮,弹出【非切削移动】对话框。

【进刀】选项卡:【进刀类型】为"圆弧",【半径】为"50,刀具百分比",其他参数设置如图 7-35 所示。

【退刀】选项卡:【退刀类型】为"与进刀相同",其他参数设置如图 7-36 所示。

图 7-35 【进刀】选项卡

图 7-36 【退刀】选项卡

单击【非切削移动】对话框中的【确定】按钮,完成非切削参数设置。

7. 设置切削速度

单击【刀轨设置】组框中的【进给率和速度】按钮,弹出【进给率和速度】对话框。设置【主轴速度】为 600 r/min,切削进给率为 300,单位为"毫米/分钟(mm/min)",其他接受默认设置,如图 7-37 所示。

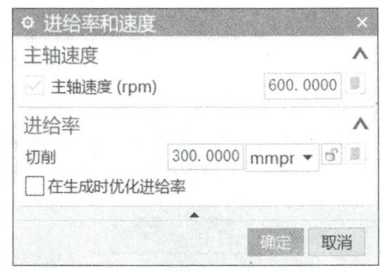

图 7-37 【进给率和速度】对话框

8. 生成刀具路径并验证

单击【刀轨设置】对话框底部【操作】组框中的【生成】按钮,可在操作对话框下生成刀具路径,如图 7-38 所示。

单击【操作】组框中的【确认】按钮,弹出【刀轨可视化】对话框,然后选择【2D 动态】选项卡,单击【播放】按钮可进行 2D 动态刀具切削过程模拟,如图 7-39 所示。

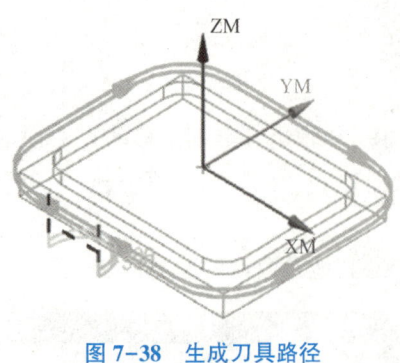

图 7-38　生成刀具路径　　　　图 7-39　2D 动态刀具切削过程模拟

7.2.4　创建平面轮廓铣工序（精加工）

1. 启动平面轮廓铣工序

（1）单击【主页】选项卡【插入】组中的【创建工序】按钮，弹出【创建工序】对话框。在【类型】下拉列表中选择"mill_planar"，【工序子类型】选择第 1 行第 6 个图标（PLANAR_PROFILE），【程序】为"NC_PROGRAM"，【刀具】选择"D16"，【几何体】为"MILL_BND"，【方法】为"MILL_FINISH"，【名称】为"PLANAR_PROFILE_FINISH"，如图 7-40 所示。

（2）单击【确定】按钮，弹出【平面轮廓铣】对话框，如图 7-41 所示。

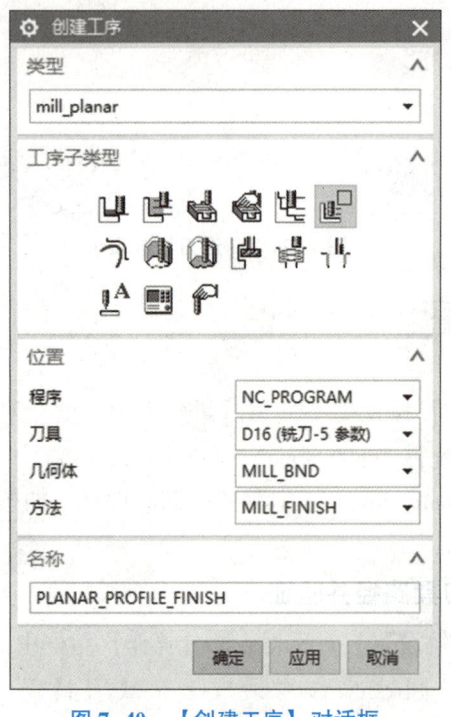
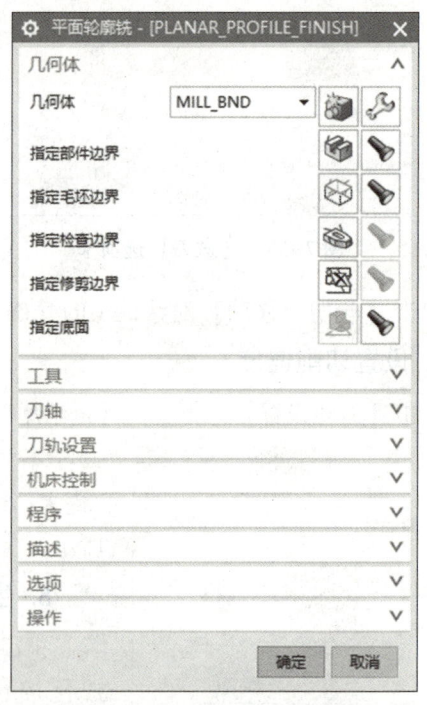

图 7-40　【创建工序】对话框　　　　图 7-41　【平面轮廓铣】对话框

2. 设置切削用量

在【刀轨设置】组框中，【切削进给】为 500 mm/min，【切削深度】选择"用户定义"，【公共】为"3"，【最小值】为"2"，如图 7-42 所示。

项目七　NX 2.5 轴铣削项目式设计案例

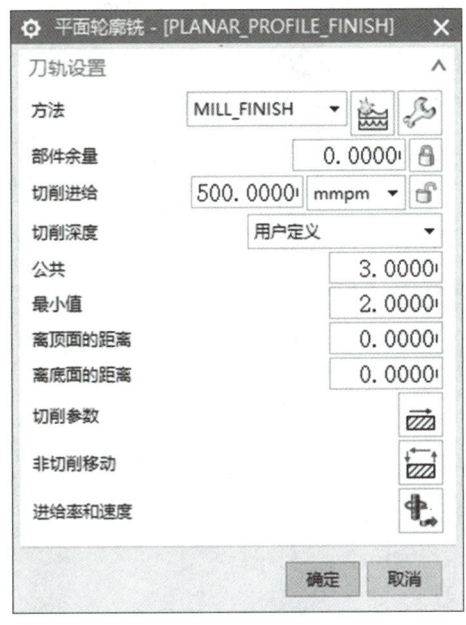

图 7-42　设置切削用量

3. 设置切削参数

单击【刀轨设置】组框中的【切削参数】按钮，弹出【切削参数】对话框。

【策略】选项卡：【切削方向】为"顺铣"，【切削顺序】为"深度优先"，其他参数设置如图 7-43 所示。

【更多】选项卡：取消【允许底切】复选框，其他参数设置如图 7-44 所示。

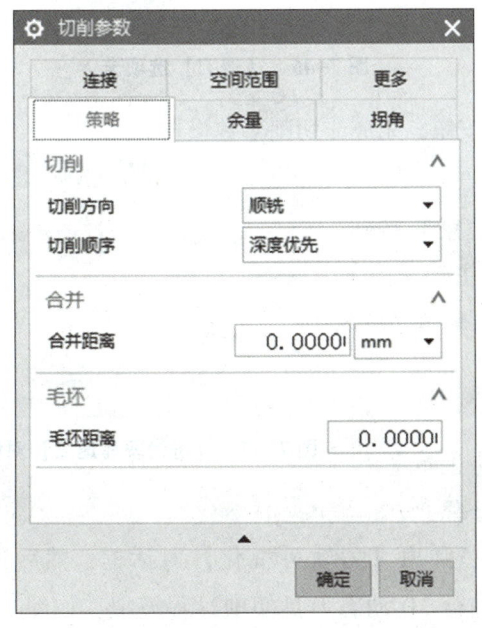

图 7-43　【策略】选项卡

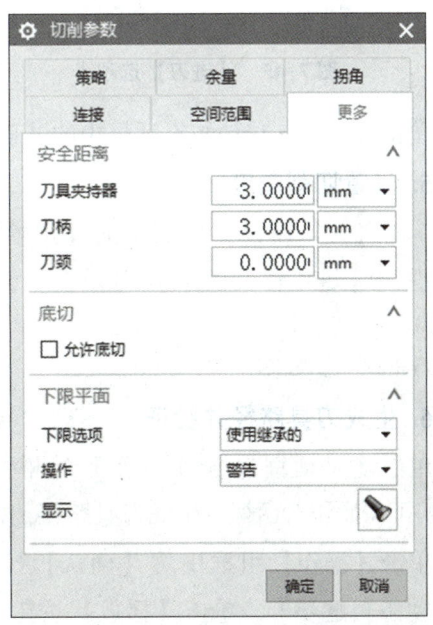

图 7-44　【更多】选项卡

223

单击【切削参数】对话框中的【确定】按钮，完成切削参数设置。

4. 设置非切削参数

单击【刀轨设置】组框中的【非切削移动】按钮，弹出【非切削移动】对话框。

【进刀】选项卡：【进刀类型】为"圆弧"，【半径】为"50%"，其他参数设置如图 7-45 所示。

【退刀】选项卡：【退刀类型】为"与进刀相同"，如图 7-46 所示。

图 7-45 【进刀】选项卡

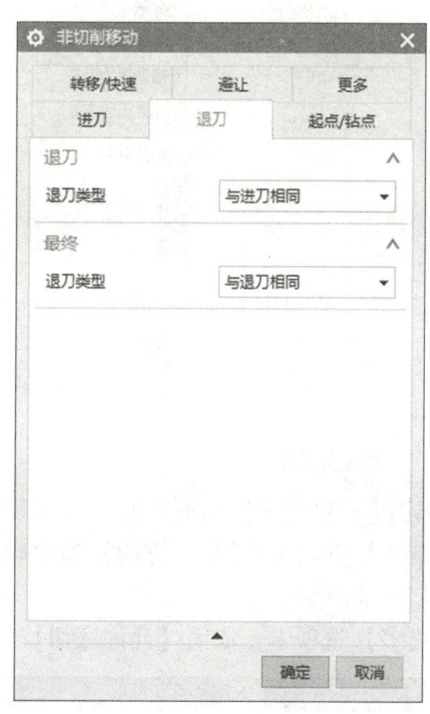

图 7-46 【退刀】选项卡

单击【非切削移动】对话框中的【确定】按钮，完成非切削参数设置。

5. 设置切削速度

单击【刀轨设置】组框中的【进给率和速度】按钮，弹出【进给率和速度】对话框。设置【主轴速度】为 800 r/min，切削进给率为"500"，单位为"毫米/分钟（mm/min）"，如图 7-47 所示。

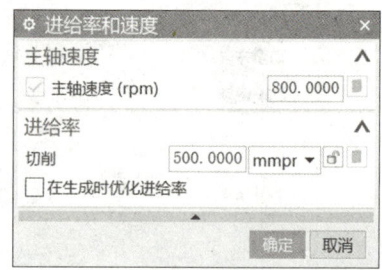

图 7-47 【进给率和速度】对话框

6. 生成刀具路径并验证

单击该对话框底部【操作】组框中的【生成】按钮，可在操作对话框下生成刀具路径，如图 7-48 所示。

单击【操作】组框中的【确认】按钮，弹出【刀轨可视化】对话框，然后选择【2D 动态】选项卡，单击【播放】按钮可进行 2D 动态刀具切削过程模拟，如图 7-49 所示。

项目七 NX 2.5 轴铣削项目式设计案例

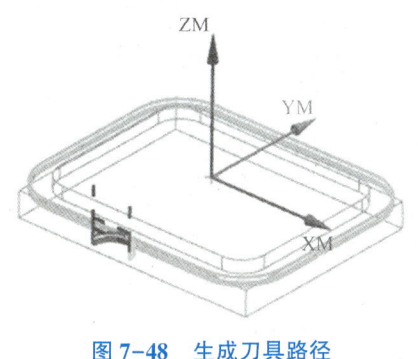

图 7-48 生成刀具路径

图 7-49 2D 动态刀具切削过程模拟

单击【确定】按钮,返回【平面轮廓铣】对话框,然后单击【确定】按钮,完成加工操作。

任务 7.3　方形凹腔零件项目式设计

以方形凹腔为例来对 NX 2.5 轴加工相关知识进行综合性应用,方形凹腔零件尺寸 100 mm×80 mm×15 mm,如图 7-50 所示。该凹腔为直壁,凹腔由 4 段直线和 4 段相切的圆弧组成,上表面与底面均为平面,形状较为简单。毛坯尺寸为 100 mm×80 mm×18 mm,四周已经完成加工,需要进行上表面的精加工和凹腔的粗加工、侧壁精加工。希望大家通过学习方形凹腔零件的设计,掌握相关知识,在今后能够举一反三、灵活应用。

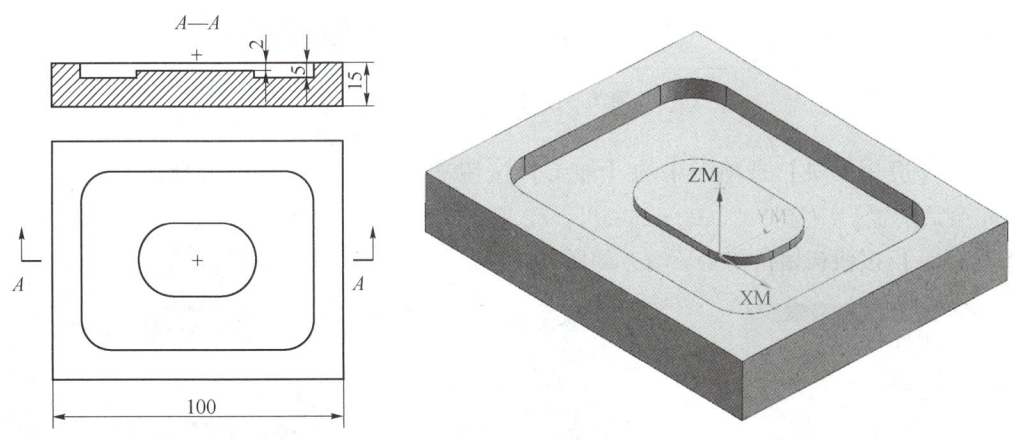

图 7-50 方形凹腔零件

7.3.1　方形凹腔零件数控工艺分析与加工方案

根据零件形状及加工精度要求,以工件底面固定安装在机床上,加工坐标系原点为上表面毛坯中心,按照先粗后精的原则,按照"面铣"→"粗加工"→"精加工"的顺序逐步达到加工精度。刀具及切削参数如表 7-3 所示。

表 7-3 刀具及切削参数

工步号	工步内容	刀具类型	切削用量		
			主轴转速/（r·min^{-1}）	进给速度/（mm·min^{-1}）	背吃刀量/mm
1	上表面精加工	φ24 立铣刀	600	300	3
2	侧壁粗加工	φ16 立铣刀	600	300	4
3	侧壁精加工	φ16 立铣刀	800	500	2

7.3.2 方形凹腔零件数控加工操作过程

1. 启动数控加工环境

启动 NX 后，单击【文件】选项卡的【打开】按钮，打开【打开部件文件】对话框，选择"方形凹腔 CAD.prt"（"随书光盘:\项目七\凹腔 CAD.prt"），单击【OK】按钮，文件打开后如图 7-51 所示。

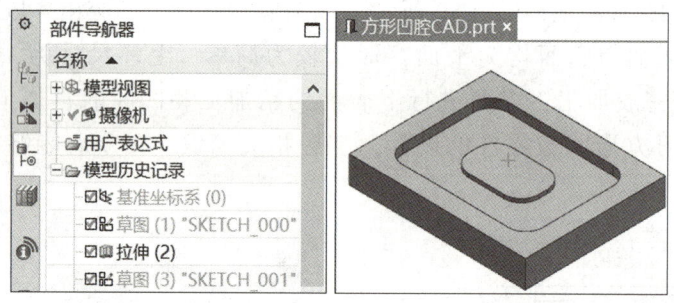

图 7-51 打开模型文件

单击【应用模块】选项卡中的【加工】按钮，系统弹出【加工环境】对话框，在【CAM 会话配置】中选择"cam_general"，在【要创建的 CAM 组装】中选择"mill_planar"，单击【确定】按钮初始化加工环境，如图 7-52 所示。

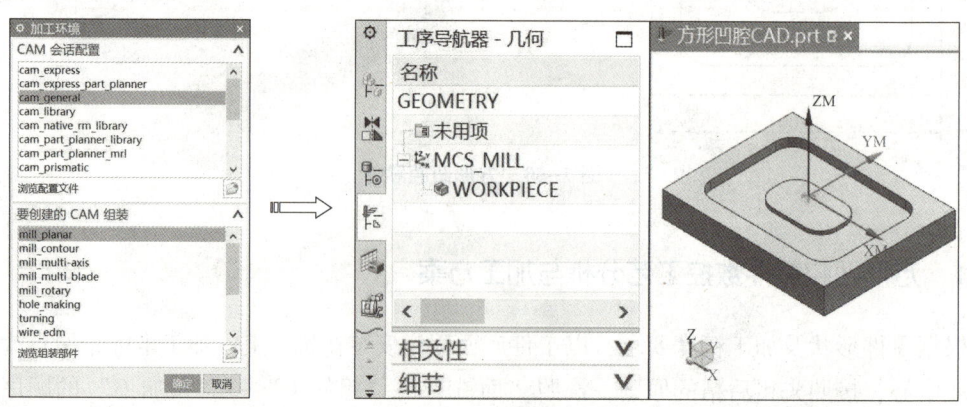

图 7-52 启动 NX CAM 加工环境

2. 创建加工父级组

单击上边框条【工序导航器】组上的【几何视图】按钮，将【工序导航器】切换到几何视图显示。

3. 创建加工几何组

(1) 双击【工序导航器】窗口中的【MCS_MILL】图标，弹出【MCS 铣削】对话框，如图 7-53 所示。

图 7-53　【MCS 铣削】对话框

(2) 单击【机床坐标系】组框中的【CSYS 对话框】按钮，弹出【坐标系】对话框，并拖动在图形窗口中捕捉如图 7-54 所示的点定位加工坐标系。

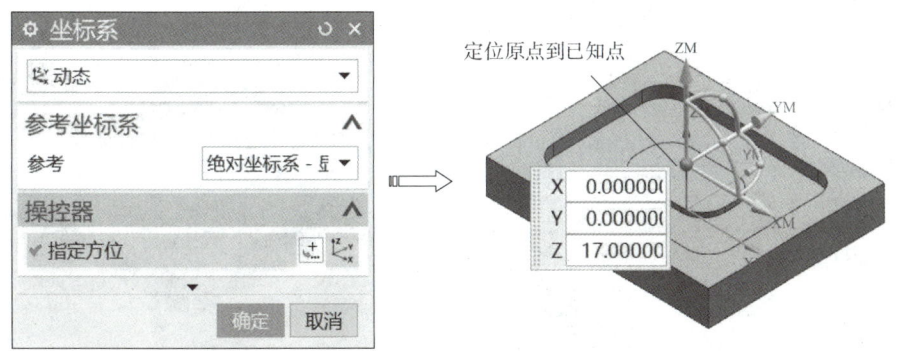

图 7-54　移动确定加工坐标系

(3)【安全设置选项】为"平面"，然后单击【平面】按钮，弹出【平面】对话框，选择毛坯上表面并设置高度 15 mm，单击【确定】按钮，完成安全平面设置，如图 7-55 所示。

4. 创建铣削工件几何

(1) 在【工序导航器】中双击【WORKPIECE】图标，弹出【工件】对话框，如图 7-56 所示。

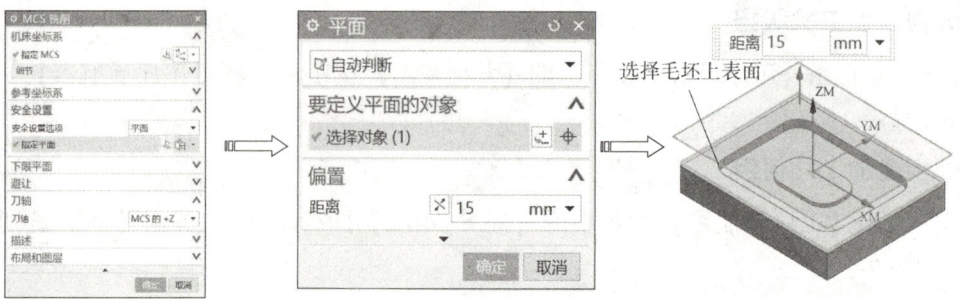

图 7-55 设置安全平面

图 7-56 【工件】对话框

（2）单击【几何体】组框中【指定部件】选项后的【选择或编辑部件几何体】按钮，弹出【部件几何体】对话框，选择部件几何，如图 7-57 所示。

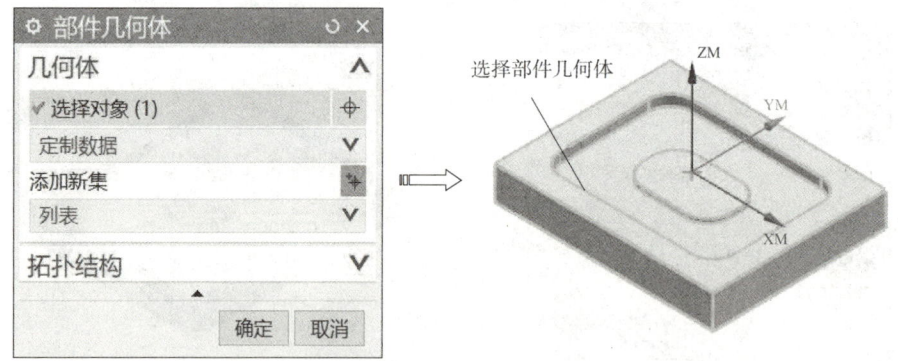

图 7-57 选择部件几何体

（3）单击【几何体】组框中【指定毛坯】选项后的【选择或编辑毛坯几何体】按钮，弹出【毛坯几何体】对话框，选择图层 10 上的实体作为毛坯，如图 7-58 所示。

5. 创建刀具组

单击上边框条【工序导航器】组上的【机床视图】按钮，操作导航器切换到机床刀具视图。

（1）单击【主页】选项卡【插入】组中的【创建刀具】按钮，弹出【创建刀具】

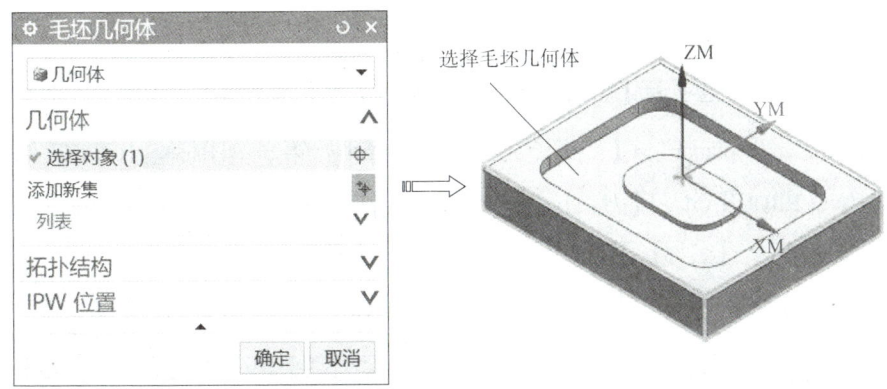

图 7-58　创建毛坯几何体

对话框，【类型】为"mill_planar"，【刀具子类型】选择【MILL】图标，【名称】为"T1D24"，如图 7-59 所示。

（2）单击【确定】按钮，弹出【铣刀-5 参数】对话框，【直径】为"24"，【刀具号】为"1"，如图 7-60 所示。单击【确定】按钮，完成刀具创建。

图 7-59　【创建刀具】对话框

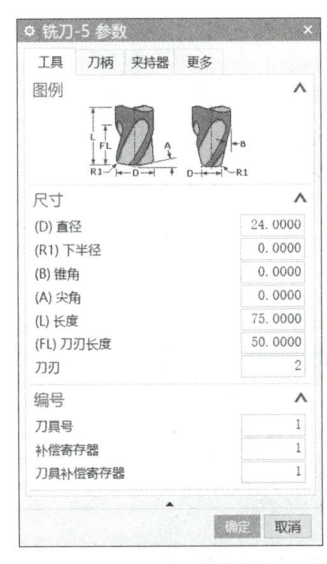

图 7-60　【铣刀-5 参数】对话框

（3）单击【主页】选项卡【插入】组中的【创建刀具】按钮，弹出【创建刀具】对话框，【类型】为"mill_contour"，【刀具子类型】选择【MILL】图标，【名称】为"T2D8"。单击【确定】按钮，弹出【铣刀-5 参数】对话框，【直径】为"16"，【刀具号】为"2"。单击【确定】按钮，完成刀具创建。

6. 创建面铣工序（面加工）

单击上边框条【工序导航器】组上的【几何视图】按钮，将【工序导航器】切换到几何视图显示。

7. 启动面铣工序

（1）单击【主页】选项卡【插入】组中的【创建工序】按钮，弹出【创建工序】对话框，【类型】为"mill_planar"，【工序子类型】选择第 1 行第 3 个图标（FACE_MILLING），【程序】为"NC_PROGRAM"，【刀具】为"T1D24"，【几何体】选择"WORKPIECE"，【方法】选择"MILL_FINISH"，【名称】为"FACE_MILLING_FINISH"，如图 7-61 所示。

（2）单击【确定】按钮，弹出【面铣】对话框，如图 7-62 所示。

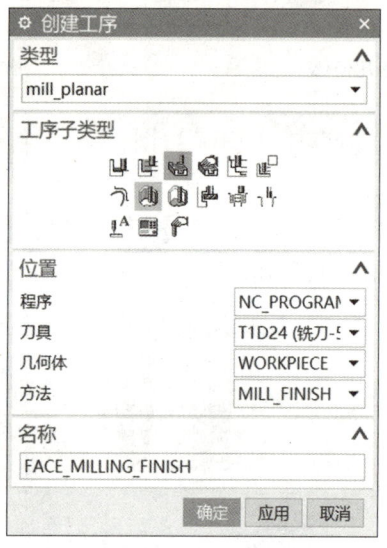   

图 7-61　【创建工序】对话框　　　　图 7-62　【面铣】对话框

8. 创建面铣几何

在【几何体】组框中，单击【指定面边界】后的【选择或编辑面几何体】按钮，弹出【毛坯边界】对话框，【选择方法】为"面"，选择如图 7-63 所示的平面，单击【确定】按钮返回。

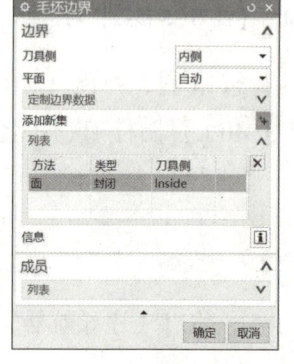　　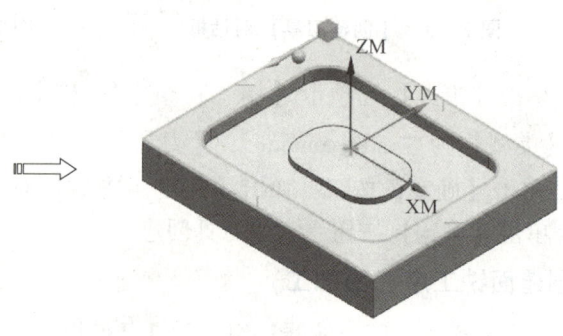

图 7-63　选择平面

9. 选择切削模式和设置切削用量

在【面铣】对话框的【刀轨设置】组框中,【切削模式】为"往复",【步距】为"%刀具平直",【平面直径百分比】为"75",如图7-64所示。

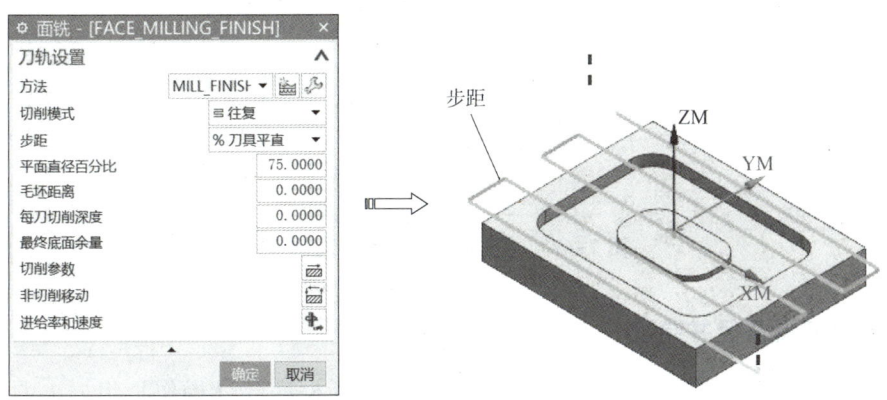

图7-64 选择切削模式和设置切削用量

10. 设置非切削参数

单击【刀轨设置】组框中的【非切削移动】按钮,弹出【非切削移动】对话框,进行非切削参数设置。

【进刀】选项卡：开放区域的【进刀类型】为"线性",【长度】为"50%",其他参数设置如图7-65所示。

【退刀】选项卡：【退刀类型】为"与进刀相同",其他参数设置如图7-66所示。

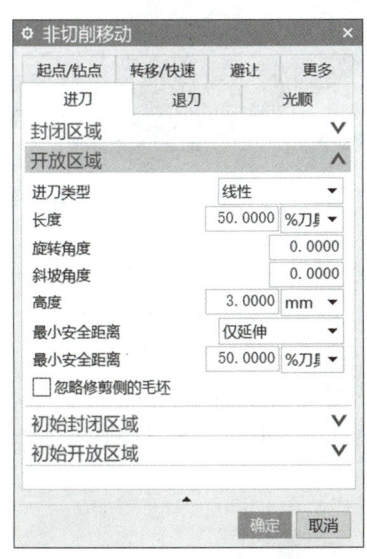

图7-65 【进刀】选项卡

图7-66 【退刀】选项卡

11. 设置切削速度

单击【刀轨设置】组框中的【进给率和速度】按钮,弹出【进给率和速度】对话框。

设置【主轴速度】为 600 r/min，切削进给率为"250"，单位为"毫米/分钟（mm/min）"，其他接受默认设置，如图 7-67 所示。

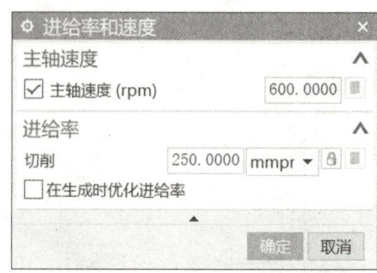

图 7-67 【进给率和速度】对话框

12. 生成刀具路径并验证

（1）在操作对话框中完成参数设置后，单击该对话框底部【操作】组框中的【生成】按钮，可在操作对话框下生成刀具路径，如图 7-68 所示。

（2）单击操作对话框底部【操作】组框中的【确认】按钮，弹出【刀轨可视化】对话框，然后选择【2D 动态】选项卡，单击【播放】按钮可进行 2D 动态刀具切削过程模拟，如图 7-69 所示。

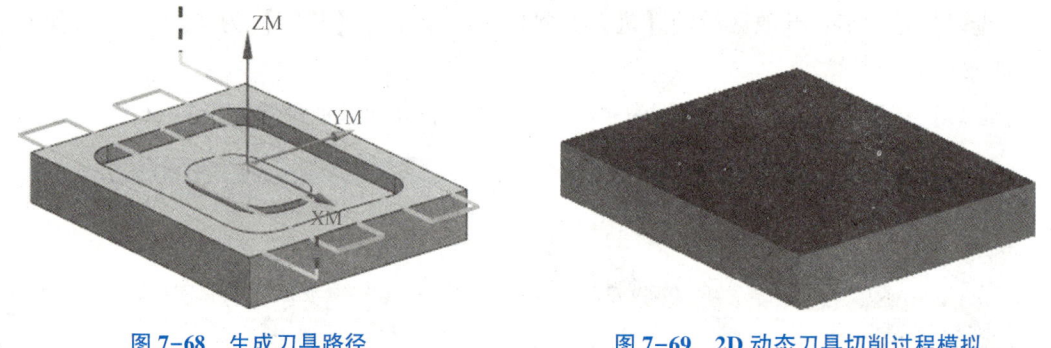

图 7-68 生成刀具路径　　　　　图 7-69 2D 动态刀具切削过程模拟

（3）单击【确定】按钮，返回【面铣】对话框，然后单击【确定】按钮，完成面铣加工操作。

13. 创建平面铣工序（粗加工）

单击上边框条【工序导航器】组上的【几何视图】按钮，将【工序导航器】切换到几何视图显示。

14. 创建铣削边界

（1）单击【主页】选项卡的【插入】组中的【创建几何体】按钮，弹出【创建几何体】对话框，选择【几何体子类型】中的【MILL_BND】图标，如图 7-70 所示。单击【确定】按钮，弹出【铣削边界】对话框，如图 7-71 所示。

项目七 NX 2.5 轴铣削项目式设计案例

图 7-70 【创建几何体】对话框　　　　图 7-71 【铣削边界】对话框

（2）单击【指定部件边界】按钮，弹出【部件边界】对话框，【选择方法】选择"曲线"，【刀具侧】选择"内侧"，然后选择如图 7-72 所示的相切曲线。

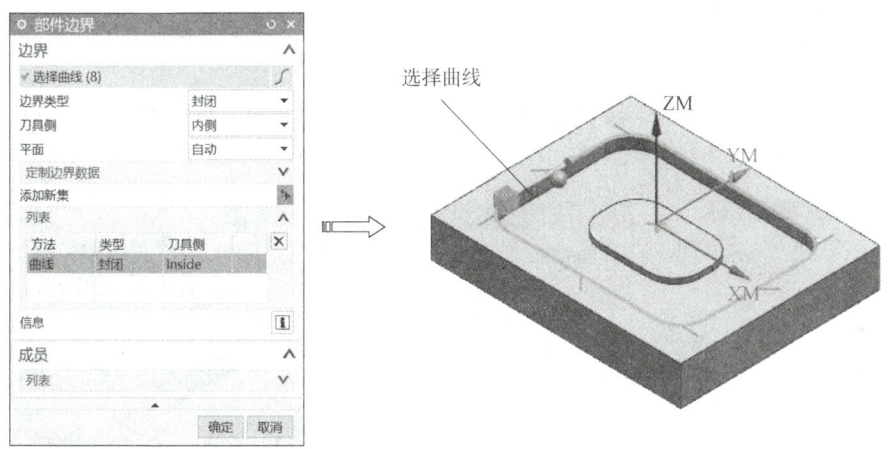

图 7-72 选择曲线部件边界

（3）单击【添加新集】按钮，【选择方法】为"面"，【刀具侧】为"外侧"，选择如图 7-73 所示的面，单击【确定】按钮，完成部件边界的设置。

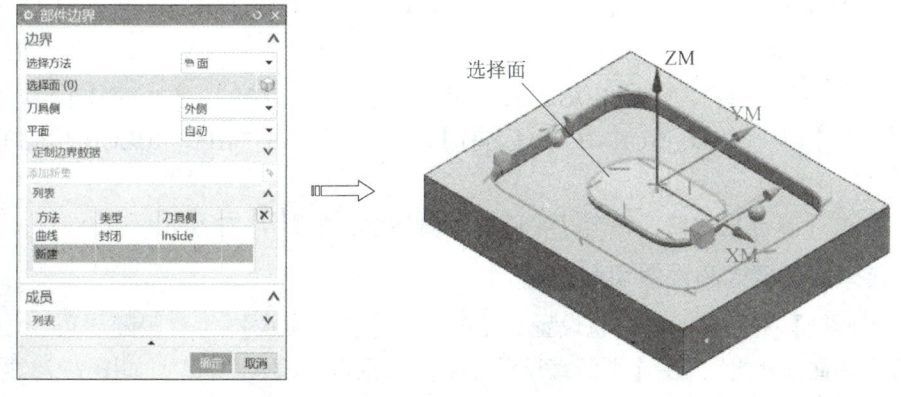

图 7-73 选择部件边界

233

(4)单击【指定毛坯边界】按钮，弹出【毛坯边界】对话框，【选择方法】选择"曲线"，【刀具侧】为"内侧"，选择如图 7-74 所示的相切曲线，单击【确定】按钮，完成毛坯边界的设置。

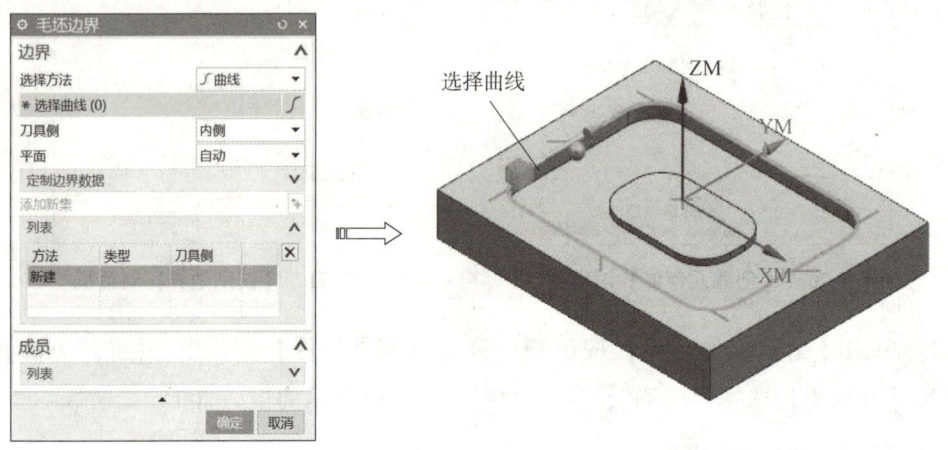

图 7-74　选择曲线

(5)单击【指定底面】按钮，选择如图 7-75 所示的平面作为底面，单击【确定】按钮完成。

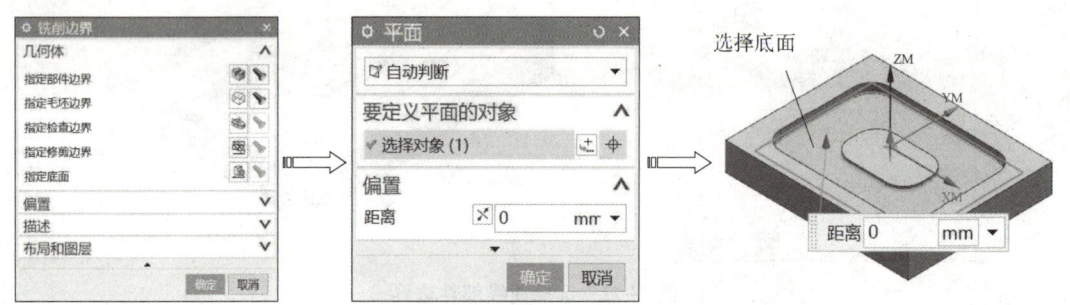

图 7-75　选择底面

15. 启动平面铣工序

(1)单击【主页】选项卡【插入】组中的【创建工序】按钮，弹出【创建工序】对话框，【类型】为"mill_planar"，【工序子类型】选择第 1 行第 5 个图标（PLANAR_MILL），【程序】选择"NC_PROGRAM"，【刀具】为"T2D8"，【几何体】为"MILL_BND"，【方法】为"MILL_ROUGH"，【名称】为"PLANAR_MILL_ROUGH"，如图 7-76 所示。

(2)单击【确定】按钮，弹出【平面铣】对话框，如图 7-77 所示。

16. 选择切削模式和设置切削用量

在【平面铣】对话框的【刀轨设置】组框中，【切削模式】为"跟随周边"，【步距】为"%刀具平直百分比"，在【平面直径百分比】文本框中输入"50"，如图 7-78 所示。

项目七 NX 2.5 轴铣削项目式设计案例

图 7-76 【创建工序】对话框

图 7-77 【平面铣】对话框

17. 设置切削层（切削深度）

单击【切削层】按钮，弹出【切削层】对话框，【类型】为"用户定义"选项，【公共】为"1"，【最小值】为"0"，其他参数设置如图 7-79 所示。

图 7-78 切削模式和设置切削用量

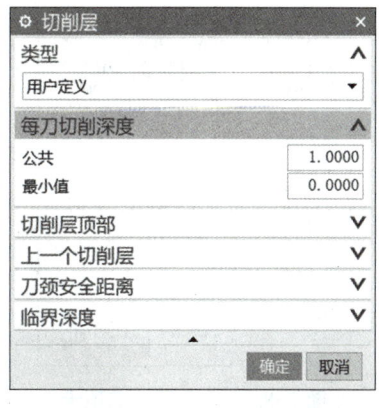

图 7-79 【切削层】对话框

18. 设置切削参数

单击【刀轨设置】组框中的【切削参数】按钮，弹出【切削参数】对话框。

【策略】选项卡：【切削方向】为"顺铣"，【切削顺序】为"深度优先"，【刀路方向】为"向外"，如图 7-80 所示。

【余量】选项卡：【最终底面余量】为"0"，如图 7-81 所示。

单击【切削参数】对话框中的【确定】按钮，完成切削参数设置。

19. 设置非切削参数

单击【刀轨设置】组框中的【非切削移动】按钮，弹出【非切削移动】对话框。

235

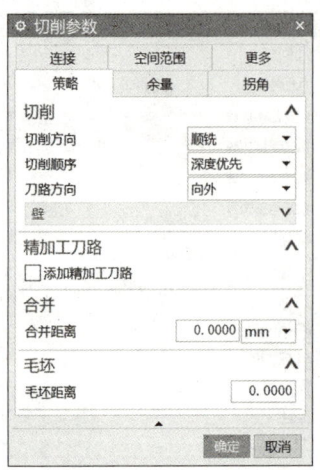

图 7-80 【策略】选项卡

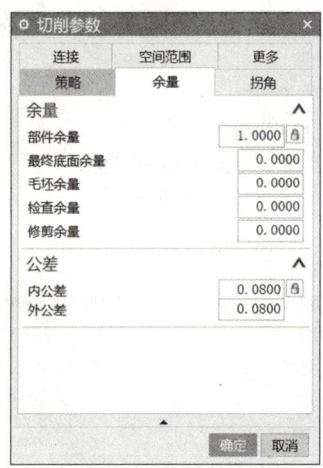

图 7-81 【余量】选项卡

【进刀】选项卡：【进刀类型】为"螺旋"，【直径】为"50 刀具百分比"，其他参数设置如图 7-82 所示。

【退刀】选项卡：【退刀类型】为"与进刀相同"，其他参数设置如图 7-83 所示。

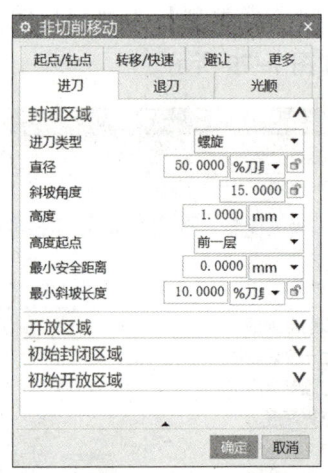

图 7-82 【进刀】选项卡

图 7-83 【退刀】选项卡

单击【非切削移动】对话框中的【确定】按钮，完成非切削参数设置。

20. 设置切削速度

单击【刀轨设置】组框中的【进给率和速度】按钮，弹出【进给率和速度】对话框。设置【主轴速度】为 800 r/min，切削进给率为"600 mm/min"，单位为"毫米/分钟（mm/min）"，其他接受默认设置，如图 7-84 所示。

21. 生成刀具路径并验证

单击该对话框底部【操作】组框中的【生成】按钮，可在操作对话框下生成刀具路径，如图 7-85 所示。

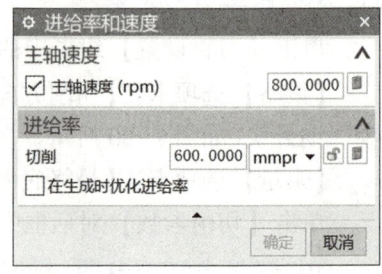

图 7-84 【进给率和速度】对话框

单击【操作】组框中的【确认】按钮，弹出【刀轨可视化】对话框，然后选择【2D 动态】选项卡，单击【播放】按钮可进行2D动态刀具切削过程模拟，如图7-86所示。

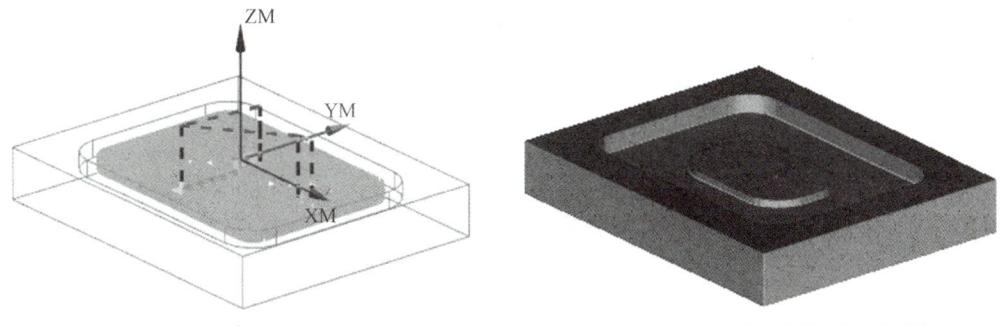

图 7-85　生成刀具路径　　　　　图 7-86　2D 动态工具切削过程模拟

7.3.3　创建平面轮廓铣工序（精加工）

单击上边框条【工序导航器】组上的【几何视图】按钮，将【工序导航器】切换到几何视图显示。

1. 启动平面轮廓铣工序

（1）单击【主页】选项卡【插入】组中的【创建工序】按钮，弹出【创建工序】对话框，【类型】为"mill_planar"，【工序子类型】为（PLANAR_PROFILE），【程序】为"NC_PROGRAM"，【刀具】选择"T3D6"，【几何体】为"MILL_BND"，【方法】为"MILL_FINISH"，【名称】为"PLANAR_PROFILE_FINISH"，如图7-87所示。

（2）单击【确定】按钮，弹出【平面轮廓铣】对话框，如图7-88所示。

图 7-87　【创建工序】对话框　　　图 7-88　【平面轮廓铣】对话框

2. 设置切削用量

在【刀轨设置】组框中，【切削进给】为 600 mm/min，【切削深度】为"用户定义"，【公共】为"0.5"，【最小值】为"0"，如图 7-89 所示。

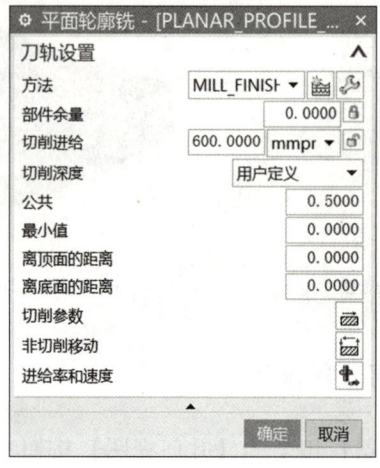

图 7-89　设置切削用量

3. 设置切削参数

单击【刀轨设置】组框中的【切削参数】按钮，弹出【切削参数】对话框。

【策略】选项卡：【切削方向】为"顺铣"，【切削顺序】为"深度优先"，其他参数设置如图 7-90 所示。

【更多】选项卡：取消【允许底切】复选框，其他参数设置如图 7-91 所示。

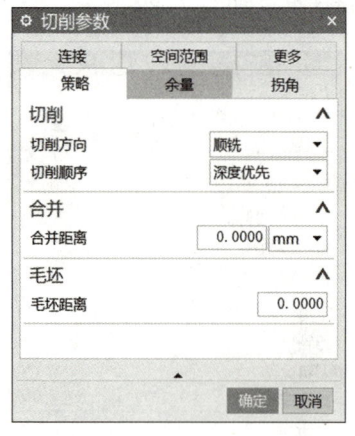

图 7-90　【策略】选项卡

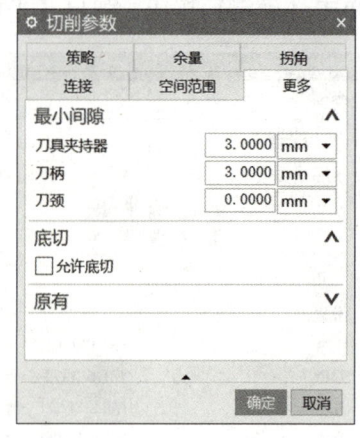

图 7-91　【更多】选项卡

单击【切削参数】对话框中的【确定】按钮，完成切削参数设置。

4. 设置非切削参数

单击【刀轨设置】组框中的【非切削移动】按钮，弹出【非切削移动】对话框。

【进刀】选项卡：【进刀类型】为"圆弧"，【半径】为"50%"，其他参数设置如图 7-92 所示。

【退刀】选项卡：【退刀类型】为"与进刀相同"，其他参数设置如图 7-93 所示。

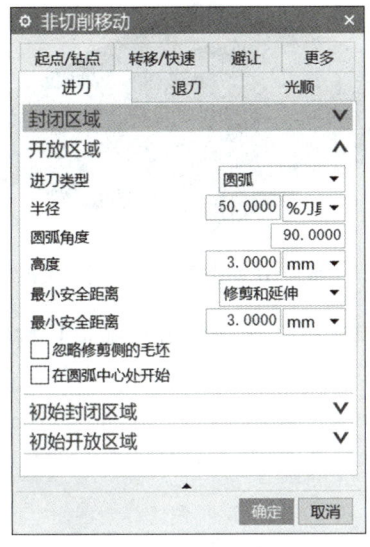
图 7-92　【进刀】选项卡

图 7-93　【退刀】选项卡

单击【非切削移动】对话框中的【确定】按钮，完成非切削参数设置。

5. 设置切削速度

单击【刀轨设置】组框中的【进给率和速度】按钮，弹出【进给率和速度】对话框。设置【主轴速度】为 1 000 r/min，切削进给率为"600"，单位为"毫米/分钟（mm/min）"，如图 7-94 所示。

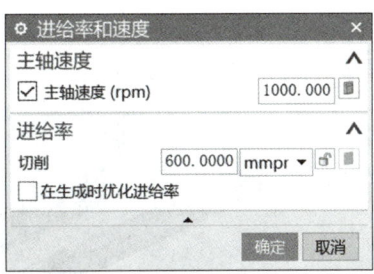
图 7-94　【进给率和速度】对话框

6. 生成刀具路径并验证

（1）单击该对话框底部【操作】组框中的【生成】按钮，可在操作对话框下生成刀具路径，如图 7-95 所示。

（2）单击【操作】组框中的【确认】按钮，弹出【刀轨可视化】对话框，然后选择【2D 动态】选项卡，单击【播放】按钮可进行 2D 动态刀具切削过程模拟，如图 7-96 所示。

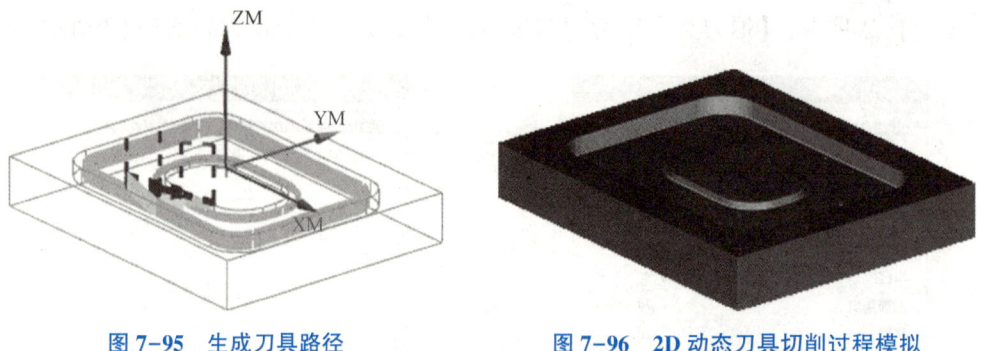

图 7-95　生成刀具路径　　　　　图 7-96　2D 动态刀具切削过程模拟

（3）单击【确定】按钮，返回【平面轮廓铣】对话框，然后单击【确定】按钮，完成加工操作。

本章小结

本章以 3 个典型案例了解 NX 2.5 轴数控加工技术，包括面铣、平面铣、平面轮廓铣、固定轴曲面轮廓铣等。使读者通过这些案例来掌握 2.5 轴铣加工的具体应用，同时希望读者通过更多的练习，能完全掌握及熟练应用 2.5 轴铣加工方法。

上机习题

1. 按照附件所给 stp 格式模型，利用 UG NX CAM 模块完成零件的加工，如题图 7-1 所示。

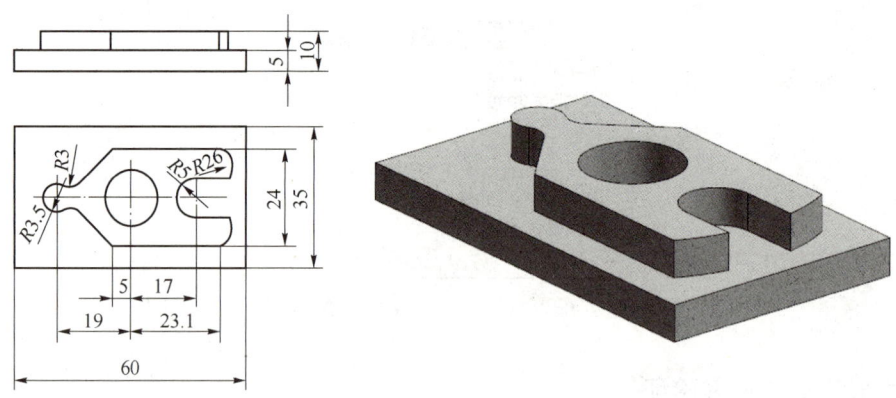

题图 7-1

2. 按照附件所给 stp 格式模型，利用 UG NX CAM 模块完成零件的加工，如题图 7-2 所示。

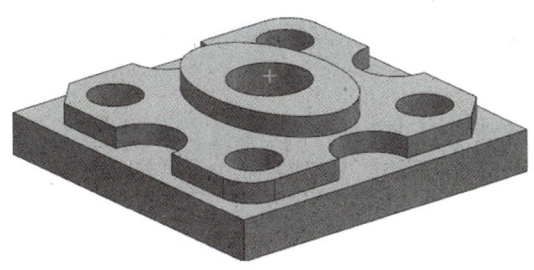

题图 7-2

3. 按照附件所给 stp 格式模型，利用 UG NX CAM 模块完成零件的加工，如题图 7-3 所示。

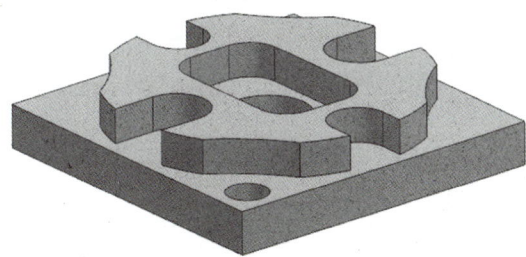

题图 7-3

项目八

NX 三轴铣削加工项目式设计案例

数控零件三轴加工是指机床的 XYZ 三轴一起联动，多用于曲面的加工。按照数控加工工艺原则，一般分成粗加工、半精加工和精加工，NX 通过型腔铣实现粗加工、深度轮廓铣实现半精加工、固定轴曲面轮廓铣完成曲面精加工。本章通过 3 个典型案例讲解 NX 三轴铣加工操作方法和步骤，希望通过本章的学习，使读者轻松掌握 NX 平面铣在三轴加工中的应用方法。

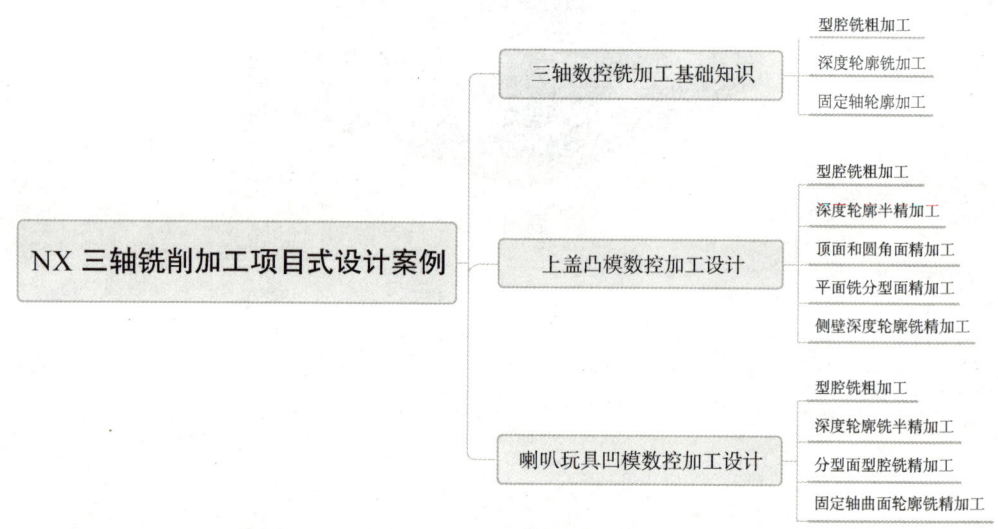

任务 8.1　三轴数控铣加工基础知识

8.1.1　型腔铣粗加工

型腔铣加工能够以固定刀轴快速建立 3 轴粗加工刀位轨迹，以分层切削的方式加工出零件的大概形状，在每个切削层上都沿着零件的轮廓建立轨迹。型腔铣加工主要用于粗加工，特别适合于建立模具的凸模和凹模粗加工刀位轨迹。

型腔铣的加工特征是在刀具路径的同一高度内完成一层切削，当遇到曲面时将会绕过，再下降一个高度进行下一层的切削，系统按照零件在不同深度的截面形状计算各层的刀路轨迹，如图 8-1 所示。可以理解成在一个由轮廓组成的封闭容器内，由曲面和实体组成容器中的堆积物，在容器中加入液体，在每一个高度上，液体存在的位置均为切削范围。

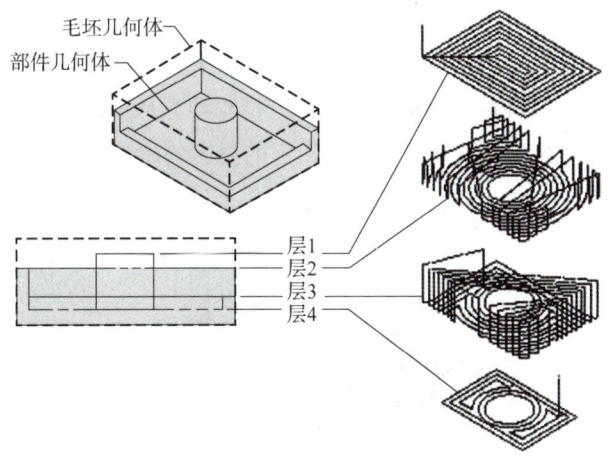

图 8-1　型腔铣的切削层

8.1.2　深度轮廓铣加工

深度轮廓铣加工也称为等高轮廓铣，是一个固定轴铣削模块，常用于固定轴半精加工和精加工。深度轮廓铣移除垂直于固定刀轴的平面层中的材料，在陡峭壁上保持近似恒定的残余高度和切屑负荷，如图 8-2 所示。

深度轮廓铣加工采用多个切削层铣削实体或曲面的轮廓，对于一些形状复杂的零件，其中需要加工的表面既有平缓的曲面，又有陡峭的曲面，或者是接近垂直的斜面和曲面，如某些模具的型腔和型芯，在加工这类特点的零件时，对于平缓的曲面和陡峭的曲面就需要采用不同的加工方式，而深度轮廓铣加工就特别适合于陡峭曲面的加工。

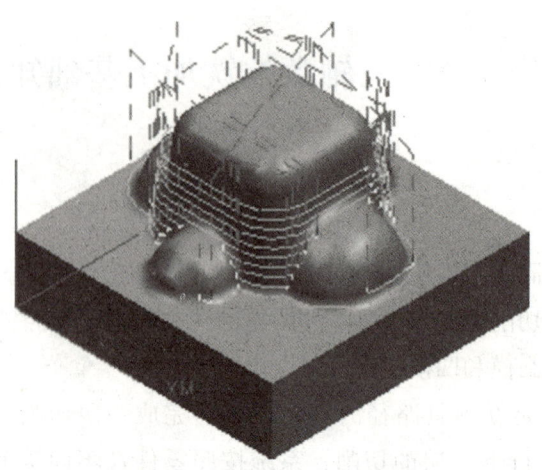

图 8-2 深度轮廓铣加工

8.1.3 固定轴轮廓铣加工

固定轴轮廓铣可加工形状为轮廓形表面，刀具可以跟随零件表面的形状进行加工，刀具移动轨迹为沿刀轴平面内的曲线，刀轴方向固定。一般用于零件的半精加工或精加工，也可用于复杂形状表面的粗加工。如图 8-3 所示，如何通过将驱动点从有界平面投影到部件曲面来创建操作，首先在边界内创建驱动点阵列，然后沿指定的投影矢量将其投影到部件曲面上。

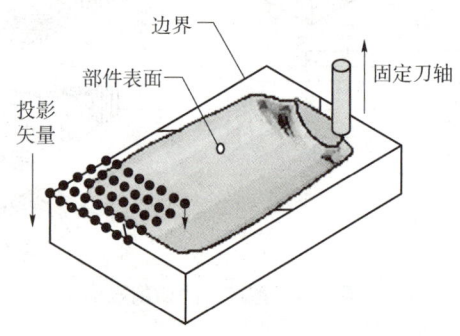

图 8-3 边界驱动中驱动点投影

刀具将定位到部件表面的接触点，当刀具在部件上从一个接触点移动到另一个时，可使用刀尖的"输出刀位置点"来创建刀轨，如图 8-4 所示。

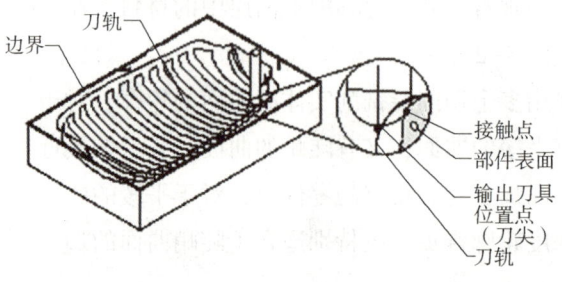

图 8-4 边界驱动方法的刀轨

任务 8.2　上盖凸模数控加工设计

本任务需要完成上盖凸模的数控加工，以上盖凸模为例来说明 NX 三轴数控加工的基本流程过程，如图 8-5 所示。

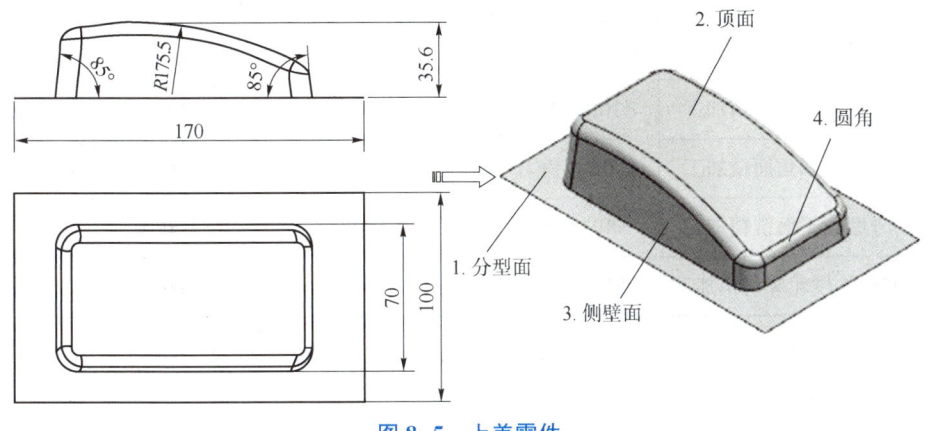

图 8-5　上盖零件

8.2.1　上盖凸模数控加工思路分析

1. 工艺分析

从图 8-5 可知该零件尺寸为 170 mm×100 mm×35.6 mm，由分型面、侧壁面、顶面组成，侧壁面和顶面两个片体之间圆角连接。毛坯尺寸为 170 mm×100 mm×65 mm，四周已经完成加工，材料为高硬模具钢，表面加工粗糙度为 $Ra0.8$，工件底部安装在工作台上。按照加工要求，以工件底面固定安装在机床上，加工坐标系原点为上表面毛坯中心，采用三轴铣加工技术。

2. 加工方案

根据数控加工工艺原则，采用工艺路线为"粗加工"→"半精加工"→"精加工"，并将加工工艺用 NX CAM 完成，具体内容如下：

（1）粗加工。

首先采用较大直径的刀具进行粗加工以便于去除大量多余留量，粗加工采用型腔铣环切的方法，刀具为 φ16R2 圆角刀。

（2）半精加工。

利用半精加工来获得较为均匀的加工余量，半精加工采用等高轮廓加工方式，同时为了获得更好的表面质量，增加了在层间切削选项，刀具为 φ10R2 圆角刀。

（3）精加工。

数控精加工中要进行加工区域规划，加工区域规划是将加工对象分成不同的加工区域，分别采用不同的加工工艺和加工方式进行加工。分型面精加工采用平面铣加工；顶面和圆角面采用固定轴曲面轮廓铣，刀具为 φ6 球刀，采用区域铣削驱动方法；侧壁面采用深度轮廓铣加工。

粗精加工工序中所有的加工刀具和切削参数如表 8-1 所示。

表 8-1　刀具及切削参数表

工步号	工步内容	刀具类型	切削用量		
			主轴转速/ (r·min^{-1})	进给速度/ (mm·min^{-1})	背吃刀量/mm
1	型腔铣粗加工	ϕ16R2 圆角刀	1 500	1 000	0.5
2	深度轮廓铣半精加工	ϕ10R2 圆角刀	2 000	1 000	0.5
3	顶面和圆角面精加工	ϕ6 圆角刀	2 000	800	0.5
4	分型面平面铣精加工	ϕ8R1 圆角刀	1 500	1 000	0.5
5	侧壁深度轮廓铣精加工	ϕ8R1 圆角刀	1 500	1 000	0.5

8.2.2　上盖凸模数控加工操作过程

1. 启动数控加工环境

（1）启动 NX 后，单击【文件】选项卡的【打开】按钮，打开【打开部件文件】对话框，选择"上盖 CAD"（"随书光盘:\项目八\3 轴\上盖 CAD.prt"），单击【OK】按钮，文件打开后如图 8-6 所示。

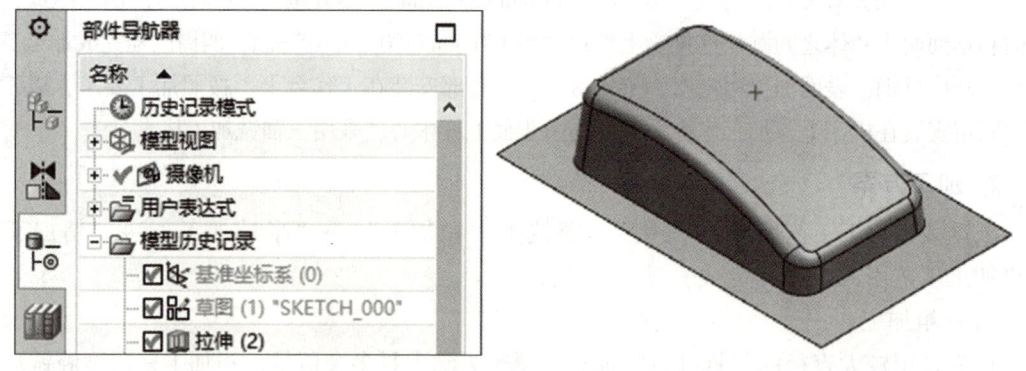

图 8-6　打开模型文件

（2）单击【应用模块】选项卡的【加工】按钮，系统弹出【加工环境】对话框，在【CAM 会话配置】中选择"cam_general"，在【要创建的 CAM 设置】中选择"mill_contour"，单击【确定】按钮初始化加工环境，如图 8-7 所示。

2. 创建加工父级组

1）创建加工几何组

（1）双击【工序导航器】窗口中的【MCS_MILL】图标，弹出【MCS 铣削】对话框，如图 8-8 所示。

项目八　NX 三轴铣削加工项目式设计案例

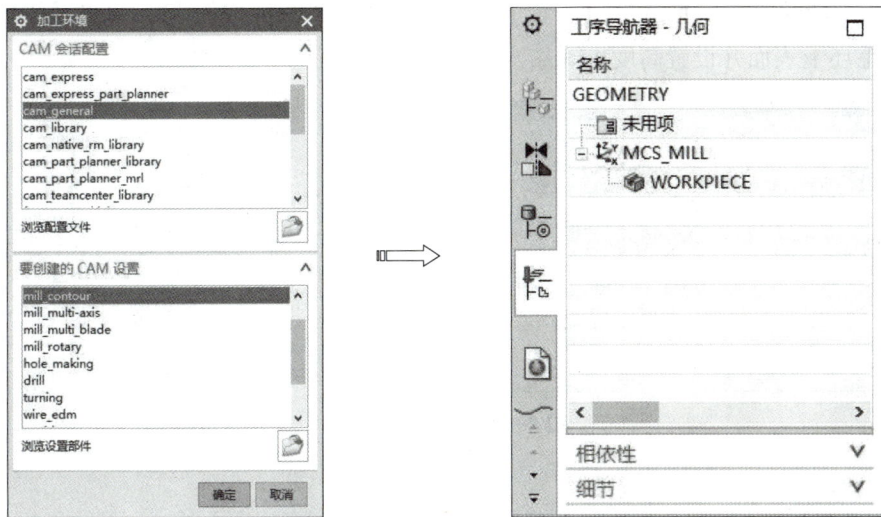

图 8-7　启动 NX CAM 加工环境

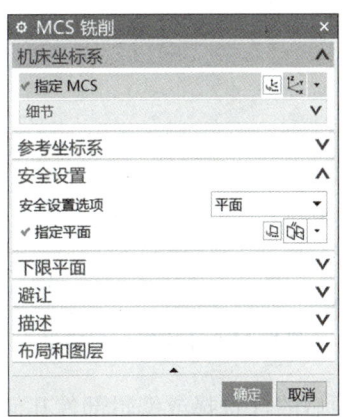

图 8-8　【MCS 铣削】对话框

（2）单击【机床坐标系】组框中的【CSYS 对话框】按钮，弹出【CSYS】对话框，鼠标左键按住原点并拖动选择如图 8-9 所示的点，定位加工坐标系。

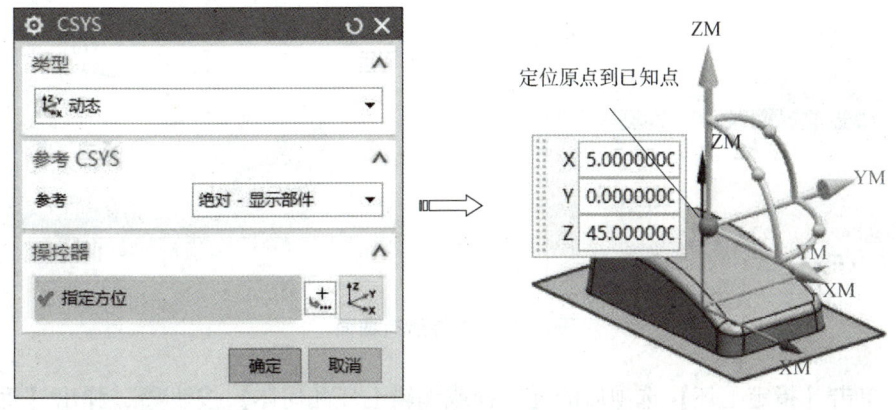

图 8-9　移动加工坐标系原点

247

(3)【安全设置选项】选择【平面】,然后单击【平面】按钮,弹出【平面】对话框,选择毛坯上表面并设置高度 15 mm,如图 8-10 所示。

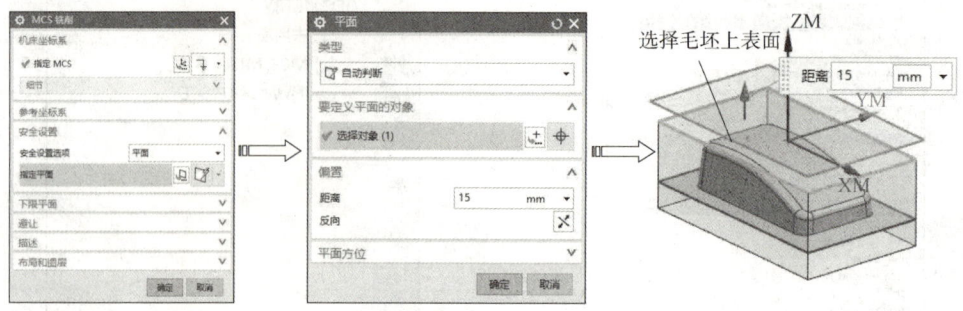

图 8-10 设置安全平面

2)创建铣削工件几何

(1)在【工序导航器】中双击【WORKPIECE】图标,弹出【工件】对话框,如图 8-11 所示。

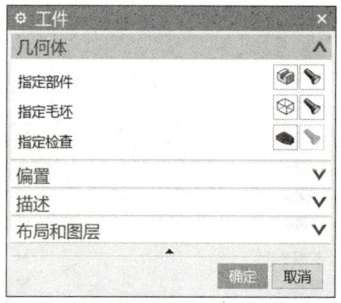

图 8-11 【工件】对话框

(2)单击【指定部件】选项后的【选择或编辑部件几何体】按钮,弹出【部件几何体】对话框,选择所有曲面,如图 8-12 所示。

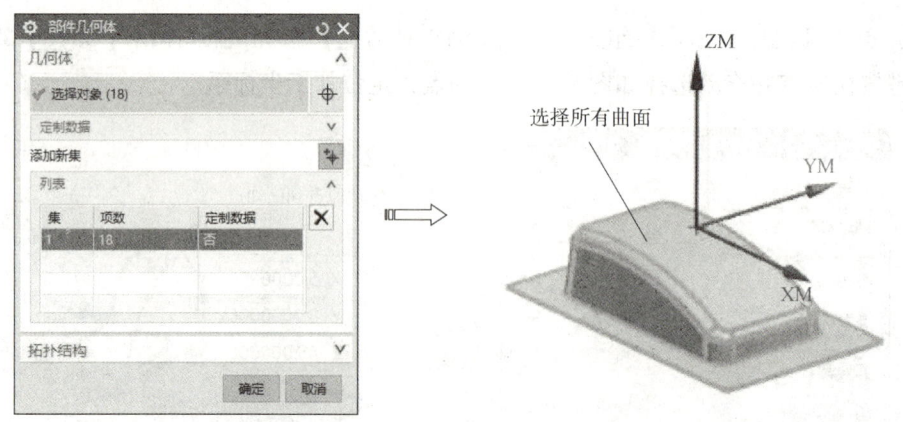

图 8-12 选择所有曲面

(3)单击【指定毛坯】选项后的【选择或编辑毛坯几何体】按钮,弹出【毛坯几何体】对话框,选择图层 10 上的实体作为毛坯,如图 8-13 所示。

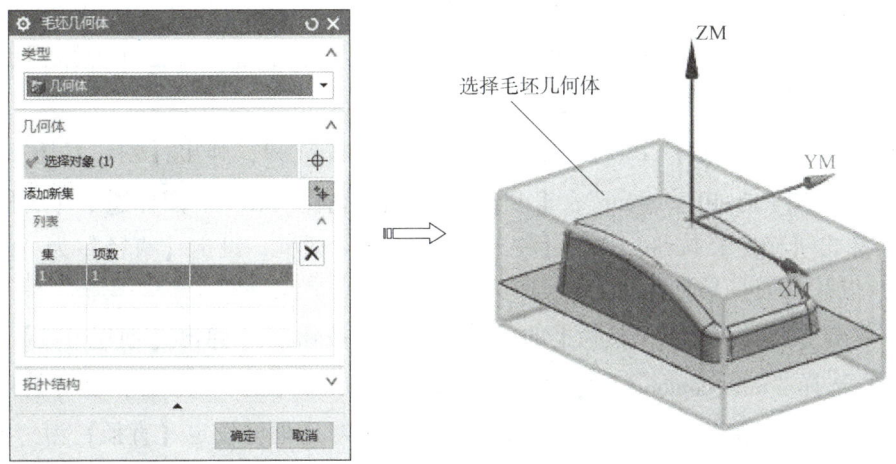

图 8-13 创建毛坯几何体

3)创建刀具组

(1)单击【加工创建】工具栏的【创建刀具】按钮,弹出【创建刀具】对话框。在【类型】中选择"mill_contour",【刀具子类型】选择"MILL"图标,【名称】输入"D16R2",如图 8-14 所示。

(2)单击【确定】按钮,弹出【铣刀-5 参数】对话框,设定【直径】为"16",【下半径】为"2",【刀具号】为"1",如图 8-15 所示。单击【确定】按钮,完成刀具创建。

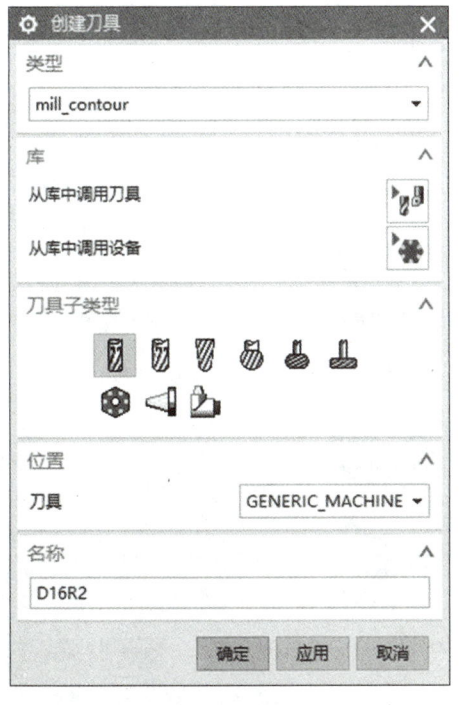

图 8-14 【创建刀具】对话框

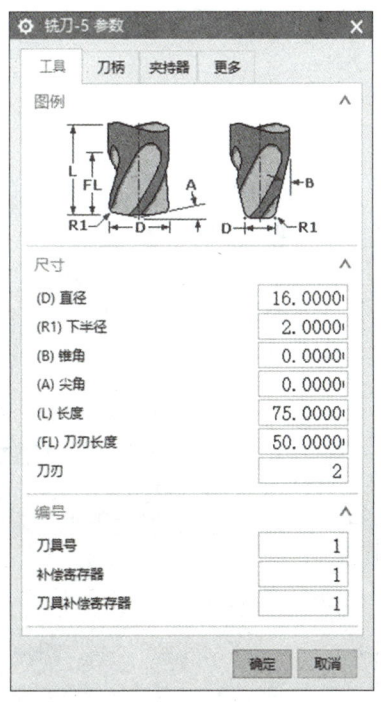

图 8-15 【铣刀-5 参数】对话框

（3）单击【加工创建】工具栏上的【创建刀具】按钮，弹出【创建刀具】对话框。在【类型】中选择"mill_contour"，【刀具子类型】选择"MILL"图标，【名称】中输入"D10R2"。单击【确定】按钮，弹出【铣刀-5 参数】对话框，设定【直径】为"10"，【下半径】为"2"，【刀具号】为"2"。

（4）单击【加工创建】工具栏上的【创建刀具】按钮，弹出【创建刀具】对话框。在【类型】中选择"mill_contour"，【刀具子类型】选择"MILL"图标，【名称】输入"D8R1"。单击【确定】按钮，弹出【铣刀-5 参数】对话框，设定【直径】为"8"，【下半径】为"1"，【刀具号】为"3"。

（5）单击【加工创建】工具栏上的【创建刀具】按钮，弹出【创建刀具】对话框。在【类型】选择"mill_contour"，【刀具子类型】选择"MILL"图标，在【名称】中输入"B6"。单击【确定】按钮，弹出【铣刀-5 参数】对话框，设定【直径】为"6"，【下半径】为"3"，【刀具号】为"4"。

3. 创建型腔铣粗加工工序

1）启动型腔铣工序

（1）单击【主页】选项卡【插入】组中的【创建工序】按钮，弹出【创建工序】对话框。在【类型】选择"mill_contour"，【工序子类型】选择第 1 行第 1 个图标（CAVITY_MILL），【程序】为"NC_PROGRAM"，【刀具】为"D12R2"，【几何体】为"WORKPIECE"，【方法】为"MILL_ROUGH"，【名称】中输入"CAVITY_MILL_ROUGH"，如图 8-16 所示。

（2）单击【确定】按钮，弹出【型腔铣】对话框，如图 8-17 所示。

图 8-16 【创建工序】对话框

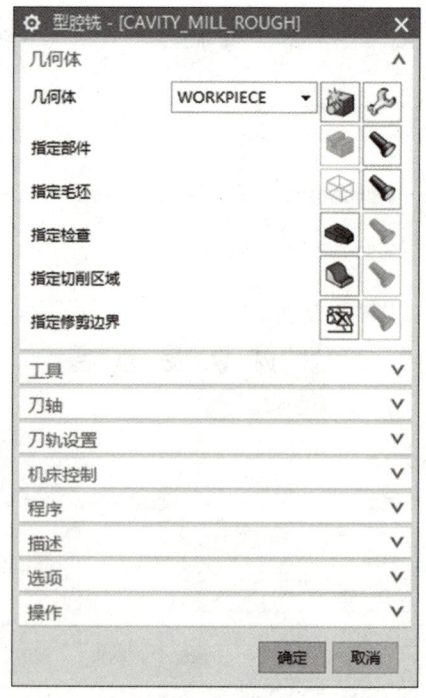

图 8-17 【型腔铣】对话框

项目八　NX 三轴铣削加工项目式设计案例

2）选择切削模式和设置切削用量

在【刀轨设置】组框中,【切削模式】选择"跟随周边",【步距】选择"刀具平直百分比",在【平面直径百分比】中输入"50",【最大距离】为 0.5,如图 8-18 所示。

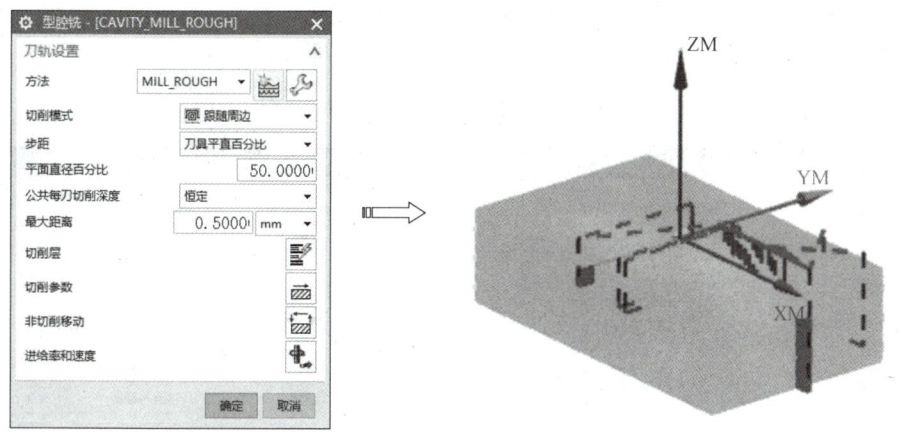

图 8-18　选择切削模式和设置切削用量

3）设置切削参数

单击【刀轨设置】组框中的【切削参数】按钮,弹出【切削参数】对话框。

【策略】选项卡:【切削方向】为"顺铣",【切削顺序】为"层优先",【刀路方向】为"向内",其他参数设置如图 8-19 所示。

【余量】选项卡:勾选【使底面余量和侧面余量一致】复选框将侧面和底面余量设置相同,如图 8-20 所示。

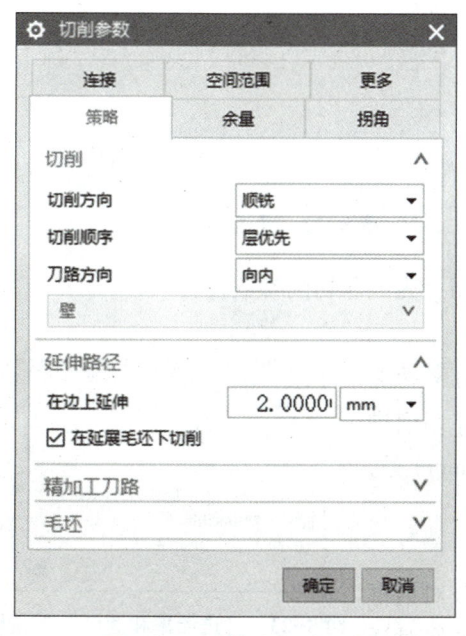

图 8-19　【策略】选项卡

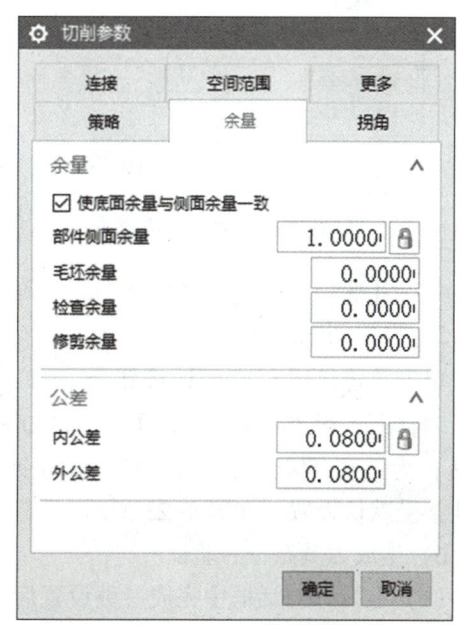

图 8-20　【余量】选项卡

单击【切削参数】对话框中的【确定】按钮,完成切削参数设置。

251

4) 设置非切削参数

单击【刀轨设置】组框中的【非切削移动】按钮，弹出【非切削移动】对话框，进行非切削参数设置。

【进刀】选项卡：封闭区域的【进刀类型】为"螺旋"，【直径】为"90%"，开放区域的【进刀类型】为"圆弧"，【半径】为"7 mm"，如图 8-21 所示。

【退刀】选项卡：【退刀类型】为"与进刀相同"，如图 8-22 所示。

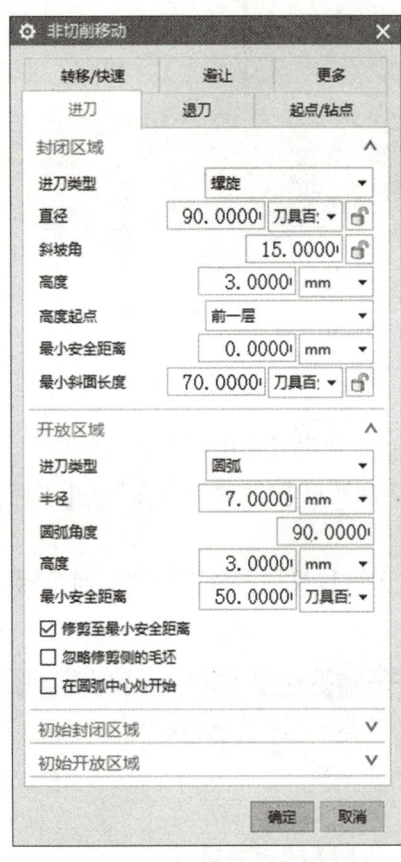

图 8-21 【进刀】选项卡

图 8-22 【退刀】选项卡

单击【非切削参数】对话框中的【确定】按钮，完成非切削参数设置。

5) 设置切削速度

单击【进给率和速度】按钮，弹出【进给率和速度】对话框。设置【主轴速度】为 1 500 r/min，【切削进给率】为"1 000"，单位为"毫米/分钟（mm/min）"，其他接受默认设置，如图 8-23 所示。

6) 生成刀具路径并验证

（1）在操作对话框中完成参数设置后，单击该对话框底部【操作】组框中的【生成】按钮，可在操作对话框下生成刀具路径。

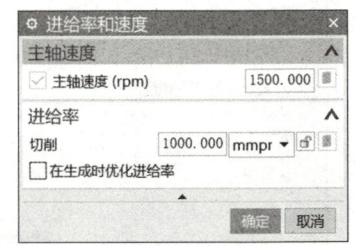

图 8-23 【进给率和速度】对话框

（2）单击操作对话框底部【操作】组框中的【确认】按钮，弹出【刀轨可视化】对话框，然后选择【2D 动态】选项卡，单击【播放】按钮 ▶ 可进行 2D 动态刀具切削过程模拟，如图 8-24 所示。

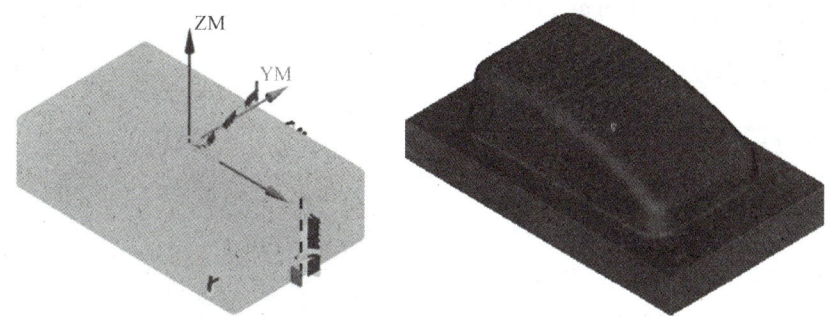

图 8-24　刀具路径和 2D 动态刀具切削过程模拟

（3）单击【确定】按钮，返回【型腔铣】对话框，然后单击【确定】按钮，完成型腔铣加工操作。

4. 创建深度轮廓半精加工工序

1）启动深度轮廓加工工序

（1）单击【主页】选项卡【插入】组中的【创建工序】按钮，弹出【创建工序】对话框，【类型】为"mill_contour"，【工序子类型】选择（ZLEVEL_PROFILE），【程序】为"NC_PROGRAM"，【刀具】为"D10R2"，【几何体】为"WORKPIECE"，【方法】选择"MILL_SEMI_FINISH"，在【名称】中输入"ZLEVEL_PROFILE_SEMIFINISH"，如图 8-25 所示。

（2）单击【确定】按钮，弹出【深度轮廓加工】对话框，如图 8-26 所示。

图 8-25　【创建工序】对话框

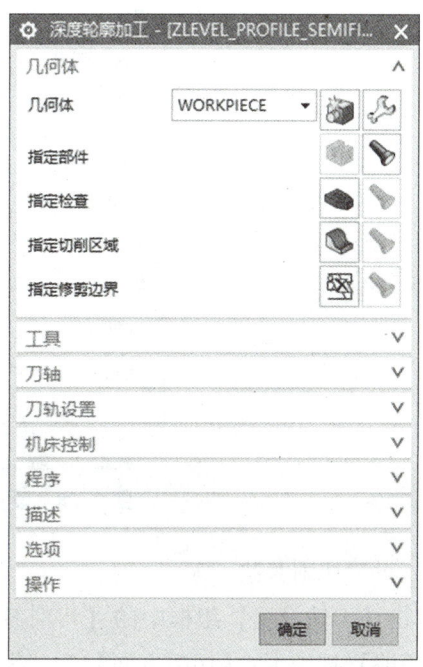

图 8-26　【深度轮廓加工】对话框

2）指定修剪边界

单击【几何体】组框中的【指定修剪边界】后的【选择或编辑修剪边界】按钮，弹出【修剪边界】对话框，【边界】选择【选择曲线】图标，【修剪侧】为"外部"，选择如图 8-27 所示的曲线作为修剪边界。

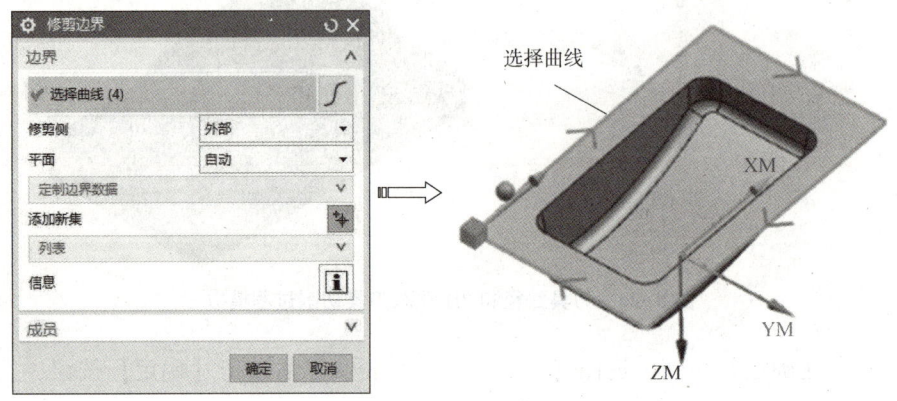

图 8-27　选择修剪边界

3）设置合并距离和切削深度

在【刀轨设置】组框中，【陡峭空间范围】选择"无"，【合并距离】文本框中输入 3，【最小切削长度】为 1，【公共每刀切削深度】选择"恒定"，在【最大距离】文本框中输入"0.15"，如图 8-28 所示。

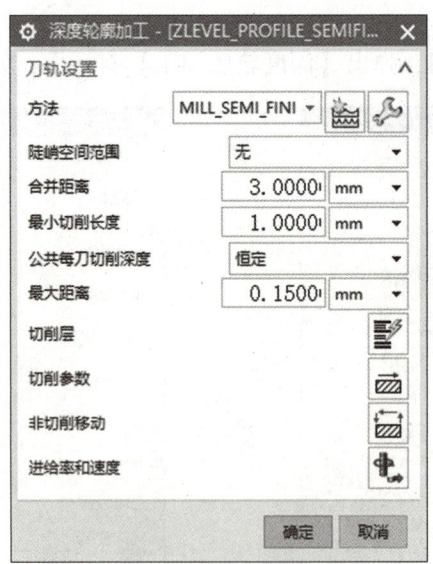

图 8-28　设置合并距离和切削深度

4）设置切削参数

单击【刀轨设置】组框中的【切削参数】按钮，弹出【切削参数】对话框。

【策略】选项卡：【切削方向】为"混合"，【切削顺序】为"深度优先"，选中【在刀具接触点下继续切削】复选框，如图 8-29 所示。

项目八 NX三轴铣削加工项目式设计案例

【连接】选项卡：【层到层】为"直接对部件进刀"，勾选【在层之间切削】复选框和【短距离移动上的进给】复选框，如图8-30所示。

图8-29 【策略】选项卡

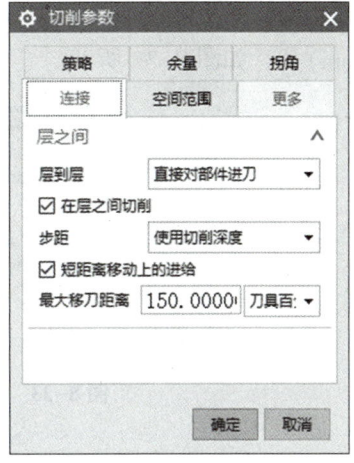

图8-30 【连接】选项卡

单击【切削参数】对话框中的【确定】按钮，完成切削参数设置。

5）设置非切削参数

单击【刀轨设置】组框中的【非切削移动】按钮，弹出【非切削移动】对话框。

【进刀】选项卡：【进刀类型】为"圆弧"，【半径】为"50%"，如图8-31所示。

【退刀】选项卡：【退刀类型】为"与进刀相同"，如图8-32所示。

图8-31 【进刀】选项卡　　　　　　图8-32 【退刀】选项卡

单击【非切削移动】对话框中的【确定】按钮，完成非切削参数设置。

255

6）设置切削速度

单击【刀轨设置】组框中的【进给率和速度】按钮,弹出【进给率和速度】对话框。设置【主轴速度】为 2 000 r/min,【切削进给率】为"1 000 mm/min",单位为"毫米/分钟（mm/min）",如图 8-33 所示。

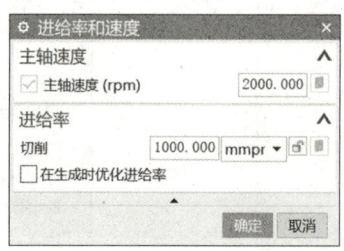

图 8-33 【进给率和速度】对话框

7）生成刀具路径并验证

（1）单击【工序】对话框底部【操作】组框中的【生成】按钮,可在操作对话框下生成刀具路径。

（2）单击【操作】组框中的【确认】按钮,弹出【刀轨可视化】对话框,然后选择【2D 动态】选项卡,单击【播放】按钮 ▶ 可进行 2D 动态刀具切削过程模拟,如图 8-34 所示。

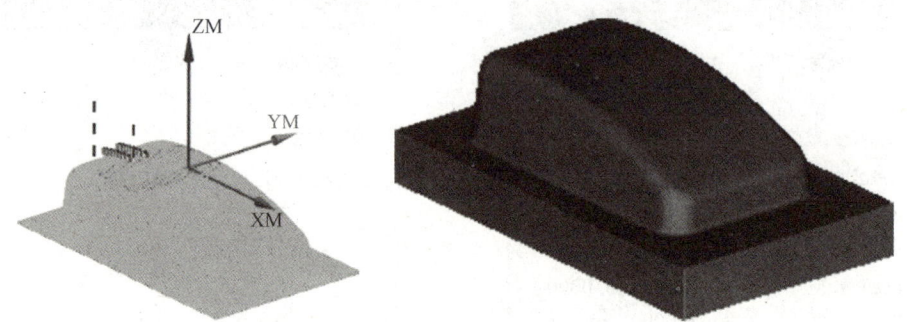

图 8-34 刀具路径和 2D 动态刀具切削过程模拟

5. 固定轴曲面轮廓铣顶面精加工工序

1）启动固定轴曲面轮廓铣加工工序

（1）单击【主页】选项卡【插入】组中的【创建工序】按钮,弹出【创建工序】对话框,在【类型】中选择" mill_contour",【工序子类型】选择（FIXED_CONTOUR）,【程序】为"NC_PROGRAM",【刀具】为"B6",【几何体】为"WORKPIECE",【方法】为"MILL_FINISH",【名称】为"FIXED_CONTOUR_FINISH1",如图 8-35 所示。

（2）单击【确定】按钮,弹出【固定轮廓铣】对话框,如图 8-36 所示。

图 8-35　【创建工序】对话框

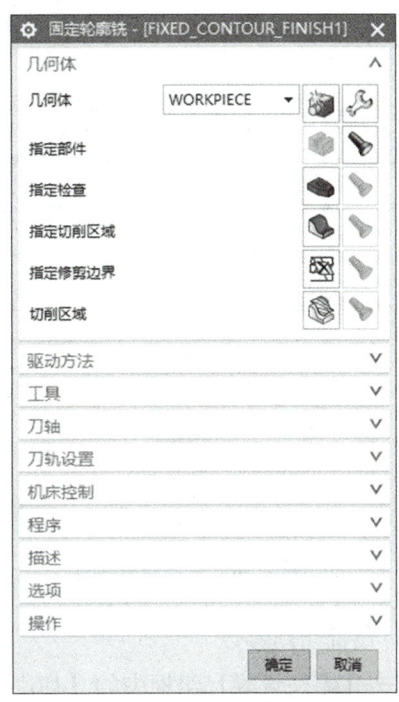

图 8-36　【固定轮廓铣】对话框

2）选择切削区域

单击【几何体】组框中【指定切削区域】选项后的【选择或编辑切削区域】按钮，弹出【切削区域】对话框，在图形区选择如图 8-37 所示的曲面作为切削区域。

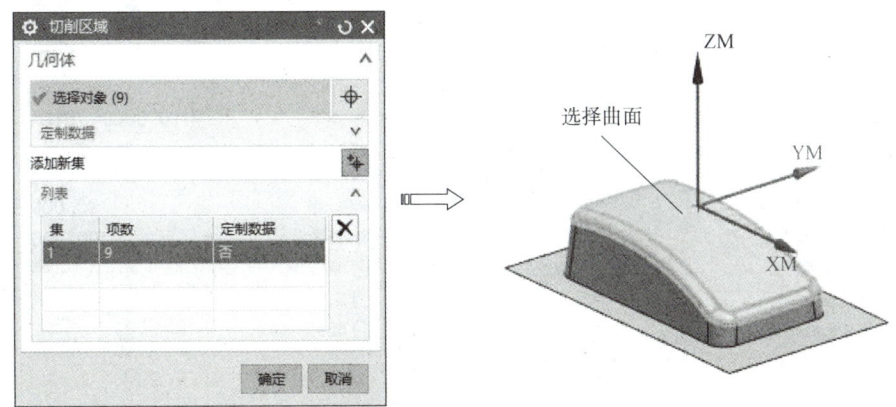

图 8-37　选择切削区域

3）选择驱动方法并设置驱动参数

在【驱动方法】组框【方法】中选取"区域铣削"，系统弹出【区域铣削驱动方法】对话框，如图 8-38 所示。

在【驱动设置】组框中选择【非陡峭切削模式】为"跟随周边"，【步距】为"残余高度"，并输入【最大残余高度】为 0.005，如图 8-39 所示。

图 8-38 选择驱动方法

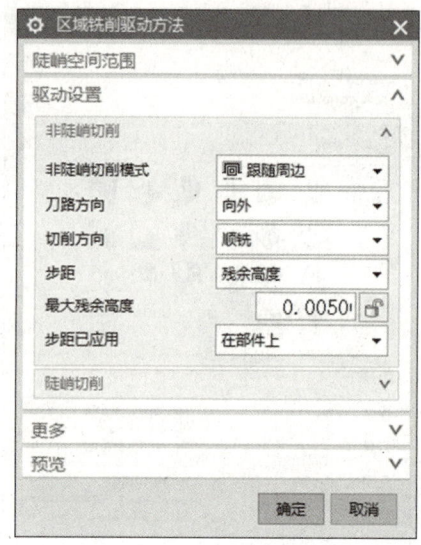

图 8-39 【区域铣削驱动方法】对话框

4）设置切削参数

单击【刀轨设置】组框中的【切削参数】按钮，弹出【切削参数】对话框。

【策略】选项卡：【切削方向】为"顺铣"，【刀路方向】为"向外"，如图 8-40 所示。

【更多】选项卡：在【最大步长】文本框中输入"10%刀具直径"；取消【应用于步距】复选框，勾选【优化刀轨】复选框，如图 8-41 所示。

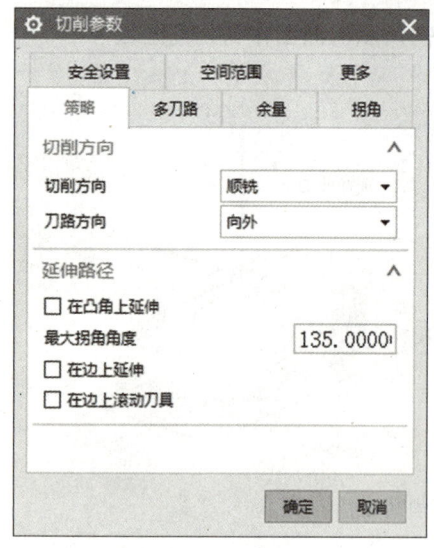

图 8-40 【策略】选项卡

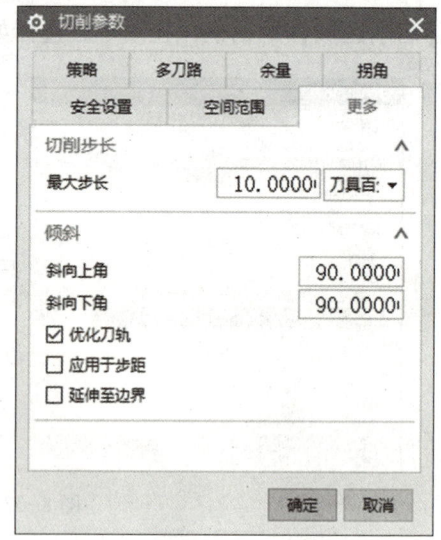

图 8-41 【更多】选项卡

单击【切削参数】对话框中的【确定】按钮，完成切削参数设置。

5）设置非切削参数

单击【刀轨设置】组框中的【非切削移动】按钮，弹出【非切削移动】对话框，进行非切削参数设置。

【进刀】选项卡:【进刀类型】为"圆弧-相切逼近",【半径】为"50%",如图8-42所示。

【退刀】选项卡:【退刀类型】为"与进刀相同",如图8-43所示。

图8-42 【进刀】选项卡　　　　图8-43 【退刀】选项卡

单击【非切削移动】对话框中的【确定】按钮,完成非切削参数设置。

6) 设置进给参数

单击【进给率和速度】按钮,弹出【进给率和速度】对话框。设置【主轴速度】为2 000 r/min,【切削进给率】为"800",单位为"毫米/分钟(mm/min)",其他接受默认设置,如图8-44所示。

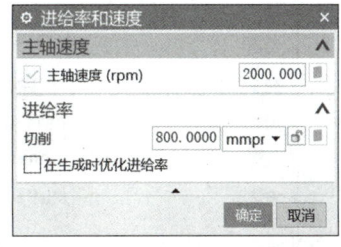

图8-44 【进给率和速度】对话框

7) 生成刀具路径并验证

(1) 单击对话框底部【操作】组框中的【生成】按钮,可在操作对话框下生成刀具路径。

(2) 单击【操作】组框中的【确认】按钮,弹出【刀轨可视化】对话框,然后选择【2D动态】选项卡,单击【播放】按钮可进行2D动态刀具切削过程模拟,如图8-45所示。

(3) 单击【固定轮廓铣】对话框中的【确定】按钮,接受刀具路径,并关闭【固定轮廓铣】对话框。

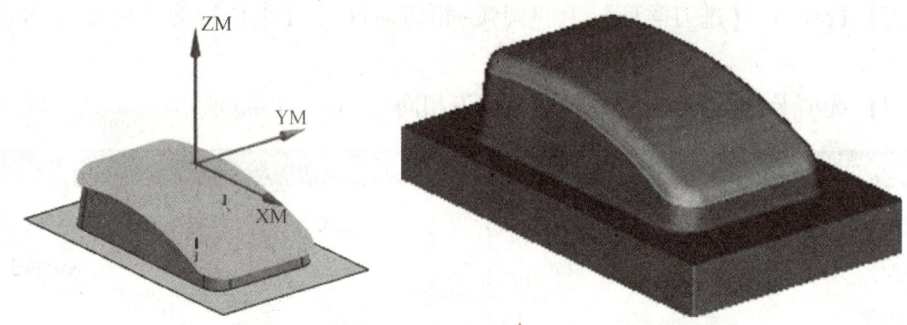

图 8-45　刀具路径和 2D 动态刀具切削过程模拟

6. 平面铣分型面精加工工序

1）创建平面铣精加工工序

（1）单击【插入】工具栏上的【创建工序】按钮，弹出【创建工序】对话框，在【类型】中选择"mill_planar"，【工序子类型】选择（PLANAR_MILL），【程序】选择"NC_PROGRAM"，【刀具】选择"D8R1"，【几何体】选择"WORKPIECE"，【方法】选择"MILL_FINISH"，【名称】输入"PLANAR_MILL_FINISH2"，如图 8-46 所示。

（2）单击【确定】按钮，弹出【平面铣】对话框，如图 8-47 所示。

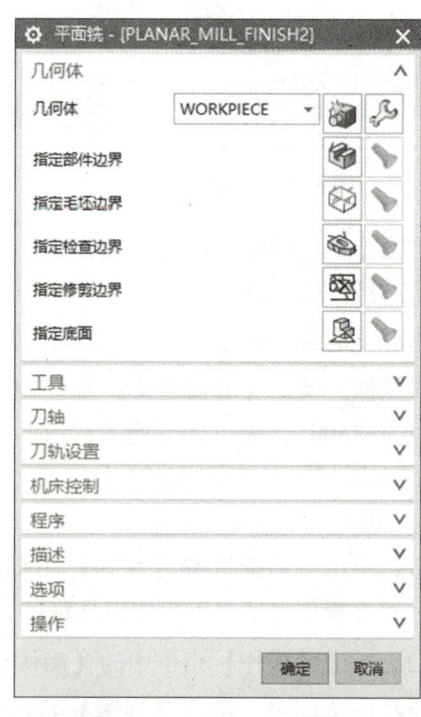

图 8-46　【创建工序】对话框　　　　图 8-47　【平面铣】对话框

2）创建边界几何

（1）在【几何体】组框中，单击【指定部件边界】后的【选择或编辑部件几何体】按钮，弹出【部件边界】对话框，【平面】为"自动"，【材料侧】为"外侧"，选择如图 8-48 所示的平面，单击【确定】按钮。

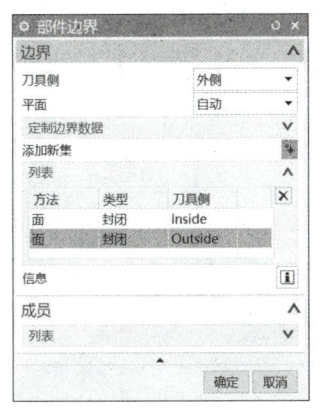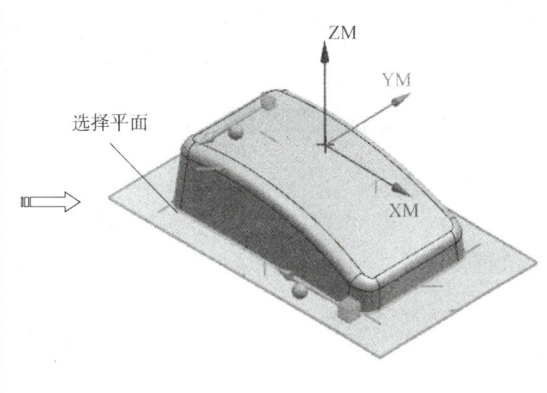

图 8-48 选择平面

（2）在【几何体】组框中，单击【指定毛坯边界】后的【选择或编辑毛坯几何体】按钮，弹出【创建边界】对话框，【类型】为"封闭的"，【材料侧】为"内部"，【刀具位置】为"对中"，选择如图 8-49 所示的曲线作为毛坯边界，单击【确定】按钮完成。

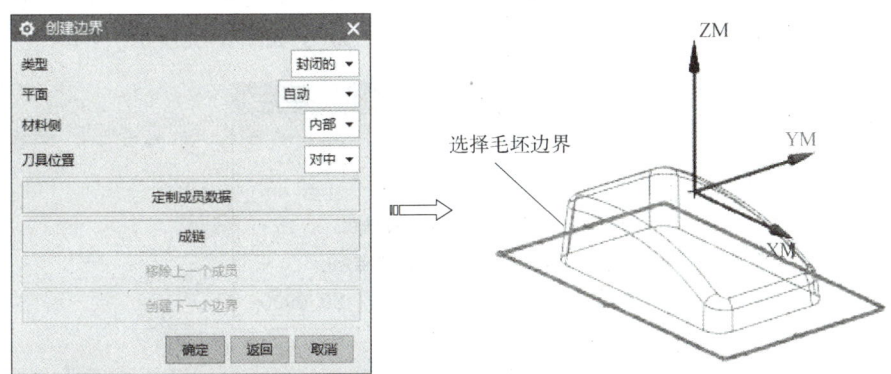

图 8-49 选择毛坯边界

（3）修剪边界。在【几何体】组框中，单击【指定修剪边界】后的【选择或编辑修剪边界】按钮，弹出【创建边界】对话框，【修剪侧】为"内部"，选择如图 8-50 所示的曲线，单击【确定】按钮返回。

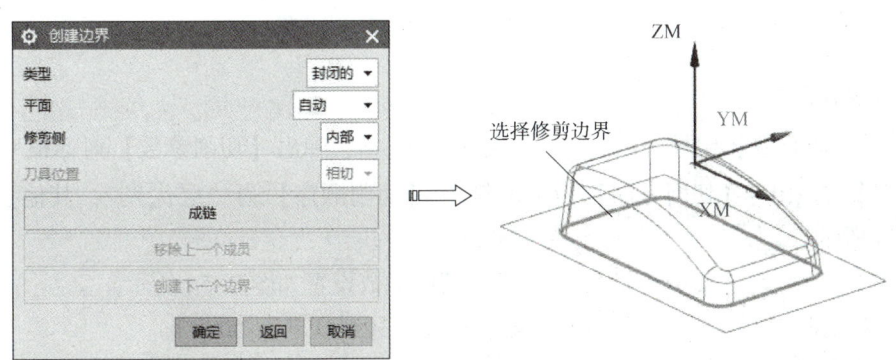

图 8-50 选择修剪边界

（4）在【几何体】组框中，单击【指定底面】后的【选择或编辑底平面几何体】按钮，弹出【刨】对话框，选择如图 8-51 所示的腔槽底面，单击【确定】按钮返回。

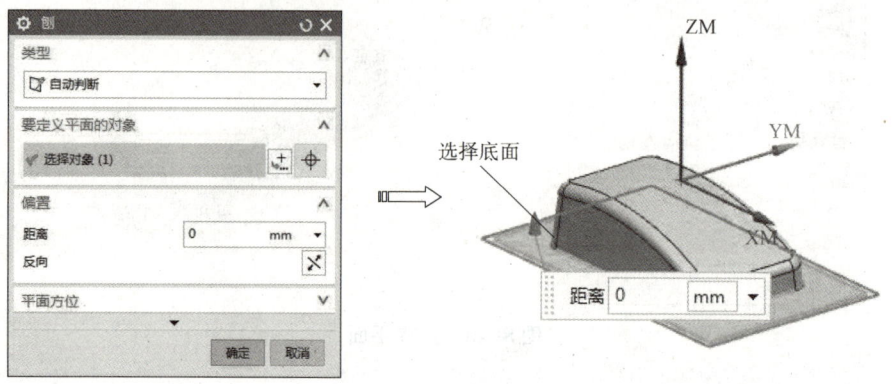

图 8-51　选择底面

3）选择切削模式和设置切削用量

在【平面铣】对话框的【刀轨设置】组框中，【切削模式】选择"跟部周边"，【步距】选择"刀具平直百分比"，在【平面直径百分比】中输入"50"，如图 8-52 所示。

图 8-52　切削模式和设置切削用量

4）设置切削参数

单击【刀轨设置】组框中的【切削参数】按钮，弹出【切削参数】对话框。

【策略】选项卡：【切削方向】为"顺铣"，【切削顺序】为"层优先"，其他参数设置如图 8-53 所示。

【余量】选项卡：【修剪余量】为"4"，其他参数设置如图 8-54 所示。

单击【切削参数】对话框中的【确定】按钮，完成切削参数设置。

5）设置非切削参数

单击【刀轨设置】组框中的【非切削移动】按钮，弹出【非切削移动】对话框。

项目八　NX 三轴铣削加工项目式设计案例

图 8-53　【策略】选项卡

图 8-54　【余量】选项卡

【进刀】选项卡：【进刀类型】为"圆弧"，【半径】为"7 mm"，如图 8-55 所示。

【退刀】选项卡：【退刀类型】为"与进刀相同"，如图 8-56 所示。

图 8-55　【进刀】选项卡

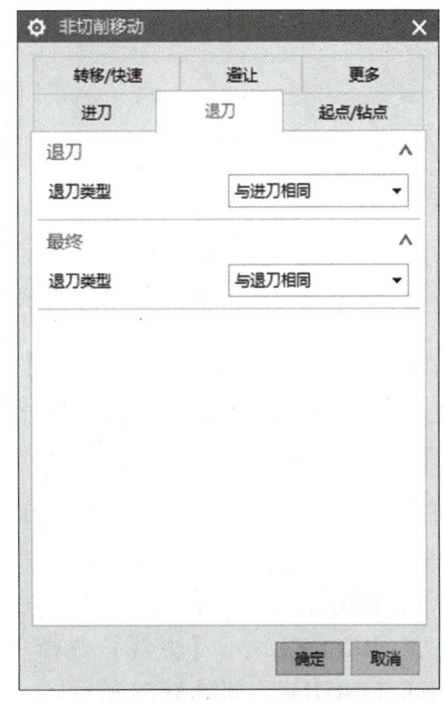

图 8-56　【退刀】选项卡

单击【非切削移动】对话框中的【确定】按钮，完成非切削参数设置。

6) 设置切削速度

单击【刀轨设置】组框中的【进给率和速度】按钮，弹出【进给率和速度】对话框。设置【主轴速度】为 1 500 r/min，【切削进给率】为 "1 000"，单位为 "毫米/分钟

263

(mm/min)"，其他接受默认设置，如图8-57所示。

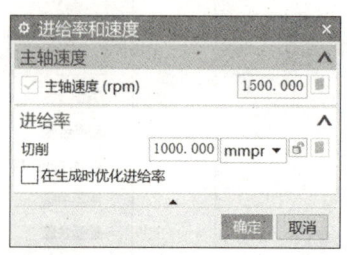

图 8-57　【进给率和速度】对话框

7）生成刀具路径并验证

单击该对话框底部【操作】组框中的【生成】按钮，可在操作对话框下生成刀具路径。

单击【操作】组框中的【确认】按钮，弹出【刀轨可视化】对话框，然后选择【2D动态】选项卡，单击【播放】按钮可进行2D动态刀具切削过程模拟，如图8-58所示。

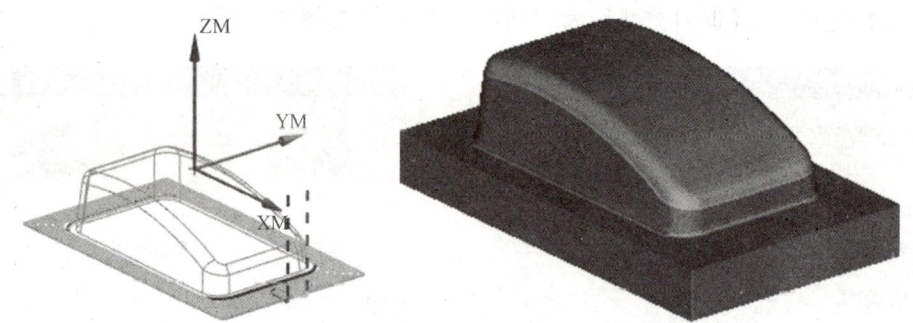

图 8-58　刀具路径和 2D 动态刀具切削过程模拟

单击【确定】按钮，返回【平面铣】对话框，然后单击【确定】按钮，完成加工操作。

7. 深度轮廓加工陡峭面精加工工序

1）启动深度轮廓加工工序

单击【主页】选项卡【插入】组中的【创建工序】按钮，弹出【创建工序】对话框。在【类型】中选择"mill_contour"，【工序子类型】选择第 1 行第 5 个图标（ZLEVEL_PROFILE），【程序】选择"NC_PROGRAM"，【刀具】选择"D8R1"，【几何体】选择"WORKPIECE"，【方法】选择"MILL_FINISH"，【名称】中输入"ZLEVEL_PROFILE_FINISH3"，如图 8-59 所示。

单击【确定】按钮，弹出【深度轮廓加工】对话框，如图 8-60 所示。

2）选择铣削区域

在【几何体】组框中单击【指定或编辑切削区域几何体】按钮，弹出【切削区域】对话框，依次选择如图 8-61 所示的陡峭区域，单击【确定】按钮，返回操作对话框。

图 8-59 【创建工序】对话框

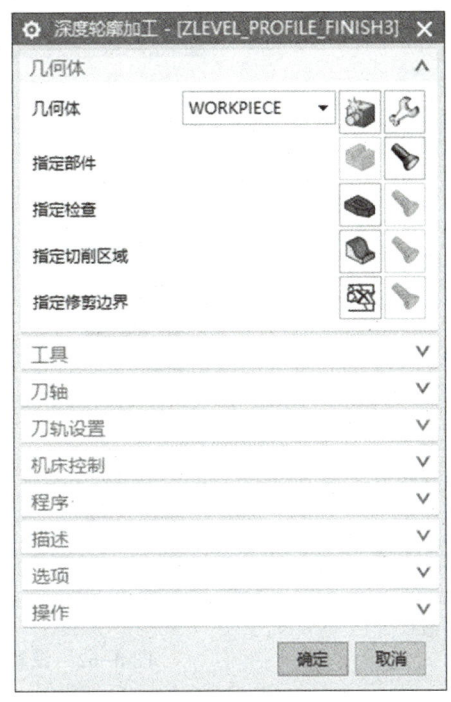

图 8-60 【深度轮廓加工】对话框

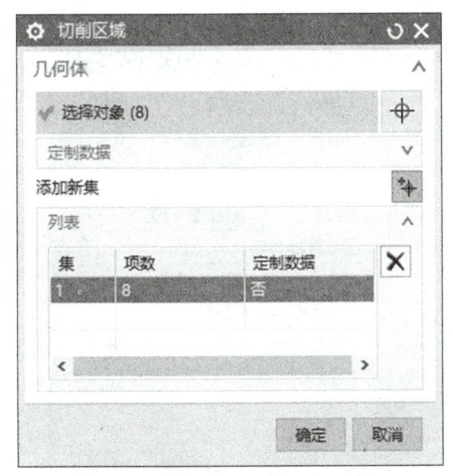

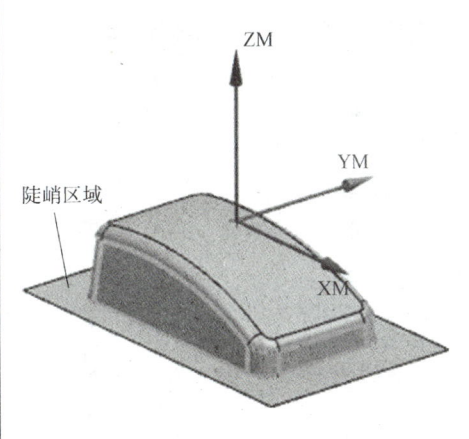

图 8-61 选择铣削区域

3）设置合并距离和切削深度

在【陡峭空间范围】中选择"无"，【合并距离】中输入 3，【最小切削长度】为 1，在【公共每刀切削深度】中选择"残余高度"，【最大残余高度】为"0.005"，如图 8-62 所示。

4）设置切削参数

单击【刀轨设置】组框中的【切削参数】按钮，弹出【切削参数】对话框。

【策略】选项卡：【切削方向】为"混合"，【切削顺序】为"深度优先"，勾选【在刀具接触点下继续切削】，如图 8-63 所示。

图 8-62 设置合并距离和切削深度

【连接】选项卡：【层到层】为"直接对部件进刀"，勾选【在层之间切削】复选框和【短距离移动上的进给】复选框，如图 8-64 所示。

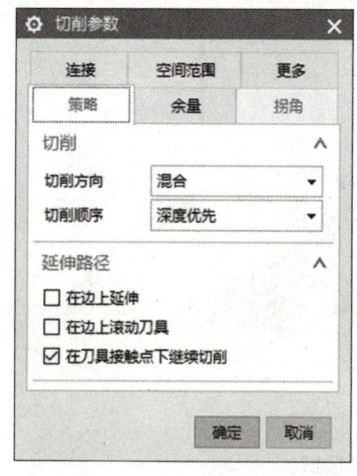

图 8-63 【策略】选项卡

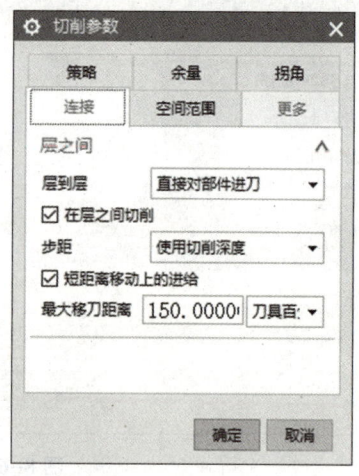

图 8-64 【连接】选项卡

单击【切削参数】对话框中的【确定】按钮，完成切削参数设置。

5）设置非切削参数

单击【刀轨设置】组框中的【非切削移动】按钮，弹出【非切削移动】对话框。

【进刀】选项卡：【进刀类型】为"圆弧"，【半径】为"50%"，其他参数设置如图 8-65 所示。

【退刀】选项卡：【退刀类型】为"与进刀相同"，其他参数设置如图 8-66 所示。

项目八 NX三轴铣削加工项目式设计案例

图 8-65 【进刀】选项卡   图 8-66 【退刀】选项卡

单击【非切削移动】对话框中的【确定】按钮，完成非切削参数设置。

6）设置切削速度

单击【刀轨设置】组框中的【进给率和速度】按钮，弹出【进给率和速度】对话框。设置【主轴速度】为 2 000 r/min，切削进给率为"800 mm/min"，单位为"毫米/分钟（mm/min）"，其他接受默认设置，如图 8-67 所示。

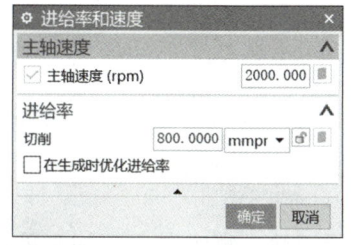

图 8-67 【进给率和速度】对话框

7）生成刀具路径并验证

单击该对话框底部【操作】组框中的【生成】按钮，可在操作对话框下生成刀具路径。

单击【操作】组框中的【确认】按钮，弹出【刀轨可视化】对话框，然后选择【2D 动态】选项卡，单击【播放】按钮 ▶ 可进行 2D 动态刀具切削过程模拟，如图 8-68 所示。

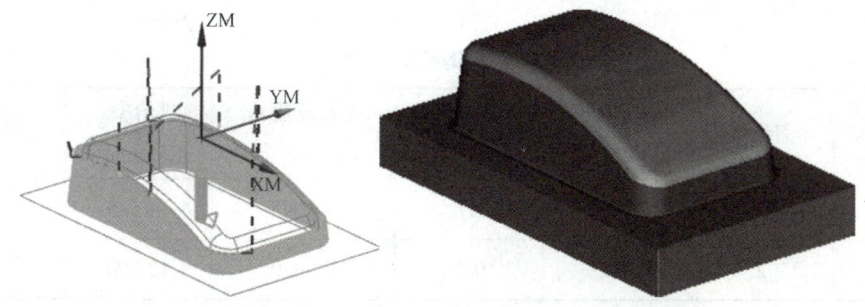

图 8-68 刀具路径和 2D 动态刀具切削过程模拟

267

任务 8.3 喇叭玩具凹模数控加工设计

本任务需要完成喇叭玩具凹模的数控加工,如图 8-69 所示。

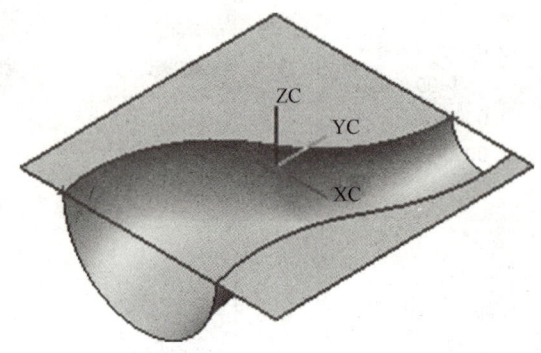

图 8-69 喇叭玩具凹模

8.3.1 喇叭玩具凹模数控加工思路分析

1. 工艺分析

主要由分型面和喇叭形半曲面组成,喇叭形曲面比较光顺。材料为铸铁,表面加工粗糙度为 $Ra0.8\ \mu m$,工件底部安装在工作台上。

2. 加工方案

喇叭玩具凹模根据高速加工数控工艺要求,采用工艺路线为"粗加工"→"精加工"。喇叭玩具凹模高速数控加工中所用到的切削参数如表 8-2 所示。

1)粗加工

首先采用较大直径的刀具进行粗加工以便于去除大量多余留量,粗加工采用型腔铣环切的方法,刀具为 φ6R1.5 圆鼻刀。

2)精加工

分型面精加工采用型腔铣加工,设置铣削参数只生成一层刀轨;喇叭曲面精加工采用固定轴曲面轮廓铣,刀具为 φ3 mm 球刀,采用"曲面"驱动方法,往复走刀以减少空行程。

表 8-2 玩具喇叭加工切削参数

刀具直径/mm	刀齿数	轴向深度/mm	径向切深/mm	主轴转速 n/(r·min^{-1})	进给率/(mm·min^{-1})	加工方式
6	2	0.3	1.0	51 945	14 545	粗加工
3	2	0.2	0.2	60 000	12 000	精加工

8.3.2 喇叭玩具凹模数控加工操作过程

1. 启动数控加工环境

(1) 启动 NX 后,单击【文件】选项卡的【打开】按钮,弹出【打开部件文件】对话框,选择"上盖 CAD",单击【OK】按钮,文件打开后如图 8-70 所示。

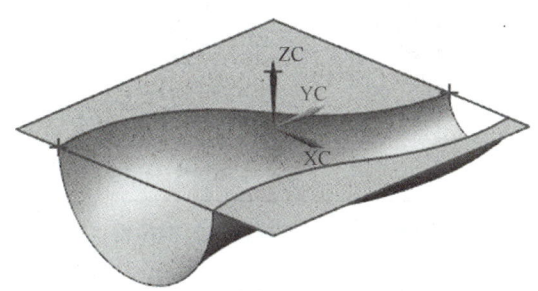

图 8-70 打开的模型文件

(2) 单击【应用模块】选项卡中的【加工】按钮,系统弹出【加工环境】对话框,在【CAM 会话配置】中选择"cam_general",在【要创建的 CAM 设置】中选择"mill_contour",单击【确定】按钮初始化加工环境,如图 8-71 所示。

图 8-71 启动 NX CAM 加工环境

2. 创建加工父级组

1) 创建加工几何组

(1) 双击【工序导航器】窗口中的【MCS_MILL】图标,弹出【MCS 铣削】对话框,如图 8-72 所示。

(2) 单击【机床坐标系】组框中的【CSYS】按钮,弹出【CSYS】对话框,鼠标左

图 8-72 【MCS 铣削】对话框

键按住原点并拖动在图形窗口中捕捉如图 8-73 所示的点,定位加工坐标系。

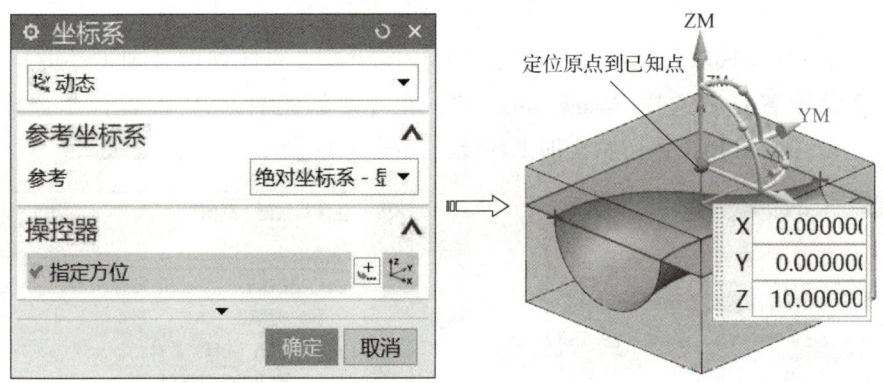

图 8-73 移动加工坐标系原点

(3) 在【安全设置】组框的【安全设置选项】下拉列表中选择【平面】,选择毛坯上表面并设置距离为 15 mm,如图 8-74 所示。

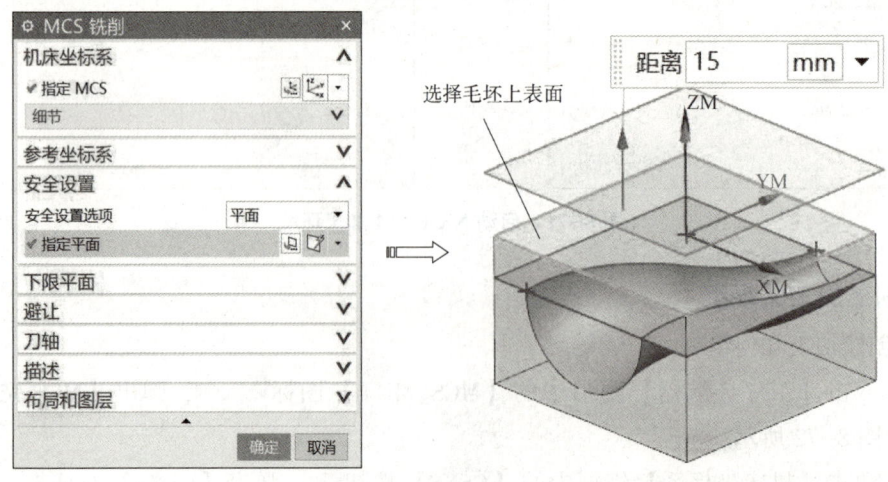

图 8-74 设置安全平面

项目八 NX三轴铣削加工项目式设计案例

（4）在【工序导航器】中双击【WORKPIECE】图标，弹出【工件】对话框，如图8-75所示。

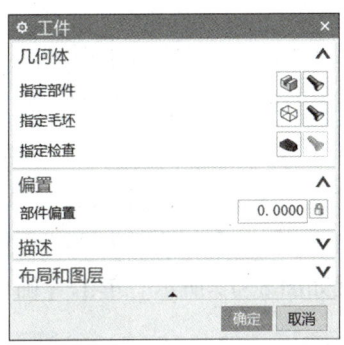

图 8-75 【工件】对话框

（5）单击【几何体】组框中【指定部件】选项后的【选择或编辑部件几何体】按钮，弹出【部件几何体】对话框，选择所有曲面，如图8-76所示。

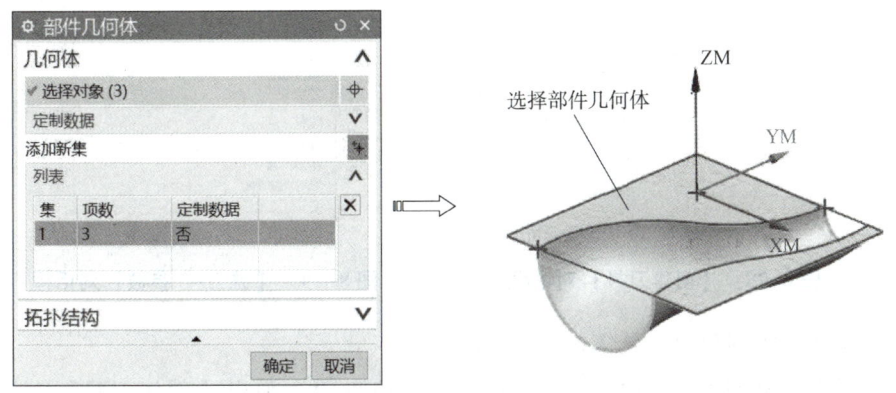

图 8-76 选择部件几何体

（6）单击【几何体】组框中【指定毛坯】选项后的【选择或编辑毛坯几何体】按钮，弹出【毛坯几何体】对话框，选择图层10上的实体作为毛坯，如图8-77所示。

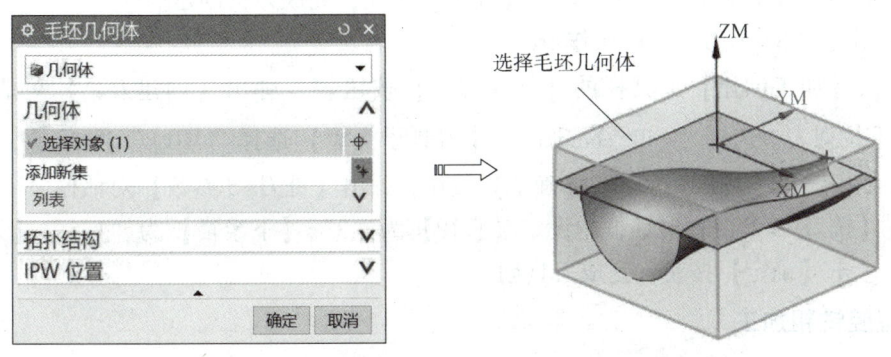

图 8-77 选择毛坯几何体

271

2) 创建刀具组

单击上边框条【工序导航器】组上的【机床视图】按钮，操作导航器切换到机床刀具视图。

（1）创建 D6R1.5 圆角刀，具体操作步骤如下：

①单击【加工创建】工具栏的【创建刀具】按钮，弹出【创建刀具】对话框。在【类型】下拉列表中选择"mill_contour"，【刀具子类型】选择"MILL"图标，在【名称】文本框中输入"T1D6R1.5"，如图 8-78 所示。单击【确定】按钮，弹出【铣刀-5 参数】对话框。

②在【铣刀-5 参数】对话框中设定【直径】为"6"，【下半径】为"1.5"，【刀具号】为"1"，其他参数接受默认设置如图 8-79 所示。单击【确定】按钮，完成刀具创建。

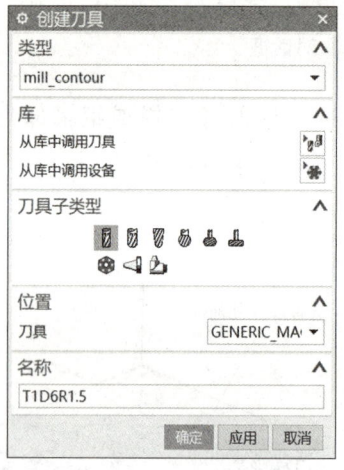
图 8-78 【创建刀具】对话框

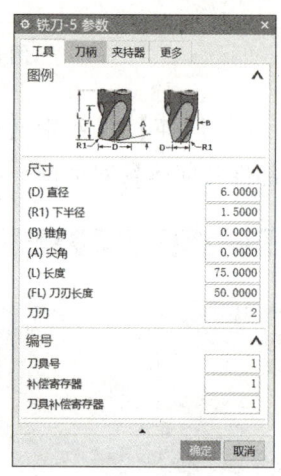
图 8-79 【铣刀-5 参数】对话框

（2）创建 D4R1 圆角刀，具体操作步骤如下：

①单击【加工创建】工具栏的【创建刀具】按钮，弹出【创建刀具】对话框，在【类型】下拉列表中选择"mill_contour"，【刀具子类型】选择"MILL"图标，在【名称】文本框中输入"T2D4R1"。单击【确定】按钮，弹出【铣刀-5 参数】对话框。

②在【铣刀-5 参数】对话框中设定【直径】为"4"，【下半径】为"1"，【刀具号】为"2"，其他参数接受默认设置。单击【确定】按钮，完成刀具创建。

（3）创建 T3B3 球刀，具体操作步骤如下：

①单击【加工创建】工具栏的【创建刀具】按钮，弹出【创建刀具】对话框。在【类型】下拉列表中选择"mill_contour"，【刀具子类型】选择"MILL"图标，在【名称】文本框中输入"T3B3"。单击【确定】按钮，弹出【铣刀-5 参数】对话框。

②在【铣刀-5 参数】对话框中设定【直径】为"3"，【下半径】为"1.5"，【刀具号】为"1"，单击【确定】按钮，完成刀具创建。

3. 型腔铣粗加工

1）启动型腔铣工序

（1）单击【主页】选项卡【插入】组中的【创建工序】按钮，弹出【创建工序】

对话框。在【类型】中选择"mill_contour",【工序子类型】选择第 1 行第 1 个图标（CAVITY_MILL）,【程序】选择"NC_PROGRAM",【刀具】选择"T1D6R1.5",【几何体】选择"WORKPIECE",【方法】选择"MILL_ROUGH",【名称】输入"CAVITY_MILL_ROUGH",如图 8-80 所示。

(2) 单击【确定】按钮,弹出【型腔铣】对话框,如图 8-81 所示。

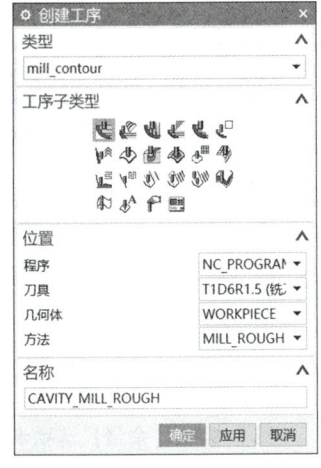
图 8-80 【创建工序】对话框

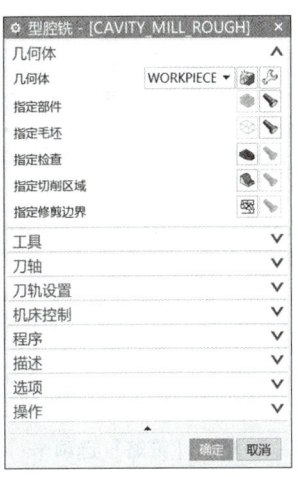
图 8-81 【型腔铣】对话框

2) 选择切削模式和设置切削用量

【刀轨设置】组框中【切削模式】为"跟随周边",【步距】为"%刀具平直",【平面直径百分比】为"50",【公共每刀切削深度】为"恒定",【最大距离】为"1",如图 8-82 所示。

图 8-82 选择切削模式和设置切削用量

3) 设置切削参数

单击【刀轨设置】组框中的【切削参数】按钮,弹出【切削参数】对话框,进行切削参数设置。

【策略】选项卡:【切削方向】为"顺铣",【切削顺序】为"层优先",如图 8-83 所示。

【余量】选项卡：勾选【使底面余量与侧面余量一致】复选框，【部件侧面余量】为"0.5"，如图 8-84 所示。

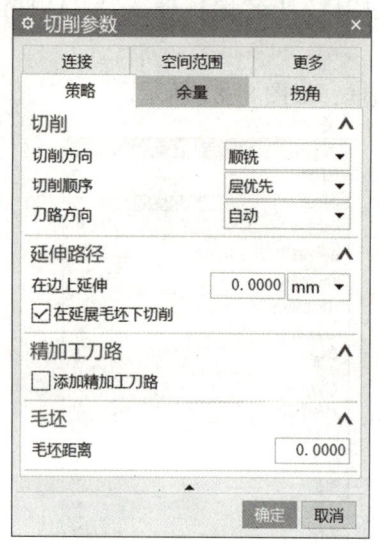

图 8-83　【策略】选项卡

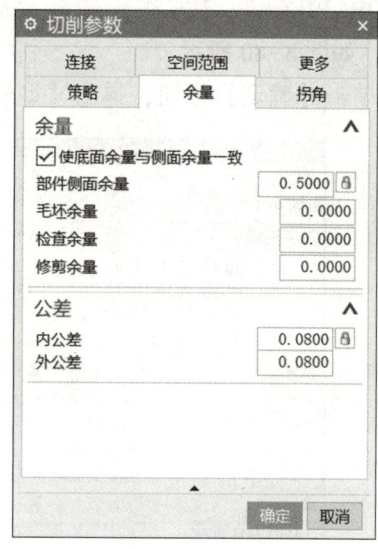

图 8-84　【余量】选项卡

单击【切削参数】对话框中的【确定】按钮，完成切削参数设置。

4）设置非切削运动

单击【刀轨设置】组框中的【非切削移动】按钮，弹出【非切削移动】对话框，进行非切削参数设置。

【进刀】选项卡：封闭区域的【进刀类型】为"线性"，【长度】为"50%"，如图 8-85 所示。

【退刀】选项卡：【退刀类型】为"与进刀相同"，如图 8-86 所示。

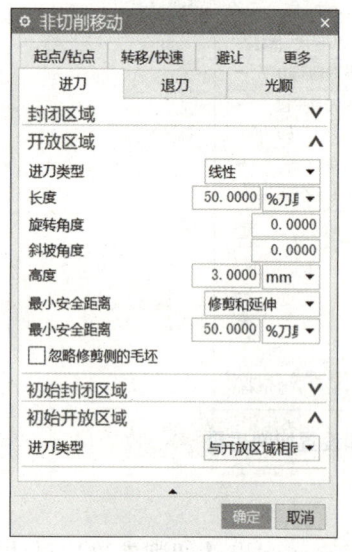

图 8-85　【进刀】选项卡

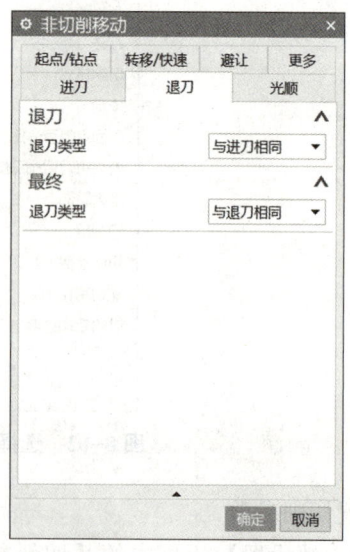

图 8-86　【退刀】选项卡

单击【非切削移动】对话框中的【确定】按钮，完成非切削参数设置。

5）设置进给参数

单击【刀轨设置】组框中的【进给率和速度】按钮，弹出【进给率和速度】对话框，【主轴速度】为"800 r/min"，【切削进给率】为"600"，单位为"毫米/分钟（mm/min）"，其他接受默认设置，如图 8-87 所示。

6）生成刀具路径并验证

单击工序对话框底部【操作】组框中的【生成】按钮，生成刀具路径，如图 8-88 所示。

单击工序对话框底部【确认】按钮，弹出【刀轨可视化】对话框，然后选择【2D 动态】选项卡，单击【播放】按钮可进行 2D 动态刀具切削过程模拟，如图 8-89 所示。

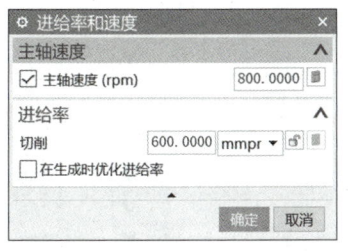

图 8-87 【进给率和速度】对话框

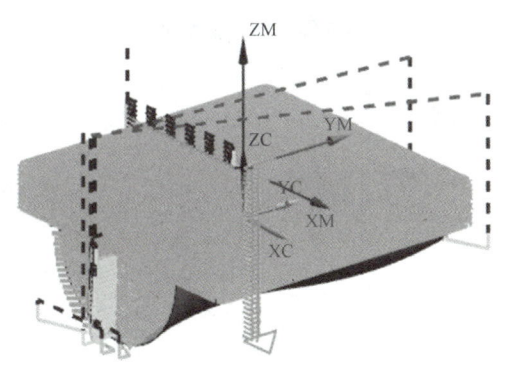

图 8-88 生成刀具路径

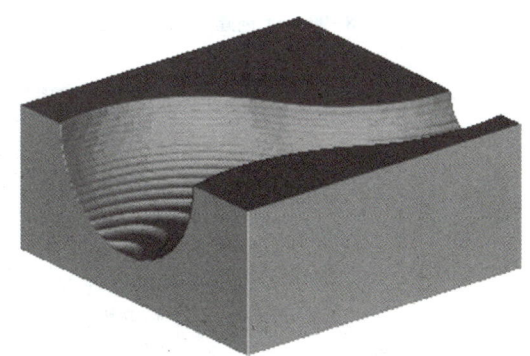

图 8-89 2D 动态刀具切削过程模拟

单击【确定】按钮，返回【型腔铣】对话框，然后单击【确定】按钮，完成型腔铣粗加工操作。

4. 创建深度轮廓半精加工工序

1）启动深度轮廓加工工序

单击【主页】选项卡【插入】组中的【创建工序】按钮，弹出【创建工序】对话框。【类型】选择"mill_contour"，【工序子类型】选择第 1 行第 6 个图标（ZLEVEL_PROFILE），【程序】选择"NC_PROGRAM"，【刀具】选择"T2D4R1"，【几何体】选择"WORKPIECE"，【方法】选择"MILL_SEMI_FINISH"，【名称】为"ZLEVEL_PROFILE_SEMIFINISH"，如图 8-90 所示。

单击【确定】按钮，弹出【深度轮廓加工】对话框，如图 8-91 所示。

2）设置合并距离和切削深度

在【刀轨设置】组框【合并距离】中输入 3，【最小切削长度】为 1，【公共每刀切削深度】为"恒定"，【最大距离】为"0.5"，如图 8-92 所示。

图 8-90 【创建工序】对话框

图 8-91 【深度轮廓加工】对话框

图 8-92 设置合并距离和切削深度

3) 设置切削参数

单击【刀轨设置】组框中的【切削参数】按钮,弹出【切削参数】对话框。

【策略】选项卡:【切削方向】为"混合",【切削顺序】为"始终深度优先",如图 8-93 所示。

【连接】选项卡:【层到层】为"直接对部件进刀",勾选【层间切削】复选框和【短距离移动时的进给】复选框,如图 8-94 所示。

单击【切削参数】对话框中的【确定】按钮,完成切削参数设置。

4) 设置非切削参数

单击【刀轨设置】组框中的【非切削移动】按钮,弹出【非切削移动】对话框。

【进刀】选项卡:【进刀类型】为"圆弧",【半径】为"50%",其他参数设置如图 8-95 所示。

图 8-93 【策略】选项卡

图 8-94 【连接】选项卡

【退刀】选项卡:【退刀类型】为"与进刀相同",其他参数设置如图 8-96 所示。

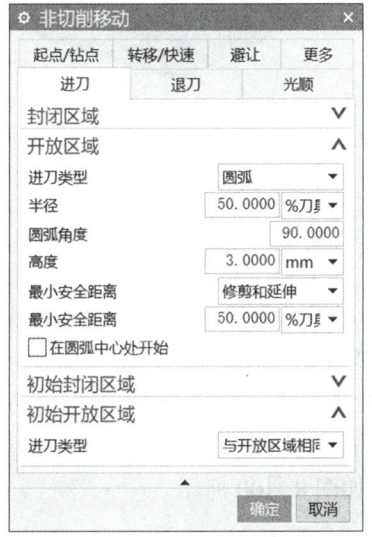

图 8-95 【进刀】选项卡

图 8-96 【退刀】选项卡

单击【非切削移动】对话框中的【确定】按钮,完成非切削参数设置。

5) 设置切削速度

单击【刀轨设置】组框中的【进给率和速度】按钮,弹出【进给率和速度】对话框。设置【主轴速度】为 1 000 r/min,【切削进给率】为"600",单位为"毫米/分钟(mm/min)",其他接受默认设置,如图 8-97 所示。

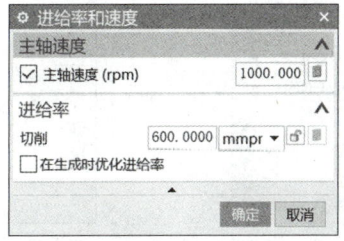

图 8-97 【进给率和速度】对话框

6) 生成刀具路径并验证

单击【工序】对话框底部【操作】组框中的【生成】按钮，可在操作对话框下生成刀具路径，如图 8-98 所示。

单击【操作】组框中的【确认】按钮，弹出【刀轨可视化】对话框，然后选择【2D 动态】选项卡，单击【播放】按钮▶可进行 2D 动态刀具切削过程模拟，如图 8-98 所示。

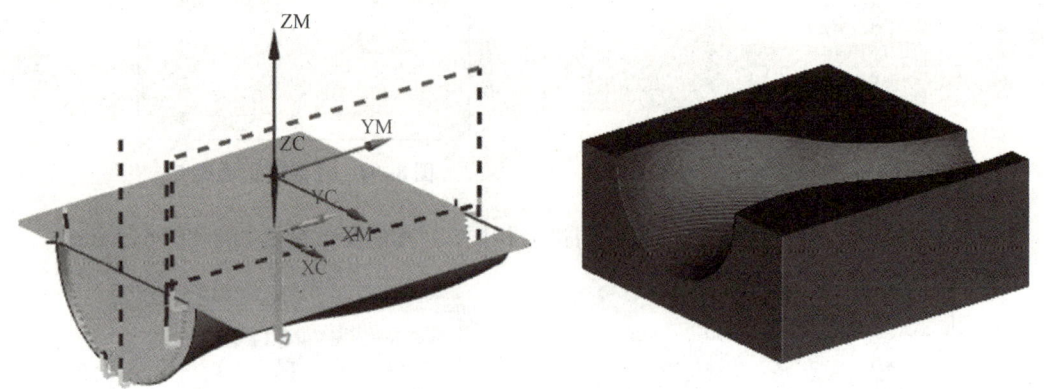

图 8-98　刀具路径和 2D 动态刀具切削过程模拟

5. 分型面型腔铣精加工

1) 创建工序

单击【插入】工具栏的【创建工序】按钮，弹出【创建工序】对话框。【类型】选择 mill_contour，【工序子类型】选择 （CAVITY_MILL），【程序】选择 "NC_PROGRAM"，【刀具】选择 "T1D6R1.5"，【几何体】选择 "WORKPIECE"，【方法】选择 "MILL_FINISH"，【名称】为 "CAVITY_MILL_FINISH1"，如图 8-99 所示。

单击【确定】按钮，弹出【型腔铣】对话框，如图 8-100 所示。

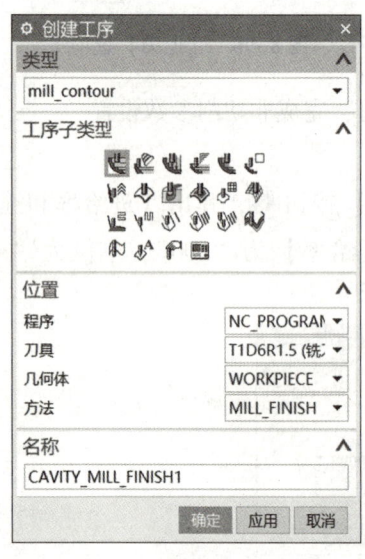
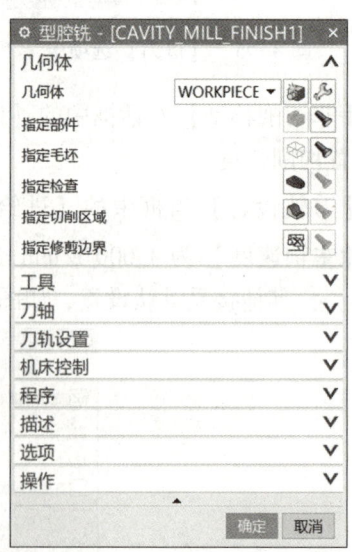

图 8-99　【创建工序】对话框　　　　图 8-100　【型腔铣】对话框

2）选择切削区域

单击【几何体】组框中【指定切削区域】选项后的【选择或编辑切削区域】按钮，弹出【切削区域】对话框。在图形区选择如图 8-101 所示的曲面作为切削区域，单击【确定】按钮完成。

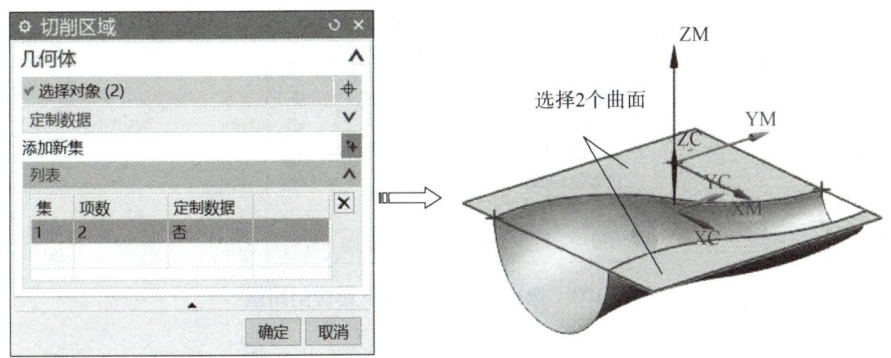

图 8-101　选择切削区域

3）设置切削层

单击【刀轨设置】组框中【切削层】按钮，弹出【切削层】对话框，【范围类型】为"单侧"，并选中【切削层】为"仅在范围底部"选项，如图 8-102 所示，单击【确定】按钮完成。

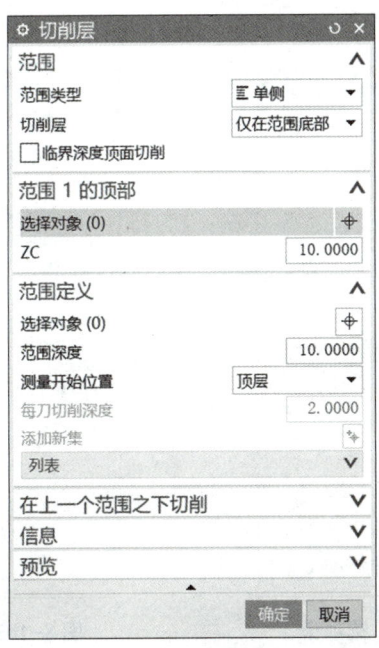

图 8-102　【切削层】对话框

4）选择切削模式和设置切削用量

在【刀轨设置】组框中【切削模式】为"跟随周边",【步距】为"%刀具平直",【平面直径百分比】为"30"，如图 8-103 所示。

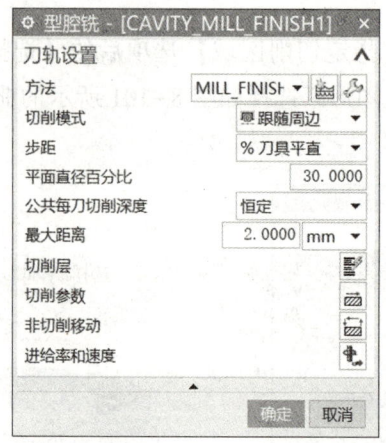

图 8-103 选择切削模式和设置切削用量

5) 设置切削参数

单击【刀轨设置】组框中的【切削参数】按钮，弹出【切削参数】对话框，进行切削参数设置。

【策略】选项卡：【切削方向】为"顺铣"，【切削顺序】为"层优先"，其他参数设置如图 8-104 所示。

【余量】选项卡：勾选【使底面余量与侧面余量一致】复选框，【部件侧面余量】为"0"，其他参数设置如图 8-105 所示。

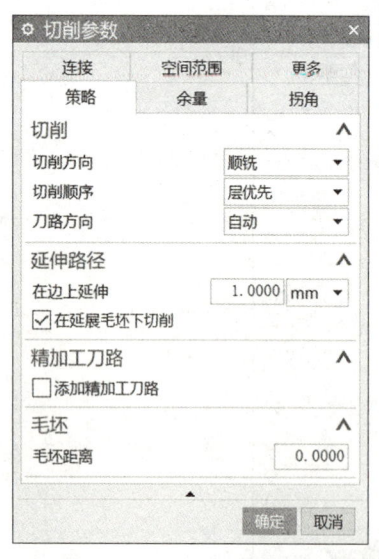

图 8-104 【策略】选项卡

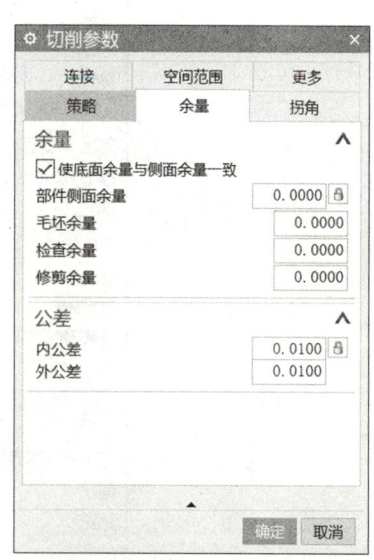

图 8-105 【余量】选项卡

单击【切削参数】对话框中的【确定】按钮，完成切削参数设置。

6) 设置非切削运动

单击【刀轨设置】组框中的【非切削移动】按钮，弹出【非切削移动】对话框，进行非切削参数设置。

【进刀】选项卡：开放区域【进刀类型】为"圆弧"，【半径】为"7 mm"，其他参数设置如图 8-106 所示。

【退刀】选项卡：【退刀类型】为"与进刀相同"，如图 8-107 所示。

图 8-106　【进刀】选项卡

图 8-107　【退刀】选项卡

单击【非切削移动】对话框中的【确定】按钮，完成非切削参数设置。

7) 设置进给参数

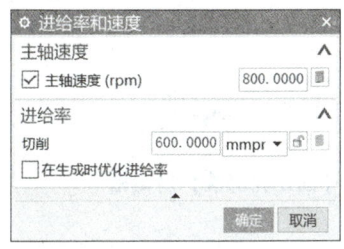

图 8-108　【进给率和速度】对话框

单击【刀轨设置】组框中的【进给率和速度】按钮，弹出【进给率和速度】对话框，【主轴速度】为"800 r/min"，【切削进给率】为"600"，单位为"毫米/分钟（mm/min）"，其他接受默认设置，如图 8-108 所示。

8) 生成刀具路径并验证

单击【工序】对话框底部【操作】组框中的【生成】按钮，可在操作对话框下生成刀具路径，如图 8-109 所示。

单击【操作】组框中的【确认】按钮，弹出【刀轨可视化】对话框，然后选择【2D 动态】选项卡，单击【播放】按钮可进行 2D 动态刀具切削过程模拟，如图 8-109 所示。

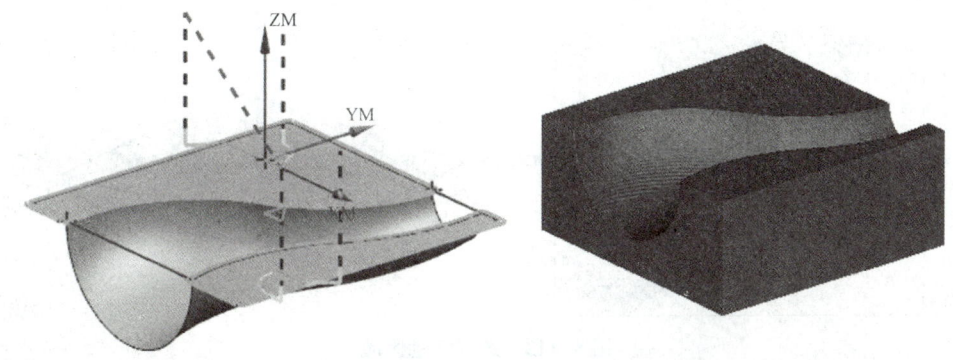

图 8-109　刀具路径和 2D 动态刀具切削过程模拟

单击【确定】按钮，返回【型腔铣】对话框，然后单击【确定】按钮完成。

6. 固定轴曲面轮廓铣精加工

1）创建工序

单击【加工创建】工具栏上的【创建工序】按钮，弹出【创建工序】对话框。在【类型】下拉列表中选择"mill_contour"，【工序子类型】选择第 2 行第 2 个图标（FIXED_CONTOUR），【程序】选择"NC_PROGRAM"，【刀具】选择"T3B3"，【几何体】选择"MCS_MILL"，【方法】选择"MILL_FINISH"，【名称】为"FIXED_CONTOUR_FINISH2"，如图 8-110 所示。

单击【确定】按钮，弹出【固定轮廓铣】对话框，如图 8-111 所示。

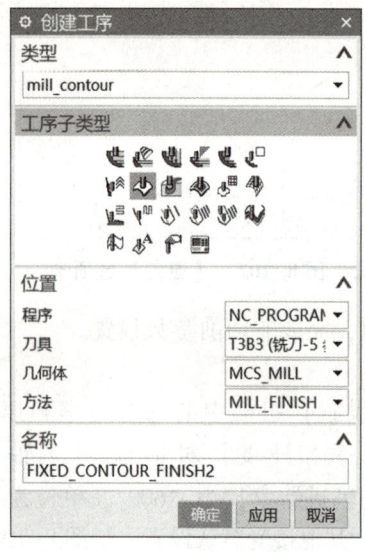
图 8-110 【创建工序】对话框

图 8-111 【固定轮廓铣】对话框

2）选择切削区域

单击【几何体】组框中【指定切削区域】选项后的【选择或编辑切削区域】按钮，弹出【切削区域】对话框。在图形区选择如图 8-112 所示的曲面作为切削区域，单击【确定】按钮完成。

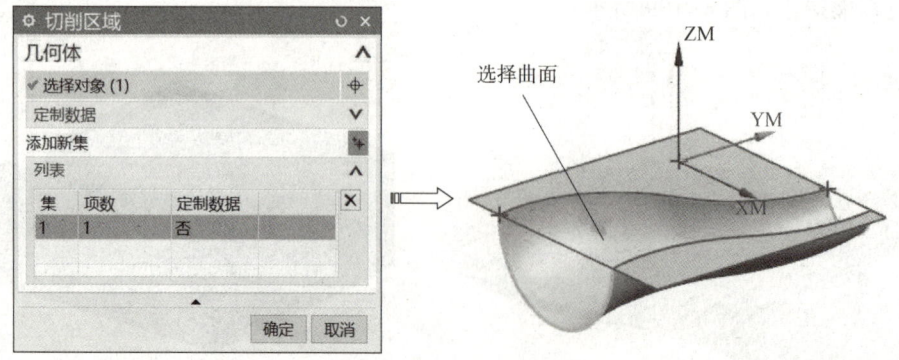
图 8-112 选择切削区域

3）选择驱动方法并设置驱动参数

（1）在【驱动方法】组框中的【方法】下拉列表选取"曲面区域"，如图 8-113 所示，系统弹出【曲面区域驱动方法】对话框，如图 8-114 所示。

图 8-113 选择曲面区域驱动方法

图 8-114 【曲面区域驱动方法】对话框

（2）在【驱动几何体】组框中，单击【指定驱动几何体】选项后的【选择或编辑驱动几何体】按钮，弹出【驱动几何体】对话框，选择如图 8-115 示的曲面。单击【确定】按钮，返回【曲面区域驱动方法】对话框。

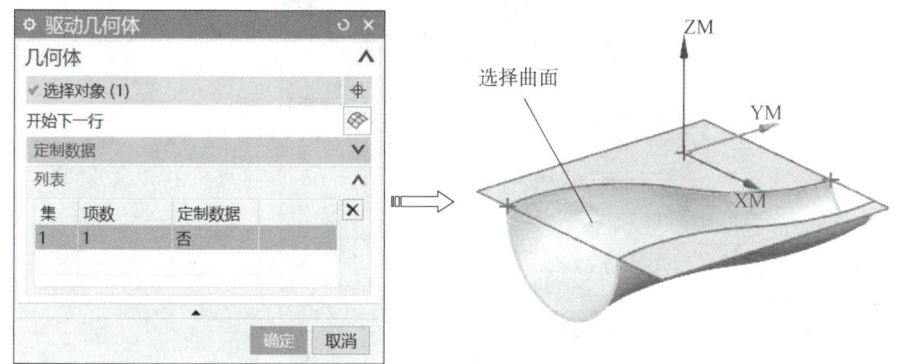

图 8-115 选择驱动曲面

（3）在【驱动几何体】组框中单击【切削方向】按钮，弹出【切削方向确认】对话框，选择如图 8-116 所示箭头所指定方向为切削方向，然后单击【确定】按钮，返回【曲面区域驱动方法】对话框。

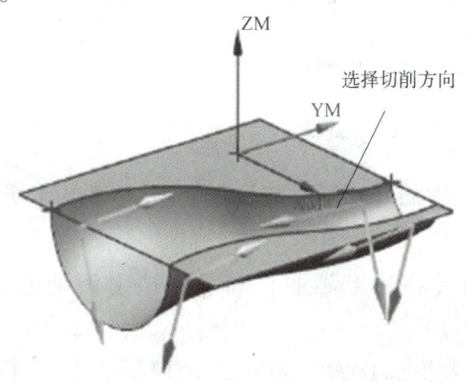

图 8-116 选择切削方向

(4) 在【驱动几何体】组框中单击【材料反向】按钮, 确认材料侧方向如图 8-117 所示。

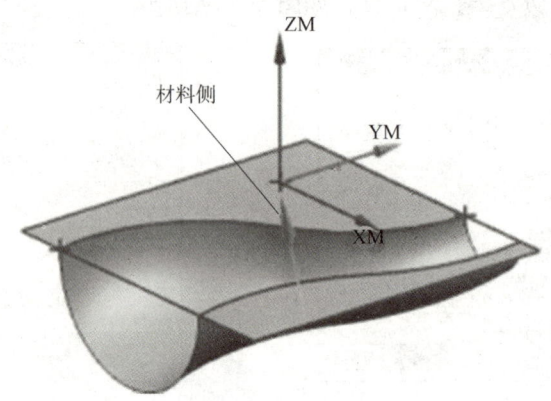

图 8-117 设置材料侧方向

(5) 在【驱动设置】组框中选择【切削模式】为"往复",【步距】为"残余高度", 并输入【最大残余高度】为 0.01, 如图 8-118 所示。

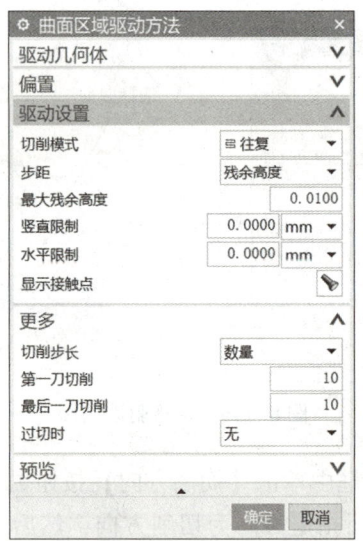

图 8-118 设置驱动参数

(6) 单击【曲面区域驱动方法】对话框中的【确定】按钮, 完成驱动方法设置, 返回【固定轮廓铣】对话框。

4) 设置切削参数

单击【刀轨设置】组框中的【切削参数】按钮, 弹出【切削参数】对话框, 设置切削加工参数。

【策略】选项卡: 取消【在边上延伸】和【在边上滚动刀具】复选框, 如图 8-119 所示。

【更多】选项卡:【最大步长】为 "30%刀具直径", 取消【应用于步进】复选框, 勾选【优化刀轨】复选框,如图 8-120 所示。

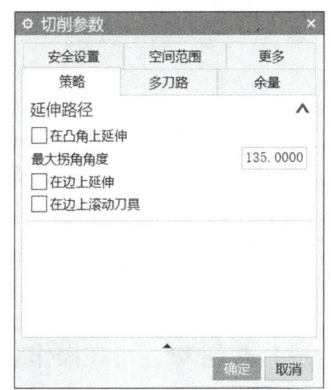

图 8-119 【策略】选项卡

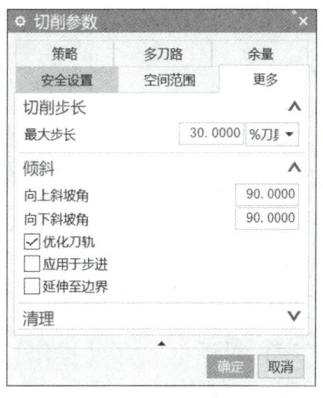

图 8-120 【更多】选项卡

单击【切削参数】对话框中的【确定】按钮,完成切削参数设置。

5) 设置非切削参数

单击【刀轨设置】组框中的【非切削移动】按钮,弹出【非切削移动】对话框,进行非切削参数设置。

【进刀】选项卡:【进刀类型】为"圆弧-平行于刀轴",【半径】为"50%",其他参数设置如图 8-121 所示。

【退刀】选项卡:【退刀类型】为"与进刀相同",其他参数设置如图 8-122 所示。

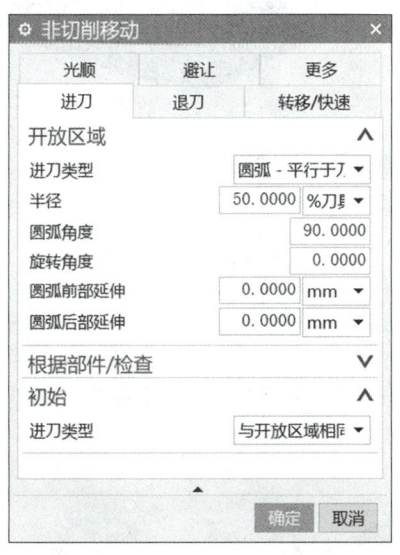

图 8-121 【进刀】选项卡

图 8-122 【退刀】选项卡

单击【非切削参数】对话框中的【确定】按钮,完成非切削参数设置。

6) 设置进给参数

单击【刀轨设置】组框中的【进给率和速度】按钮,弹出【进给率和速度】对话框,【主轴速度】为 1 200 r/min,切削进给率为"500",单位为"毫米/分钟(mm/min)",如图 8-123 所示。

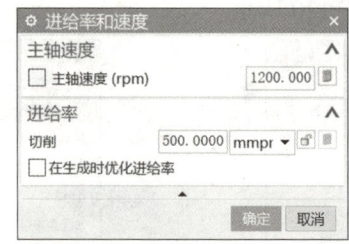

图 8-123　【进给旅和速度】对话框

7）生成刀具路径并验证

单击【工序】对话框底部【操作】组框中的【生成】按钮，可在操作对话框下生成刀具路径，如图 8-124 所示。

单击【操作】组框中的【确认】按钮，弹出【刀轨可视化】对话框，然后选择【2D 动态】选项卡，单击【播放】按钮 可进行 2D 动态刀具切削过程模拟，如图 8-124 所示。

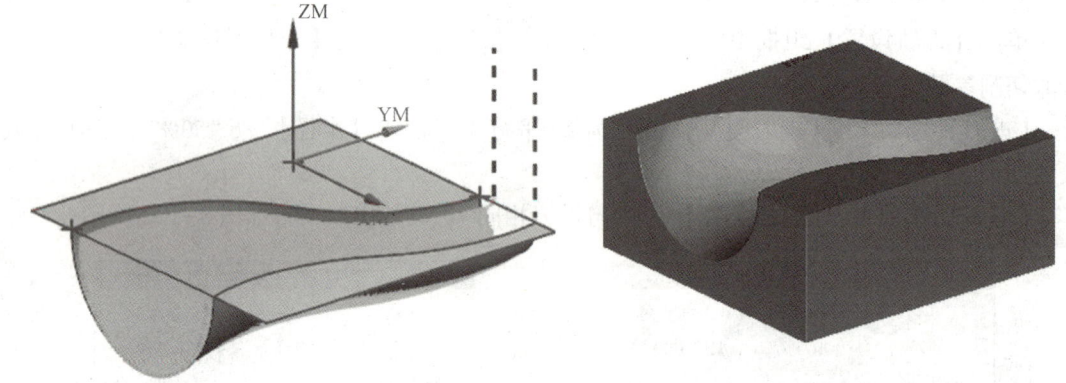

图 8-124　切削刀具路径和 2D 动态刀具切削过程模拟

单击【固定轮廓铣】对话框中的【确定】按钮，接受刀具路径并关闭对话框。

上机习题

1. 按照附件所给 stp 格式模型，利用 UG NX CAM 模块完成零件的加工，如题图 8-1 所示。

题图 8-1

2. 按照附件所给 stp 格式模型，利用 UG NX CAM 模块完成零件的加工，如题图 8-2 所示。

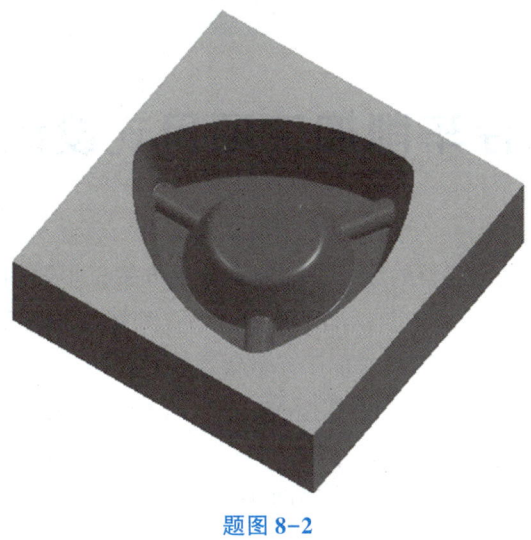

题图 8-2

3. 按照附件所给 stp 格式模型，利用 UG NX CAM 模块完成零件的加工，如题图 8-3 所示。

题图 8-3

项目九

NX 数控车削加工项目式设计案例

NX 数控车削模块提供了完整的数控车削加工解决方案,主要用于轴类、盘套类零件的加工,该模块能够快速创建粗加工、精加工、中心钻孔和螺纹加工等车削加工方法。本章详细介绍了 NX 车削加工的几何、刀具、加工参数等。

希望通过本章的学习,使读者轻松掌握 NX 车削加工中的关键技术和操作方法。

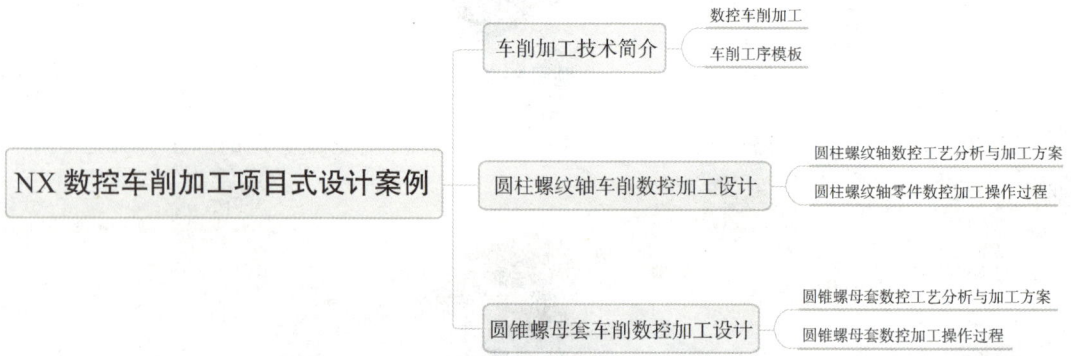

任务 9.1 车削加工技术简介

车削加工中心可以加工各种回转表面,如内外圆柱面、内外圆锥面、螺纹、沟槽、端面和成型面等,加工精度可达 IT8~IT7,表面粗糙度 Ra 值为 1.6~0.8 μm,车削常用来加工单一轴线的零件。

9.1.1 数控车削加工

数控车削加工主要用于加工轴类、盘类等回转体零件。通过数控加工程序的运行,可自动完成内外圆柱面、圆锥面、成型表面、螺纹和端面等工序的切削加工,并能进行车槽、钻孔、扩孔、铰孔等工作,如图 9-1 所示。

9.1.2 车削工序模板

NX 提供了多种车削加工模板,在【主页】选项卡上单击【插入】组中的【创建工序】按钮 ,系统将弹出【创建工序】对话框,【类型】选择为"turning",在【工序子类型】中选择车削模板,如图 9-2 所示。

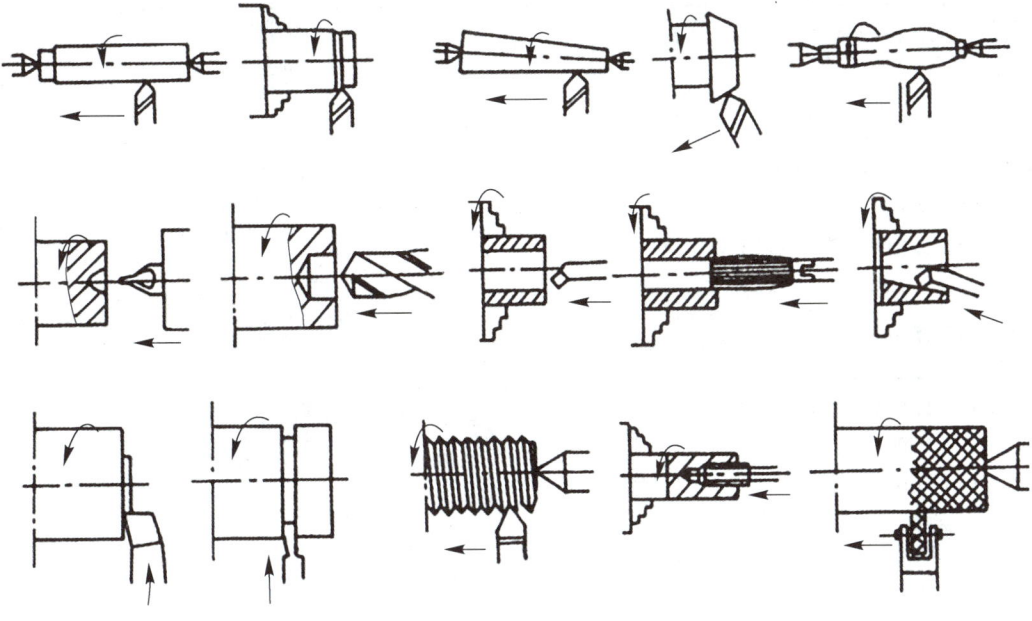

图 9-1 车削加工零件

图 9-2 【创建工序】对话框

车削工序子类型共有 20 多种，常用车削工序子类型的说明如表 9-1 所示。

表 9-1 常用车削工序子类型的说明

图标	英文	中文	说明
	CENTERLINE_SPOTDRILL	点钻	加工轴类工件中心孔，可用于后续中心线钻孔定位
	CENTERLINE_DRILLING	中心线钻孔	用于钻轴类零件中心孔
	CENTERLINE_PECKDRILL	中心线啄钻	用增量深度方式、断屑后刀具退出孔的方式进行孔加工，常用于深孔加工
	CENTERLINE_BREAKCHIP	中心线断屑钻	用增量深度方式进行断屑加工孔，常用于深孔加工
	CENTERLINE_REAMING	铰孔	使用铰孔循环来进行中心线铰孔加工
	CENTERLINE_TAPPING	攻丝	执行攻丝循环，攻丝循环会进行送入、反转主轴然后送出
	FACING	端面加工	用于车削零件端面
	ROUGH_TURN_OD	粗车外圆	用于粗车加工轮廓外径表面
	ROUGH_BACK_TURN	粗车（逆向）	用于反方向车削加工零件外圆表面
	ROUGH_BORE_ID	粗镗内孔	用于粗镗加工轮廓内径表面
	ROUGH_BACK_BORE	粗镗（逆向）	用于反方向粗镗加工轮廓内径表面
	FINISH_TURN_OD	精车外圆	用于精车加工轮廓外径表面
	FINISH_BORE_ID	精镗内孔	用于精镗加工轮廓内径表面
	FINISH_BACK_BORE	精镗（逆向）	用于反方向精镗加工轮廓内径表面
	GROOVE_OD	车槽外圆	使用各种插削策略切削零件外径上的槽
	GROOVE_ID	车槽内孔	使用各种插削策略切削零件内径上的槽
	GROOVE_FACE	车槽端面	使用各种插削策略切削零件端面上的槽
	THREAD_OD	外螺纹加工	用于车削加工外表面螺纹
	THREAD_ID	内螺纹加工	用于车削加工内表面螺纹
	PARTOFF	切断加工	用于切断工件

任务 9.2 圆柱螺纹轴车削数控加工设计

以图 9-3 所示为例来说明车削数控加工的基本流程。从图 9-3 可知该螺纹轴零件尺寸为 $\phi60$ mm×150 mm，上有螺纹和退刀槽，形状较为简单。毛坯尺寸为 $\phi80$ mm×155 mm，四周已经完成加工,需要进行整个外圆表面。

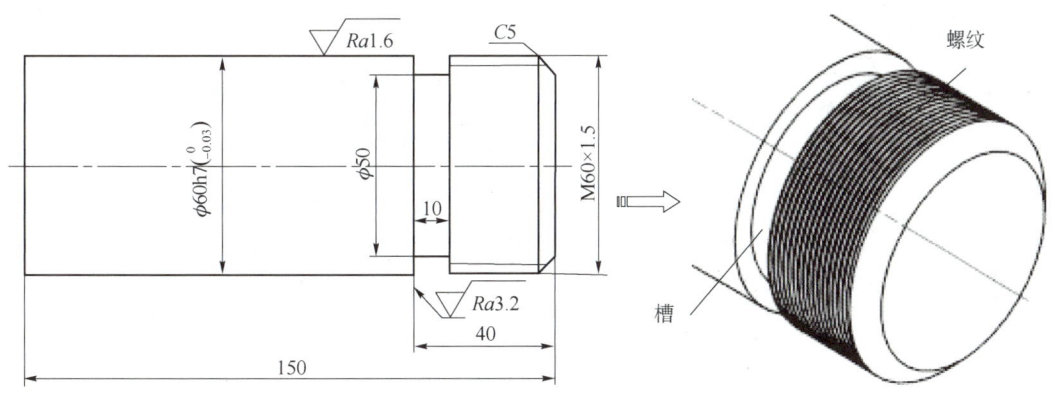

图 9-3 螺纹轴零件

9.2.1 圆柱螺纹轴数控工艺分析与加工方案

按照加工要求,以左端卡盘固定安装在机床上,加工坐标系原点为右侧毛坯中心,根据数控车削加工工艺的要求,采用工艺路线为"端面"→"粗车"→"精车"→"车槽"→"螺纹"的顺序依次加工右侧表面,逐步达到加工精度。该零件的数控加工工艺流程如表 9-2 所示。

表 9-2 圆柱螺纹轴的数控加工方案

工步号	工步内容	刀具号	切削用量		
			主轴转速/(r·min^{-1})	进给速度/(mm·r^{-1})	背吃刀量/mm
1	车端面	T01	500	0.3	1~2
2	粗车外圆	T02	500	0.3	1~2
3	精车外圆	T03	600	0.5	0.5~0.7
4	车槽加工	T04	300	0.15	0.5
5	车螺纹	T05	300	—	—

9.2.2 圆柱螺纹轴零件数控加工操作过程

1. 启动数控加工环境

(1) 启动 NX 后,单击【文件】选项卡的【打开】按钮,弹出【打开部件文件】对话框,选择"圆柱螺纹轴"("随书光盘:\项目九\圆柱螺纹轴.prt"),单击【OK】按钮,文件打开后如图 9-4 所示。

(2) 单击【应用模块】选项卡中的【加工】按钮,系统弹出【加工环境】对话框,在【CAM 会话配置】中选择"cam_general",在【要创建的 CAM 设置】中选择"turning",

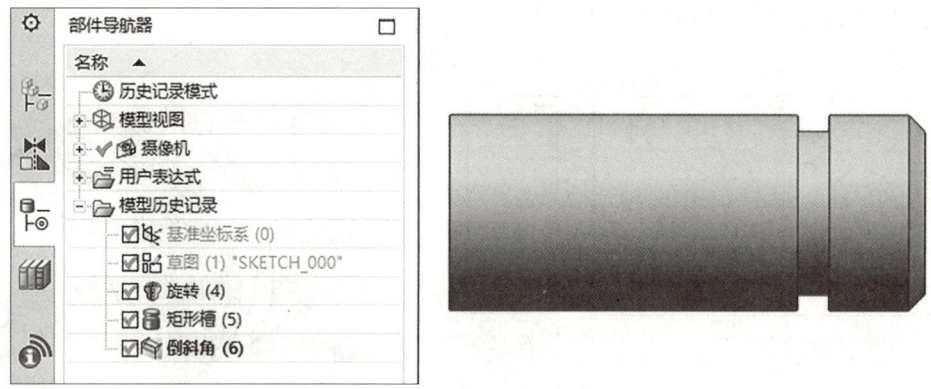

图 9-4 打开模型文件

单击【确定】按钮初始化加工环境，如图 9-5 所示。

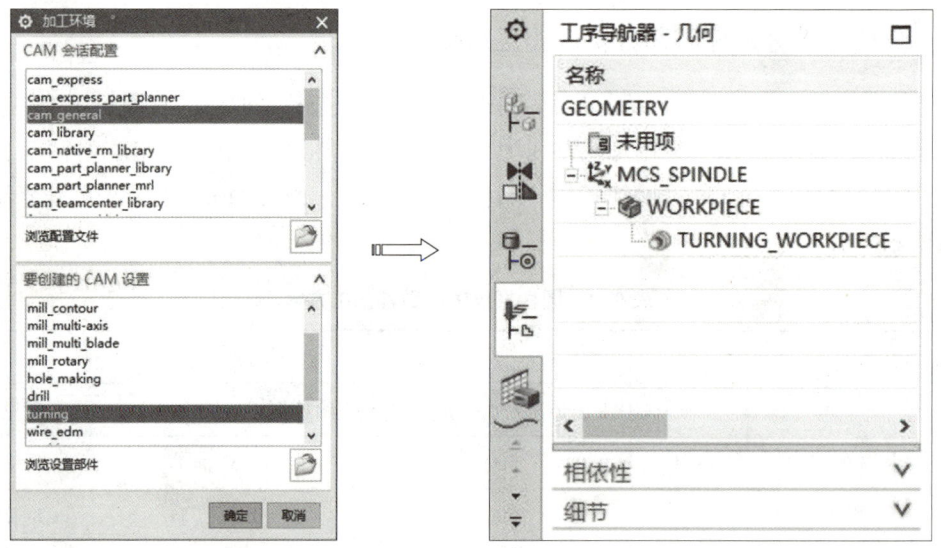

图 9-5 启动 NX CAM 加工环境

2. 创建加工父级组

单击上边框条【工序导航器】组上的【几何视图】按钮，将【工序导航器】切换到几何视图显示。

1) 创建加工坐标系

（1）双击【工序导航器】窗口中的【MCS_SPINDLE】图标 MCS_SPINDLE，弹出【MCS主轴】对话框，如图 9-6 所示。

（2）单击【机床坐标系】组框中的【CSYS】按钮，弹出【CSYS】对话框，在图形窗口中输入移动坐标数值为（155，0，0），沿着 X 轴移动 155 mm，如图 9-7 所示。

（3）选择车床工作平面。【车床工作平面】选项的下拉列表中选择"ZM-XM"，设置 XC 轴为机床主轴，如图 9-8 所示，单击【确定】按钮完成。

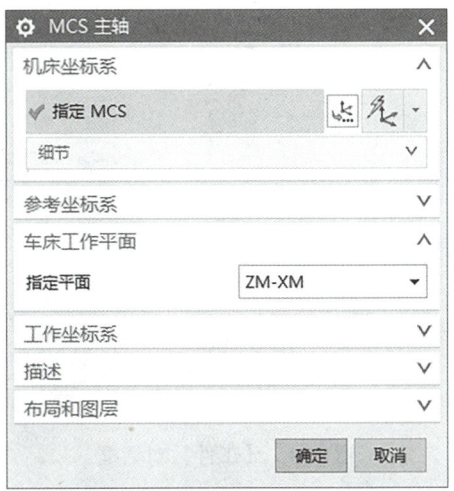

图 9-6 【MCS 主轴】对话框

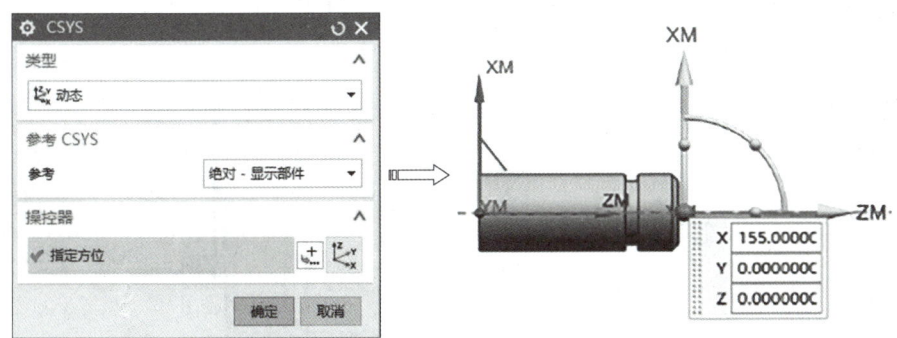

图 9-7 定位加工坐标系原点

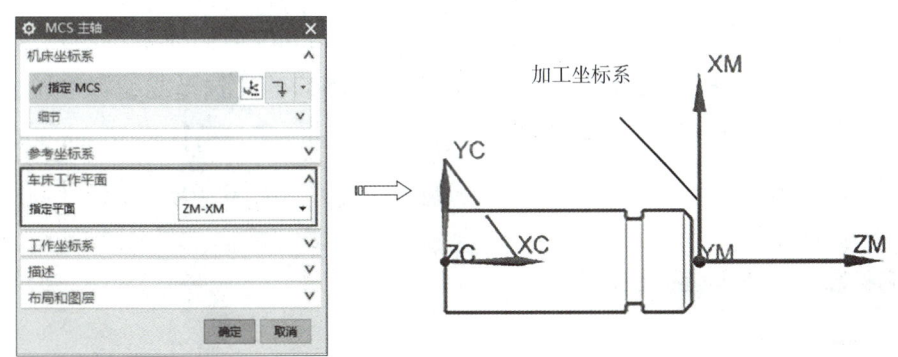

图 9-8 设置机床工作平面

2)创建车削加工几何体

单击上边框条【工序导航器】组上的【几何视图】按钮，将【工序导航器】切换到几何视图显示。

（1）在【工序导航器】中双击【WORKPIECE】图标，然后单击【确定】按钮，弹出【工件】对话框，如图 9-9 所示。

293

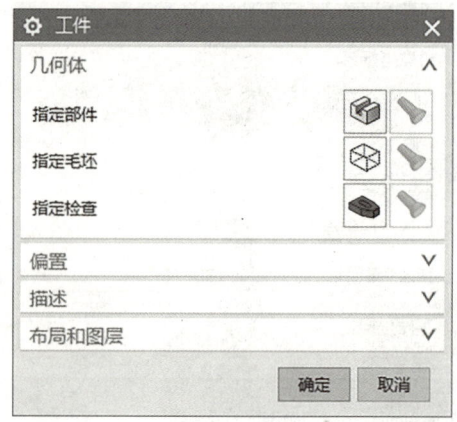

图9-9 【工件】对话框

（2）单击【几何体】组框中【指定部件】选项后的【选择或编辑部件几何体】按钮,弹出【部件几何体】对话框,选择部件几何体,如图9-10所示。

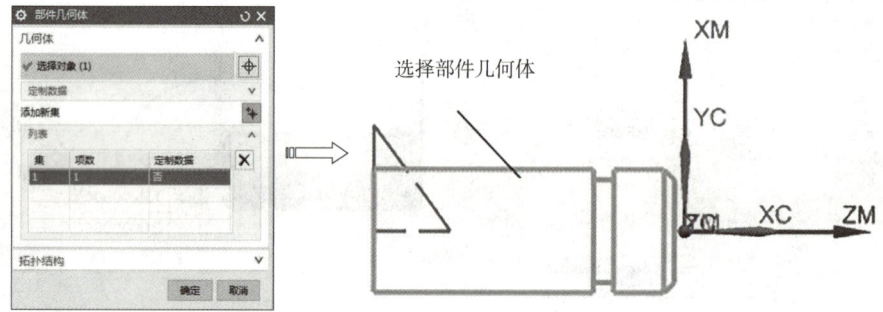

图9-10 选择部件几何体

（3）双击【操作导航器】窗口中的【TURNING_WORKPIECE】图标 TURNING_WORKPIECE,弹出【车削工件】对话框。单击【指定毛坯边界】选项后的【选择或编辑毛坯边界】按钮,弹出【毛坯边界】对话框,设置【长度】为155 mm,【直径】为80 mm,单击【指定点】按钮,弹出【点】对话框,设置安装位置坐标为（0,0,0）,单击【确定】按钮完成,如图9-11所示。

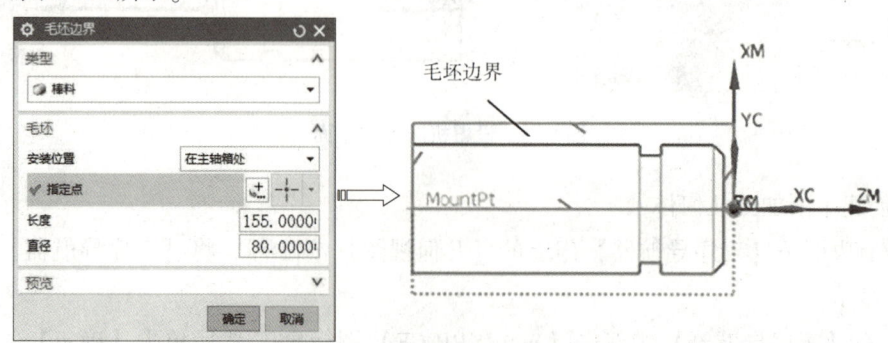

图9-11 定义毛坯边界

3）创建避让几何体

（1）单击【主页】选项卡【插入】组中的【创建几何体】按钮，弹出【创建几何体】对话框，如图9-12所示。单击【创建几何体】对话框中的【AVOIDANCE】图标，然后单击【确定】按钮，弹出【避让】对话框，如图9-13所示。

图9-12 【创建几何体】对话框

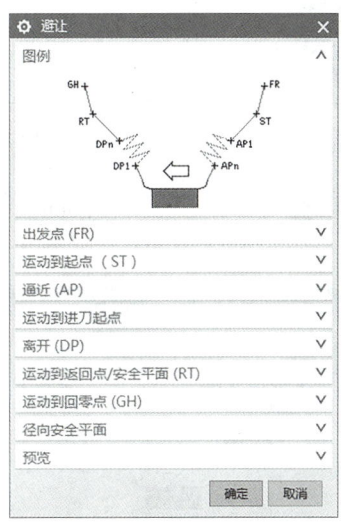
图9-13 【避让】对话框

（2）设置出发点From Point。在【出发点】选择【指定】，然后单击【指定点】按钮，弹出【点】对话框，选择【绝对-工作部件】并输入坐标（220，100，0），如图9-14所示。

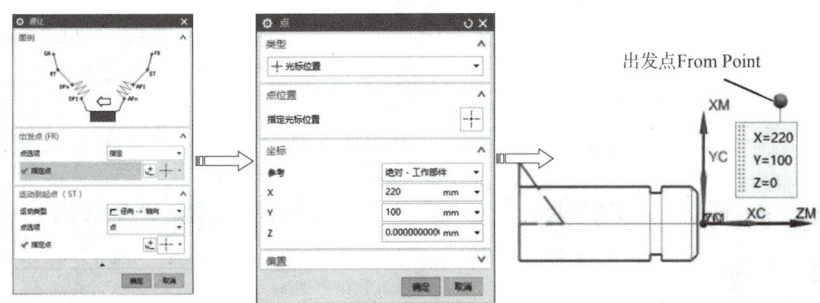
图9-14 设置出发点From Point

（3）设置起点Start Point。选择【运动类型】为"直接"，【点选项】为"点"，单击【指定点】按钮，并在弹出的【点】对话框中选择【绝对-工作部件】并输入坐标（170，60，0），如图9-15所示。

（4）设置运动到进刀起点。选择【运动到进刀起点】的【运动类型】为"径向→轴向"，如图9-16所示。

（5）设置返回点Return Point。选择【运动到返回点】的【运动类型】为"径向->轴向"，【点选项】为"与起点相同"，如图9-17所示。

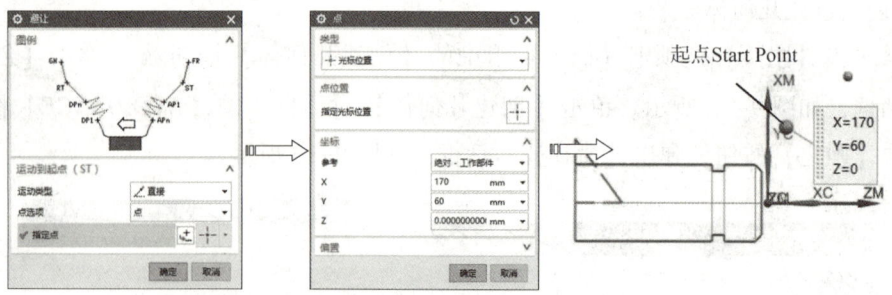

图 9-15 设置起点和运动类型

(6) 设置回零点 Gohome Point。选择【运动到回零点】的【运动类型】为"直接",【点选项】为"与起点相同",如图 9-17 所示。

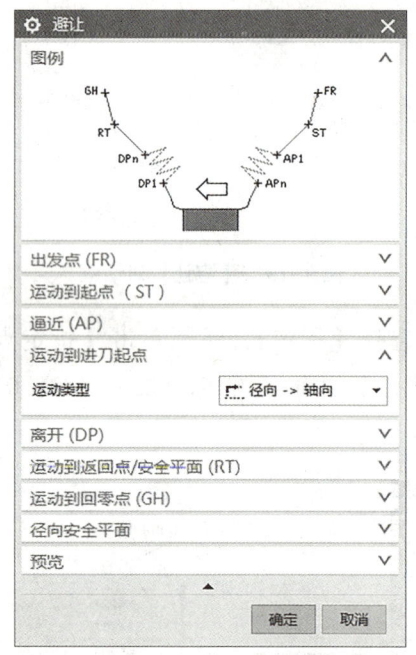

图 9-16 设置运动到进刀起点

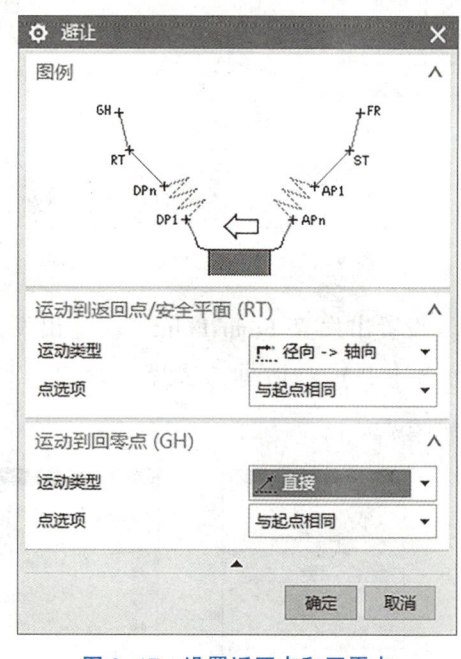

图 9-17 设置返回点和回零点

4) 创建刀具组

(1) 创建端面车刀。

单击【加工创建】工具栏上的【创建刀具】按钮,弹出【创建刀具】对话框。在【类型】下拉列表中选择"turning",【刀具子类型】选择【OD_80_L】图标,【名称】为"OD_80_L_FACE",如图 9-18 所示。

单击【确定】按钮,弹出【车刀-标准】对话框,设定【刀尖半径】为"1.2",【方向角度】为"-15",【长度】为"15",【刀具号】为"1",如图 9-19 所示。

(2) 创建粗车刀。

单击【加工创建】工具栏上的【创建刀具】按钮,弹出【创建刀具】对话框。在【类型】下拉列表中选择"turning",【刀具子类型】选择【OD_80_L】图标,在【名称】文本框中输入"OD_80_L"。

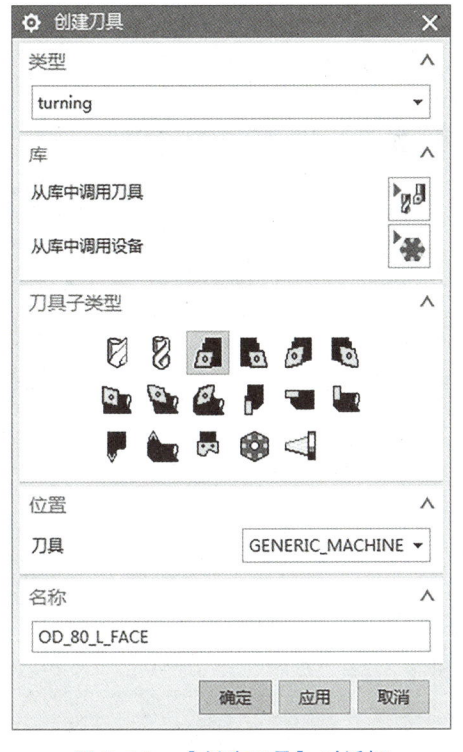

图 9-18 【创建刀具】对话框

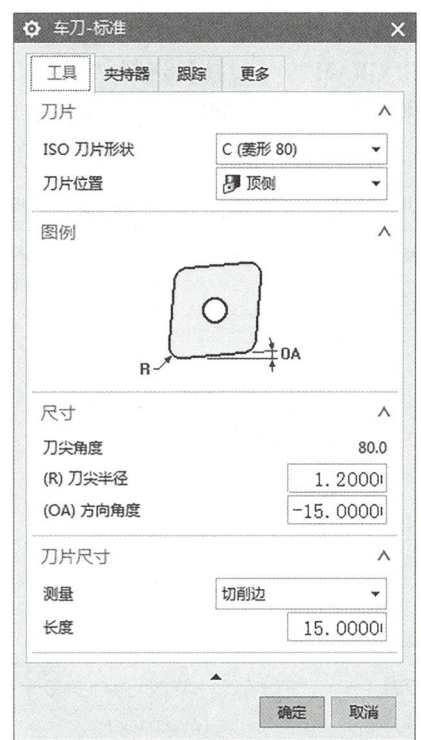

图 9-19 【车刀-标准】对话框

单击【确定】按钮,弹出【车刀-标准】对话框,设定【刀尖半径】为"0.5",【方向角度】为"5",【长度】为"15",【刀具号】为"2"。

(3) 创建精车刀。

单击【加工创建】工具栏上的【创建刀具】按钮,弹出【创建刀具】对话框。【类型】选择"turning",【刀具子类型】选择【OD_55_L】图标,【名称】为"OD_55_L"。

单击【确定】按钮,弹出【车刀-标准】对话框,设定【刀尖半径】为"0.1",【方向角度】为"17.5",【长度】为"15",【刀具号】为"3"。

(4) 创建槽刀。

单击【加工创建】工具栏上的【创建刀具】按钮,弹出【创建刀具】对话框。【类型】选择"turning",【刀具子类型】选择【OD_GROOVE_L】图标,【名称】为"OD_GROOVE_L"。

单击【确定】按钮,弹出【槽刀-标准】对话框,设定【刀片宽度】为"4",【刀具号】为"4"。单击【确定】按钮,完成刀具创建。

(5) 创建螺纹车刀。

单击【加工创建】工具栏上的【创建刀具】按钮,弹出【创建刀具】对话框。【类型】选择"turning",【刀具子类型】选择【OD_THREAD_L】图标,【名称】为"OD_THREAD_L"。

单击【确定】按钮,弹出【螺纹刀-标准】对话框,【刀具号】为"5"。

3. 创建端面加工工序

1) 启动端面车削工序

单击【主页】选项卡【插入】组中的【创建工序】按钮,弹出【创建工序】对话框。

【类型】选择"turning",【工序子类型】选择第2行第1个图标 (FACING),【程序】选择"NC_PROGRAM",【刀具】选择"OD_80_L_FACE",【几何体】选择"AVOIDANCE",【方法】选择"LATHE_FINISH",【名称】为"FACING",如图9-20所示。

单击【确定】按钮,弹出【面加工】对话框,如图9-21所示。

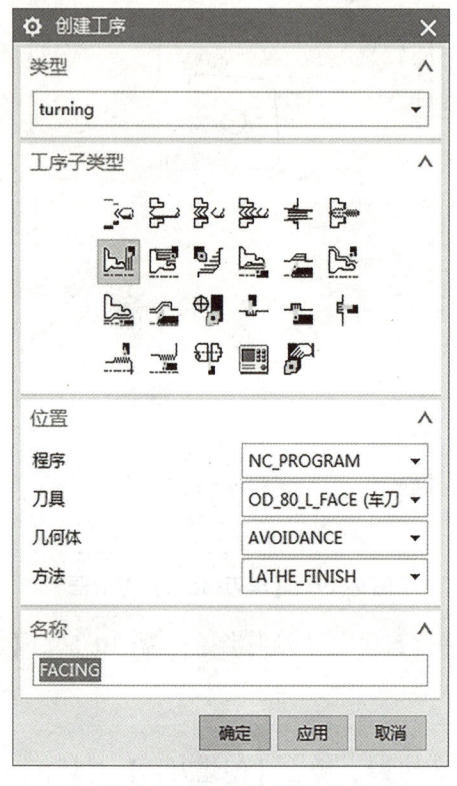
图9-20 【创建工序】对话框

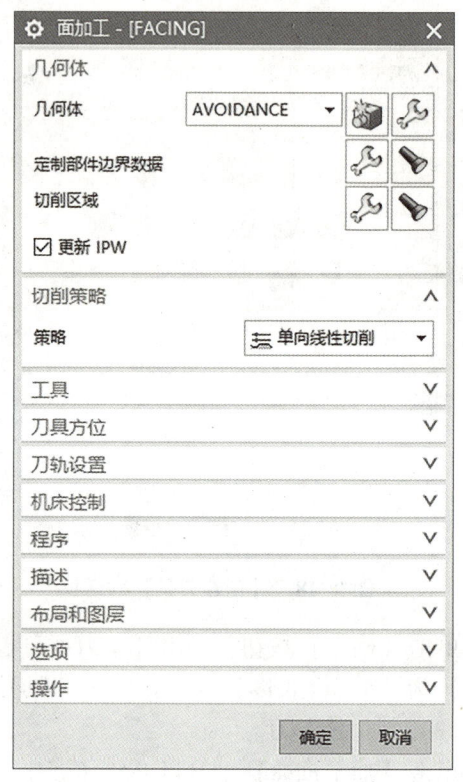
图9-21 【面加工】对话框

2)设置切削区域

单击【几何体】组框中的【切削区域】选项后的【编辑】按钮,弹出【切削区域】对话框。

在【轴向修剪平面1】组框的下拉列表中选择【点】,单击【指定点】按钮,在图形区选择如图9-22所示的点。

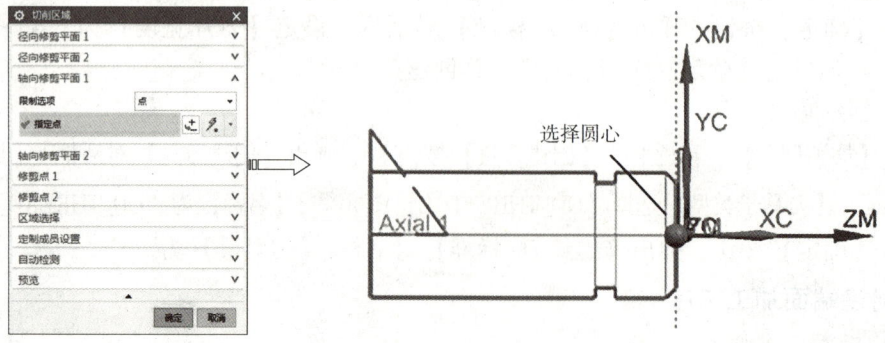
图9-22 设置修剪平面位置

3）选择切削策略和刀轨参数

在【切削策略】组框中选择【单向线性切削】走刀方式。

在【面加工】对话框的【刀轨设置】组框中设置【与 XC 的夹角】为 270，【方向】为"前进"；选择【切削深度】为"恒定"，【深度】为"2"，选择【变换模式】为"省略"，【清理】为"无"，如图 9-23 所示。

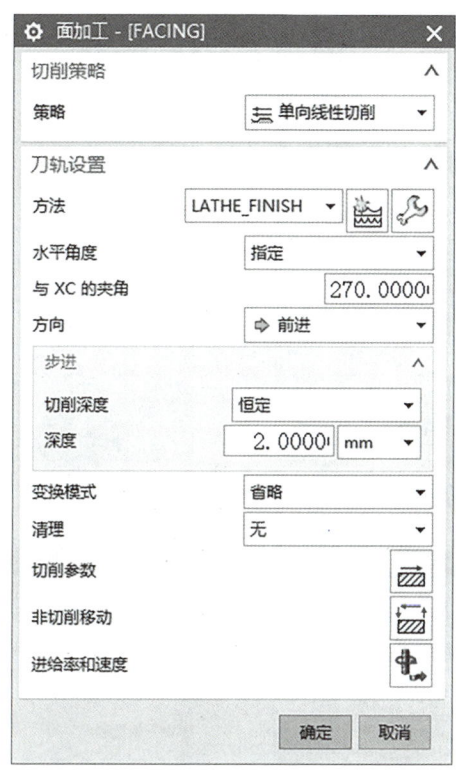

图 9-23　选择切削策略和刀轨参数

4）设置非切削参数

单击【刀轨设置】组框中的【非切削移动】按钮，弹出【非切削移动】对话框。

（1）【进刀】选项卡：在【毛坯】组框中【进刀类型】为"线性-自动"，【自动进刀选项】为"自动"，其他参数设置如图 9-24 所示。

（2）【退刀】选项卡：在【毛坯】组框中【退刀类型】为"线性-自动"，其他参数设置如图 9-25 所示。

（3）【逼近】选项卡：在【运动到进刀起点】组框中【运动类型】为"轴向->径向"，其他参数设置如图 9-26 所示。

（4）【离开】选项卡：在【运动到返回点/安全平面】组框中【运动类型】为"轴向->径向"，其他参数设置如图 9-27 所示。

图 9-24 【进刀】选项卡　　　　图 9-25 【退刀】选项卡

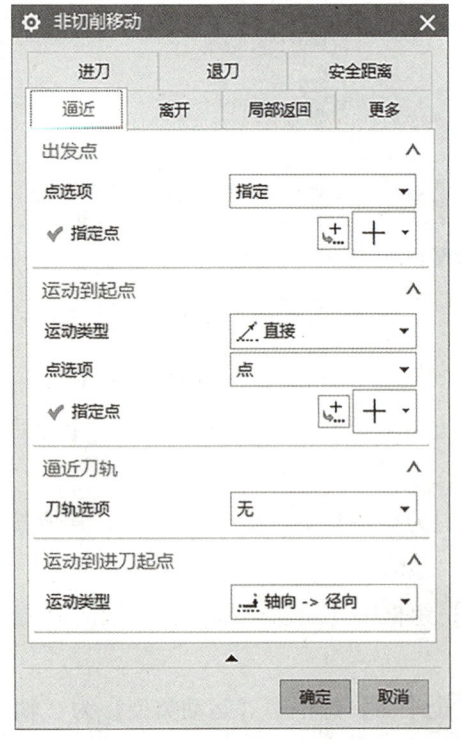

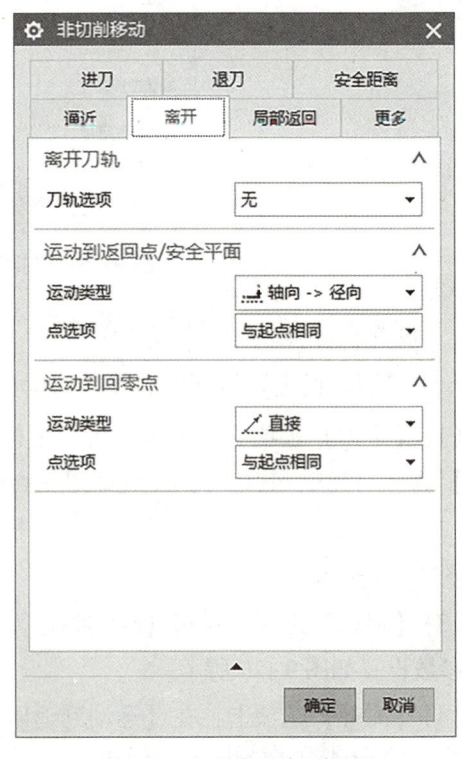

图 9-26 【逼近】选项卡　　　　图 9-27 【离开】选项卡

（5）单击【非切削移动】对话框中的【确定】按钮，完成非切削参数设置。

5）设置切削速度

单击【刀轨设置】组框中的【进给率和速度】按钮，弹出【进给率和速度】对话框。设置【主轴速度】为500，切削进给率为"0.15"，单位为"毫米/转（mm/r）"，其他接受默认设置，如图9-28所示。

图 9-28　【进给率和速度】对话框

6）生成刀具路径并验证

单击该对话框底部【操作】组框中的【生成】按钮，可在操作对话框下生成刀具路径，如图9-29所示。

单击【工序】组框中的【确认】按钮，弹出【刀轨可视化】对话框，然后选择【3D 动态】选项卡，单击【播放】按钮 ▶ 可进行3D 动态刀具切削过程模拟，如图9-29所示。

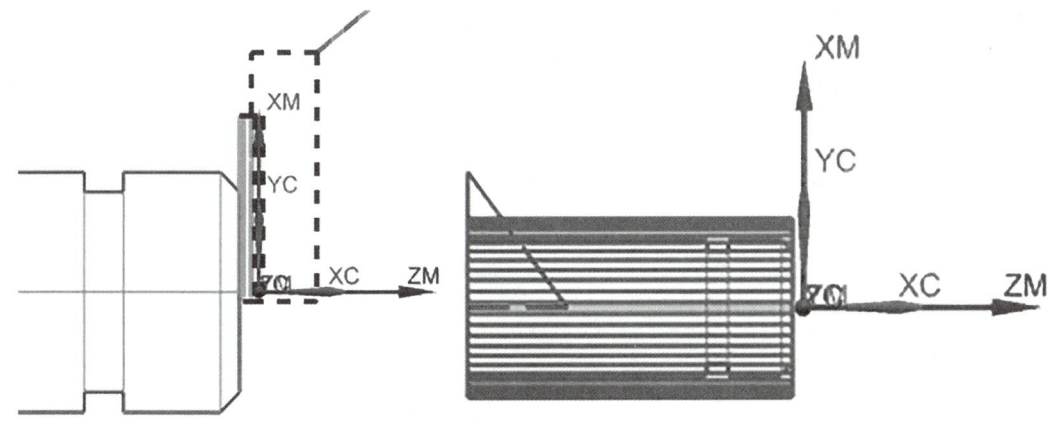

图 9-29　刀具路径和 3D 动态刀具切削过程模拟

4. 创建粗车加工工序

1）启动粗车加工工序

单击【插入】工具栏的【创建操作】按钮，弹出【创建工序】对话框，【类型】选择"turning"，【工序子类型】选择（ROUGH_TURN_OD），【程序】选择"NC_PROGRAM"，【刀具】选择"OD_80_L"，【几何体】选择"AVOIDANCE"，【方法】选择"LATHE_ROUGH"，【名称】中输入"ROUGH_TURN_OD"，如图9-30所示。

单击【确定】按钮，弹出【外径粗车】对话框，如图9-31所示。

301

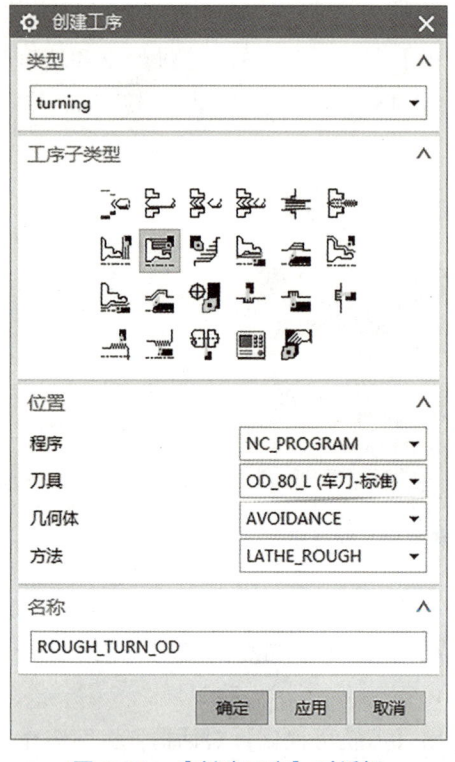

图 9-30　【创建工序】对话框

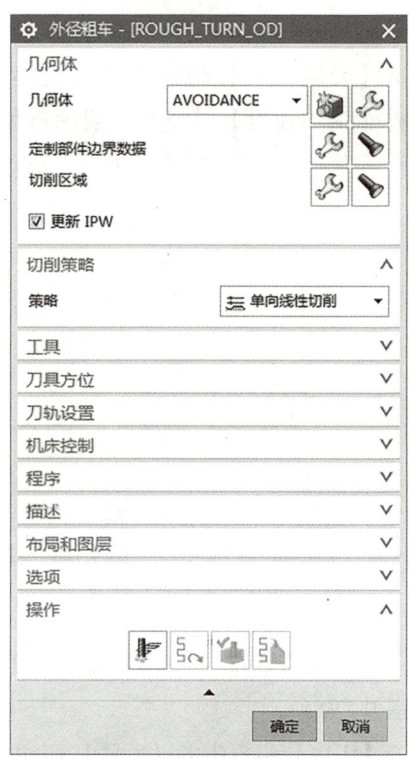

图 9-31　【外径粗车】对话框

2）选择切削策略和刀轨参数

在【切削策略】组框中选择【单向线性切削】走刀方式。

【刀轨设置】组框中设【与 XC 的夹角】为 180，【方向】为"前进"；选择【切削深度】为"变量平均值",【最大值】为"4",【最小值】为"2"，如图 9-32 所示。

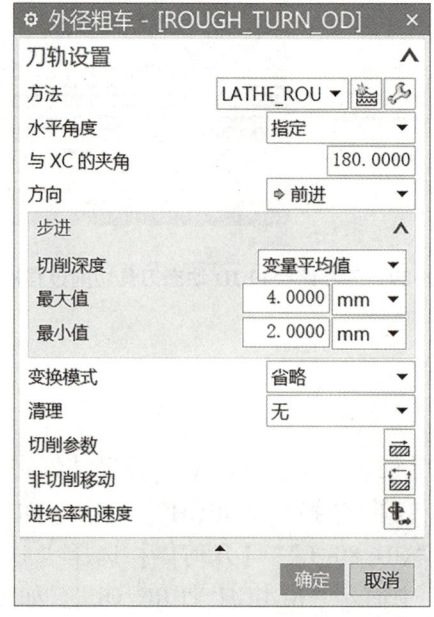

图 9-32　选择切削策略和切削用量

3）设置切削参数

在【粗车 OD】对话框中，单击【刀轨设置】组框中的【切削参数】按钮，弹出【切削参数】对话框，进行切削参数设置。

【策略】选项卡：取消【允许底切】复选框，接受默认设置，如图 9-33 所示。

【拐角】选项卡：设置【常规拐角】为"延伸"，如图 9-34 所示。

图 9-33　【策略】选项卡　　　　图 9-34　【拐角】选项卡

单击【切削参数】对话框中的【确定】按钮，完成切削参数设置。

4）设置非切削参数

单击【刀轨设置】组框中的【非切削移动】按钮，弹出【非切削运动】对话框。

【进刀】选项卡：在【毛坯】组框中【进刀类型】为"线性-自动"，在【部件】组框中【进刀类型】为"线性-自动"，如图 9-35 所示。

【退刀】选项卡：在【毛坯】组框中【退刀类型】为"线性"，【角度】为 90，【长度】为 5，在【部件】组框中【退刀类型】为"线性"，【角度】为 45，【长度】为 3，如图 9-36 所示。

单击【非切削移动】对话框中的【确定】按钮，完成非切削参数设置。

5）设置切削速度

单击【刀轨设置】组框中的【进给率和速度】按钮，弹出【进给率和速度】对话框，设置【主轴速度】为 600，切削进给率为"0.3"，如图 9-37 所示。

6）生成刀具路径并验证

单击该对话框底部【操作】组框中的【生成】按钮，可在操作对话框下生成刀具路径，如图 9-38 所示。

单击【操作】组框中的【确认】按钮，弹出【刀轨可视化】对话框，然后选择【3D 动态】选项卡，单击【播放】按钮，可进行 3D 动态刀具切削过程模拟，如图 9-38 所示。

图 9-35 【进刀】选项卡 图 9-36 【退刀】选项卡

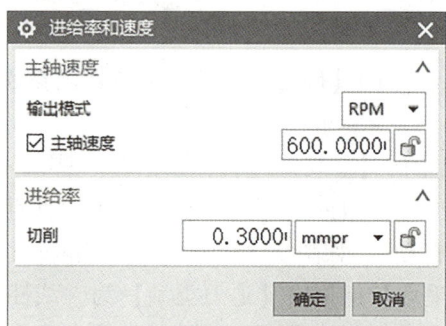

图 9-37 【进给率和速度】对话框

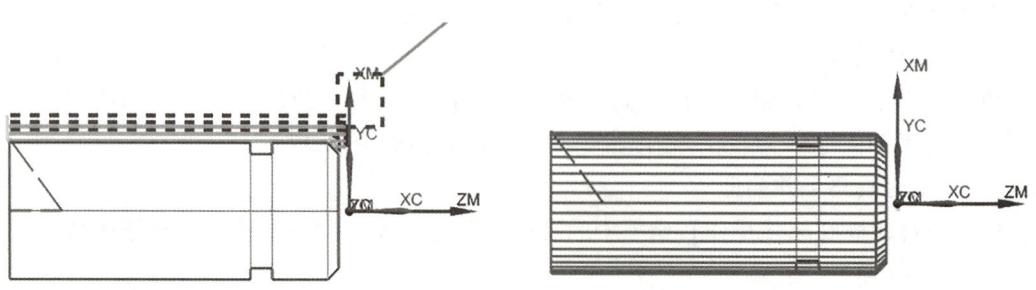

图 9-38 刀具路径和 3D 动态刀具切削过程模拟

5. 创建精车加工工序

1）启动精车加工工序

单击【插入】工具栏的【创建工序】按钮，弹出【创建工序】对话框，【类型】选择"turning"，【工序子类型】选择（FINISH_TURN_OD），【程序】选择"NC_PROGRAM"，【刀具】选择"OD_55_L"，【几何体】选择"TURNING_WORKPIE"，【方法】选择"LATHE_FINISH"，在【名称】文本框中输入"FINISH_TURN_OD"，如图9-39所示。

单击【确定】按钮，弹出【外径精车】对话框，如图9-40所示。

图9-39 【创建工序】对话框

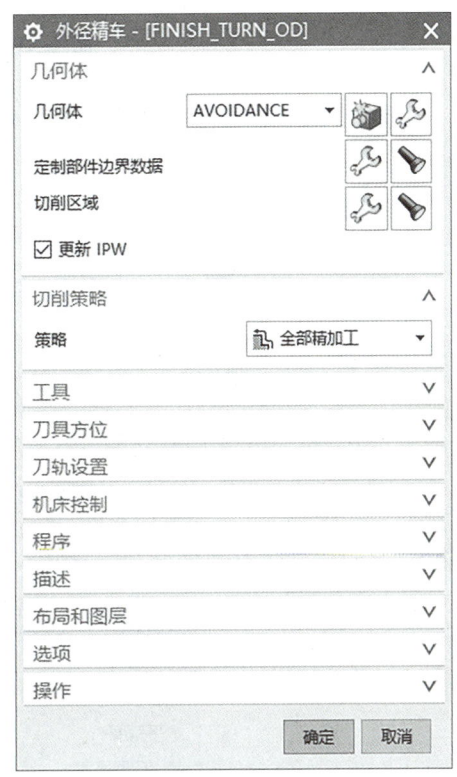

图9-40 【外径精车】对话框

2）设置切削区域

单击【几何体】组框中的【切削区域】选项后的【编辑】按钮，弹出【切削区域】对话框。

（1）在【修剪点1】组框的下拉列表中选择【指定】，选择如图9-41所示的点，【延伸距离】为2，【角度选项】为"自动"。

（2）在【修剪点2】组框的下拉列表中选择"指定"，选择如图9-42所示的点，【角度选项】为"角度"，【指定角度】为"90"。

（3）单击【切削区域】对话框中的【确定】按钮，完成修剪点设置。

3）设置切削策略和刀轨设置

在【切削策略】组框中选择【全部精加工】走刀方式。

在【外径精车】对话框的【刀轨设置】组框中选择【与XC的夹角】为180，【方向】

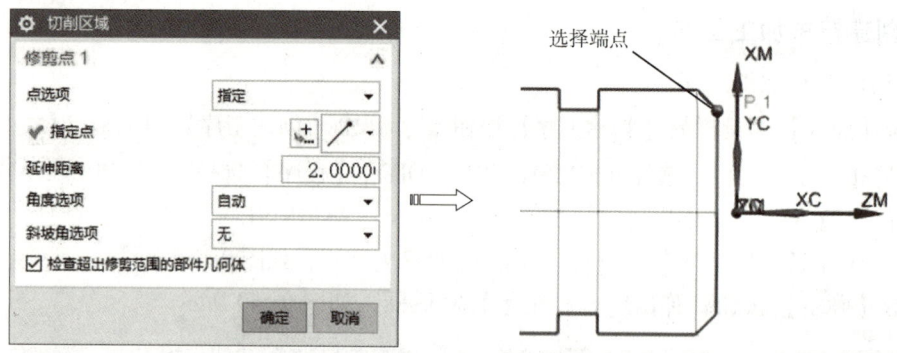

图 9-41 设置修剪点 1

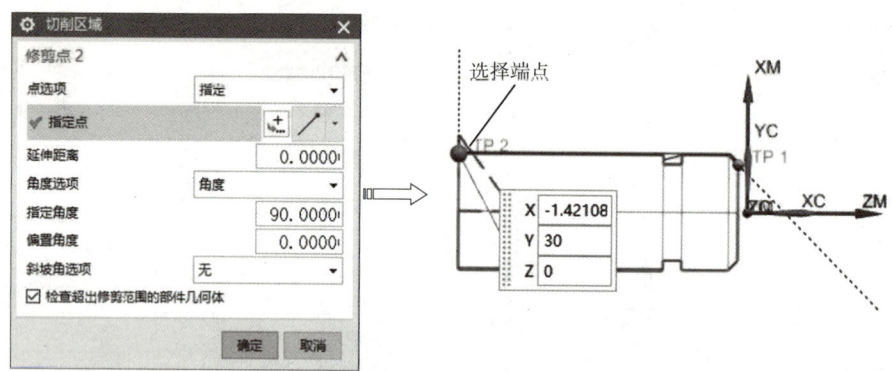

图 9-42 设置修剪点 2

为"前进",勾选【省略变换区】复选框,其他参数设置如图 9-43 所示。

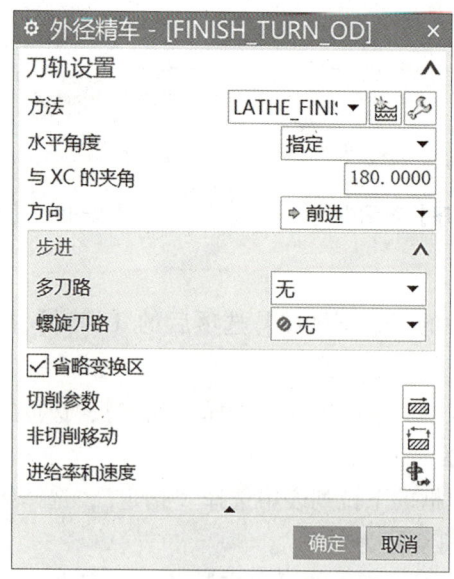

图 9-43 【外径精车】对话框

4)设置切削参数

在【外径精车】对话框中,单击【刀轨设置】组框中的【切削参数】按钮,弹出

【切削参数】对话框，进行切削参数设置。

【策略】选项卡：取消【允许底切】复选框，其他接受默认设置，如图9-44所示。

【拐角】选项卡：设置【常规拐角】为"延伸"，如图9-45所示。

图9-44 【策略】选项卡

图9-45 【拐角】选项卡

单击【切削参数】对话框中的【确定】按钮，完成切削参数设置。

5）设置非切削参数

单击【刀轨设置】组框中的【非切削移动】按钮，弹出【非切削移动】对话框。

【进刀】选项卡：在【轮廓加工】组框中【进刀类型】为"线性-自动"，如图9-46所示。

【退刀】选项卡：在【轮廓加工】组框中【退刀类型】为"线性"，【角度】为90，【长度】为2，如图9-47所示。

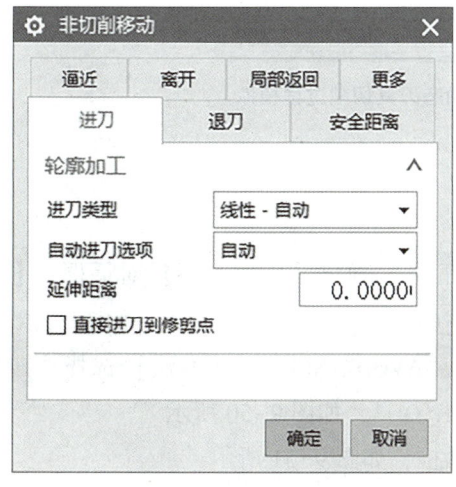
图9-46 【进刀】选项卡

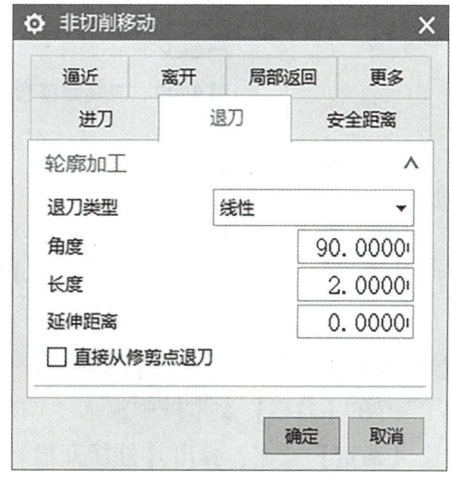
图9-47 【退刀】选项卡

单击【非切削移动】对话框中的【确定】按钮，完成非切削参数设置。

6) 设置切削速度

单击【刀轨设置】组框中的【进给率和速度】按钮，弹出【进给率和速度】对话框。设置【主轴速度】为1 000，切削进给率为"0.7"，单位为"毫米/转（mm/r）"，其他接受默认设置，如图9-48所示。

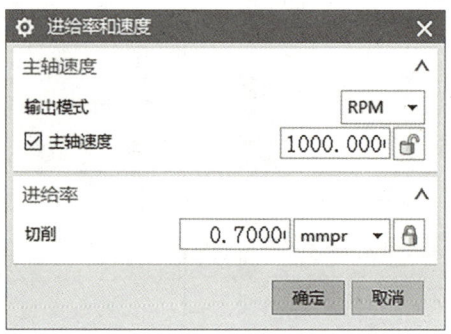

图9-48 【进给率和速度】对话框

7) 生成刀具路径并验证

单击该对话框底部【操作】组框中的【生成】按钮，可在操作对话框下生成刀具路径，如图9-49所示。

单击【操作】组框中的【确认】按钮，弹出【刀轨可视化】对话框，然后选择【3D动态】选项卡，单击【播放】按钮可进行3D动态刀具切削过程模拟，如图9-49所示。

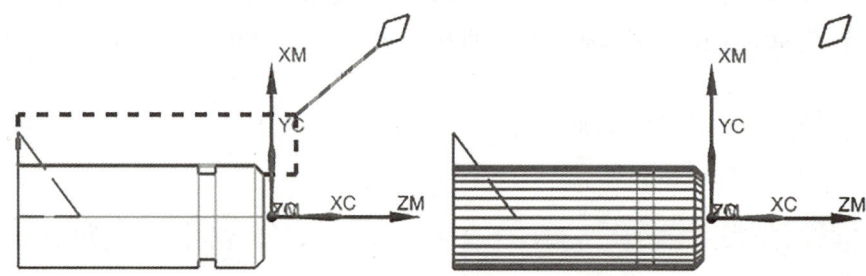

图9-49 刀具路径和3D动态刀具切削过程模拟

6. 创建车槽加工工序

1) 启动车槽加工工序

单击【插入】工具栏上的【创建工序】按钮，弹出【创建工序】对话框。【类型】选择"turning"，【工序子类型】选择（GROOVE_OD），【程序】选择"NC_PROGAM"，【刀具】选择"OD_GROOVE_L"，【几何体】选择"AVOIDANCE"，【方法】选择"LATHE_GROOVE"，在【名称】文本框中输入"GROOVE_OD"，如图9-50所示。

单击【确定】按钮，弹出【外径开槽】对话框，如图9-51所示。

项目九　NX 数控车削加工项目式设计案例

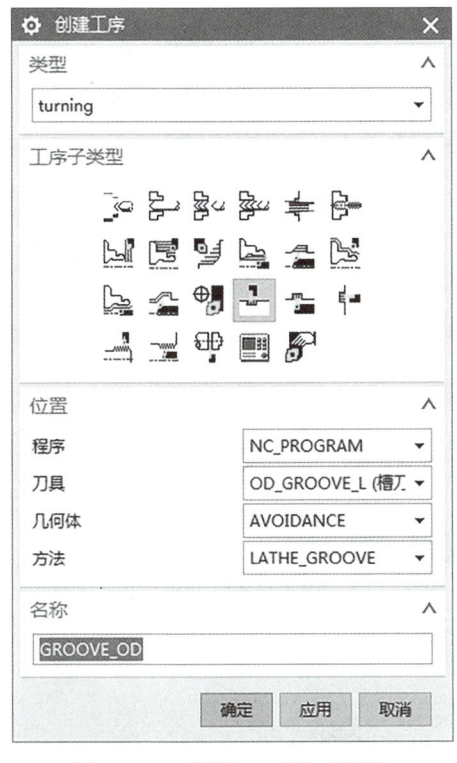

图 9-50　【创建工序】对话框

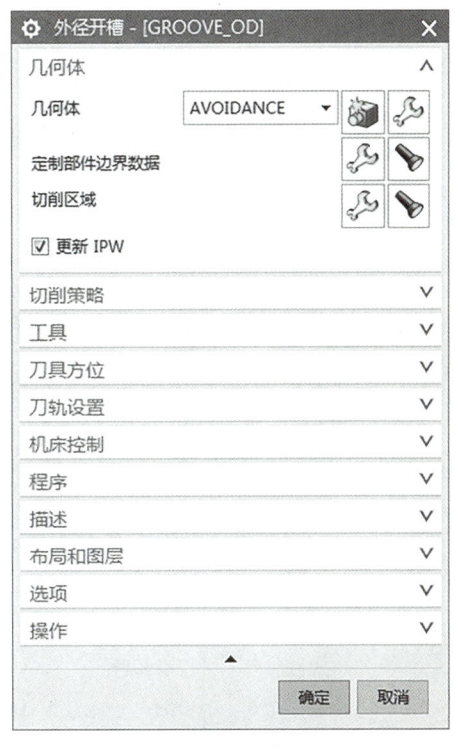

图 9-51　【外径开槽】对话框

2）设置切削区域

单击【几何体】组框中的【切削区域】选项后的【编辑】按钮，弹出【切削区域】对话框。

在【轴向修剪平面 1】组框的下拉列表中选择"点"，选择端点作为轴向修剪平面 1 位置，如图 9-52 所示。

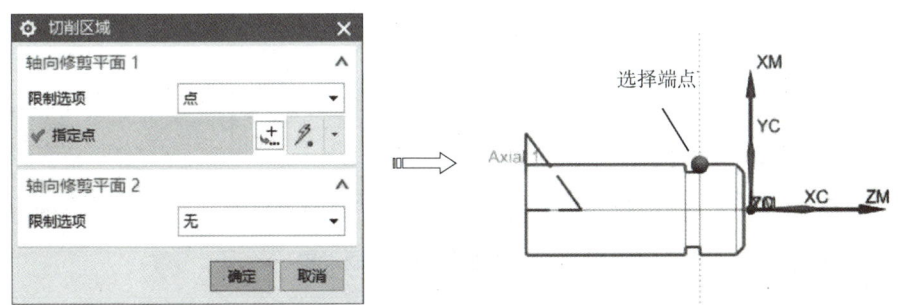

图 9-52　设置轴向修剪平面 1

在【轴向修剪平面 2】组框的下拉列表中选择"点"，选择端点作为轴向修剪平面 2 位置，如图 9-53 所示。

单击【切削区域】对话框中的【确定】按钮，完成修剪点设置。

3）设置切削策略和刀轨参数

在【切削策略】组框中选择"单向插削"走刀方式，如图 9-54 所示。

309

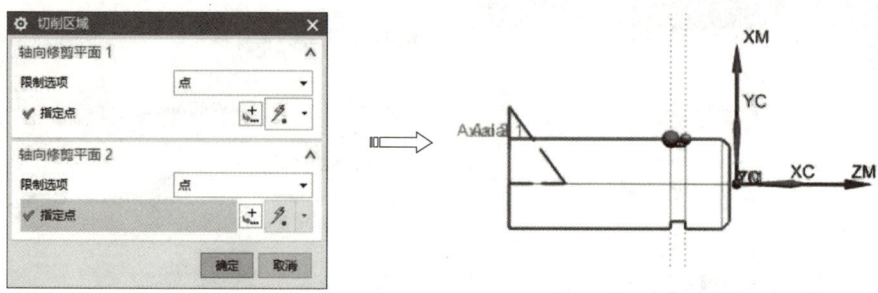

图 9-53 设置轴向修剪平面 2

在【刀轨设置】组框中选择【与 XC 的夹角】为 180,【方向】为"前进";选择【步距】为"变量平均值",【最大值】为"75 刀具百分比";【清理】为"仅向下",如图 9-54 所示。

图 9-54 切削策略和刀轨设置

4) 设置切削参数

在【外径开槽】对话框中,单击【刀轨设置】组框中的【切削参数】按钮 ,弹出【切削参数】对话框,进行切削参数设置。

【策略】选项卡:【粗切削后驻留】为"转",【转】为"1",取消【允许底切】复选框,其他接受默认设置,如图 9-55 所示。

【切屑控制】选项卡:【切屑控制】设置为无,如图 9-56 所示。

图 9-55 【策略】选项卡　　　　　图 9-56 【切屑控制】选项卡

单击【切削参数】对话框中的【确定】按钮，完成切削参数设置。

5）设置非切削参数

单击【刀轨设置】组框中的【非切削移动】按钮，弹出【非切削移动】对话框。

【进刀】选项卡：在【插削】组框中【进刀类型】为"线性-自动"，其他参数设置如图 9-57 所示。

【退刀】选项卡：在【插削】组框中【退刀类型】为"线性-自动"，其他参数设置如图 9-58 所示。

图 9-57 【进刀】选项卡　　　　　图 9-58 【退刀】选项卡

【逼近】选项卡：在【运动到进刀起点】组框中【运动类型】为"轴向->径向"，其他参数设置如图9-59所示。

【离开】选项卡：在【运动到返回点/安全平面】组框中【运动类型】为"径向->轴向"，其他参数设置如图9-60所示。

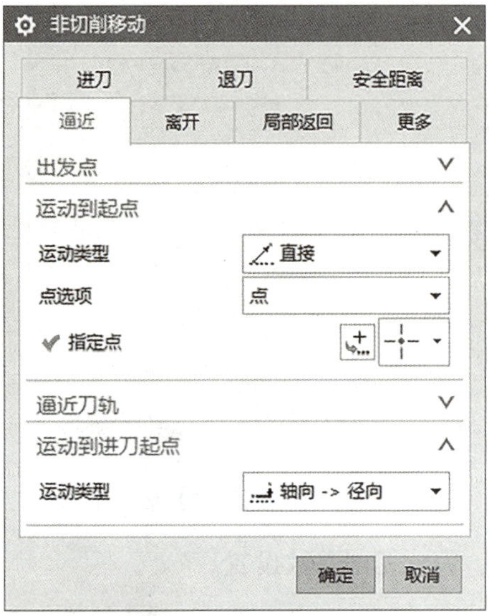

图9-59 【逼近】选项卡 　　　　图9-60 【离开】选项卡

单击【非切削移动】对话框中的【确定】按钮，完成非切削参数设置。

6）设置切削速度

单击【刀轨设置】组框中的【进给率和速度】按钮，弹出【进给率和速度】对话框。设置【主轴速度】为100 r/min，切削进给率为"0.1"，单位为"毫米/转（mm/r）"，其他接受默认设置，如图9-61所示。

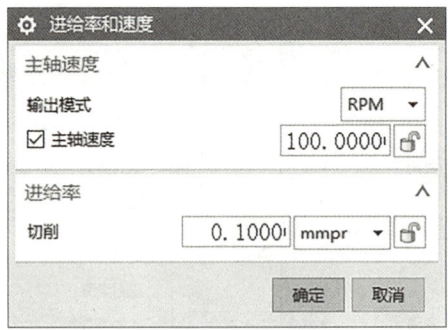

图9-61 【进给率和速度】对话框

7）生成刀具路径并验证

单击该对话框底部【操作】组框中的【生成】按钮，可在操作对话框下生成刀具路径，如图9-62所示。

单击【操作】组框中的【确认】按钮，弹出【刀轨可视化】对话框，然后选择【3D

动态】选项卡，单击【播放】按钮▶可进行3D动态刀具切削过程模拟，如图9-62所示。

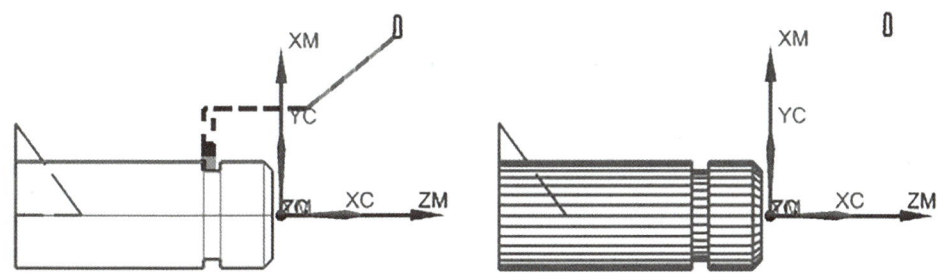

图9-62 刀具路径和3D动态刀具切削过程模拟

7. 创建螺纹加工工序

1）启动螺纹车削加工工序

单击【插入】工具栏的【创建工序】按钮，弹出【创建工序】对话框，【类型】选择"turning"，【工序子类型】选择（THREAD_OD），【程序】选择"NC_PROGRAM"，【刀具】选择"OD_THREAD_L"，【几何体】选择"AVOIDANCE"，【方法】选择"LATHE_THREAD"，【名称】为"THREAD_OD"，如图9-63所示。

单击【确定】按钮，弹出【外径螺纹加工】对话框，如图9-64所示。

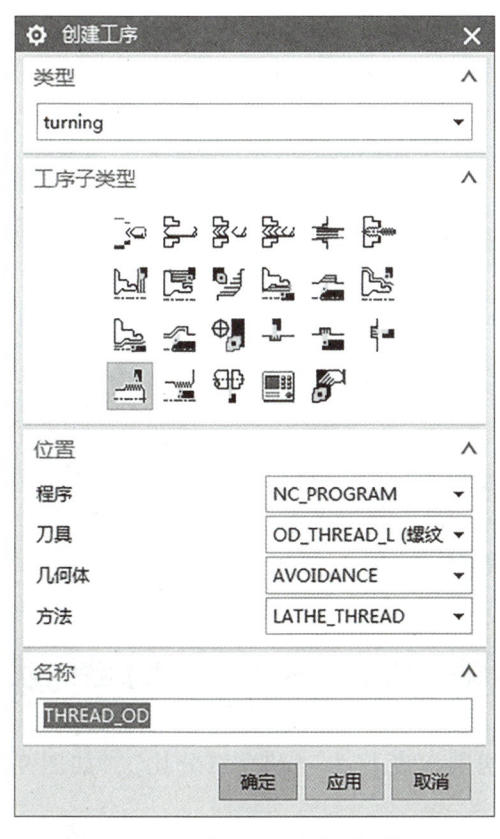

图9-63 【创建工序】对话框

图9-64 【外径螺纹加工】对话框

2）设置螺纹形状

单击【选择顶线】后的 ⊕ 按钮，然后在图形区选择如图 9-65 所示的顶线。

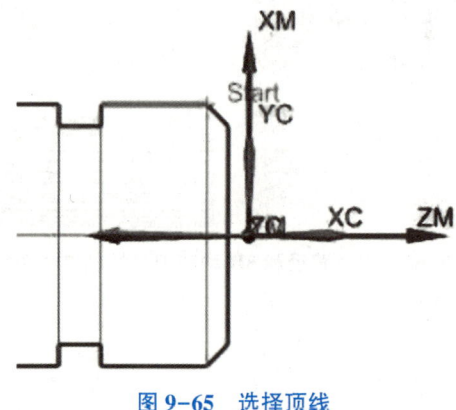

图 9-65　选择顶线

设置【深度选项】为"深度和角度"，【深度】为 2 mm，【与 XC 的夹角】为 180，如图 9-66 所示。

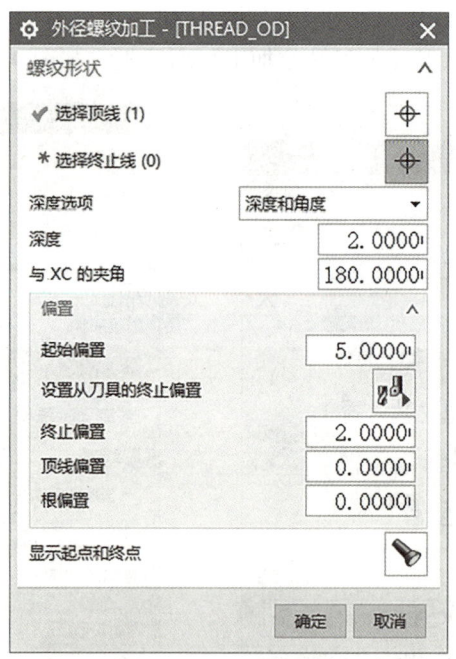

图 9-66　设置螺纹形状参数

3）设置切削参数

在【外径螺纹加工】对话框中，单击【刀轨设置】组框中的【切削参数】按钮，弹出【切削参数】对话框，进行切削参数设置。

【策略】选项卡：【螺纹头数】为 1，【切削深度】为"剩余百分比"，如图 9-67 所示。

【螺距】选项卡：【螺距变化】为"恒定"，【距离】为"1.5"，如图 9-68 所示。

项目九　NX 数控车削加工项目式设计案例

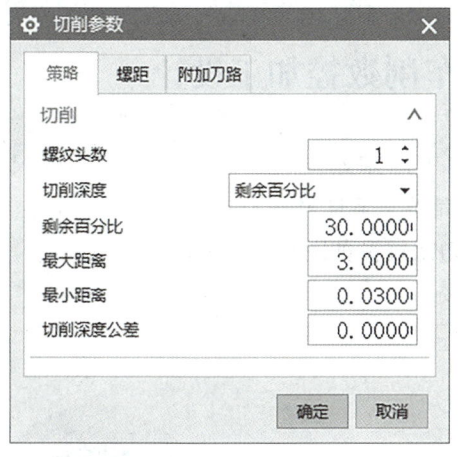

图 9-67　【策略】选项卡

图 9-68　【螺距】选项卡

单击【切削参数】对话框中的【确定】按钮，完成切削参数设置。

4）设置切削速度

单击【刀轨设置】组框中的【进给率和速度】按钮，弹出【进给率和速度】对话框，设置【主轴速度】为 100 r/min，切削进给率为 0.7 min/r，如图 9-69 所示。

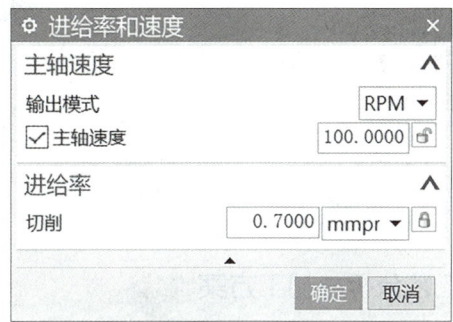

图 9-69　【进给率和速度】对话框

5）生成刀具路径并验证

单击该对话框底部【操作】组框中的【生成】按钮，可在操作对话框下生成刀具路径，如图 9-70 所示。

单击【操作】组框中的【确认】按钮，弹出【刀轨可视化】对话框，然后选择【3D 动态】选项卡，单击【播放】按钮 ▶ 可进行 3D 动态刀具切削过程模拟，如图 9-70 所示。

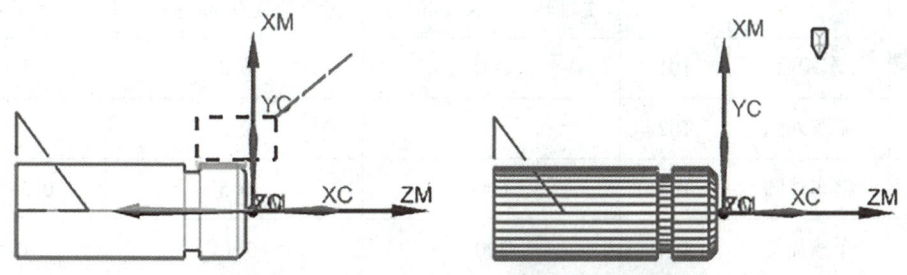

图 9-70　刀具路径和 3D 动态刀具切削过程模拟

任务 9.3　圆锥螺母套车削数控加工设计

以图 9-71 所示为例来说明内孔车削数控加工的基本流程。圆锥螺母套零件尺寸为 ϕ120 mm×50 mm，上有螺纹和退刀槽，形状较为简单。毛坯尺寸为 ϕ120 mm×50 mm，内轮廓面是回转面，需要加工的面是内孔、退刀槽、内螺纹，如图 9-71 所示。

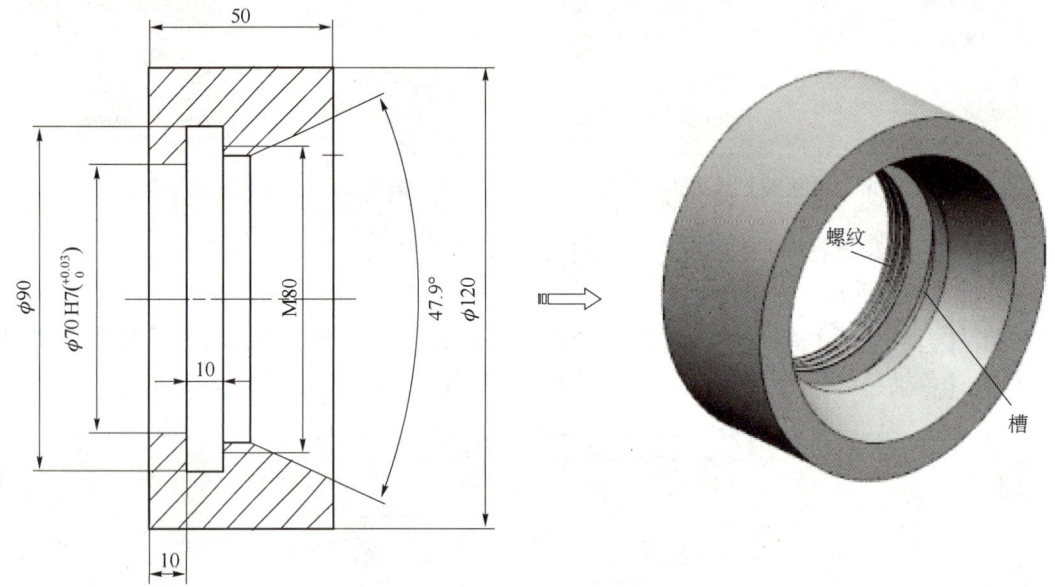

图 9-71　圆锥螺母套

9.3.1　圆锥螺母套数控工艺分析与加工方案

按照加工要求，以外端卡盘固定安装在机床上，加工坐标系原点为右侧毛坯中心，根据数控车削加工工艺的要求，采用工艺路线为"钻中心孔"→"钻孔"→"粗镗"→"精镗"→"车槽"→"螺纹"的顺序依次加工内表面，逐步达到加工精度。该零件的数控加工工艺流程如表 9-3 所示。

表 9-3　圆锥螺母套的数控加工方案

工步号	工步内容	刀具号	切削用量		
			主轴转速/(r·min^{-1})	进给速度/(mm·r^{-1})	背吃刀量/mm
1	车端面	T01	500	0.3	1~2
2	粗车外圆	T02	500	0.3	1~2
3	精车外圆	T03	600	0.5	0.5~0.7
4	车槽加工	T04	300	0.15	0.5

续表

工步号	工步内容	刀具号	切削用量		
			主轴转速/(r·min^{-1})	进给速度/(mm·r^{-1})	背吃刀量/mm
5	车螺纹	T05	300	—	—
6	精车外圆	T03	600	0.5	0.5~0.7
7	车端面槽	T04	300	0.15	0.5

9.3.2 圆锥螺母套数控加工操作过程

1. 启动数控加工环境

(1) 启动 NX 后，单击【文件】选项卡的【打开】按钮，弹出【打开部件文件】对话框，选择"圆锥螺母套"（"随书光盘：项目九\圆锥螺母套 CAD.prt"），单击【OK】按钮，文件打开后如图 9-72 所示。

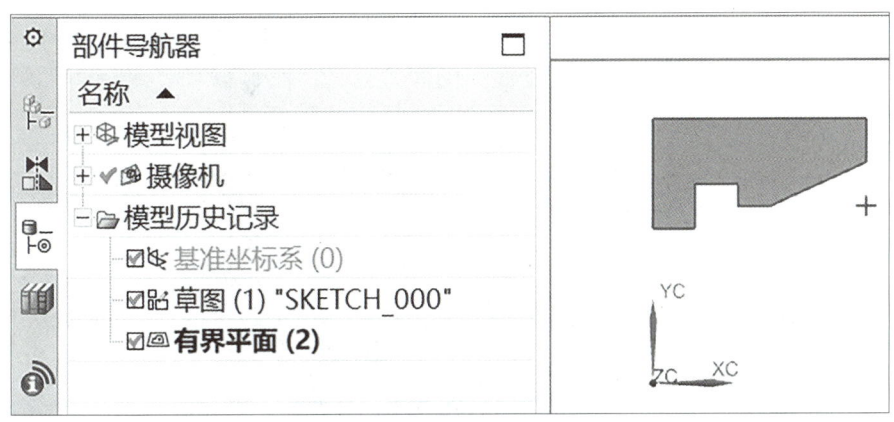

图 9-72 打开的圆锥螺母套模型

(2) 单击【应用模块】选项卡中的【加工】按钮，系统弹出【加工环境】对话框，在【CAM 会话配置】中选择"cam_general"，在【要创建的 CAM 组装】中选择"turning"，单击【确定】按钮初始化加工环境，如图 9-73 所示。

2. 创建加工父级组

单击上边框条【工序导航器】组上的【几何视图】按钮，将【工序导航器】切换到几何视图显示。

1) 创建加工坐标系

(1) 双击【工序导航器】窗口中的【MCS_SPINDLE】图标 MCS_SPINDLE，弹出【MCS 主轴】对话框，如图 9-74 所示。

(2) 单击【机床坐标系】组框中的【CSYS】按钮，弹出【坐标系】对话框，在图

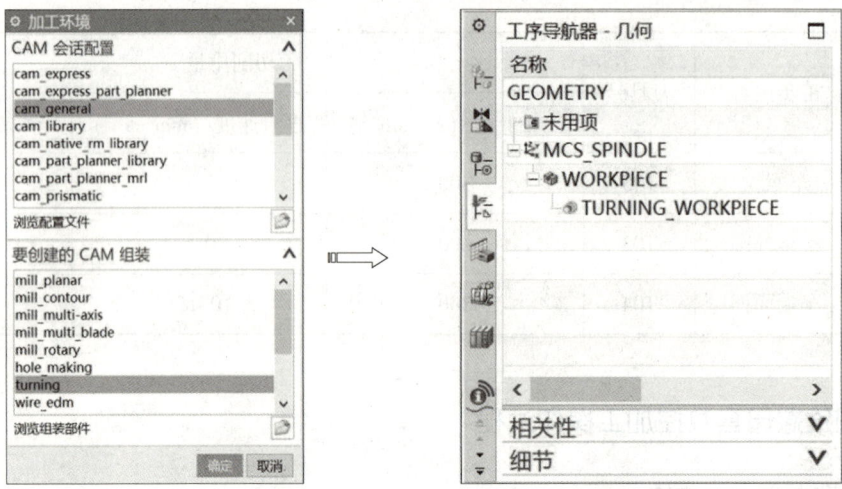

图 9-73 启动 NX CAM 加工环境

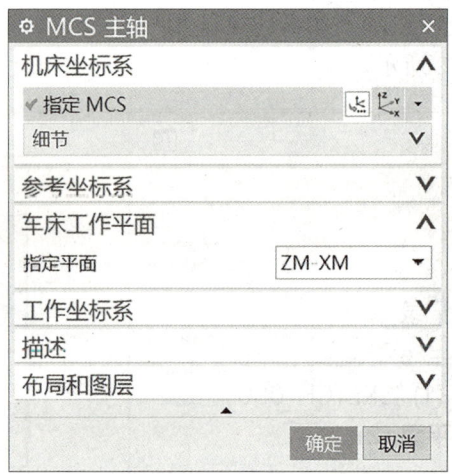

图 9-74 【MCS 主轴】对话框

形窗口中输入移动坐标数值为 (50, 0, 0),沿着 X 轴移动 550 mm,如图 9-75 所示。单击【确定】按钮返回。

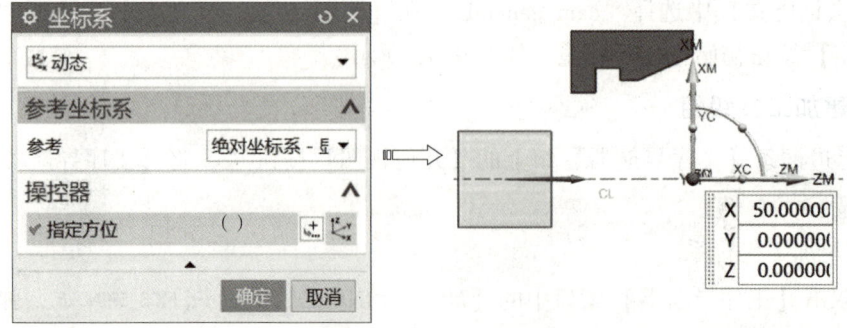

图 9-75 定位加工坐标系原点

（3）【车床工作平面】选项的下拉列表中选择"ZM-XM"，设置 XC 轴为机床主轴，如图 9-76 所示，单击【确定】按钮完成。

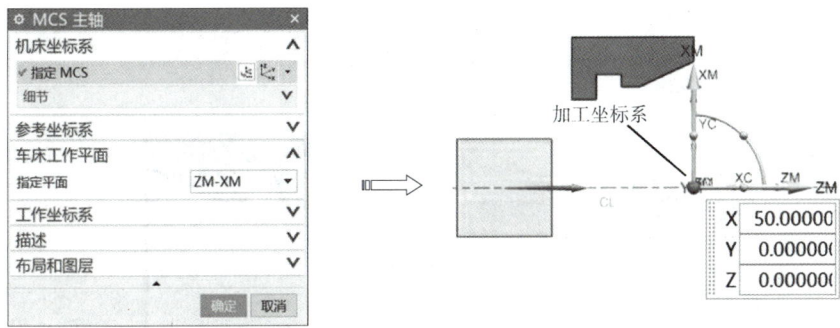

图 9-76 设置机床工作平面

2）创建车削加工几何

（1）双击【操作导航器】窗口中的【TURNING_WORKPIECE】图标 ，弹出【车削工件】对话框，如图 9-77 所示。

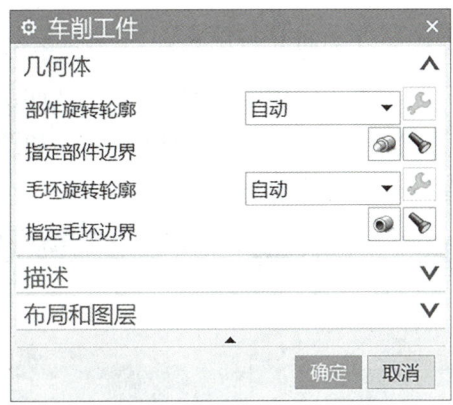

图 9-77 【车削工件】对话框

（2）单击【指定部件边界】选项后的【选择或编辑部件边界】按钮，弹出【部件边界】对话框，【选择方法】为"曲线"，【刀具侧】为"外侧"，在图形区选择如图 9-78 所示的曲线。

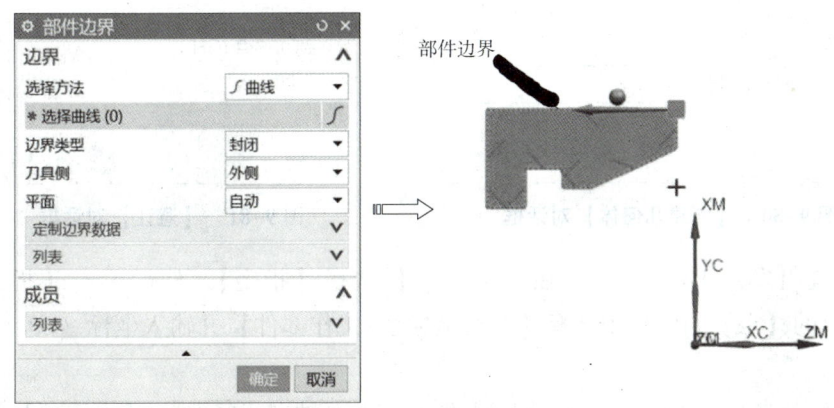

图 9-78 定义的部件边界

（3）单击【指定毛坯边界】选项后的【选择或编辑毛坯边界】按钮，弹出【毛坯边界】对话框，单击【指定点】按钮，弹出【点】对话框，设置安装位置为坐标原点（0，0，0），如图 9-79 所示。

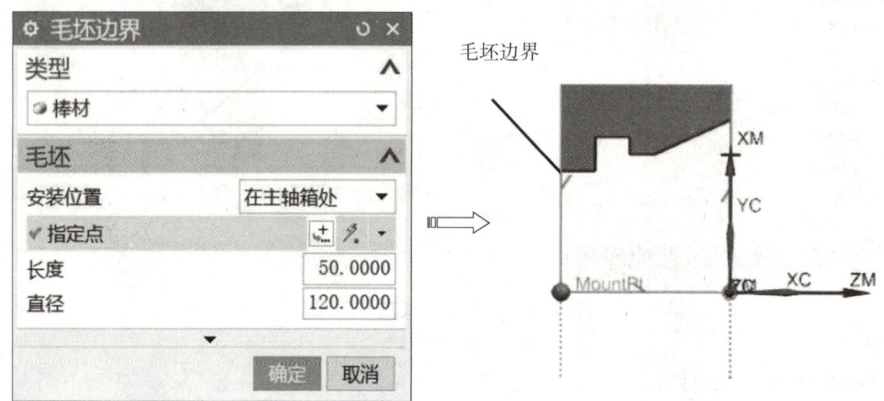

图 9-79　定义的毛坯边界

3）创建避让几何

（1）单击【插入】工具栏的【创建几何体】按钮，系统弹出【创建几何体】对话框，【类型】选择"turning"，【几何体子类型】为【AVOIDANCE】，【位置】为"TURNING_WORKPIECE"，【名称】为"AVOIDENCE_IN"，如图 9-80 所示。单击【确定】按钮，弹出【避让】对话框，如图 9-81 所示。

图 9-80　【创建几何体】对话框

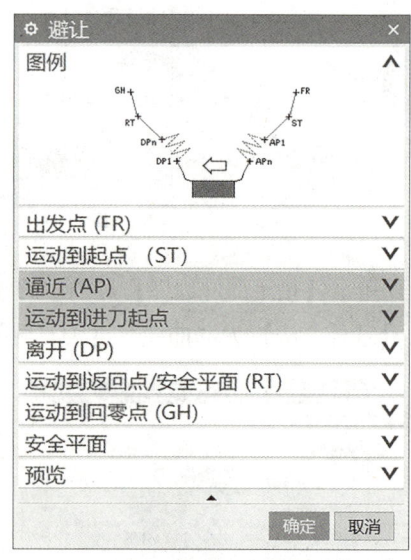

图 9-81　【避让】对话框

（2）设置出发点 From Point。在【出发点】选择【指定】，然后单击【指定点】按钮，在弹出的【点】对话框中选择【绝对坐标系-工作部件】并输入坐标（80，100，0），如图 9-82 所示。

（3）设置起点 Start Point。选择【运动类型】为"轴向→径向"，【点选项】为"点"，

项目九　NX 数控车削加工项目式设计案例

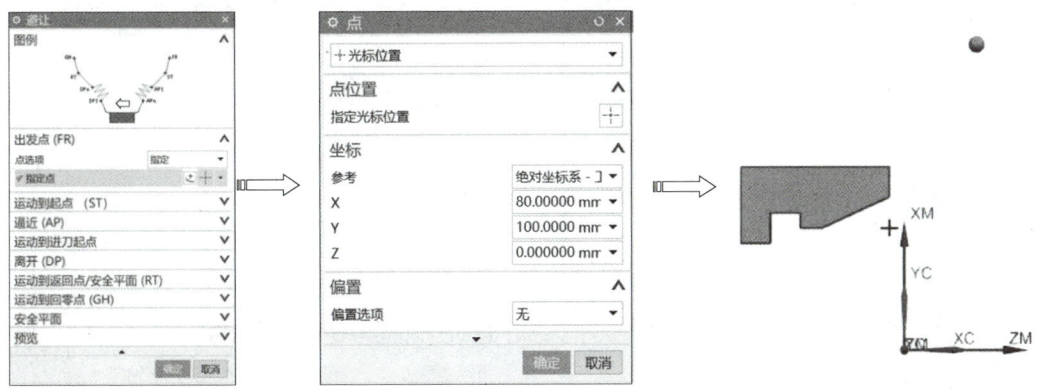

图 9-82　设置出发点 From Point

单击【指定点】按钮，在弹出的【点】对话框中选择【绝对坐标系-工作部件】并输入坐标(60，15，0)，如图 9-83 所示。

图 9-83　设置起点和运动类型

（4）设置运动到进刀起点。选择【运动类型】为【径向->轴向】，如图 9-84 所示。

（5）设置返回点 Return Point。选择【运动到返回点】的【运动类型】为"径向->轴向"，【点选项】为"与起点相同"，如图 9-85 所示。

（6）设置回零点 Gohome Point。选择【运动到回零点】的【运动类型】为"直接"，【点选项】为"与起点相同"，如图 9-85 所示。

4）创建刀具父级组

单击【导航器】工具栏上的【机床视图】按钮，操作导航器切换到机床刀具视图。

（1）创建点钻。

单击【加工创建】工具栏上的【创建刀具】按钮，弹出【创建刀具】对话框，【类型】选择"turning"，【刀具子类型】选择【SPOTDRILLING_TOOL】图标，在【名称】文本框中输入"T1SP5"，如图 9-86 所示。

单击【确定】按钮，弹出【钻刀】对话框，设定【直径】为"5"，【刀具号】为"1"，如图 9-87 所示，单击【确定】按钮，完成刀具创建。

321

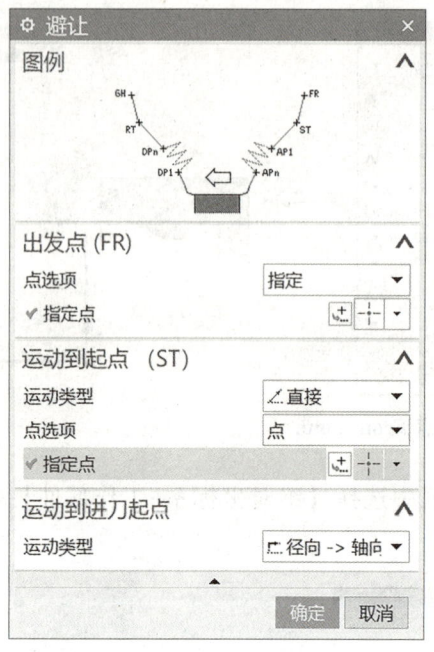

图 9-84　设置运动到进刀起点

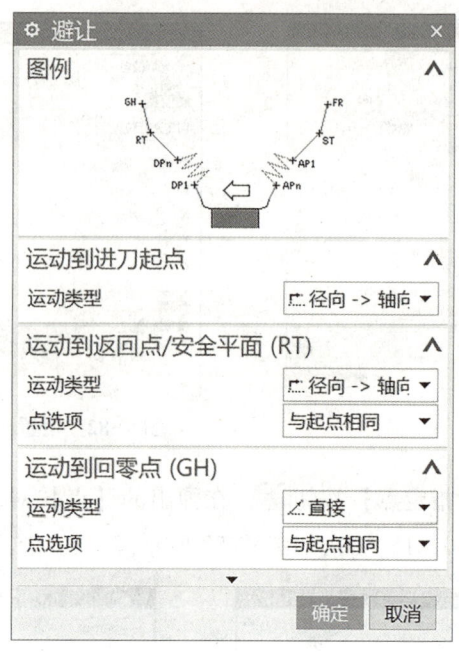

图 9-85　设置返回点和回零点

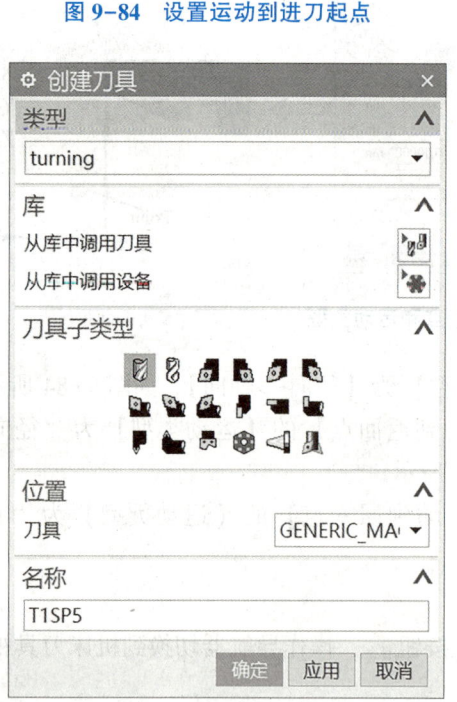

图 9-86　【创建刀具】对话框

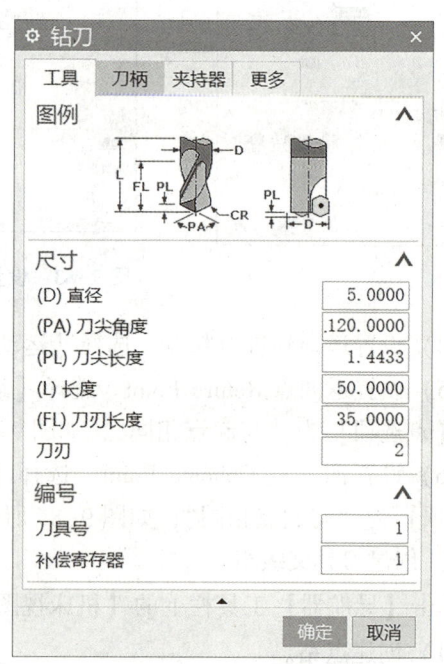

图 9-87　【钻刀】对话框

（2）创建钻头。

单击【加工创建】工具栏上的【创建刀具】按钮，弹出【创建刀具】对话框，在【类型】下拉列表中选择"turning"，【刀具子类型】选择【DRILLING_TOOL】图标，在【名称】文本框中输入"T2DR36"。

单击【创建刀具】对话框中的【确定】按钮，弹出【钻刀】对话框，设定【直径】为

"36",【刀具号】为"2",单击【确定】按钮,完成刀具创建。

(3) 创建粗镗刀。

单击【加工创建】工具栏上的【创建刀具】按钮,弹出【创建刀具】对话框,在【类型】下拉列表中选择"turning",【刀具子类型】选择【ID_80_L】图标,【名称】为"T3ID_80_L"。

单击【创建刀具】对话框中的【确定】按钮,弹出【车刀-标准】对话框,在【刀具】选项卡设定【刀尖半径】为"0.1",【方向角度】为"275",【长度】为"15",【刀具号】为"3",其他参数接受默认设置。

(4) 创建精镗刀。

单击【加工创建】工具栏上的【创建刀具】按钮,弹出【创建刀具】对话框,在【类型】下拉列表中选择"turning",【刀具子类型】选择【ID_55_L】图标,在【名称】文本框中输入"T4ID_55_L"。单击【创建刀具】对话框中的【确定】按钮,弹出【车刀-标准】对话框。

在【刀具】选项卡设定【刀尖半径】为"0.1",【方向角度】为"287.5",【长度】为"15",【刀具号】为"4",其他参数接受默认设置。

(5) 创建槽刀。

单击【加工创建】工具栏上的【创建刀具】按钮,弹出【创建刀具】对话框,在【类型】下拉列表中选择"turning",【刀具子类型】选择【ID_GROOVE_L】图标,在【名称】文本框中输入"T5ID_GROOVE_L"。

单击【创建刀具】对话框中的【确定】按钮,弹出【槽刀-标准】对话框,【刀片宽度】为"4",【刀具号】为"5",其他参数接受默认设置。单击【确定】按钮,完成刀具创建。

5) 创建螺纹刀

单击【加工创建】工具栏上的【创建刀具】按钮,弹出【创建刀具】对话框,在【类型】下拉列表中选择"turning",【刀具子类型】选择【ID_THREAD_L】图标,在【名称】文本框中输入"ID_THREAD_L"。单击【创建刀具】对话框中的【确定】按钮,弹出【螺纹刀-标准】对话框。

在【刀具】选项卡中设置参数,【刀具号】为"6"。

3. 创建中心钻孔加工工序

1) 启动钻孔工序

单击【插入】工具栏上的【创建工序】按钮,弹出【创建工序】对话框,【类型】选择"turning",【工序子类型】选择(T1SP5),【程序】选择"NC_PROGRAM",【刀具】选择"T1SPS",【几何体】选择"AVOIDANCE_IN",【方法】选择"LATHE_CENTERLINE",在【名称】文本框中输入"CENTERLINE_SPOTDRILL",如图9-88所示。

单击【确定】按钮,弹出【中心线定心钻】对话框,如图9-89所示。

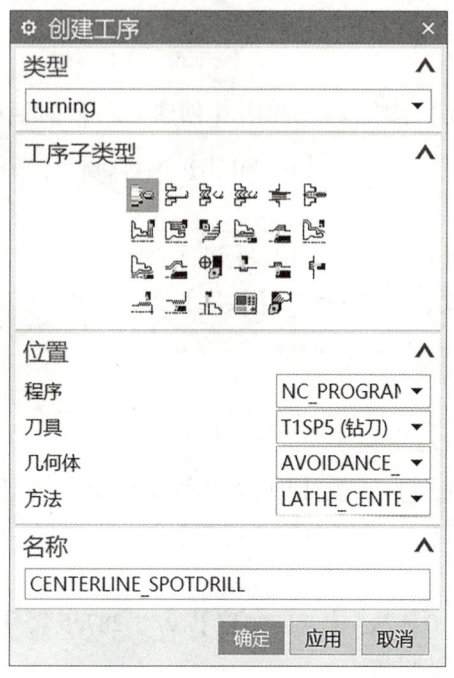
图 9-88 【创建工序】对话框

图 9-89 【中心线定心钻】对话框

2) 设置循环类型和深度参数

在【循环类型】组框中选择【循环】为"钻",选择【输出选项】为"已仿真",如图 9-90 所示。

在【起点和深度】组框中选择【起始位置】为"自动",选择【深度选项】为"距离",【距离】为"3",如图 9-90 所示。

图 9-90 循环类型和深度设置

3) 刀轨设置

在【刀轨设置】组框中选择【钻孔位置】为"在中心线上",其他参数设置如图 9-91 所示。

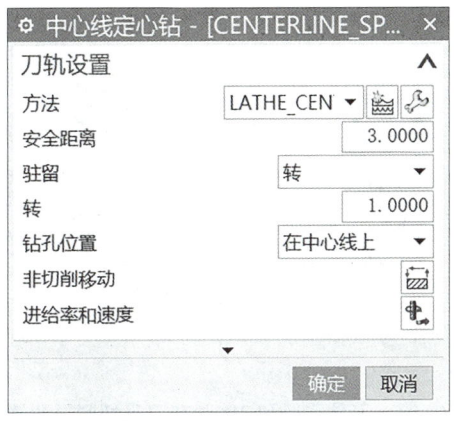

图 9-91 【刀轨设置】选项

4) 设置进给参数

单击【刀轨设置】组框中的【进给率和速度】按钮，弹出【进给率和速度】对话框。设置【主轴速度】为 500 r/min,切削进给率为"0.3",单位为"毫米/转（mm/r）",其他接受默认设置,如图 9-92 所示。

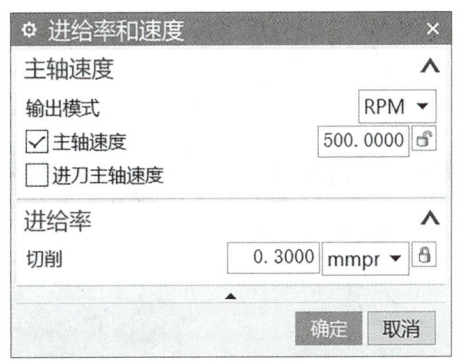

图 9-92 【进给率和速度】对话框

5) 生成刀具路径并验证

(1) 在【操作】对话框中完成参数设置后,单击该对话框底部【操作】组框中的【生成】按钮，可在操作对话框下生成刀具路径,如图 9-93 所示。

(2) 单击【操作】对话框底部【操作】组框中的【确认】按钮，弹出【刀轨可视化】对话框,然后选择【3D 动态】选项卡,单击【播放】按钮▶可进行 3D 动态刀具切削过程模拟,如图 9-93 所示。

(3) 单击【确定】按钮,返回【中心钻点钻】对话框,然后单击【确定】按钮,完成预钻孔加工操作。

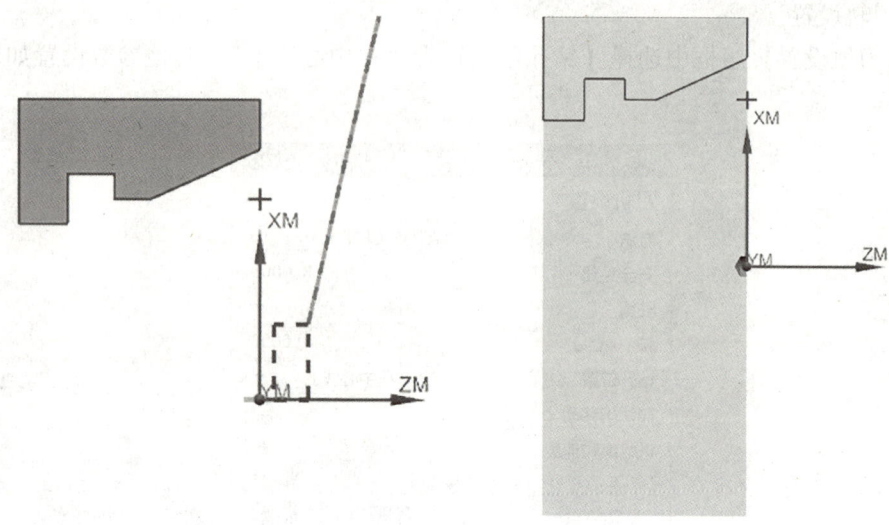

图 9-93 刀具路径和 3D 动态刀具切削过程模拟

4. 创建钻孔加工工序

1)启动钻孔加工工序

单击【插入】工具栏上的【创建工序】按钮,弹出【创建工序】对话框,【类型】下拉列表中选择"turning",【工序子类型】选择第 1 行第 2 个图标(CENTERLINE_DRILLING),【程序】选择"NC_PROGRAM",【刀具】选择"T2DR36",【几何体】选择"AVOIDANCE_IN",【方法】选择"LATHE_CENTERLINE",【名称】为"CENTERLINE_DRILL",如图 9-94 所示。

单击【确定】按钮,弹出【中心线钻孔】对话框,如图 9-95 所示。

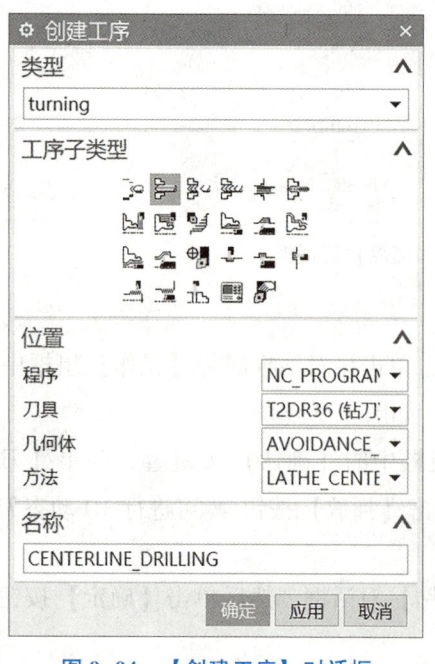

图 9-94 【创建工序】对话框

图 9-95 【中心线钻孔】对话框

2）设置循环类型和深度参数

在【循环类型】组框中选择【循环】为"钻",选择【输出选项】为"已仿真",如图 9-96 所示。

在【起点和深度】组框中选择【起始位置】为"自动",选择【深度选项】为"距离",【距离】为"60",勾选【穿出距离】复选框,【距离】为"10",如图 9-96 所示。

图 9-96 循环类型和深度设置

3）刀轨设置

在【刀轨设置】组框中选择【钻孔位置】为"在中心线上",其他参数设置如图 9-97 所示。

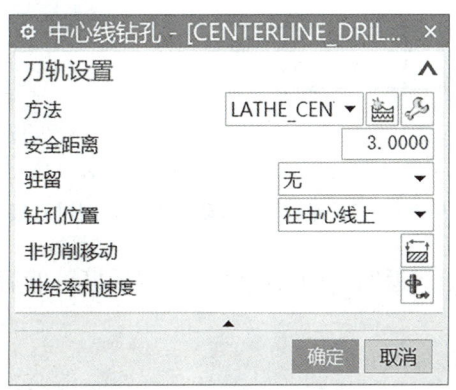

图 9-97 【刀轨设置】选项

4）设置进给参数

单击【刀轨设置】组框中的【进给率和速度】按钮，弹出【进给率和速度】对话框。设置【主轴速度】为 300 r/min,切削进给率为"0.3",单位为"毫米/转(mm/r)",其他接受默认设置,如图 9-98 所示。

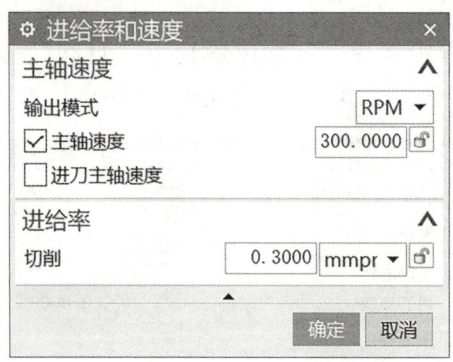

图 9-98 【进给率和速度】对话框

5)生成刀具路径并验证

(1)在【操作】对话框中完成参数设置,单击该对话框底部【操作】组框中的【生成】按钮,可在操作对话框下生成刀具路径,如图 9-99 所示。

(2)单击【操作】对话框底部【操作】组框中的【确认】按钮,弹出【刀轨可视化】对话框,然后选择【3D 动态】选项卡,单击【播放】按钮 ▶ 可进行 3D 动态刀具切削过程模拟,如图 9-99 所示。

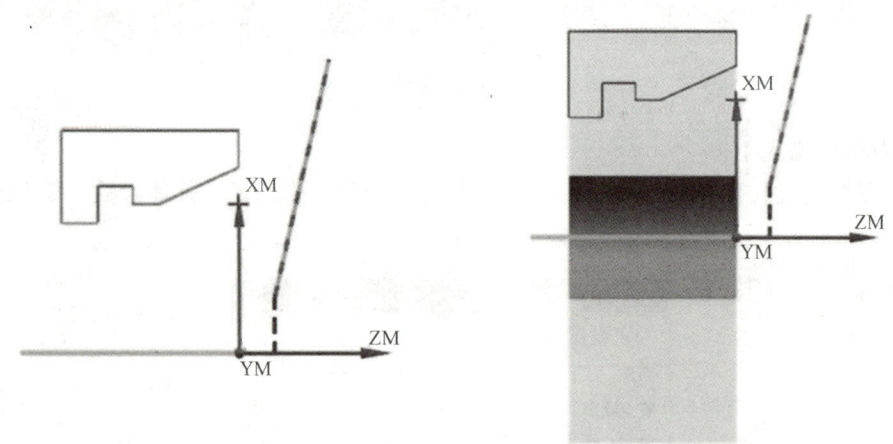

图 9-99 刀具路径和 3D 动态刀具切削过程模拟

(3)单击【确定】按钮,返回【中心线钻孔】对话框,然后单击【确定】按钮,完成钻孔加工操作。

5. 创建粗镗加工工序

1)启动粗镗加工工序

单击【插入】工具栏上的【创建工序】按钮,弹出【创建工序】对话框,【类型】为"turning",【工序子类型】选择(ROUGH_BORE_ID),【程序】选择"NC_PROGRAM",【刀具】选择"T3ID_80_L",【几何体】选择"AVOIDANCE_IN",【方法】选择"LATHE_

ROUGH",【名称】为"ROUGH_BORE_ID",如图 9-100 所示。

单击【确定】按钮,弹出【内径粗镗】对话框,如图 9-101 所示。

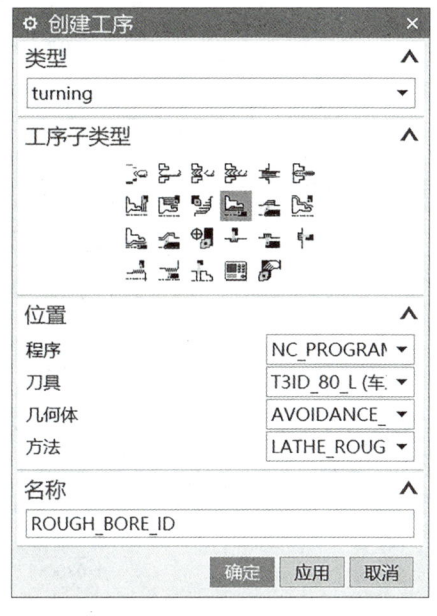

图 9-100 【创建工序】对话框

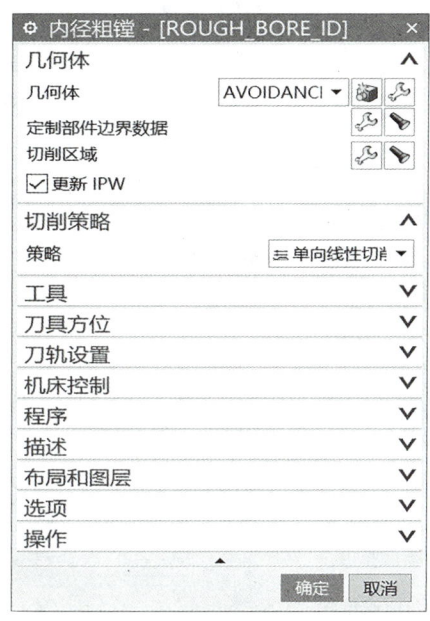

图 9-101 【内径粗镗】对话框

2)设置切削策略和刀轨参数

在【切削策略】组框中选择"单向线性切削"走刀方式,如图 9-102 所示。

【刀轨设置】组框中设置【与 XC 的夹角】为 180,【方向】为"前进";选择【切削深度】为"变量平均值",【最大值】为"2",【最小值】为"0";选择【变换模式】为"省略",【清理】为"全部",如图 9-102 所示。

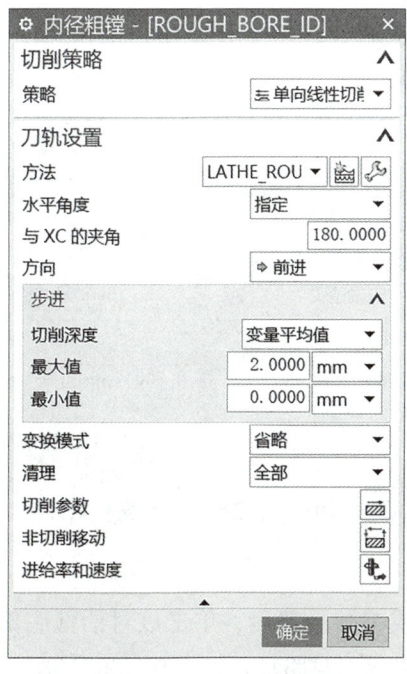

图 9-102 【刀轨设置】选项

3）设置切削参数

在【内径粗镗】对话框中，单击【刀轨设置】组框中的【切削参数】按钮，弹出【切削参数】对话框，进行切削参数设置。

【策略】选项卡：取消【允许底切】复选框，其他接受默认设置，如图9-103所示。

【余量】选项卡：【粗加工余量】组框中设置【面】为"0.5"，【径向】为0.7，如图9-104所示。

图9-103　【策略】选项卡

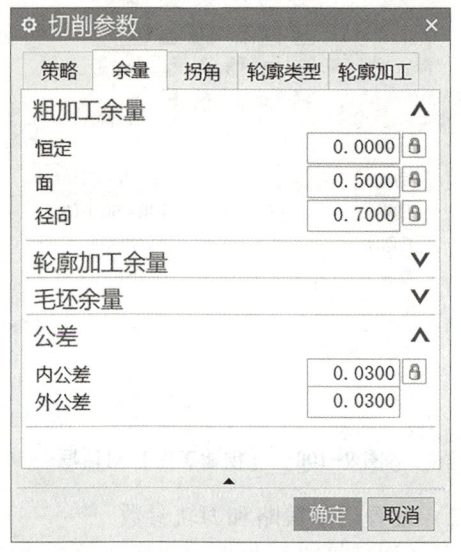

图9-104　【余量】选项卡

单击【切削参数】对话框中的【确定】按钮，完成切削参数设置。

4）设置进给参数

单击【刀轨设置】组框中的【进给率和速度】按钮，弹出【进给率和速度】对话框。设置【主轴速度】为600 r/min，切削进给率为"0.5"，单位为"毫米/转（mm/r）"，其他接受默认设置，如图9-105所示。

图9-105　【进给率和速度】对话框

5）生成刀具路径并验证

在【工序】对话框中完成参数设置后，单击该对话框底部【操作】组框中的【生成】按钮，可在操作对话框下生成刀具路径，如图9-106所示。

单击【工序】对话框底部【操作】组框中的【确认】按钮,弹出【刀轨可视化】对话框,然后选择【3D 动态】选项卡,单击【播放】按钮 可进行 3D 动态刀具切削过程模拟,如图 9-107 所示。

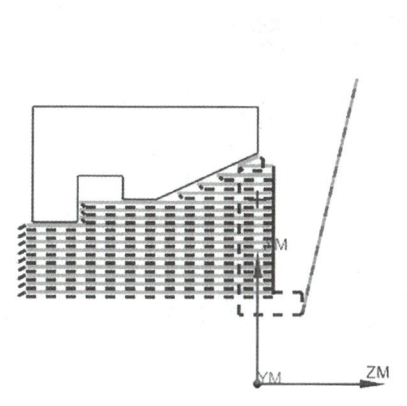

图 9-106 生成刀具路径　　图 9-107 3D 动态刀具切削过程模拟

单击【确定】按钮,返回【内部粗镗】对话框,然后单击【确定】按钮,完成粗镗加工操作。

6. 创建精镗加工工序

1) 启动精镗加工工序

单击【插入】工具栏上的【创建工序】按钮,弹出【创建工序】对话框,【类型】下拉列表中选择"turning",【工序子类型】选择(FINISH_BORE_ID),【程序】选择"NC_PROGRAM",【刀具】选择"T4ID_55_L",【几何体】选择"AVOIDANCE_IN",【方法】选择"LATHE_FINISH",在【名称】文本框中输入"FINISH_BORE_ID",如图 9-108 所示。

单击【确定】按钮,弹出【内径精镗】对话框,如图 9-109 所示。

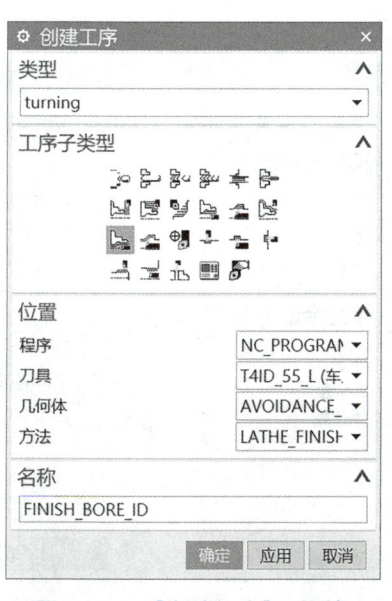
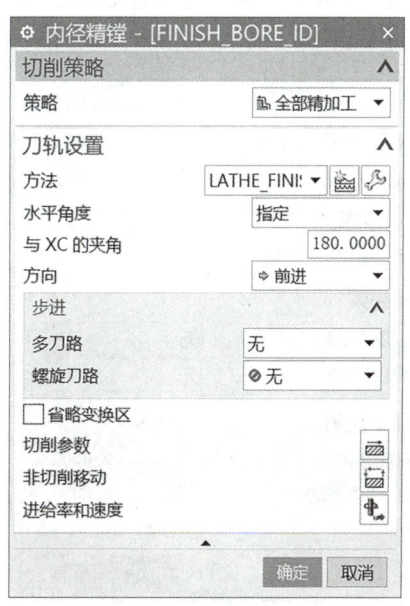

图 9-108 【创建工序】对话框　　图 9-109 【内径精镗】对话框

2）设置切削策略和刀轨参数

在【切削策略】组框中选择"全部精加工"走刀方式，如图 9-109 所示。

在【内径精镗】对话框的【刀轨设置】组框中设置【与 XC 的夹角】为 180，【方向】为"前进"，其他参数设置如图 9-110 所示。

图 9-110 【刀轨设置】选项

3）设置切削参数

在【内径精镗】对话框中，单击【刀轨设置】组框中的【切削参数】按钮，弹出【切削参数】对话框，进行切削参数设置。

【策略】选项卡：取消【允许底切】复选框，其他接受默认设置，如图 9-111 所示。

【余量】选项卡：余量均为 0，如图 9-112 所示。

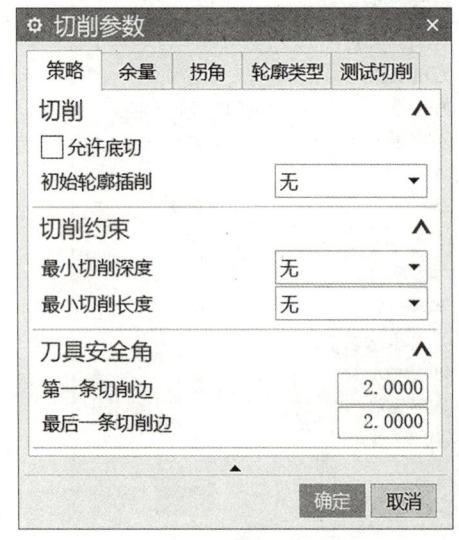

图 9-111 【策略】选项卡

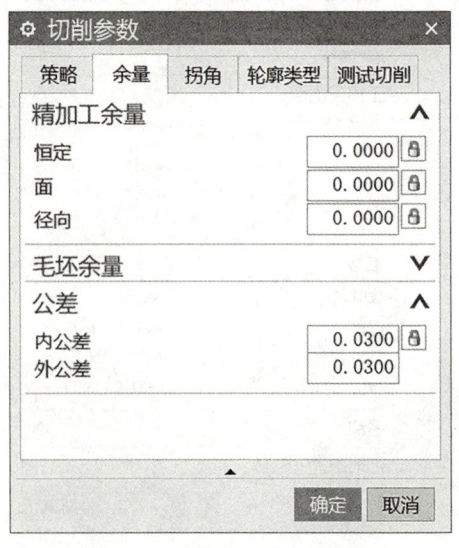

图 9-112 【余量】选项卡

单击【切削参数】对话框中的【确定】按钮，完成切削参数设置。

4）设置进给参数

单击【刀轨设置】组框中的【进给率和速度】按钮，弹出【进给率和速度】对话框。设置【主轴速度】为 800 r/min，切削进给率为"0.3"，其他接受默认设置，如图 9-113 所示。

图 9-113 【进给率和速度】对话框

5）生成刀具路径并验证

在【操作】对话框中完成参数设置，单击该对话框底部【操作】组框中的【生成】按钮，可在操作对话框下生成刀具路径，如图 9-114 所示。

单击【操作】对话框底部【操作】组框中的【确认】按钮，弹出【刀轨可视化】对话框，然后选择【3D 动态】选项卡，单击【播放】按钮可进行 3D 动态刀具切削过程模拟，如图 9-114 所示。

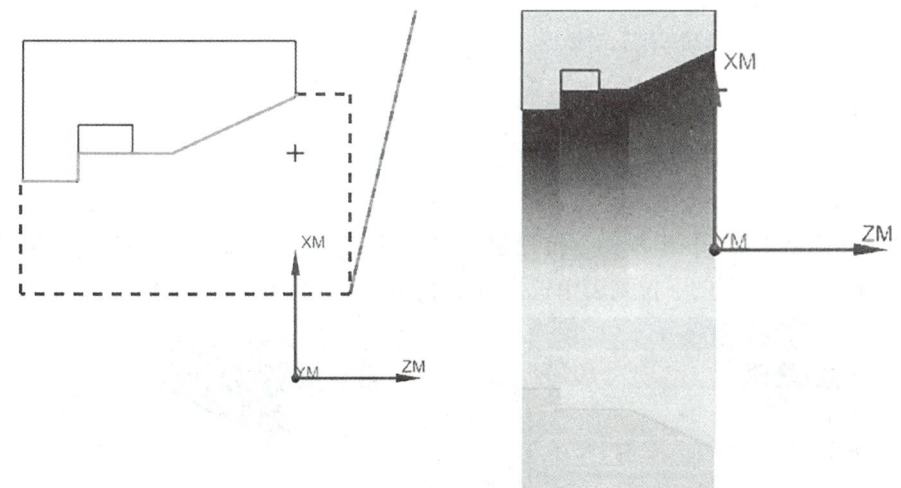

图 9-114 刀具路径和 3D 动态刀具切削过程模拟

单击【确定】按钮，返回【内孔精镗】对话框，然后单击【确定】按钮，完成精镗加工操作。

7. 创建内槽车削加工工序

1）启动内槽车削加工工序

单击【插入】工具栏上的【创建工序】按钮，弹出【创建工序】对话框，【类型】

下拉列表中选择"turning",【工序子类型】选择第 3 行第 5 个图标 (GROOVE_ID),【程序】选择"NC_PROGRAM",【刀具】选择"T5ID_GROOVE_L",【几何体】选择"AVOIDANCE_IN",【方法】选择"LATHE_GROOVE",【名称】为"GROOVE_ID",如图 9-115 所示。

单击【确定】按钮,弹出【内径开槽】对话框,如图 9-116 所示。

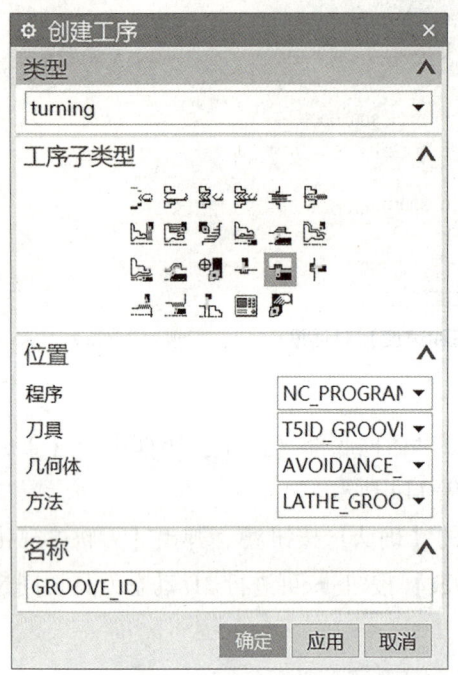

图 9-115 【创建工序】对话框

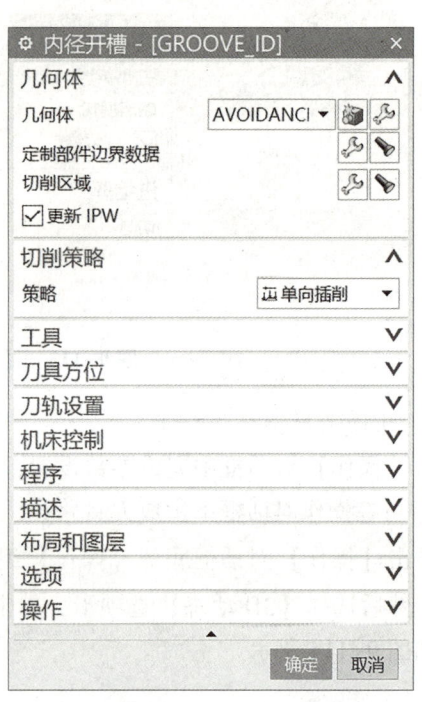

图 9-116 【内径开槽】对话框

2)设置切削区域

单击【几何体】组框中的【切削区域】选项后的【编辑】按钮,弹出【切削区域】对话框。

在【轴向修剪平面 1】组框的下拉列表中选择【点】,选择如图 9-117 所示的点 1,在【轴向修剪平面 2】组框的下拉列表中选择【点】,选择如图 9-117 所示的点 2。

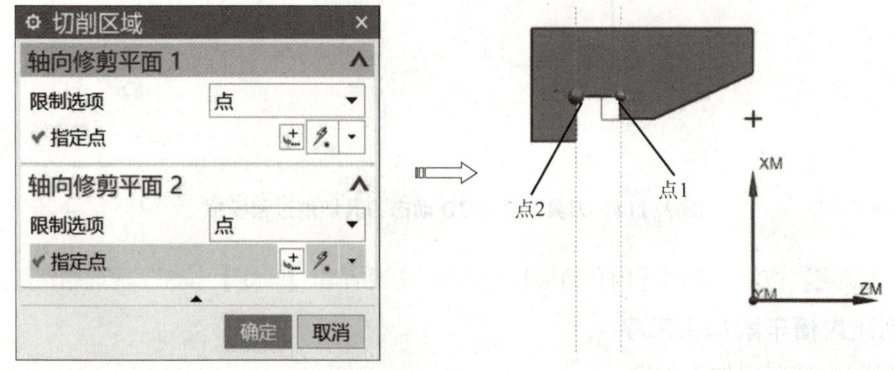

图 9-117 选择点

3) 设置切削策略和刀轨参数

在【切削策略】组框中选择"单向插削"走刀方式；在【刀轨设置】组框中设置【与XC的夹角】为180，【方向】为"前进"；【步距】为"变量平均值"，【最大值】为"75%"；【清理】为"仅向下"，如图9-118所示。

图9-118 【刀轨设置】选项

4) 设置切削参数

单击【刀轨设置】组框中的【切削参数】按钮，弹出【切削参数】对话框，进行切削参数设置。

【策略】选项卡：【粗切削后驻留】为"转"，【转】为"1"，勾选【允许底切】复选框，其他接受默认设置，如图9-119所示。

【拐角】选项卡：设置【常规拐角】为"延伸"，【浅角】为"延伸"，如图9-120所示。

图9-119 【策略】选项卡

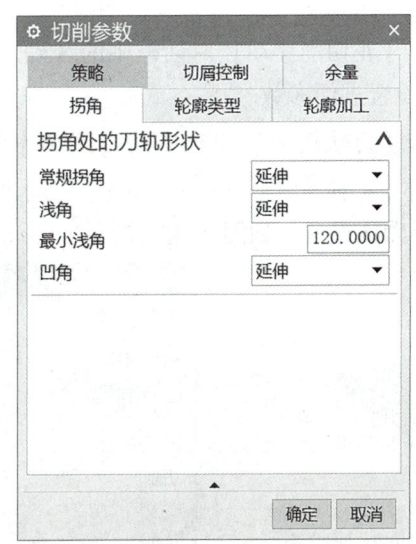

图9-120 【拐角】选项卡

单击【切削参数】对话框中的【确定】按钮，完成切削参数设置。

5）设置非切削参数

单击【刀轨设置】组框中的【非切削移动】按钮，弹出【非切削移动】对话框。

【进刀】选项卡：在【插削】组框中【进刀类型】为"线性-自动"，【自动进刀选项】为"自动"，其他参数设置如图9-121所示。

【退刀】选项卡：在【插削】组框中【退刀类型】为"线性-自动"，其他参数设置如图9-122所示。

图9-121 【进刀】选项卡

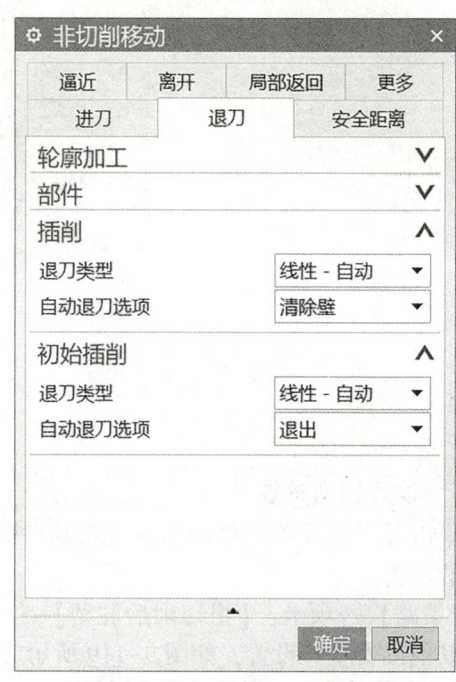

图9-122 【退刀】选项卡

单击【非切削移动】对话框中的【确定】按钮，完成非切削参数设置。

6）设置进给参数

单击【刀轨设置】组框中的【进给率和速度】按钮，弹出【进给率和速度】对话框。设置【主轴速度】为60 r/min，切削进给率为"0.1"，单位为"毫米/转（mm/r）"，其他接受默认设置，如图9-123所示。

图9-123 【进给率和速度】对话框

7)生成刀具路径并验证

在【操作】对话框中完成参数设置,单击该对话框底部【操作】组框中的【生成】按钮,可在操作对话框下生成刀具路径,如图 9-124 所示。

单击【操作】对话框底部【操作】组框中的【确认】按钮,弹出【刀轨可视化】对话框,然后选择【3D 动态】选项卡,单击【播放】按钮 可进行 3D 动态刀具切削过程模拟,如图 9-124 所示。

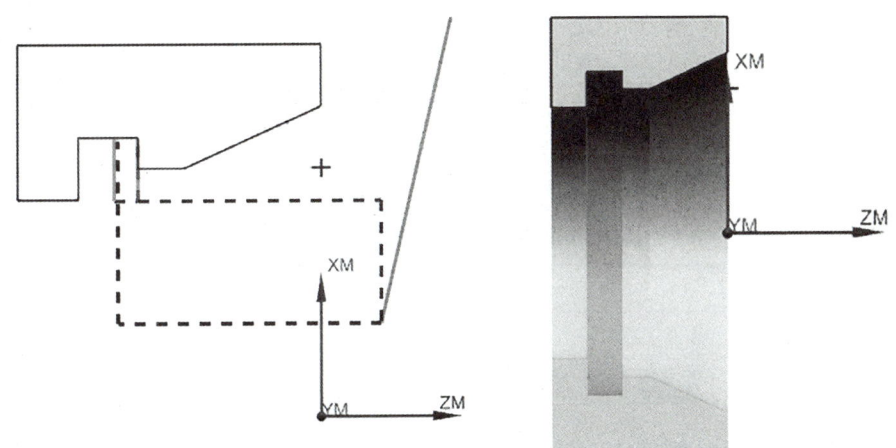

图 9-124 刀具路径和 3D 动态刀具切削过程模拟

单击【确定】按钮,返回【内径开槽】对话框,然后单击【确定】按钮,完成车槽加工操作。

7. 创建内螺纹加工工序

1)启动内螺纹加工工序

单击【插入】工具栏上的【创建工序】按钮,弹出【创建工序】对话框,在【类型】下拉列表中选择"turning",【工序子类型】选择第 4 行第 2 个图标(THREAD_ID),【程序】选择"NC_PROGRAM",【刀具】选择"T6ID_THREAD_L",【几何体】选择"AVOIDANCE_IN",【方法】选择"LATHE_THREAD",在【名称】文本框中输入"THREAD_ID",如图 9-125 所示。

单击【确定】按钮,弹出【内径螺纹铣】对话框,如图 9-126 所示。

2)设置螺纹形状

单击【选择顶线】后的按钮,然后在图形区选择如图 9-127 所示的顶线。

设置【深度选项】为"深度和角度",并设定相关参数,如图 9-128 所示。

3)设置切削参数

在【内径螺纹铣】对话框中,单击【刀轨设置】组框中的【切削参数】按钮,弹出【切削参数】对话框,进行切削参数设置。

337

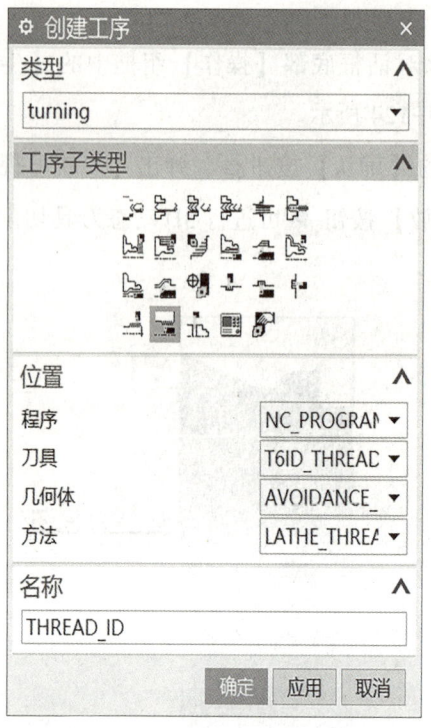

图 9-125 【创建工序】对话框

图 9-126 【内径螺纹铣】对话框

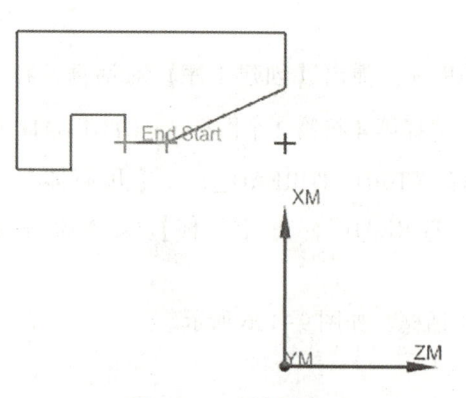

图 9-127 选择顶线

图 9-128 设置螺纹形状参数

【策略】选项卡：【螺纹头数】为 1,【切削深度】为"剩余百分比"，其他接受默认设置，如图 9-129 所示。

【螺距】选项卡：【螺距变化】为"恒定"，【距离】为"1"，如图 9-130 所示。

项目九　NX数控车削加工项目式设计案例

图 9-129　【策略】选项卡

图 9-130　【螺距】选项卡

单击【切削参数】对话框中的【确定】按钮，完成切削参数设置。

4）设置进给参数

单击【刀轨设置】组框中的【进给率和速度】按钮，弹出【进给率和速度】对话框。设置【主轴速度】为 600 r/min，其他接受默认设置，如图 9-131 所示。

图 9-131　【进给率和速度】对话框

5）生成刀具路径并验证

在【操作】对话框中完成参数设置，单击该对话框底部【操作】组框中的【生成】按钮，可在操作对话框下生成刀具路径，如图 9-132 所示。

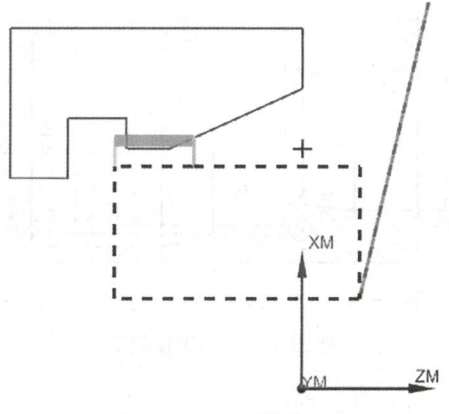

图 9-132　刀具路径

339

单击【确定】按钮,返回【内径螺纹铣】对话框,然后单击【确定】按钮,完成螺纹车削加工操作。

上机习题

1. 按照附件所给 stp 格式模型,利用 UG NX CAM 模块完成零件的加工,如题图 9-1 所示。

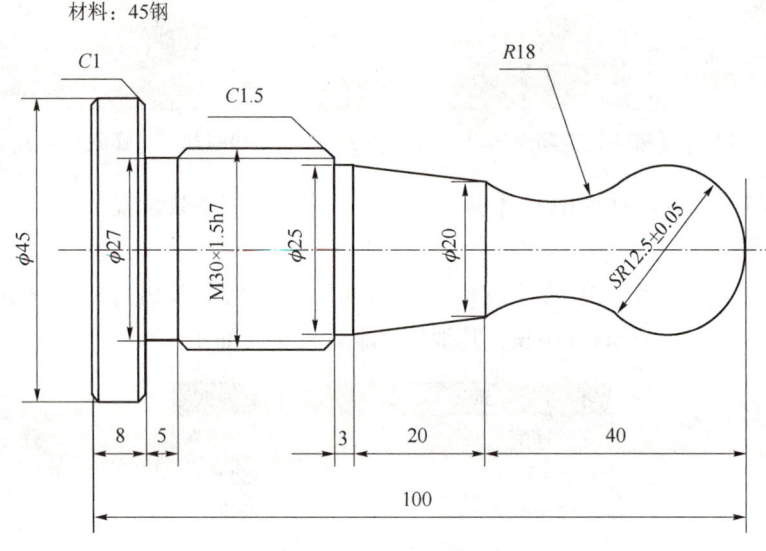

题图 9-1　加工模型 1

2. 按照附件所给 stp 格式模型,利用 UG NX CAM 模块完成零件的加工,如题图 9-2 所示。

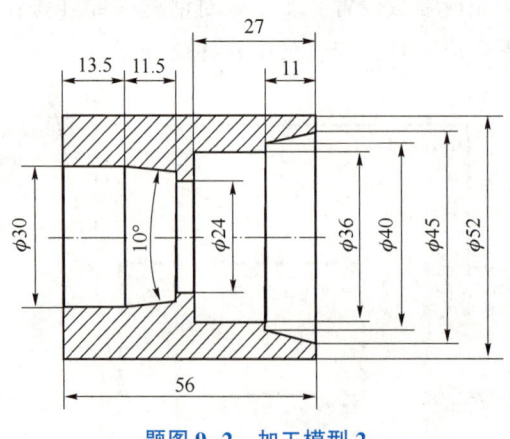

题图 9-2　加工模型 2

3. 按照附件所给 stp 格式模型，利用 UG NX CAM 模块完成零件的加工，如题图 9-3 所示。

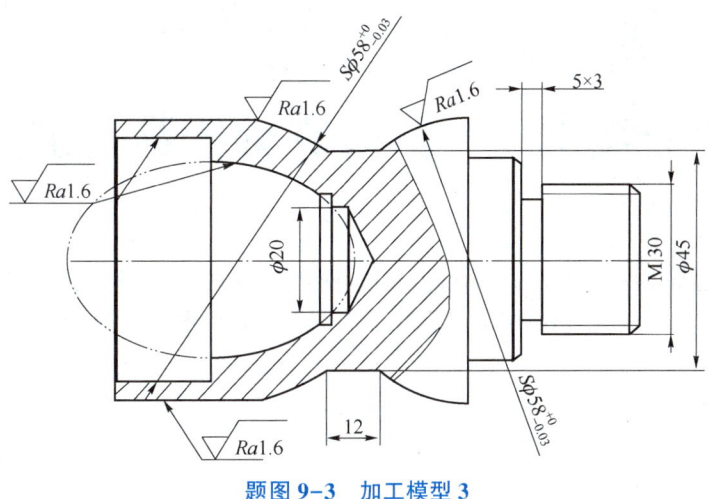

题图 9-3　加工模型 3

项目十

企业实例——斜齿联轴器数控加工

齿形联轴器通常由两个组成部分通过齿槽和齿形配合成对使用,因此该类零件数控加工是生产中典型和常见的加工类型。本章以斜齿联轴器为例来介绍该类零件的数控加工方法和步骤。

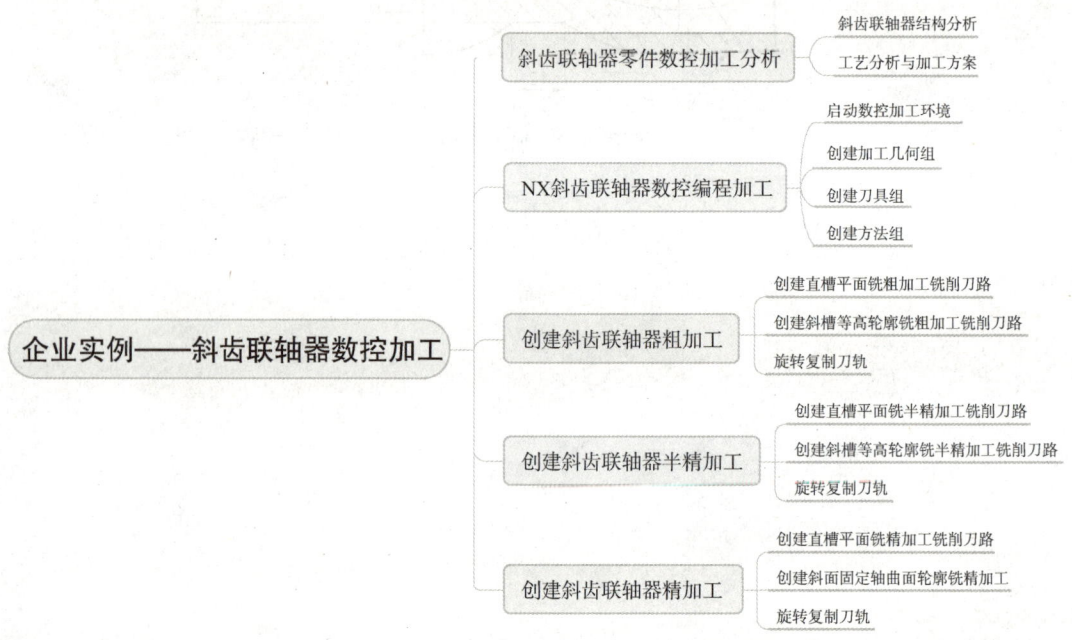

任务 10.1 斜齿联轴器零件数控加工分析

如图 10-1 所示,斜齿联轴器的两个组成部分一般成对使用,要加工的面为各齿槽及齿形,毛坯锻造成型,材料 45 钢。

10.1.1 斜齿联轴器结构分析

斜齿联轴器零件为回转体,半联轴器 1 尺寸为 ϕ400 mm×180 mm,半联轴器 2 尺寸为 ϕ400 mm×240 mm,每齿齿厚为 30 mm,齿深为 30 mm,成对使用。

10.1.2 工艺分析与加工方案

1. 斜齿联轴器工艺分析

根据联轴器的回转特征都是采用车削加工,零件内孔键槽采用插削加工,齿槽及齿形采

项目十　企业实例——斜齿联轴器数控加工

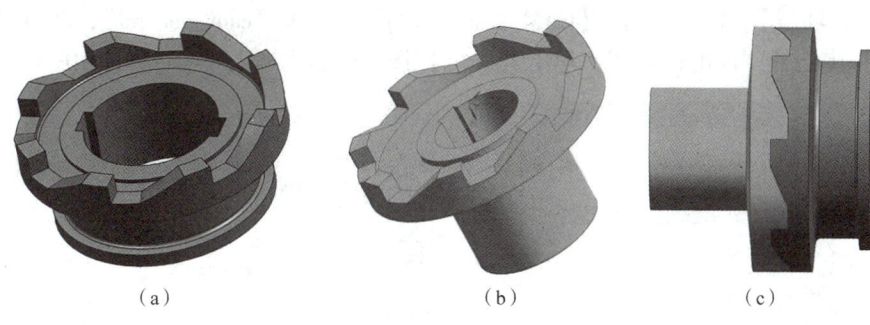

图 10-1　斜齿联轴器

(a) 半联轴器 1；(b) 半联轴器 2；(c) 联轴器配合状态

用数控铣削加工，成对使用的 2 件半联轴器钳工配研齿形面，保证接触率。

2. 斜齿联轴器加工工艺方案

斜齿联轴器工艺流程为：锻造→粗车→调质热处理→精车→划线→铣齿槽及齿形→插键槽→钳工配研齿形面→齿形表面淬火。

斜齿联轴器齿槽及齿形数控铣削加工方案如表 10-1 所示。

表 10-1　斜齿联轴器齿槽及齿形数控铣削加工方案

工序号	工步内容	刀具号	刀具类型	切削用量		
				主轴转速/(r·min^{-1})	进给速度/(mm·min^{-1})	背吃刀量/mm
1	直槽粗加工	1	φ30 立铣刀	3 000	1 500	2
2	斜槽粗加工	1	φ30 立铣刀	2 000	1 000	—
3	直槽半精加工	1	φ30 立铣刀	2 000	1 000	2
4	斜槽半精加工	1	φ30 立铣刀	2 000	1 000	1
5	直槽精加工	1	φ30 立铣刀	2 000	1 000	2
6	斜面精加工	2	φ32R5 圆角刀	2 000	1 500	0.5

任务 10.2　NX 斜齿联轴器数控编程加工

根据工艺分析和加工方案，采用 NX 对斜齿联轴进行数控加工编程，具体操作过程如下：

10.2.1　启动数控加工环境

1. 打开模型文件

启动 NX 后，单击【主页】选项卡的【打开】按钮，弹出【打开部件文件】对话框，选择"斜齿联轴器 CAD. prt"，单击【OK】按钮，文件打开后如图 10-2 所示。

2. 启动数控加工环境

单击【应用模块】选项卡中的【加工】按钮，系

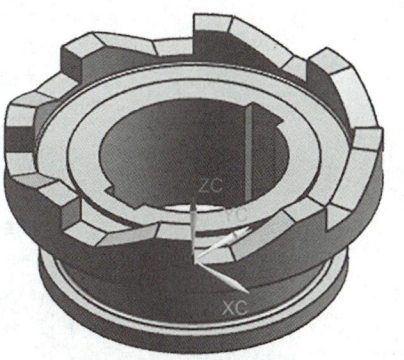

图 10-2　打开模型零件

统弹出【加工环境】对话框,在【CAM 会话配置】中选择"cam_general",在【要创建的 CAM 组装】中选择"mill_planar",单击【确定】按钮初始化加工环境,如图 10-3 所示。

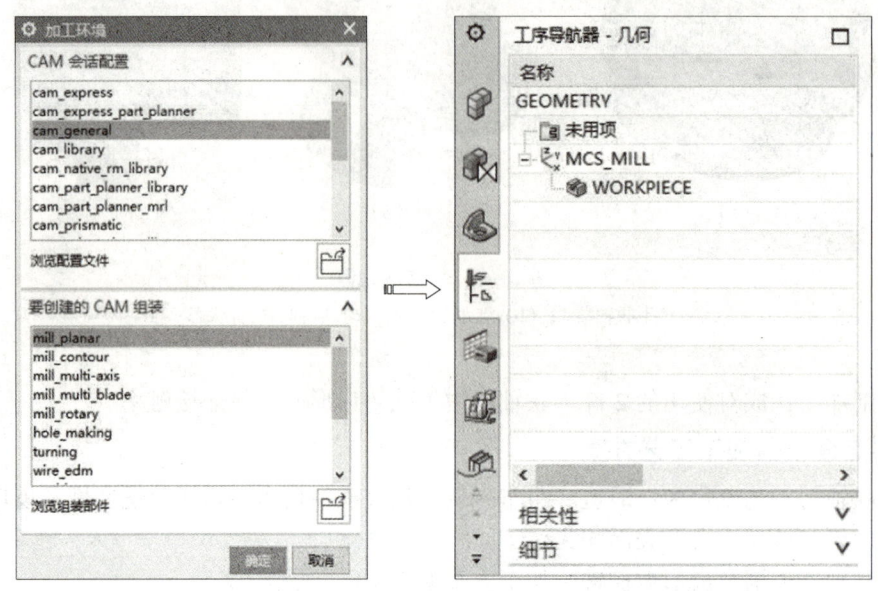

图 10-3　启动 NX CAM 加工环境

10.2.2　创建加工几何组

单击上边框条【工序导航器】组上的【几何视图】按钮，将【工序导航器】切换到几何视图显示。

1. 创建加工坐标系和安全平面

(1) 双击【工序导航器】窗口中的【MCS_MILL】图标，弹出【MCS 铣削】对话框,如图 10-4 所示。

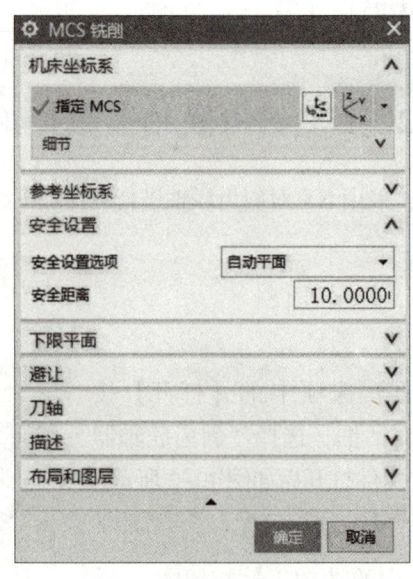

图 10-4　【MCS 铣削】对话框

(2) 设置加工坐标系原点。单击【机床坐标系】组框中的【CSYS 对话框】按钮，弹出【坐标系】对话框，拖动坐标原点在图形窗口中捕捉如图 10-5 所示的圆心，单击【确定】按钮返回【MCS 铣削】对话框。

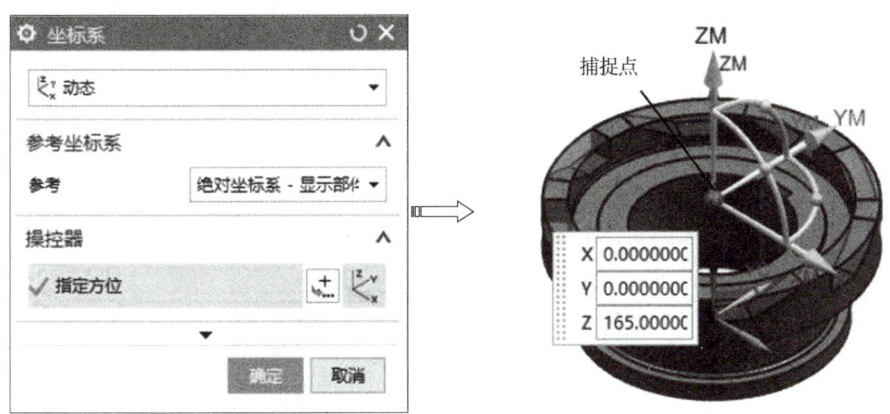

图 10-5　移动确定加工坐标系

(3) 设置安全平面。在【安全设置】组框中的【安全设置选项】下拉列表中选择【自动平面】选项，然后单击【平面】按钮，弹出【平面】对话框，选择毛坯上表面设置距离 50 mm，单击【确定】按钮，完成安全平面设置，如图 10-6 所示。

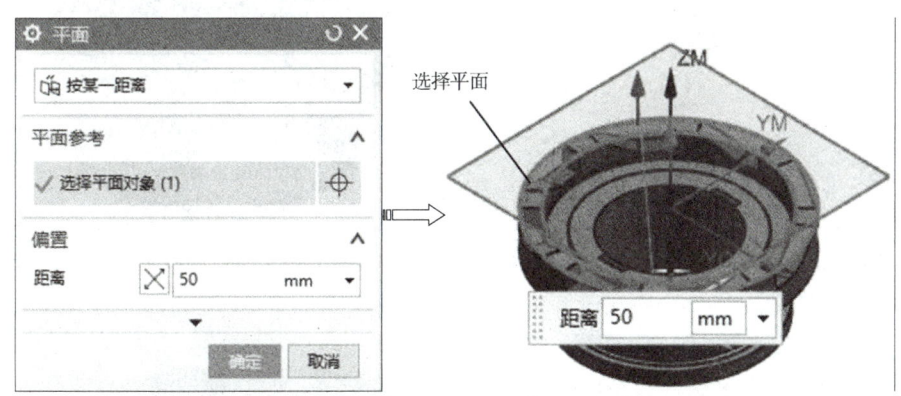

图 10-6　位置安全平面

2. 创建部件几何和毛坯几何

(1) 在【工序导航器】中双击【WORKPIECE】图标，弹出【工件】对话框，如图 10-7 所示。

(2) 创建部件几何。单击【几何体】组框中【指定部件】选项后的【选择或编辑部件几何体】按钮，弹出【部件几何体】对话框，选择如图 10-8 所示部件几何体。单击【确定】按钮，返回【工件】对话框。

(3) 创建毛坯几何。单击【几何体】组框中【指定毛坯】选项后的【选择或编辑毛坯几何体】按钮，弹出【毛坯几何体】对话框，在【类型】下拉列表中选择【几何体】选项，选择图层 5 上的如图 10-9 所示的实体，单击【确定】按钮，完成毛坯几何体的创建。

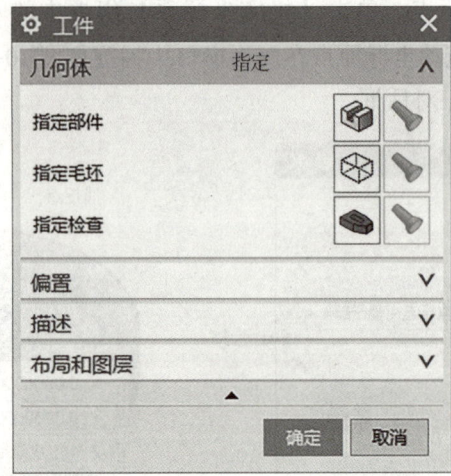

图 10-7 【工件】对话框

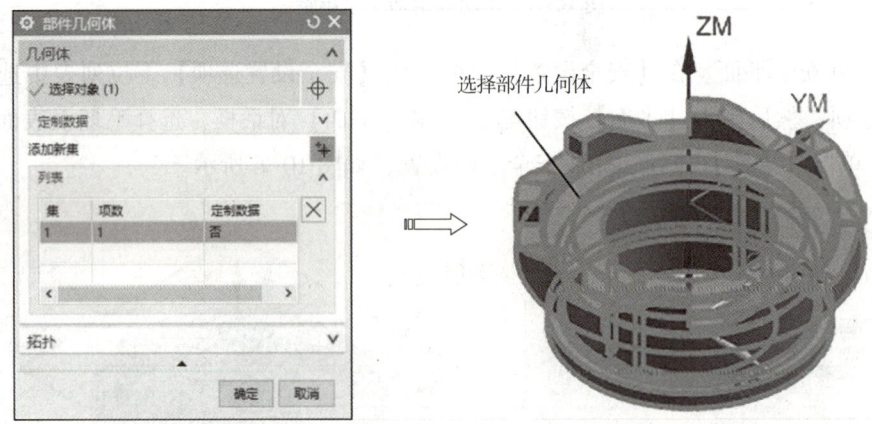

图 10-8 选择部件几何体

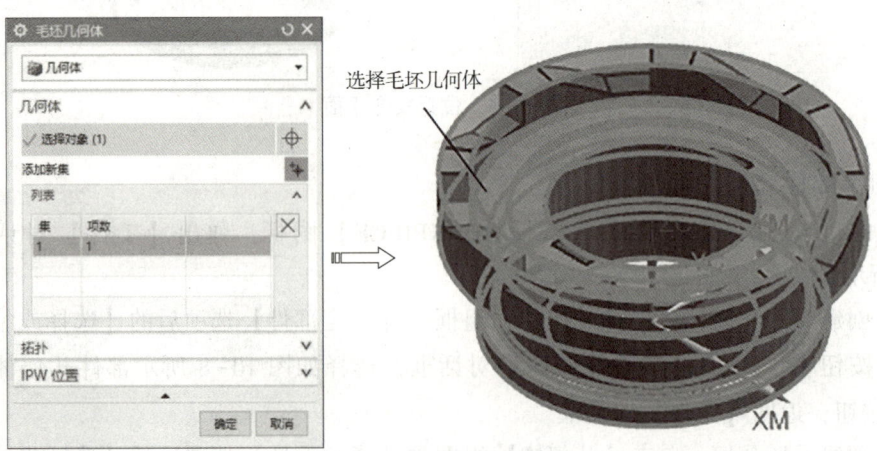

图 10-9 选择毛坯几何体

10.2.3 创建刀具组

单击上边框条【工序导航器】组上的【几何视图】按钮,将【工序导航器】切换到几何视图显示。

1. 创建平底刀 D30

单击【主页】选项卡【插入】组的【创建刀具】按钮,弹出【创建刀具】对话框。在【类型】下拉列表中选择"mill_planar",【刀具子类型】选择【MILL】图标,在【名称】文本框中输入"T1D30",如图 10-10 所示。单击【确定】按钮,弹出【铣刀-5 参数】对话框。

在【铣刀-5 参数】对话框中设定【直径】为"30",【下半径】为"0",【刀具号】为"1",如图 10-11 所示。单击【确定】按钮,完成刀具创建。

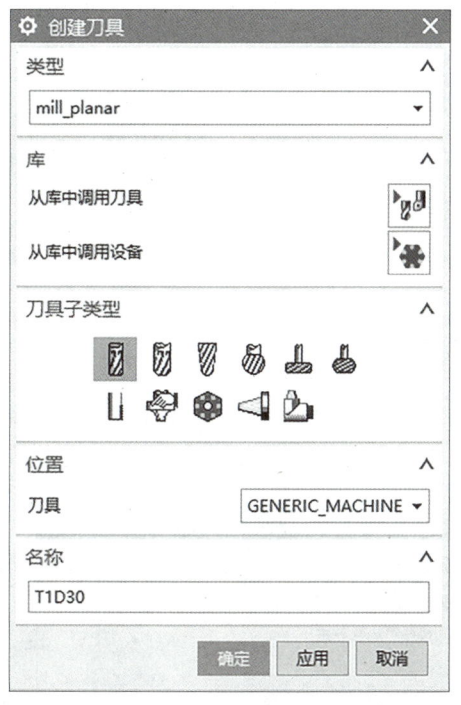

图 10-10 【创建刀具】对话框

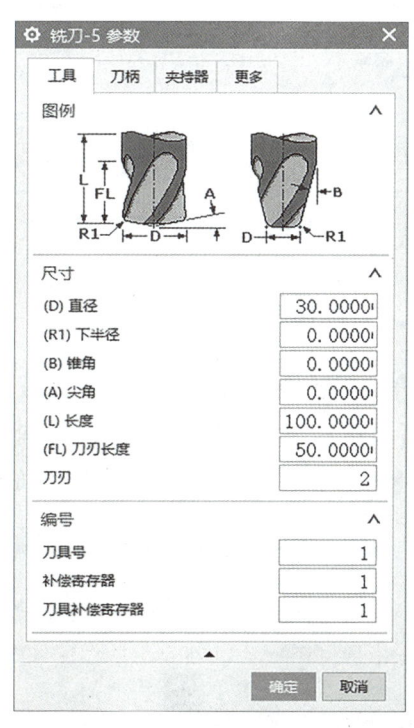

图 10-11 【铣刀-5 参数】对话框

2. 创建圆角刀 D32R5

单击【主页】选项卡【插入】组的【创建刀具】按钮,弹出【创建刀具】对话框。在【类型】下拉列表中选择"mill_planar",【刀具子类型】选择【MILL】图标,在【名称】文本框中输入"T2D32R5",如图 10-12 所示。单击【确定】按钮,弹出【铣刀-5 参数】对话框。

在【铣刀-5 参数】对话框中设定【直径】为"32",【下半径】为"5",【刀具号】为

"2",如图 10-13 所示。单击【确定】按钮,完成刀具创建。

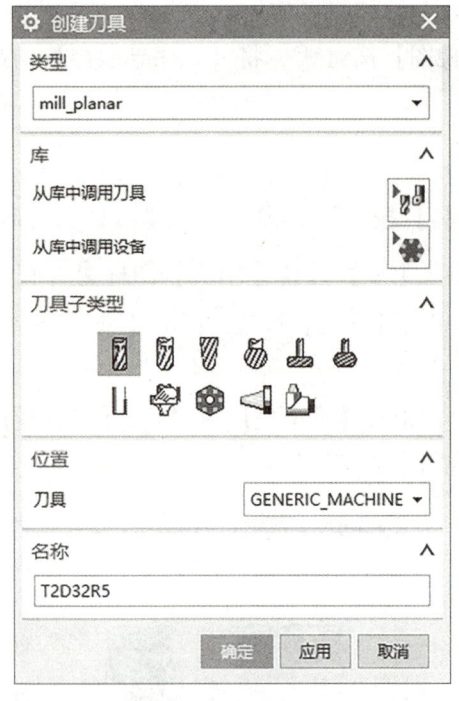

图 10-12 【创建刀具】对话框

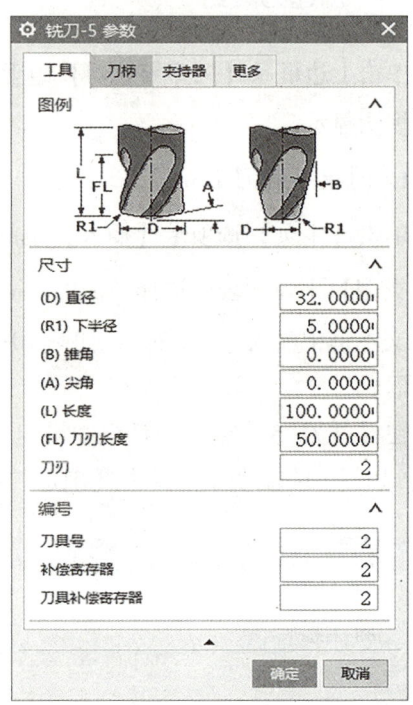

图 10-13 【铣刀-5 参数】对话框

10.2.4 创建方法组

单击【主页】选项卡【插入】组中的【创建程序】按钮，弹出【创建程序】对话框，【名称】为"粗加工"，单击【确定】按钮，如图 10-14 所示。弹出【程序】对话框，默认参数设置，单击【确定】按钮完成，如图 10-15 所示。

图 10-14 【创建程序】对话框

图 10-15 【程序】对话框

重复上述过程创建"半精加工""精加工"程序组，如图 10-16 所示。

项目十 企业实例——斜齿联轴器数控加工

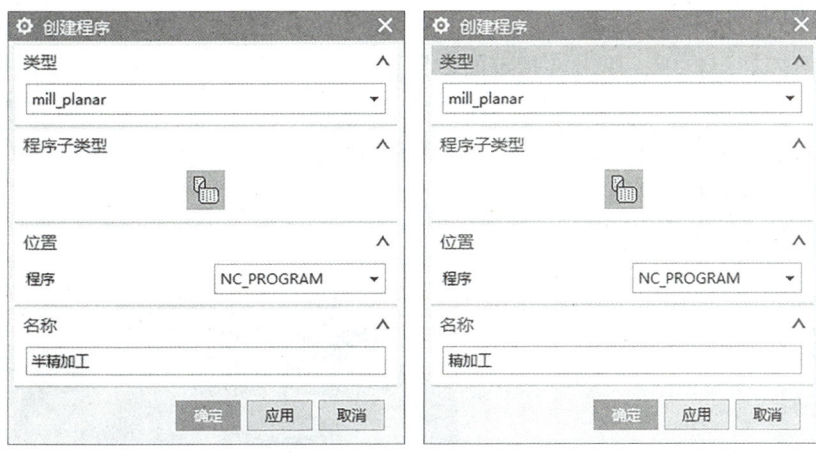

图 10-16 创建程序

任务 10.3 创建斜齿联轴器粗加工

10.3.1 创建直槽平面铣粗加工铣削刀路

1. 创建平面铣加工

单击【主页】选项卡【插入】组中的【创建工序】按钮，弹出【创建工序】对话框，【类型】为"mill_planar"，【工序子类型】为第 1 行第 5 个图标（PLANAR_MILL），【程序】为"粗加工"，【刀具】为"T1D30"，【几何体】为"WORKPIECE"，【方法】为"MEHTOD"，【名称】为"CU_PMILL"，如图 10-17 所示。

单击【确定】按钮，弹出【平面铣】对话框，如图 10-18 所示。

图 10-17 【创建工序】对话框

图 10-18 【平面铣】对话框

349

2. 选择加工几何

在【几何体】组框中，单击【指定面边界】后的【选择或编辑面几何体】按钮，弹出【部件边界】对话框，【平面】为"指定"，选择如图 10-19 所示的平面，然后【模式】为"曲线/边"，【边界类型】为"开放"，【刀具侧】为"右"，选择如图 10-19 所示的 2 条边线，单击【确定】按钮返回。

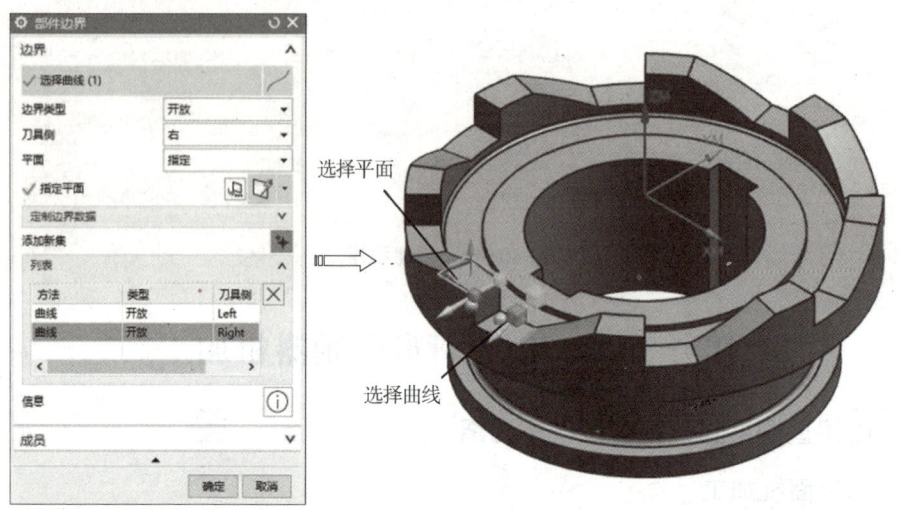

图 10-19 选择边线

在【几何体】组框中，单击【指定底面】后的【选择或编辑底平面几何体】按钮，弹出【平面】对话框，选择如图 10-20 所示的腔槽底面，单击【确定】按钮返回。

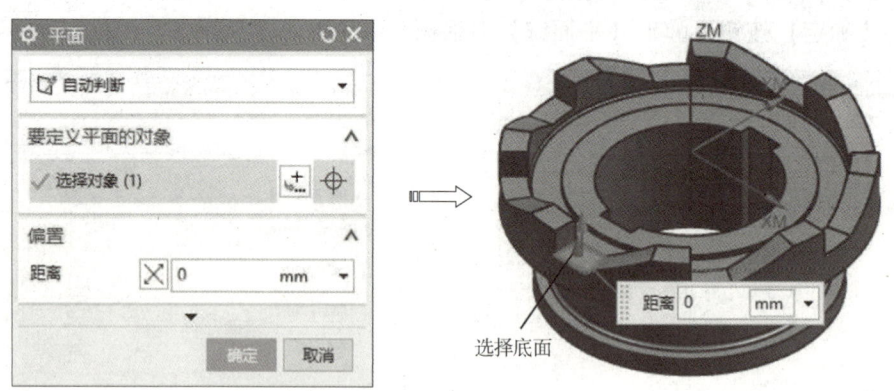

图 10-20 选择底面

3. 选择切削模式和设置切削用量

在【刀轨设置】组框中【切削模式】为"轮廓"，【步距】为"%刀具平直"，【平面直径百分比】为"50"，如图 10-21 所示。

4. 设置切削深度

单击【切削层】按钮，弹出【切削层】对话框，选择【类型】为"恒定"，【公共】为"2"，其他参数设置如图 10-22 所示。单击【确定】按钮，返回【平面铣】对话框。

项目十 企业实例——斜齿联轴器数控加工

图10-21 设置刀轨参数

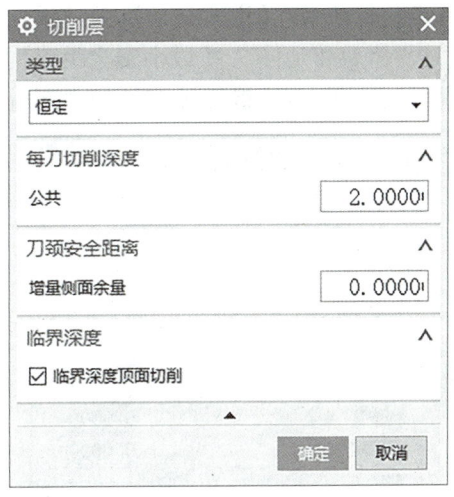

图10-22 【切削层】对话框

5. 设置切削参数

单击【刀轨设置】组框中的【切削参数】按钮,弹出【切削参数】对话框,设置切削加工参数。

【策略】选项卡:【切削方向】为"顺铣",【切削顺序】为"层优先",其他接受默认设置,如图10-23所示。

【余量】选项卡:【部件余量】为"1",【最终底面余量】为"1",如图10-24所示。

图10-23 【策略】选项卡

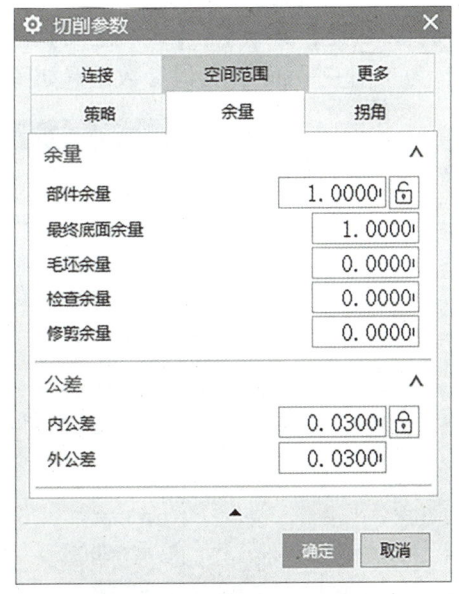

图10-24 【余量】选项卡

单击【切削参数】对话框中的【确定】按钮,完成切削参数设置。

6. 设置非切削参数

单击【刀轨设置】组框中的【非切削移动】按钮,弹出【非切削移动】对话框。

351

【进刀】选项卡:【进刀类型】为"线性",【长度】为30%,【高度】为0,【最小安全距离】为"修剪和延伸",【最小安全距离】为20%,其他参数设置如图10-25所示。

【退刀】选项卡:【退刀类型】为"与进刀相同",其他参数设置如图10-26所示。

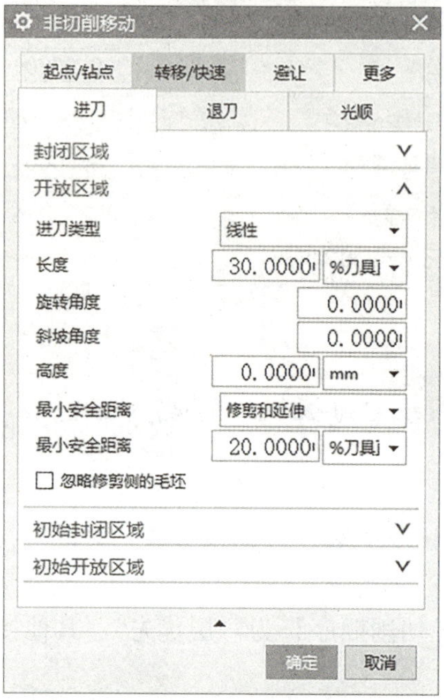

图10-25 【进刀】选项卡 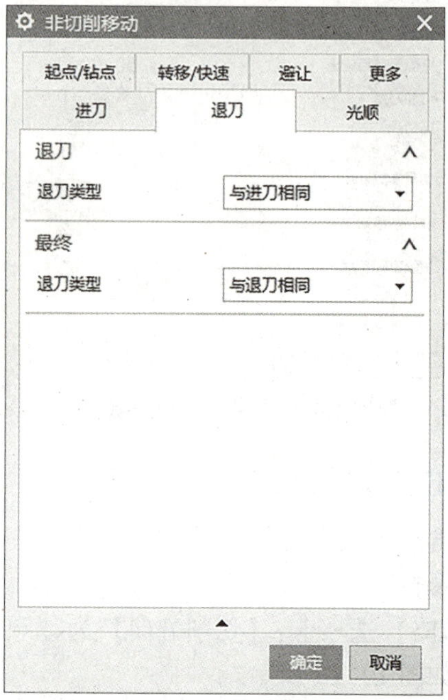　　　　图10-26 【退刀】选项卡

【转移/快速】选项卡:【区域之间】的【转移类型】为"直接",【区域内】的【转移类型】为"前一平面",其他参数设置如图10-27所示。

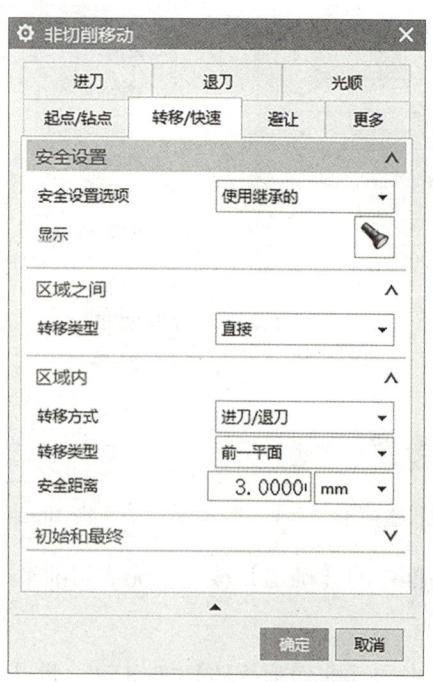

图10-27 【转移/快速】选项卡

项目十 企业实例——斜齿联轴器数控加工

单击【非切削移动】对话框中的【确定】按钮,完成非切削参数设置。

7. 设置切削速度

单击【刀轨设置】组框中的【进给率和速度】按钮,弹出【进给率和速度】对话框。设置【主轴速度】为3 000 r/min,切削进给率为"1 500",单位为"毫米/分钟(mm/min)",其他接受默认设置,如图10-28所示。

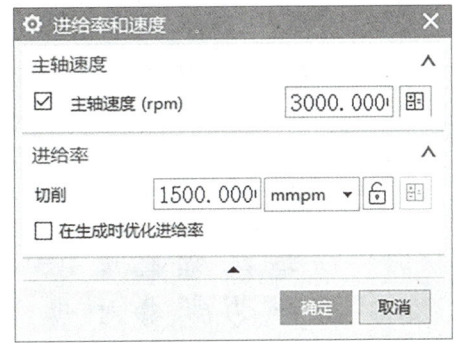

图10-28 【进给率和速度】对话框

8. 生成刀具路径并验证

(1)单击该对话框底部【操作】组框中的【生成】按钮,可在操作对话框下生成刀具路径,如图10-29所示。

(2)单击【操作】组框中的【确认】按钮,弹出【刀轨可视化】对话框,然后选择【2D动态】选项卡,单击【播放】按钮可进行2D动态刀具切削过程模拟,如图10-29所示。

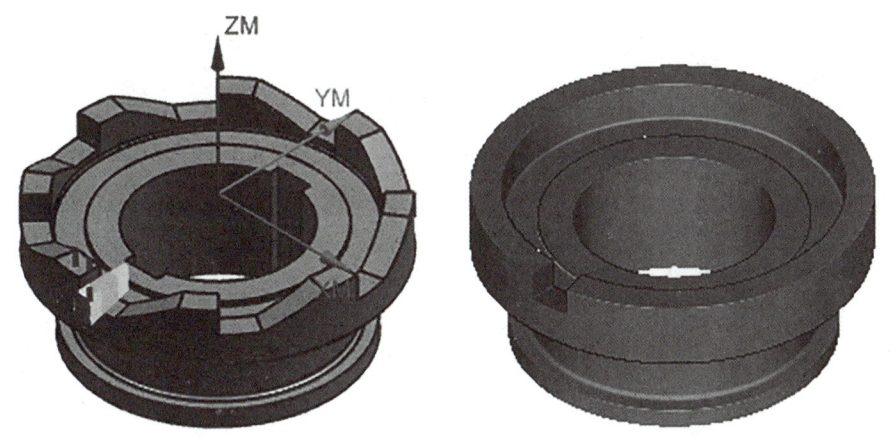

图10-29 刀具路径和2D动态刀具切削过程模拟

(3)单击【确定】按钮,返回【平面铣】对话框,然后单击【确定】按钮,完成加工操作。

10.3.2 创建斜槽等高轮廓铣粗加工铣削刀路

单击上边框条【工序导航器组】上的【几何视图】按钮,将【工序导航器】切换到几何视图显示。

1. 创建工序

单击【主页】选项卡【插入】组中的【创建工序】按钮,弹出【创建工序】对话框,【类型】为"mill_contour",【操作子类型】为第1行第6个图标(ZLEVEL_PROFILE),【程序】为"粗加工",【刀具】为"T1D30",【几何体】为"WORKPIECE",

【方法】选择"METHOD",【名称】为"CU_ZPROFILE",如图10-30所示。

单击【确定】按钮,弹出【深度轮廓铣】对话框,如图10-31所示。

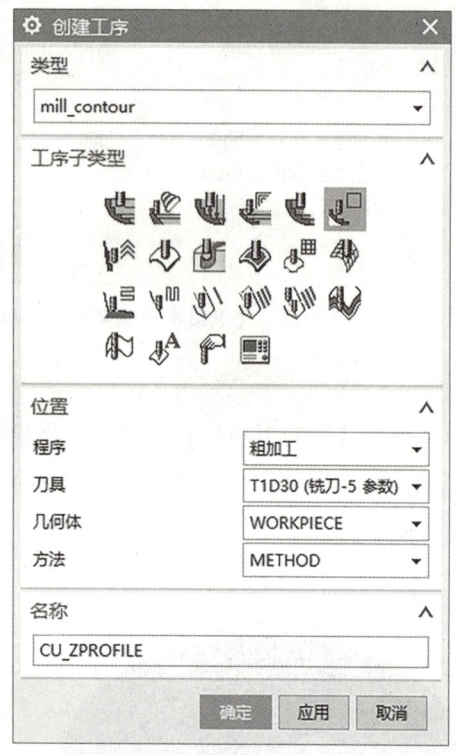

图10-30 【创建工序】对话框

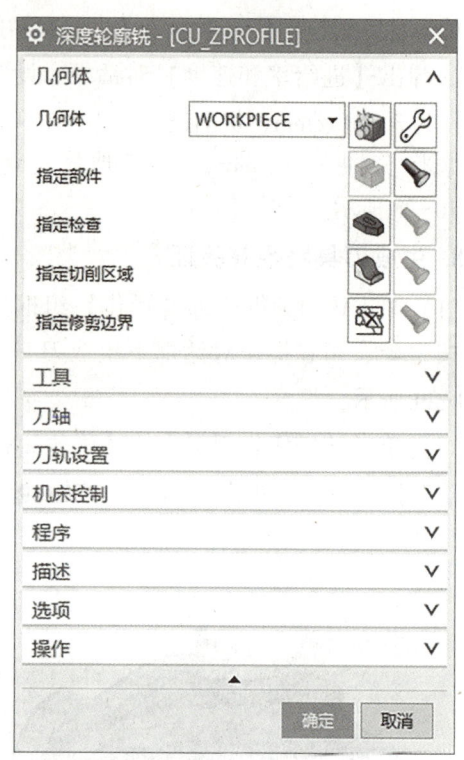

图10-31 【深度轮廓铣】对话框

2. 选择切削区域

单击【几何体】组框中【指定切削区域】选项后的【选择或编辑切削区域】按钮,弹出【切削区域】对话框。在图形区选择如图10-32所示的1个曲面作为切削区域,单击【确定】按钮完成。

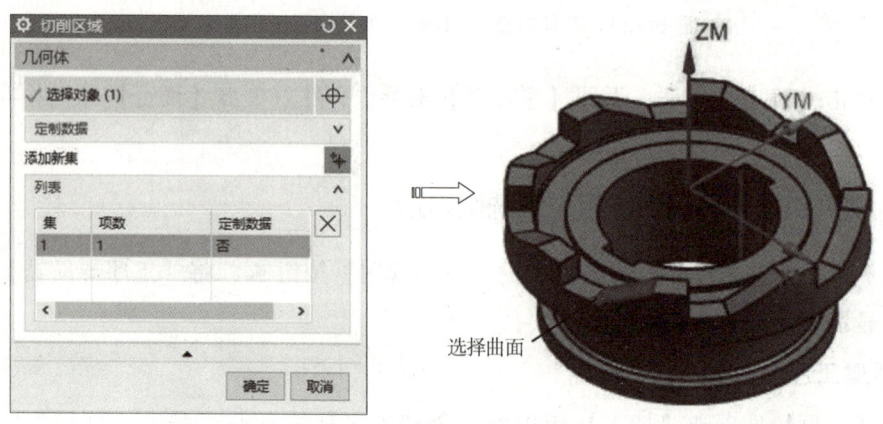

图10-32 选择切削区域

3. 设置切削层

单击【刀轨设置】组框中的【切削层】按钮,弹出【切削层】对话框,【范围类型】为"单个",【最大距离】为"1",如图10-33所示。

图10-33 【切削层】对话框

在【范围深度】选项中单击【选择对象】按钮,然后选择如图10-34所示的平面作为范围底轮廓线。

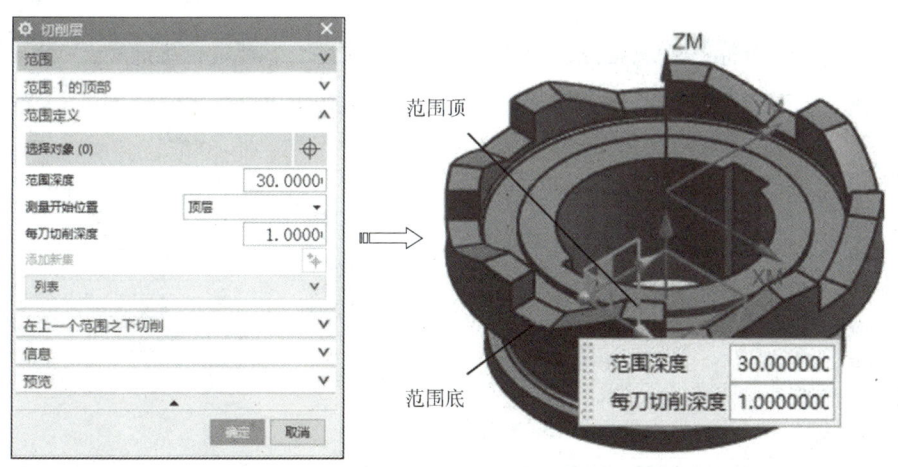

图10-34 设置范围深度

4. 设置切削参数

单击【刀轨设置】组框中的【切削参数】按钮,弹出【切削参数】对话框,进行切削参数设置。

【策略】选项卡:【切削方向】为"混合",其他参数设置如图10-35所示。

【余量】选项卡:勾选【使底面余量与侧面余量一致】复选框,【部件侧面余量】为1 mm,【内公差】为"0.03",【外公差】为"0.03",如图10-36所示。

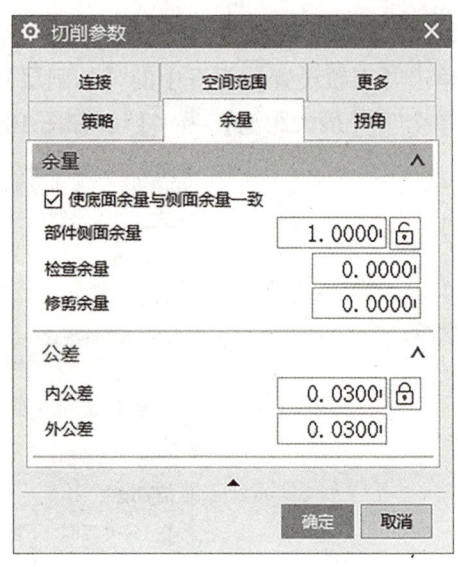

图 10-35 【策略】选项卡   图 10-36 【余量】选项卡

单击【切削参数】对话框中的【确定】按钮，完成切削参数设置。

5. 设置非切削参数

单击【刀轨设置】组框中的【非切削移动】按钮，弹出【非切削移动】对话框。

【进刀】选项卡：【进刀类型】为"线性"，【最小安全距离】为"修剪和延伸"，【最小安全距离】为30%，其他参数设置如图10-37所示。

【退刀】选项卡：【退刀类型】为"与进刀相同"，其他参数设置如图10-38所示。

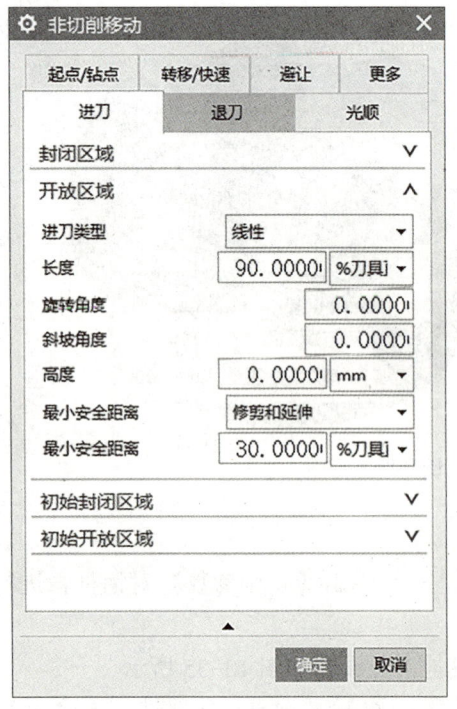

图 10-37 【进刀】选项卡

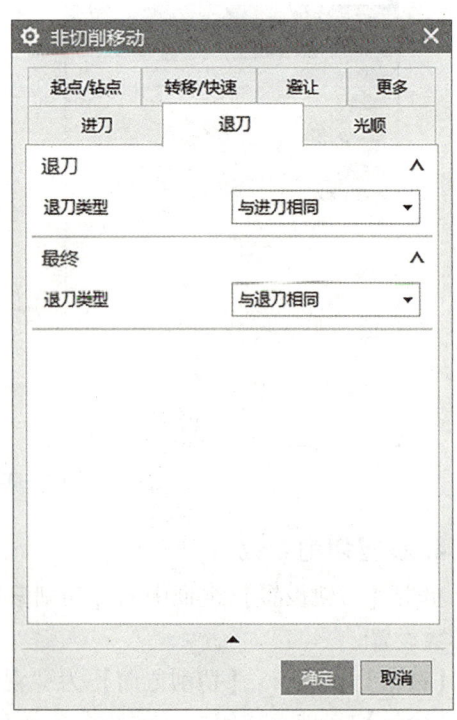

图 10-38 【退刀】选项卡

【转移/快速】选项卡:【区域之间】的【转移类型】为"安全距离-刀轴",【区域内】的【转移类型】为"直接",其他参数设置如图10-39所示。

图 10-39 【转移/快速】选项卡

单击【非切削移动】对话框中的【确定】按钮,完成非切削参数设置。

6. 设置进给率和速度参数

单击【刀轨设置】组框中的【进给率和速度】按钮,弹出【进给率和速度】对话框。设置【主轴速度】为 2 000 r/min,【切削进给率】为"1 000",单位为"毫米/分钟(mm/min)",其他参数设置如图 10-40 所示。

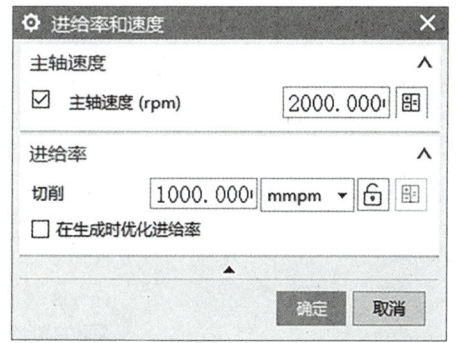

图 10-40 【进给率和速度】对话框

7. 生成刀具路径并验证

(1) 在【工序】对话框中完成参数设置后,单击该对话框底部【操作】组框中的【生成】按钮,可在操作对话框下生成刀具路径,如图10-41所示。

(2) 单击【工序】对话框底部【操作】组框中的【确认】按钮,弹出【刀轨可视化】对话框,然后选择【2D 动态】选项卡,单击【播放】按钮可进行 2D 动态刀具切削过程模拟,如图 10-41 所示。

(3) 单击【确定】按钮,返回【深度轮廓铣】对话框,然后单击【确定】按钮,完成轮廓铣加工操作。

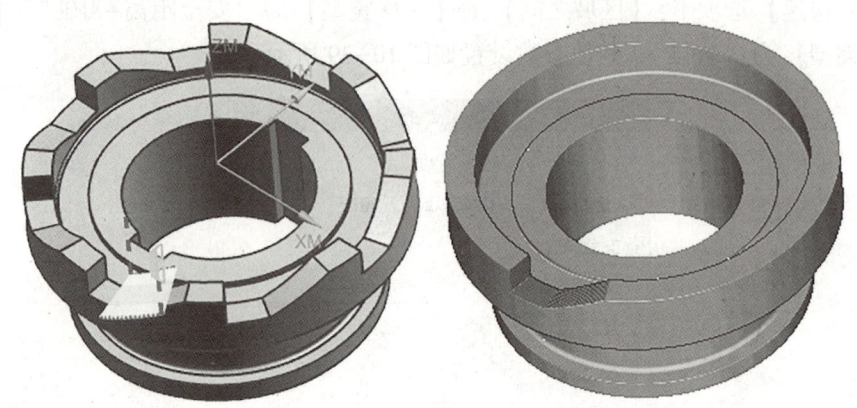

图 10-41　生成刀具路径与 2D 动态刀具切削过程模拟

10.3.3　旋转复制刀轨

(1) 在【操作导航器】窗口中选中 CU_PMILL、CU_ZPROFILE 加工操作，单击鼠标右键，在弹出的快捷菜单中选择【对象】→【变换】命令，在弹出的【变换】对话框中选择【类型】为"绕直线旋转"，在【变换参数】选项中选择【直线方法】为"点和矢量"，点的坐标为（0，0，0），【指定矢量】为"ZC"，在【结果】选项中选择"实例"，【距离/角度分割】为"8"，【实例数】为"7"，如图 10-42 所示。

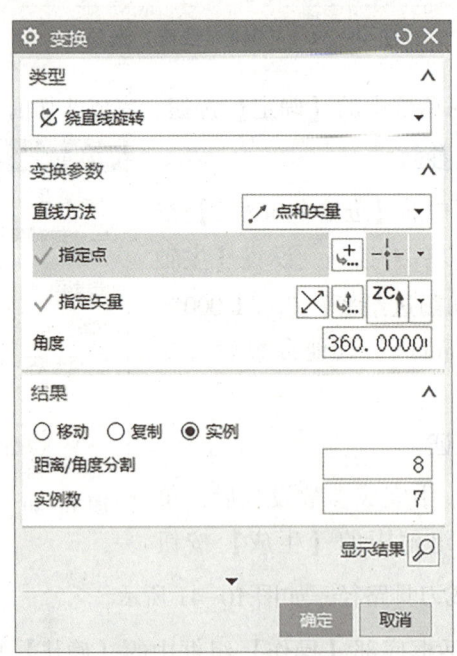

图 10-42　【变换】对话框

(2) 单击【变换】对话框中的【确定】按钮，完成刀轨变换操作，如图 10-43 所示。

(3) 在【操作导航器】中选中所有的操作，单击【操作】工具栏上的【确认刀轨】按钮，可验证所设置的刀轨，如图 10-44 所示。

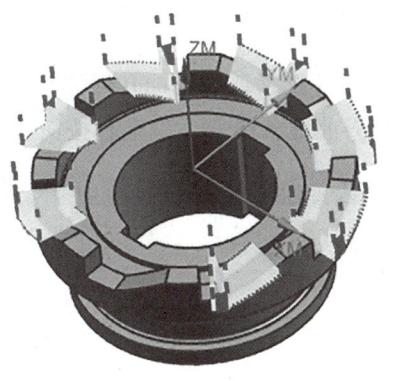
图 10-43 旋转复制的切削刀具路径

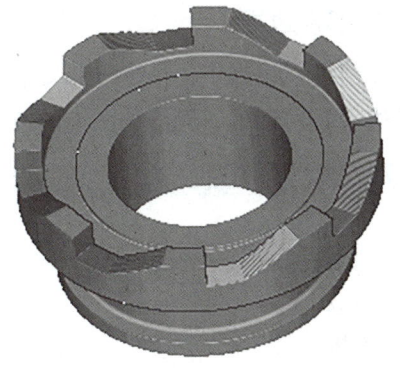
图 10-44 刀具路径切削验证

任务 10.4 创建斜齿联轴器半精加工

10.4.1 创建直槽平面铣半精加工铣削刀路

1. 复制工序

在【工序导航器】窗口选择"CU_PMILL"操作,单击鼠标右键,在弹出的快捷菜单中选择【复制】命令,如图 10-45 所示。

选中"半精加工"节点,单击鼠标右键,在弹出的快捷菜单中选择【内部粘贴】命令,复制工序并重命名为 BJ_PMILL,如图 10-45 所示。

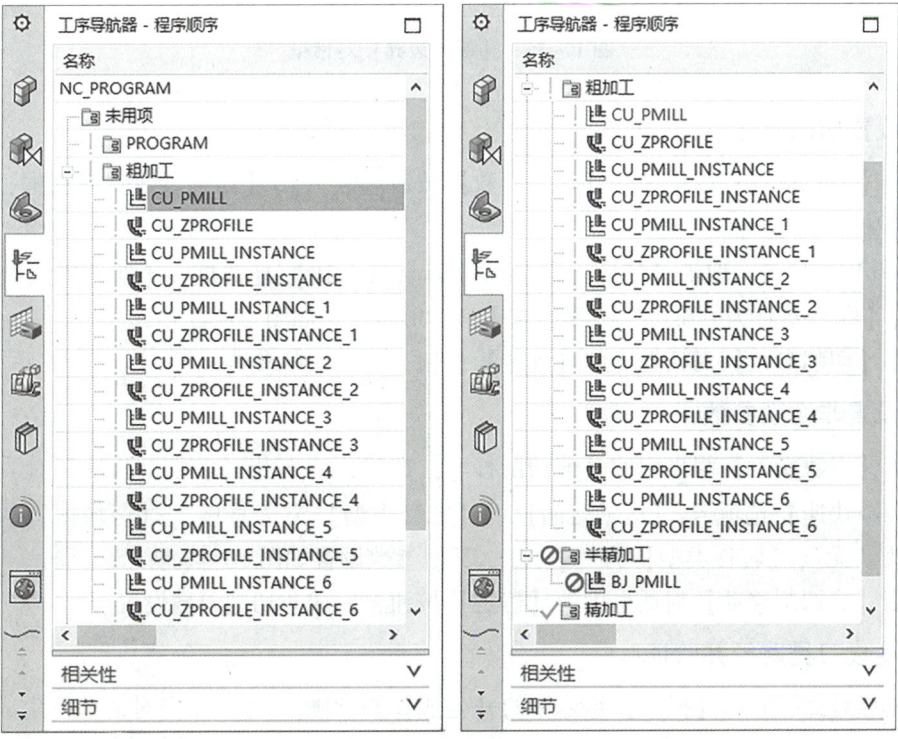
图 10-45 复制粘贴工序

2. 编辑部件边界

在【几何体】组框中，单击【指定面边界】后的【选择或编辑面几何体】按钮，弹出【部件边界】对话框，删除如图 10-46 所示的边界曲线，单击【确定】按钮返回。

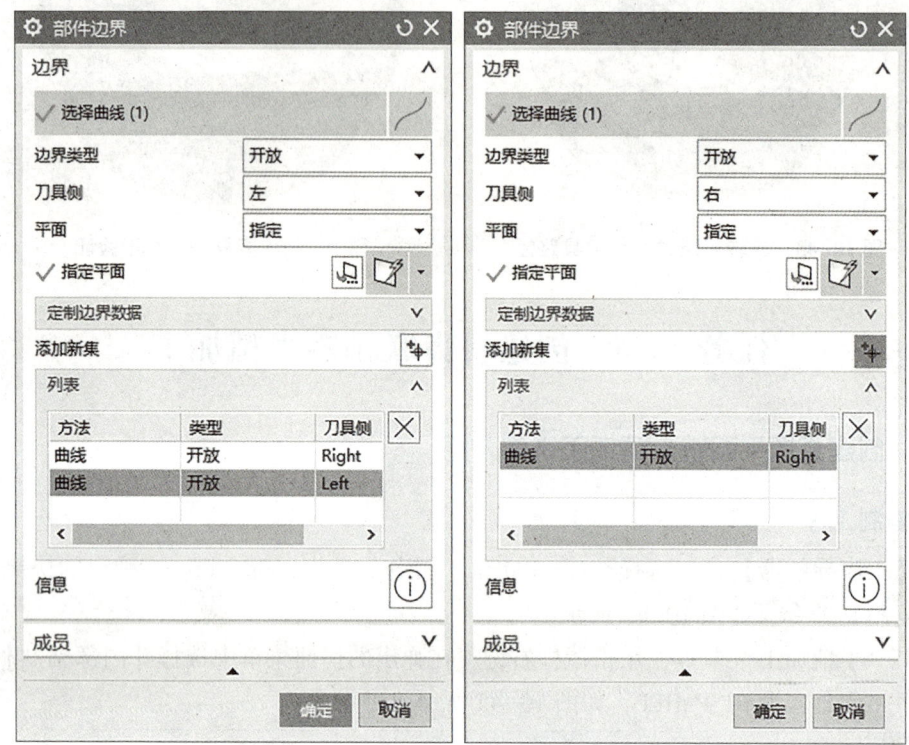

图 10-46 【部件边界】对话框

3. 设置切削参数

单击【刀轨设置】组框中的【切削参数】按钮，弹出【切削参数】对话框，进行切削参数设置。

【余量】选项卡：取消【使底面余量与侧面余量一致】复选框，【部件侧面余量】为 0.5 mm，【内公差】为 "0.03"，【外公差】为 "0.03"，如图 10-47 所示。

单击【切削参数】对话框中的【确定】按钮，完成切削参数设置。

4. 设置非切削参数

单击【刀轨设置】组框中的【非切削移动】按钮，弹出【非切削移动】对话框。

【转移/快速】选项卡：【区域之间】的【转移类型】为 "直接"，【区域内】的【转移方式】为 "无"，【转移类型】为 "直接"，其他参数设置如图 10-48 所示。

单击【非切削移动】对话框中的【确定】按钮，完成非切削参数设置。

5. 生成刀具路径并验证

单击该对话框底部【操作】组框中的【生成】按钮，可在操作对话框下生成刀具路径，如图 10-49 所示。

项目十 企业实例——斜齿联轴器数控加工

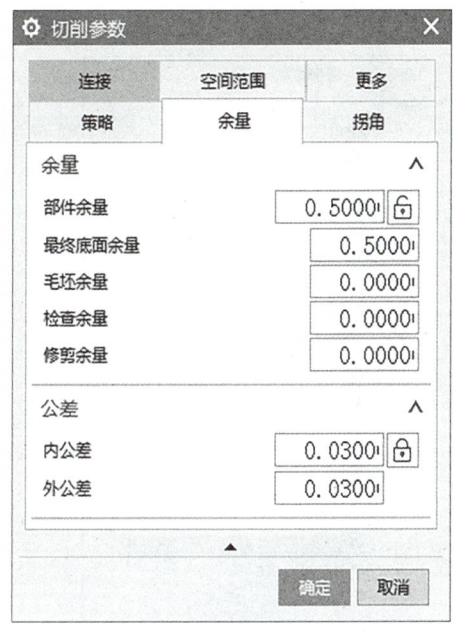

图 10-47 【余量】选项卡

图 10-48 【转移/快速】选项卡

单击【操作】组框中的【确认】按钮，弹出【刀轨可视化】对话框，然后选择【2D动态】选项卡，单击【播放】按钮▶可进行2D动态刀具切削过程模拟，如图10-49所示。

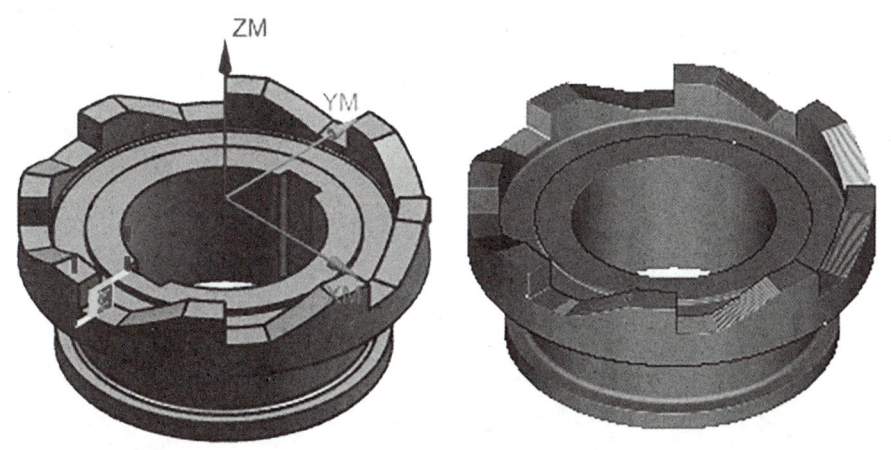

图 10-49 刀具路径和 2D 动态刀具切削过程模拟

单击【确定】按钮，返回【平面铣】对话框，然后单击【确定】按钮，完成加工操作。

10.4.2 创建斜槽等高轮廓铣半精加工铣削刀路

1. 复制工序

在【工序导航器】窗口选择"CU_ZPROFILE"操作，单击鼠标右键，在弹出的快捷菜单中选择【复制】命令，如图10-50所示。

选中"BJ_PMILL"节点，单击鼠标右键，在弹出的快捷菜单中选择【内部粘贴】命令，复制工序并重命名为 BJ_ZPROFILE，如图 10-50 所示。

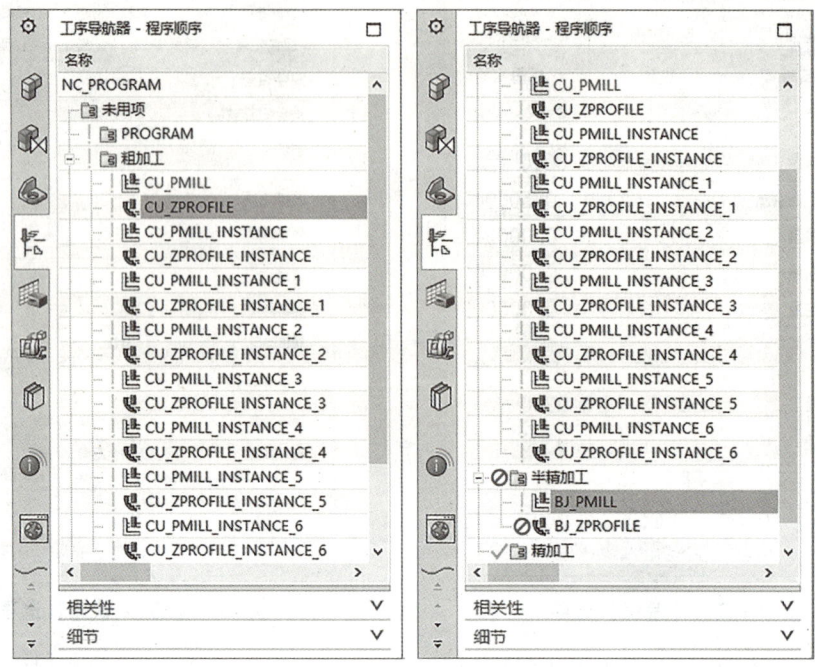

图 10-50　复制粘贴工序

2. 设置切削参数

单击【刀轨设置】组框中的【切削参数】按钮，弹出【切削参数】对话框，进行切削参数设置。

【余量】选项卡：选中【使底面余量与侧面余量一致】复选框，【部件侧面余量】为 0.5 mm，【内公差】为 "0.03"，【外公差】为 "0.03"，如图 10-51 所示。

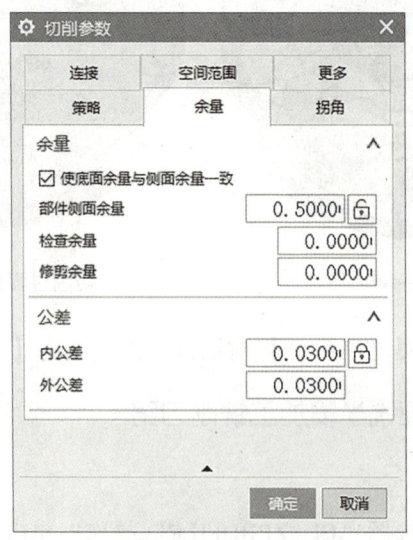

图 10-51　【余量】选项卡

单击【切削参数】对话框中的【确定】按钮,完成切削参数设置。

3. 生成刀具路径并验证

(1) 单击该对话框底部【操作】组框中的【生成】按钮,可在操作对话框下生成刀具路径,如图10-52所示。

(2) 单击【操作】组框中的【确认】按钮,弹出【刀轨可视化】对话框,然后选择【2D动态】选项卡,单击【播放】按钮▶可进行2D动态刀具切削过程模拟,如图10-52所示。

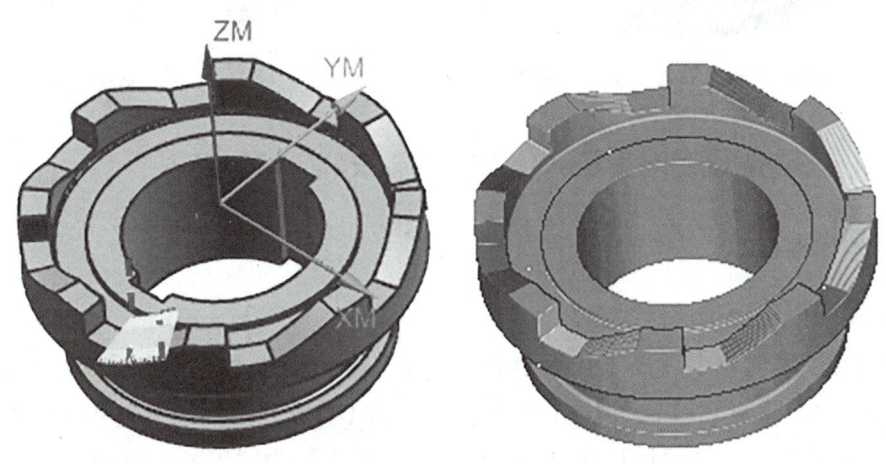

图 10-52　刀具路径和 2D 动态刀具切削过程模拟

(3) 单击【确定】按钮,返回【平面铣】对话框,然后单击【确定】按钮,完成加工操作。

10.4.3　旋转复制刀轨

(1) 在【操作导航器】窗口中选中 BJ_PMILL、BJ_ZPROFILE 加工操作,单击鼠标右键,在弹出的快捷菜单中选择【对象】→【变换】命令,在弹出的【变换】对话框中选择【绕直线旋转】,在【变换参数】选项中选择【直线方法】为"点和矢量",点的坐标为(0,0,0),【指定矢量】为"ZC",在【结果】选项中选择"实例",【距离/角度分割】为"8",【实例数】为"7",如图10-53所示。

(2) 单击【变换】对话框中的【确定】按钮,完成刀轨变换操作,如图10-54所示。

(3) 在【操作导航器】中选中所有的操作,单击【操作】工具栏上的【确认刀轨】按钮,可验证所设置的刀轨,如图10-55所示。

图 10-53　【变换】对话框

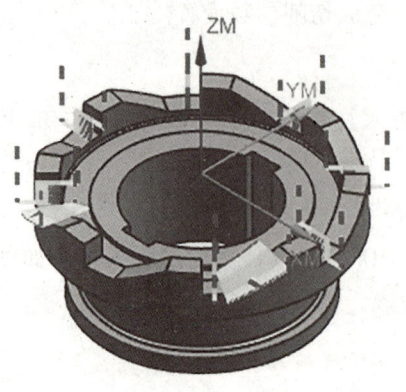

图 10-54　旋转复制的切削刀具路径

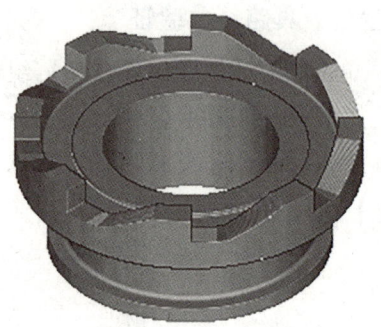

图 10-55　刀具路径切削验证

任务 10.5　创建斜齿联轴器精加工

10.5.1　创建直槽平面铣精加工铣削刀路

1. 创建平面铣加工

单击【主页】选项卡【插入】组中的【创建工序】按钮，弹出【创建工序】对话框，【类型】为"mill_planar"，【工序子类型】为第 1 行第 5 个图标（PLANAR_MILL），【程序】为"精加工"，【刀具】为"T1D30"，【几何体】为"WORKPIECE"，【方法】为"MEHTOD"，【名称】为"JING_PMILL"，如图 10-56 所示。

单击【确定】按钮，弹出【平面铣】对话框，如图 10-57 所示。

图 10-56　【创建工序】对话框

图 10-57　【平面铣】对话框

2. 选择加工几何

在【几何体】组框中，单击【指定面边界】后的【选择或编辑面几何体】按钮，弹出【部件边界】对话框，【平面】为"指定"，选择如图10-58所示的平面，然后【方法】为"曲线"，【边界类型】为"开放"，【刀具侧】为"左"，选择如图10-58所示的边线，单击【确定】按钮返回。

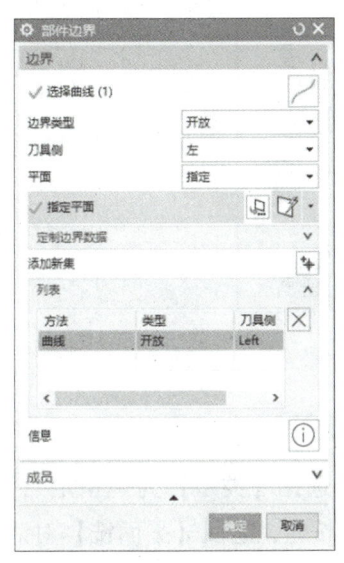
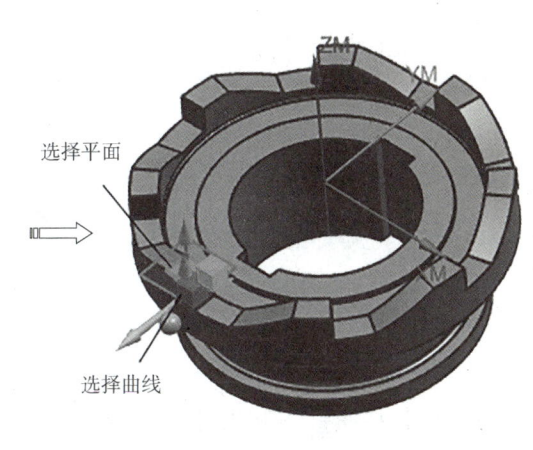

图 10-58　选择边线

在【几何体】组框中，单击【指定底面】后的【选择或编辑底平面几何体】按钮，弹出【平面】对话框，选择如图10-59所示的腔槽底面，单击【确定】按钮返回。

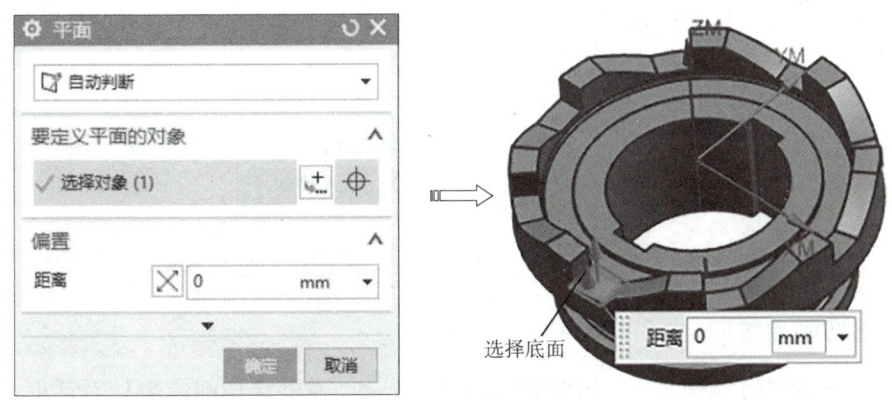

图 10-59　选择底面

3. 选择切削模式和设置切削用量

在【刀轨设置】组框中【切削模式】为"轮廓"，【步距】为"%刀具平直"，【平面直径百分比】为"50"，如图10-60所示。

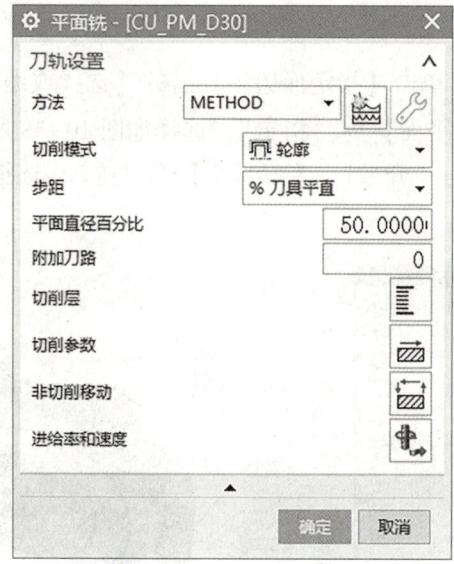

图 10-60　设置刀轨参数

4. 设置切削层

单击【切削层】按钮，弹出【切削层】对话框，选择【类型】为"恒定"，【公共】为"1"，其他参数设置如图 10-61 所示。单击【确定】按钮，返回【平面铣】对话框。

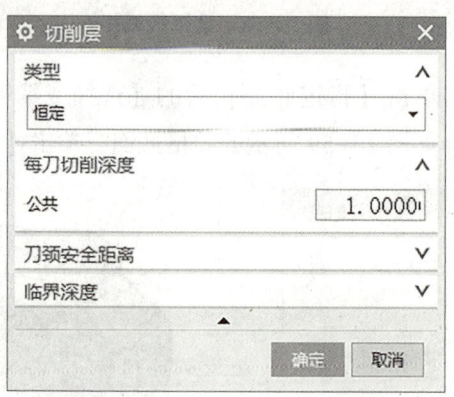

图 10-61　【切削层】对话框

5. 设置切削参数

单击【刀轨设置】组框中的【切削参数】按钮，弹出【切削参数】对话框，设置切削加工参数。

【策略】选项卡：【切削方向】为"顺铣"，【切削顺序】为"层优先"，其他接受默认设置，如图 10-62 所示。

【余量】选项卡：【部件余量】为"0"，【最终底面余量】为"0"，如图 10-63 所示。

单击【切削参数】对话框中的【确定】按钮，完成切削参数设置。

项目十 企业实例——斜齿联轴器数控加工

图 10-62 【策略】选项卡

图 10-63 【余量】选项卡

6. 设置非切削参数

单击【刀轨设置】组框中的【非切削移动】按钮，弹出【非切削移动】对话框。

【进刀】选项卡：【进刀类型】为"线性"，【最小安全距离】为"修剪和延伸"，【最小安全距离】为20%，其他参数设置如图10-64所示。

【退刀】选项卡：【退刀类型】为"与进刀相同"，其他参数设置如图10-65所示。

图 10-64 【进刀】选项卡

图 10-65 【退刀】选项卡

【转移/快速】选项卡：【区域之间】的【转移类型】为"安全距离-刀轴",【区域内】的【转移类型】为"直接",其他参数设置如图10-66所示。

图10-66 【转移/快速】选项卡

单击【非切削移动】对话框中的【确定】按钮，完成非切削参数设置。

7. 设置切削速度

单击【刀轨设置】组框中的【进给率和速度】按钮，弹出【进给率和速度】对话框。设置【主轴速度】为 2 000 r/min，切削进给率为"1 000"，单位为"毫米/分钟（mm/min）"，其他接受默认设置，如图10-67所示。

8. 生成刀具路径并验证

单击该对话框底部【操作】组框中的【生成】按钮，可在操作对话框下生成刀具路径，如图10-68所示。

单击【操作】组框中的【确认】按钮，弹出【刀轨可视化】对话框，然后选择【2D 动态】选项卡，单击【播放】按钮可进行2D 动态刀具切削过程模拟，如图10-68 所示。

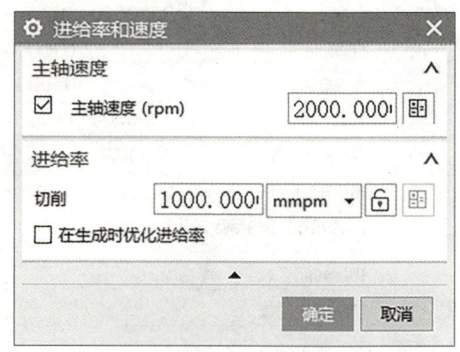

图10-67 【进给率和速度】对话框

项目十 企业实例——斜齿联轴器数控加工

图 10-68 刀具路径和 2D 动态刀具切削过程模拟

单击【确定】按钮，返回【平面铣】对话框，然后单击【确定】按钮，完成加工操作。

9. 复制工序

在【工序导航器】窗口选择"JING_PMILL"操作，单击鼠标右键，在弹出的快捷菜单中选择【复制】命令，如图 10-69 所示。

选中"JING_PMILL"节点，单击鼠标右键，在弹出的快捷菜单中选择【内部粘贴】命令，复制工序，如图 10-69 所示。

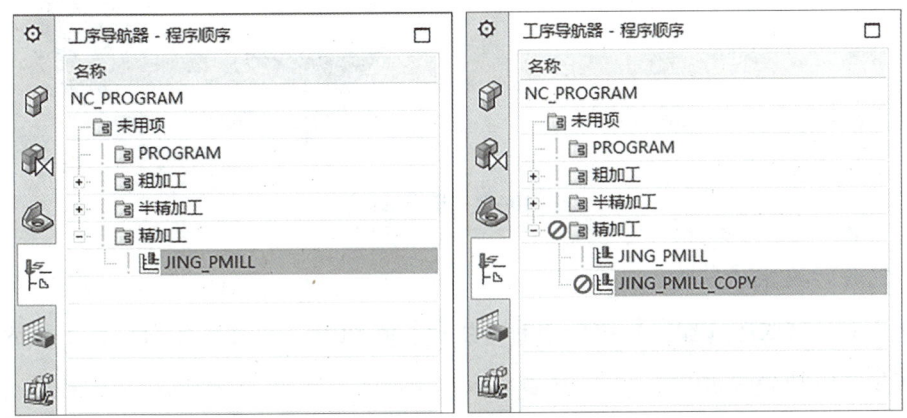

图 10-69 复制粘贴工序

10. 选择加工几何

在【几何体】组框中，单击【指定面边界】后的【选择或编辑面几何体】按钮，弹出【部件边界】对话框，【平面】为"指定"，选择如图 10-70 所示的平面，然后【模式】为"曲线/边"，【边界类型】为"开放"，【刀具侧】为"右"，选择如图 10-70 所示的边线，单击【确定】按钮返回。

在【几何体】组框中，单击【指定底面】后的【选择或编辑底平面几何体】按钮，弹出【平面】对话框，选择如图 10-71 所示的腔槽底面，单击【确定】按钮返回。

369

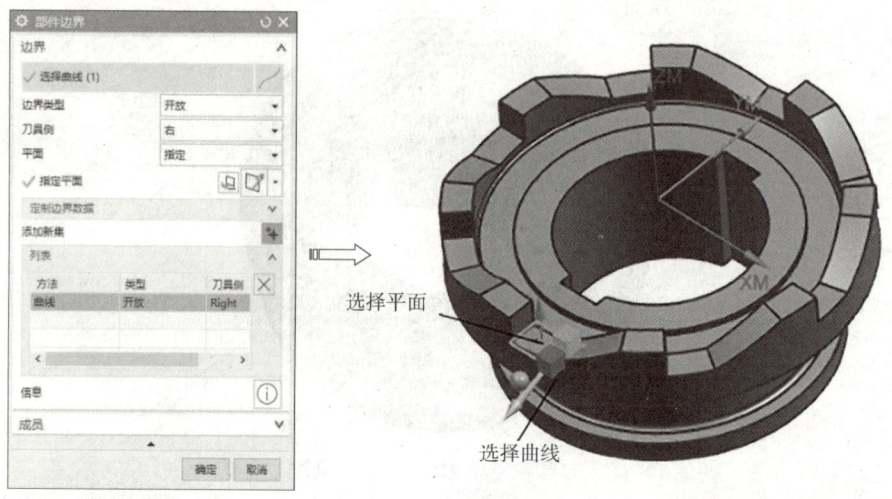

图 10-70　选择边线

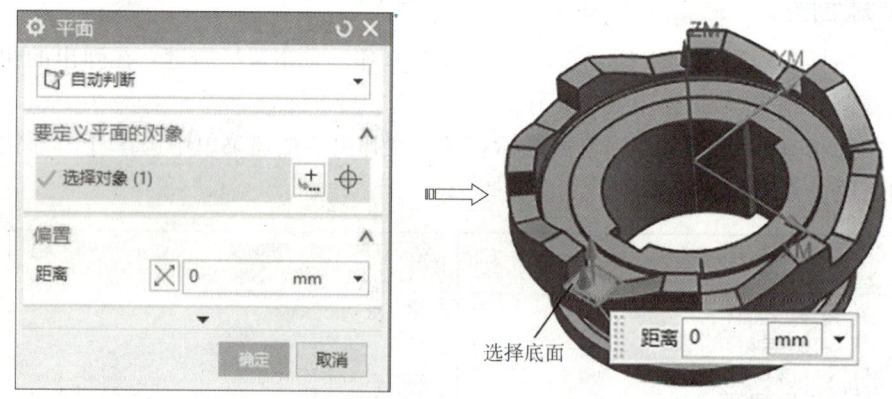

图 10-71　选择底面

11. 生成刀具路径并验证

单击该对话框底部【操作】组框中的【生成】按钮，可在操作对话框下生成刀具路径，如图 10-72 所示。

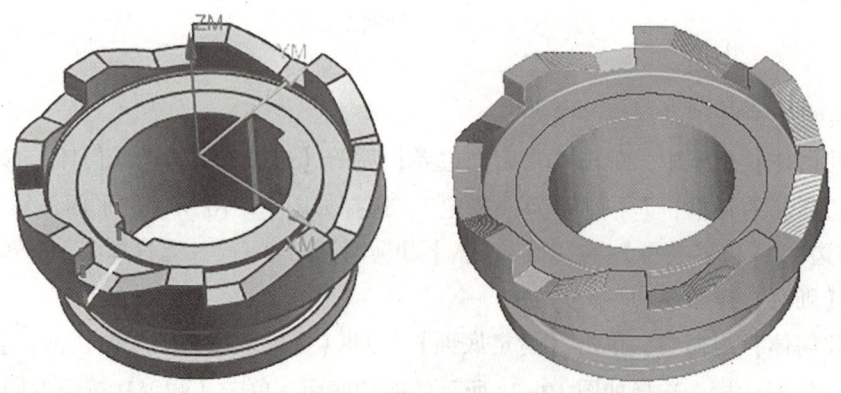

图 10-72　刀具路径和 2D 动态刀具切削过程模拟

项目十 企业实例——斜齿联轴器数控加工

单击【操作】组框中的【确认】按钮，弹出【刀轨可视化】对话框，然后选择【2D 动态】选项卡，单击【播放】按钮 ▶ 可进行2D动态刀具切削过程模拟，如图10-72所示。

单击【确定】按钮，返回【平面铣】对话框，然后单击【确定】按钮，完成加工操作。

10.5.2 创建斜面固定轴曲面轮廓铣精加工

单击上边框条【工序导航器】组上的【几何视图】按钮，将【工序导航器】切换到几何视图显示。

1. 创建固定轴曲面轮廓铣工序

单击【主页】选项卡【插入】组中的【创建工序】按钮，弹出【创建工序】对话框。【类型】为"mill_contour"，【工序子类型】为选择第2行第2个图标（FIXED_CONTOUR），【程序】为"精加工"，【刀具】为"T2D32R5"，【几何体】为"WORKPIECE"，【方法】为"METHOD"，【名称】为"JING_FCONTOUR"，如图10-73所示。

单击【确定】按钮，弹出【固定轮廓铣】对话框，如图10-74所示。

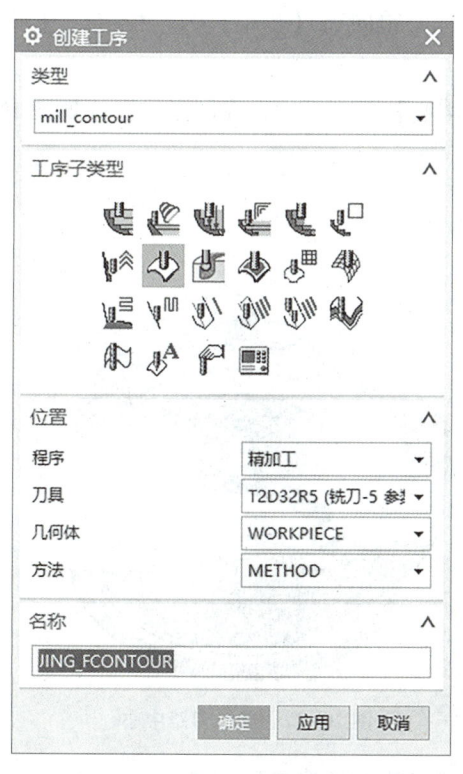

图 10-73 【创建工序】对话框

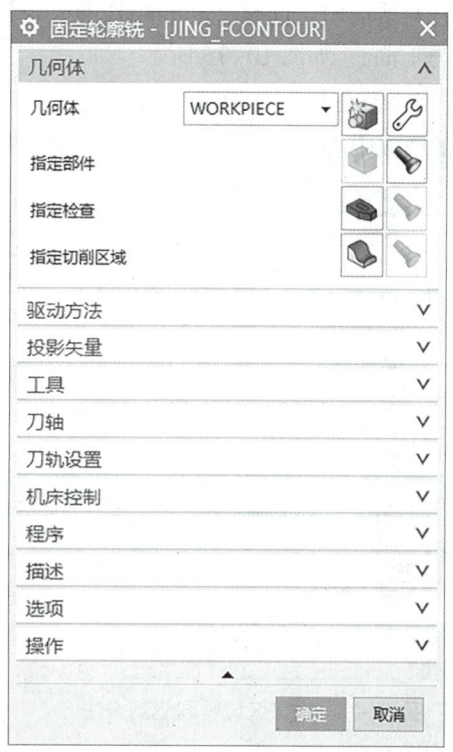

图 10-74 【固定轮廓铣】对话框

2. 选择切削区域

单击【几何体】组框中【指定切削区域】选项后的【选择或编辑切削区域】按钮，弹出【切削区域】对话框。在图形区选择如图10-75所示的1个曲面作为切削区域，单击【确定】按钮完成。

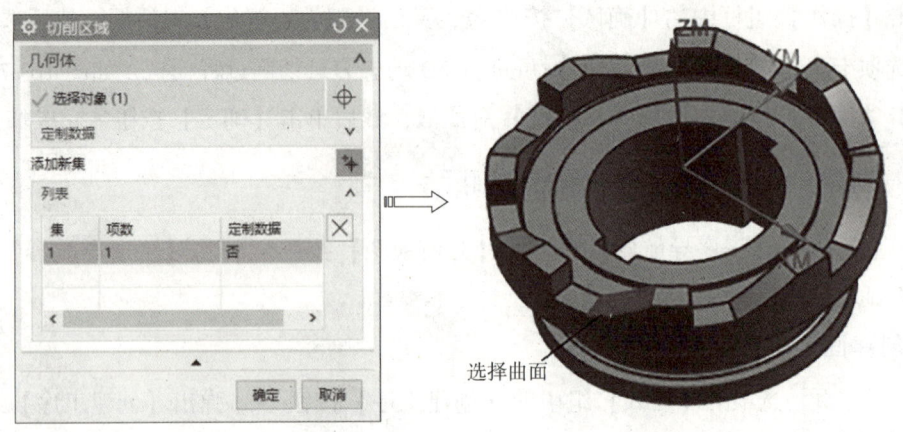

图 10-75 选择切削区域

3. 选择驱动方法并设置驱动参数

在【驱动方式】组框中的【方法】下拉列表中选取"区域铣削",在【区域铣削驱动方法】对话框中,选择【非陡峭切削模式】为"同心单向",【步距】为"恒定",【最大距离】为 1 mm,如图 10-76 所示。

【刀路中心】为"指定",【指定点】选择【圆心】图标 ⊙·,在图形区选择如图 10-77 所示的圆弧中心。

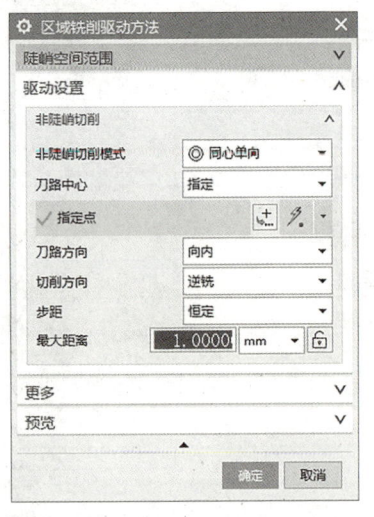

图 10-76 选择区域铣削驱动方法

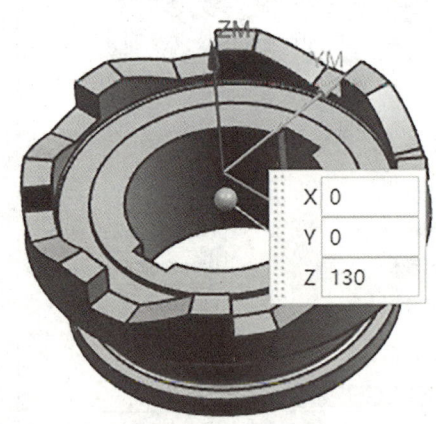

图 10-77 选择刀路中心

单击【确定】按钮,完成驱动方法设置,返回【固定轮廓铣】对话框。

4. 设置切削参数

单击【刀轨设置】组框中的【切削参数】按钮 ,弹出【切削参数】对话框,设置切削加工参数。

【余量】选项卡:【部件余量】为 0,其他接受默认设置,如图 10-78 所示。

【多刀路】选项卡:【部件余量偏置】为"1",【步进方法】为"增量",【增量】为

"0.5",如图 10-79 所示。

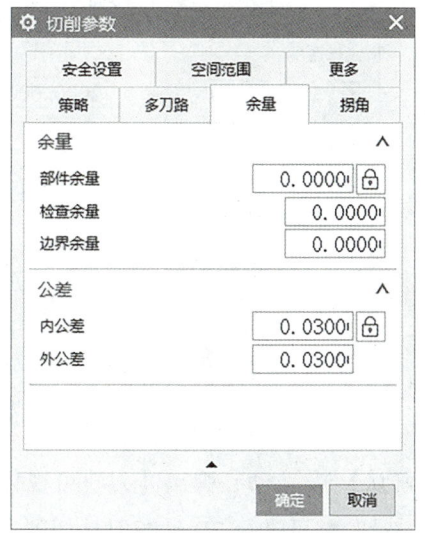

图 10-78 【余量】选项卡

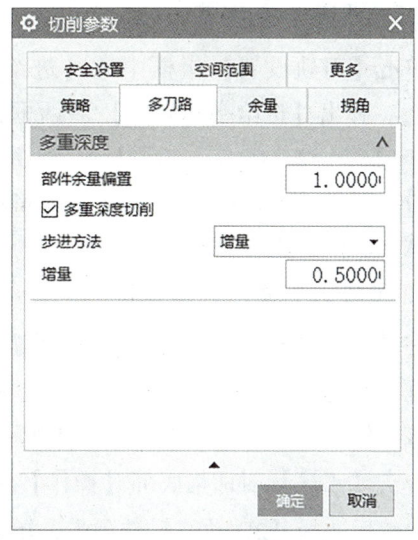

图 10-79 【多刀路】选项卡

单击【切削参数】对话框中的【确定】按钮,完成切削参数设置。

5. 设置非切削参数

单击【刀轨设置】组框中的【非切削移动】按钮 ,弹出【非切削移动】对话框,进行非切削参数设置。

【光顺】选项卡:勾选【替代为光顺连接】复选框,其他参数设置如图 10-80 所示。

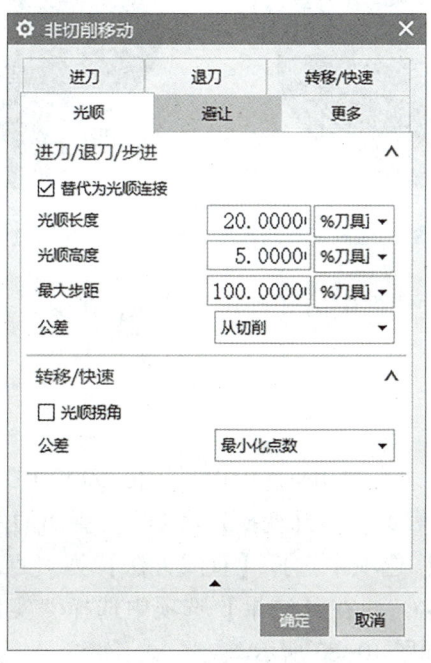

图 10-80 【光顺】选项卡

单击【非切削参数】对话框中的【确定】按钮，完成非切削参数设置。

6. 设置进给参数

单击【刀轨设置】组框中的【进给率和速度】按钮，弹出【进给率和速度】对话框，设置【主轴速度】为 2 000 r/min，【切削进给率】为"1 500"，单位为"毫米/分钟（mm/min）"，其他接受默认设置，如图 10-81 所示。

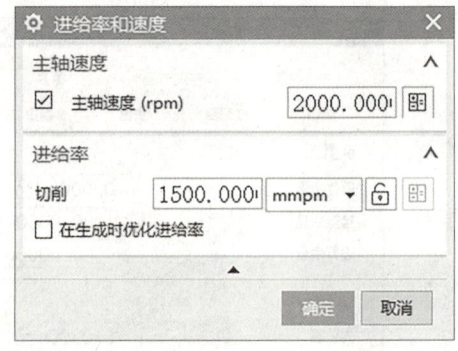

图 10-81 【进给率和速度】对话框

7. 生成刀具路径并验证

在【工序】对话框中完成参数设置后，单击该对话框底部【操作】组框中的【生成】按钮，可生成该操作的刀具路径，如图 10-82 所示。

单击【工序】对话框底部【操作】组框中的【确认】按钮，弹出【刀轨可视化】对话框，然后选择【2D 动态】选项卡，单击【播放】按钮可进行 2D 动态刀具切削过程模拟，如图 10-82 所示。

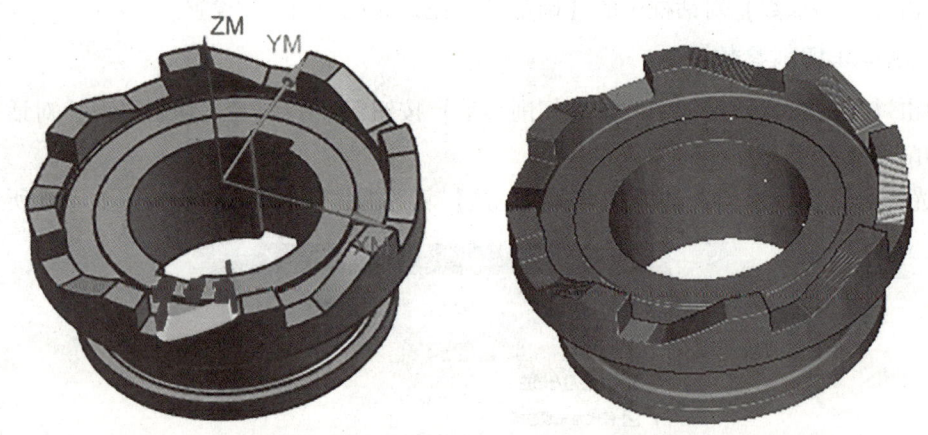

图 10-82 生成刀具路径与 2D 动态刀具切削过程模拟

单击【固定轮廓铣】对话框中的【确定】按钮，接受刀具路径，并关闭【固定轮廓铣】对话框。

10.5.3 旋转复制刀轨

在【操作导航器】窗口中选中 JING_PMILL、CU_ZLEVEL 加工操作，单击鼠标右键，在弹出的快捷菜单中选择【对象】→【变换】命令，在弹出的【变换】对话框中选择【绕直线旋转】，在【变换参数】选项中选择【直线方法】为"点和矢量"，点的坐标为（0，0，0），【指定矢量】为"ZC"，在【结果】选项中选择【实例】，【距离/角度分割】为"8"，【实例数】为"7"，如图 10-83 所示。

单击【变换】对话框中的【确定】按钮，完成刀轨变换操作，如图 10-84 所示。

在【操作导航器】中选中所有的操作，单击【操作】工具栏上的【确认刀轨】按

项目十 企业实例——斜齿联轴器数控加工

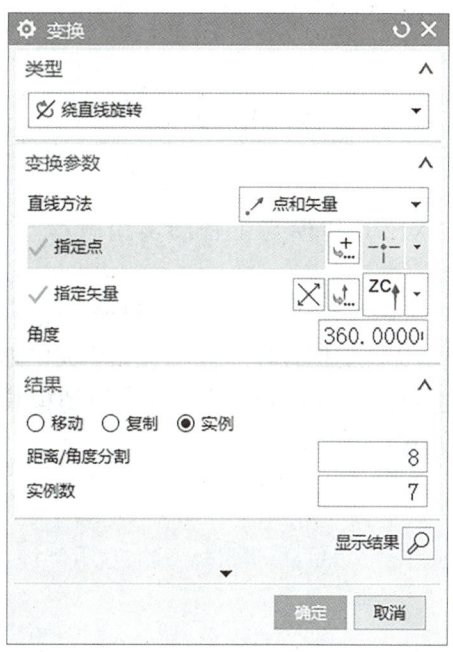

图 10-83 【变换】对话框

钮 ,可验证所设置的刀轨,如图 10-85 所示。

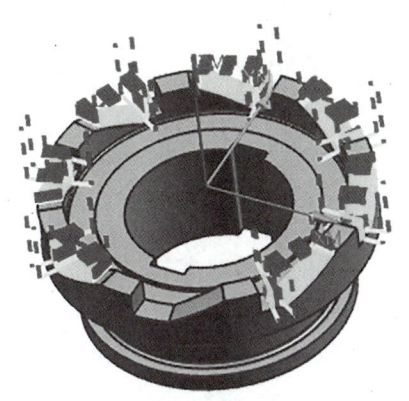

图 10-84 旋转复制的切削刀具路径

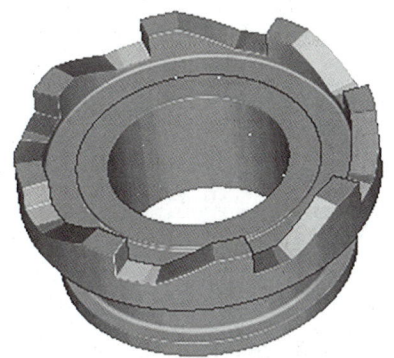

图 10-85 刀具路径切削验证

本章小结

本章通过斜齿联轴器实例来具体讲解 NX 三轴数控加工方法和步骤,希望通过本章的学习,使读者掌握平面铣、深度轮廓铣、固定轴曲面轮廓方法在数控加工的基本应用。

参 考 文 献

[1] 王灵珠，许启高. UG NX12.0 建模与工程图实用教程 [M]. 北京：机械工业出版社，2019.

[2] 展迪优. UG NX8.0 快速入门教程 [M]. 北京：机械工业出版社，2012.

[3] 朱光力. UG NX10.0 边学边练实例教程 [M]. 北京：人民邮电出版社，2016.

[4] 朱光力，周建安，洪建明，周旭光. UG NX10.0 注塑模具 CAD/CAM 实训实例教程 [M]. 北京：高等教育出版社，2018.